새로운 시스템
전기자동차

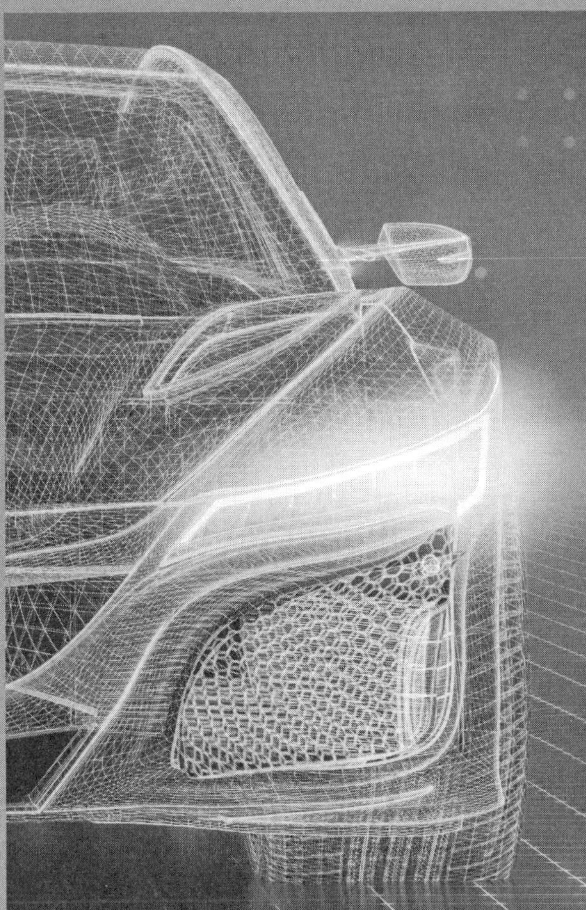

구민사

저자약력 | 정용욱
한국국제대학교 공과대학 기계자동차공학과 교수
정구섭
한국국제대학교 공과대학 기계자동차공학과 교수

새로운 시스템 전기자동차

초판 인쇄 | 2021년 8월 25일
초판 발행 | 2021년 8월 31일
초판 2쇄 발행 | 2022년 2월 15일

저 자 | 정용욱·정구섭
발행인 | 조규백
발행처 | 도서출판 구민사
(07293) 서울특별시 영등포구 문래북로 116, 604호(문래동3가 46, 트리플렉스)
전화 | (02) 701-7421(~2)
팩스 | (02) 3273-9642
홈페이지 | www.kuhminsa.co.kr

신고번호 | 제2012-000055호 (1980년 2월 4일)
ISBN | 979-11-5813-937-7 93550

값 22,000원

PREFACE

머리말

화석 에너지 자원의 고갈, 지구 온난화와 환경오염은 현 세기 인류가 직면하고 있는 심각한 문제로써 다각적인 해결책 모색이 불가피하다. 과학기술의 측면에서는 에너지 이용 효율을 혁신적으로 향상시키는 동시에 공해 문제를 해결할 수 있는 새로운 에너지 기술의 개발과 이용이 필연적 과제로 인식되고 있다.

전기자동차에 전기를 공급하는 방법은 무엇이 있을까? 방법은 연료전지와 배터리 두 가지이다. 최근 들어 미래의 에너지 문제와 공해 문제를 해결할 수 있는 하나의 대안으로 연료전지가 손꼽히고 있다. 실제로 요즘 매스컴에 자주 등장하는 연료전지 전기자동차는 미래의 무공해자동차로 주목받는 제품이다. 과연 연료전지가 무엇이기에 미래의 신에너지로 각광받는 것일까?

외부로부터 전기를 충전, 저장해야 하는 배터리방식은 수백 파운드의 무거운 배터리팩이 필요한데다 운행거리에 제한이 따르고 3～6년에 한 번씩 배터리를 교환해야 하며, 교환할 때 많은 돈이 든다. 그래서 자동차 업계에서는 연료전지 방식의 전기자동차에 더 주목하고 있다. 특히 수소연료전지는 배터리에 비해 작고 가벼우며 빠른 시간에 재충전된다는 것이 장점이다. 또 수증기만을 방출하기 때문에 가장 깨끗한 미래형 동력원이 될 것으로 여겨진다. 이에 본 교재에서는 이러한 전기자동차 기술에 대응하기 위하여 필요한 기본적인 사항을 주로 다루었다.

제1장에서는 전기자동차의 개요와 전반적인 동향 및 전망에 대하여 설명하였고, 제2장에서는 전기자동차의 역사 및 종류에 대하여 설명하였다. 제3장, 제4장 및 5장에서는 전기 자동차의 구조, 전지 특성 및 개발현황 등에 대하여 기술하였다. 제6장～7장에서는 연료전지 자동차에 대한 개요, 연료전지의 종류 및 세계 각국의 연료전지 자동차 개발동향 등에 대하여 간략하게 기술하였다.

이와 같이 만들어진 이 교재가 전기자동차의 관련기술을 필요로 하는 공학도들이 기본 지식을 습득하는 데 보탬이 되었으면 한다.

본 교재를 개발함에 있어 수차례 내용을 검증하였음에도 불구하고 미비한 점이나 오류가 다수 있으리라 생각되므로 독자 여러분의 계속적인 지도편달을 바라며, 계속적인 보충·보완을 할 것을 약속하는 바이다.

끝으로 이 책을 만들기까지 물심양면으로 도와주신 도서출판 구민사의 조규백사장님과 임직원 여러분들의 노력에 진심으로 감사의 인사를 드립니다.

저자 씀

CONTENTS

차례

Chapter 06

연료전기자동차의 개요

Chapter 07

연료전지자동차의 종류 및 개발현황

Chapter 01

친환경자동차의 개요

인류의 삶을 풍요롭게 해준 산업화는 그 대가로 환경오염이라는 짐을 안겨주었다. 산업화의 핵심인 공업화로 인해 땅과 물이 오염되고 공기는 찌들어 건강을 위협하는 지경에 이르렀다.

특히 자동차는 생활에 편리함을 주는 필수품이기도 하지만 도시와 같은 인구 밀집지역에서는 배기가스에 의한 공기오염, 주행 중 발생하는 소음과 같은 심각한 환경문제를 발생시키고 있다. 이에 석유를 태우는 자동차는 대기오염의 주범으로 찍힌 지 오래다.

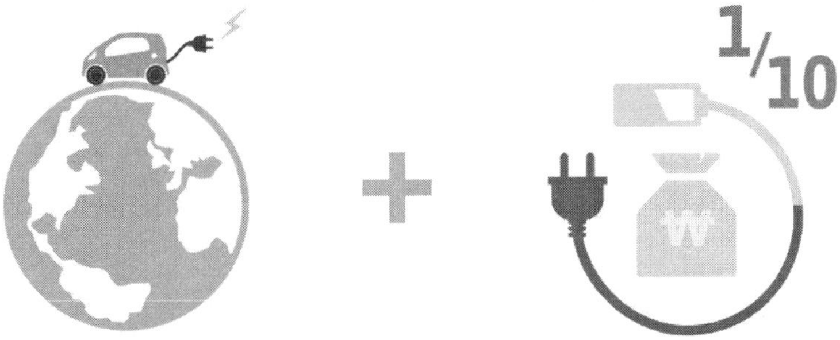

그림 1. 친환경자동차의 질주

이에 따라 높은 수준의 환경기술과 환경친화적 산업구조를 가진 국가들은 지구환경보전을 명분으로 그린라운드(Green Round)를 결성했으며 미국의 캘리포니아주를 비롯한 여러 주에서는 자동차 배기가스의 이산화탄소가 지구온난화의 주요인으로 지적되면서 선진국에서는 배기기준을 강화하고 무공해 자동차(ZEV ; Zero Emission Vehicle)와 저공해자동차 의무판매를 포함한 자동차 배기가스 규제를 입법화해 각국의 자동차회사는 이에 대응하기 위한 친환경기술을 개발해야하는 어려움에 직면하게 됐다.

환경문제만 메이커의 발목을 잡는 것이 아니다. 석유 매장량이 갈수록 줄어들면서 석유를 대체할 새로운 연료와 엔진개발이 중요한 과제로 떠올랐다.

1 친환경자동차의 개요

친환경자동차는 화석연료를 사용치 않아 배출가스, CO_2 등이 발생하지 않는 무공해 동력시스템의 활용 또는 장착, 이에 준하는 개선으로 기존 내연기관 대비연비가 높고 배출가스나 CO_2 배출량도 적은차량을 말한다.

현재 추진되는 적용기술의 내용을 보면 클린 디젤자동차와 같이 기존의 내연기관에 엔진기술과 후처리기술을 개선하는 신 내연기관기술과 수소연료, 바이오연료와 같은 대체연료기술이 있으며 마지막으로 연료전지자동차, 전기자동차 및 복합동력원을 사용하는 하이브리드(Hybrid)자동차와 같은 대체 에너지기술로 대별된다.

현재 친환경자동차 시장에는 하이브리드자동차를 비롯해 전기자동차, 플러그인 하이브리드, 클린디젤, 연료전지 등 다양한 유형이 나타나고 있다. 하지만 각각의 장단점으로 모두를 압도하는 주도적인 모델은 아직 나타나지 않고 있다.

[표 1-1. 친환경자동차의 구분]

구 분	비 고
하이브리드 자동차(HEV)	내연기관과 전기모터 두 종류의 동력을 조합·구동하여 기존 내연기관 자동차보다 고연비·고효율 실현
플러그인 HEV(PHEV)	가정용 전기배터리에 충전해서 쓸 수 있는 하이브리드 자동차
전기자동차(EV)	배터리와 전기모터의 동력만으로 구동하는 자동차
연료전지 자동차(FCEV)	수소탱크를 통해 수소와 산소를 반응시켜 전기를 생성하는 연료전지가 내연기관을 대체한 자동차
클린디젤차	일반 디젤차보다 배출가스를 현저하게 줄이면서도 동급 가솔린차 대비 20~30% 효율이 높은 초고효율 디젤시스템 장착

전기자동차는 자동차의 엔진구조가 기존 엔진과 같이 연소로부터 에너지를 얻는 구조가 아닌 전기에너지를 통해 구동되는 엔진이 설치된 자동차이다. 전기로 에너지원을 얻기 때문에 배기가스나 환경오염이 없으며, 소음도 작다는 장점을 가지고 있다.

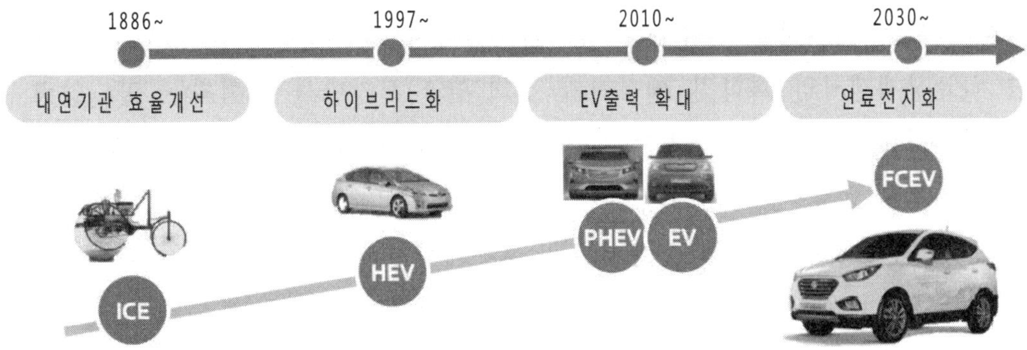

그림 2. 친환경차 · 고연비 친환경차 기술발전 방향

전기로 가는 자동차는 폭발행정의 과정이란 없는 관계로 소음이 없게 된다. 다만 동력을 발생시키는 힘이 전기의 힘이므로 동력 전달과정에서 차륜을 회전시킬 때 날 수 있는 정도이므로 기름을 태워서 폭발행정을 거치는 폭음의 연속과정이 생략되므로 인해서 조용할 수밖에 없다. 전기의 새로운 충전과 발전과정이 연속적으로 충전되어져야 할 것이다. 그래서 전기의 힘이 충분하도록 운행 중에도 충전이 되도록 하는 기술이 중요하다.

선진 각국에서는 전기자동차의 조기 실용화를 위하여 정부차원의 대규모 투자와 아울러 강제 보급정책을 추진하고 있다. 우리나라도 세계적인 추세에 부응하여 대형 국가과제로 선정하여 지원하고 있으며, 자동차 제작회사들도 이에 적극 참여하고 있으므로 전기자동차의 개발 및 실용화 전망은 밝다고 할 수 있다.

더불어 순수한 전기자동차의 단점을 보완하기 위한 즉, 완벽한 전기자동차의 전단계라고 할 수 있는 하이브리드 전기자동차(HEV : Hybrid Electric Vehicle), 플러그인 하이브리드 전기자동차(PHEV : Plug-in HEV) 등에 대한 연구도 활발히 진행되고 있다. 하이브리드 전기자동차는 전기자동차와는 달리 주행거리에 제한을 받지 않으며, 엔진의 효율이 가장 좋은 회전속도에서 발전기를 회전시킴으로써 생성된 에너지를 축전지에 충전하고, 도심지에서는 전기자동차 모드로 주행하기 때문에 대도시의 대기오염을 줄일 수 있는 장점이 있다.

내연기관 자동차(ICV : Internal combustion vehicle)와 전기자동차(EV : Electric vehicle)의 대표적인 차이는 에너지원으로부터 출발한다.

내연기관 자동차는 탄화수소계 연료를 엔진의 내부에서 압축, 발화, 폭발, 팽창시켜서 나오는 에너지를 이용하는 것이다. 에너지의 변환을 아주 간단하게 표현하자면 석유상태에서의 화학적 에너지가 산화(연소)시키면서 발생되는 열, 압력, 소리 등의 에너지 중 압력에너지를 바퀴가 구를 수 있게 하는 운동에너지로 변환한다. 이에 대해 전기자동차는 축전지에 축전되어 있는 화학에너지를 방전될 때의 전기에너지로 변환하여 모터를 구동시키는 운동에너지로 변환한다.

실제로 내연기관 자동차는 에너지 변환단계가 더 복잡하게 표현된다. 좀더 넓게 본다면 연료전지 자동차(FCV : fuel cell vehicle)나 태양전지자동차도 모터에 전기를 공급한다는 것은 동일하다. 단 이 경우에는 전기가 연료전지나 태양전지 내부에 화학적 에너지 형태로 축전되는 경우가 아니라 알코올이나 수소 등의 연료 또는 태양광이나 태양열 같은 에너지원으로부터 생산되는 경우이다.

배터리에 축적된 전기로 모터를 회전시켜서 자동차를 구동시키는 전기자동차는 가솔린자동차보다 먼저 제작되었으나, 배터리의 무거운 중량, 충전에 걸리는 시간 등의 문제 때문에 활성화되지 못했다. 그래도 구조가 간단하고 내구성이 크며 운전하기가 쉬운 점 등이 있어 주로 여성용으로 미국에서 1920년대 중반까지 소량 생산되었다. 최근 공해문제가 심각해지면서 다시 활발히 개발되고 있다.

양산된 전기자동차 1호는 미국 캘리포니아 주 지역에서 시판되었든 고성능 전기자동차 GM EV1이다. GM은 90년대 들어 적극 개발해 온 전기자동차를 96년부터 시판하였다. 이 전기자동차는 한번 충전으로 최장 208Km까지 최고 시속 150Km로 달릴 수 있다. 이후 포드 레인저, 도요다 RAV4, 혼다 EV Plus 등이 시판되었다.

그러나 기존의 전기자동차들은 배터리충전에 8시간 이상 걸리고 주행거리가 짧아 아직 실용성이 많이 떨어진다. 기술적 한계로 인해 가솔린이나 디젤엔진을 탑재한 자동차에 밀렸다.

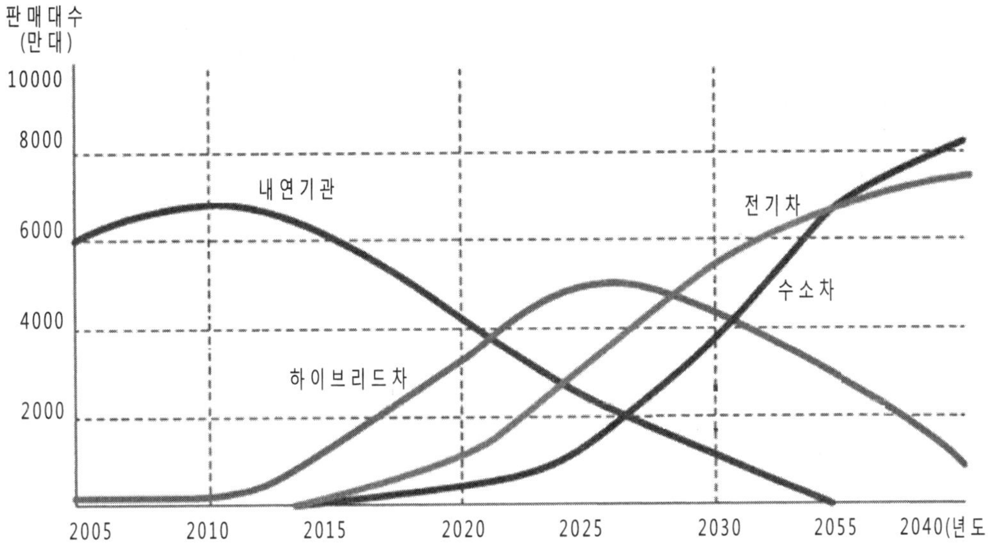

그림 3. 친환경자동차의 시장전망

전기자동차가 최근 들어 각광을 받는 것은 미국과 유럽 등을 중심으로 배기가스 규제가 높아지고 있으며, 유가가 급등하고 있기 때문이다. 특히 환경에 대한 인식이 높아지면서 화석연료를 사용하는 기존 차량보다 친환경적인 전기자동차에 대한 인식이 높아지고 있다. 배터리와 구동모터 등이 주요 부품인 전기자동차는 기계공학보다 전자공학 등 IT 비중이 높다. 그렇기 때문에 기술의 발전도 내연기관 자동차와 달리 급속도로 성장하고 있다.

물론 전기자동차도 단점이 있다. 충전하는데 시간이 오래 걸리고, 전용 충전시스템도 필요하다. 한번 충전으로 갈 수 있는 주행거리가 짧다는 점, 배터리를 주기적으로 교체해야 하는 점이나 안정성도 해결해야할 문제이다.

그림 4. 쉐보레 전기자동차 볼트(BOLT)

그림 5. 닛산 전기자동차 리프

그림 6. 테슬라 모델 3

전기자동차가 가솔린이나 디젤엔진을 탑재한 현재의 차량처럼 시속 100Km까지 가속이 수초만에 가능하고, 폭발적인 힘을 내기까지는 기술력이 부족하지만, 출퇴근과 간단한 볼일을 보기 위한 일반적인 이동수단의 용도라면 상용화가 바로 눈앞에 와있다. 일부에서는 전기자동차가 구현되기에는 아직 시기가 이르다고 주장하고 있지만, 1년에 두 배씩 성장하는 IT부문 성장세를 대입해보면 현실은 훨씬 빠르게 다가오고 있다.

자동차 대국이라 불리던 미국 빅 3업체들의 경쟁력이 약화되면서 생존을 위해 들고 나온 전략이 소형차와 플러그인 하이브리드 전기자동차이며, 단일국 자동차 수요로는 이미 세계 1위에 올라선 중국도 뒤쳐진 자국 자동차산업의 도약을 위해 배터리 베이스의 전기자동차를 집중 지원할 태세다.

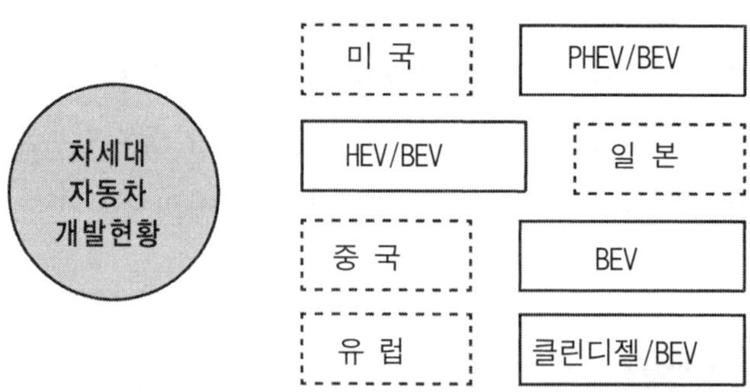

그림 7. 세계 각국의 차세대자동차 집중 개발현황

일본의 경우 하이브리드 전기자동차 상용화 10년에 따른 기술축적 노하우, 압도적인 하이브리드 전기자동차 점유율 등을 고려해 볼 때 가장 선도적인 지위를 보유하고 있는 것으로 평가받고 있지만 시장의 상황은 어떤 에너지원의 자동차가 표준이 될지, 언제 시장이 폭발적으로 성장할지 아직 미지수여서 차세대 자동차 타입별 기술개발과 시장별 대응에 소홀할 수 없는 환경이다.

현재의 전기자동차 성능은 주행거리, 주행성능 등에서 기존의 가솔린자동차에 많이 뒤지며 가격 및 유지보수시스템에서 불리한 위치에 있으므로 대중적 보급에 어려움이 많다. 그러나 컴퓨터의 발달과 전력 전자장치의 발전에 힘입어 전기자동차는 더욱 보편적인 교통수단으로 발전할 것이다. 특히 정보통신시대의 도래로 인하여 한정된 도로에서 최대의 교통량을 관리하기 위한 교통체계(ITS)와 관련하여서도 전기자동차의 연구는 더욱 가속화될 것이다.

전기자동차란 내연기관 대신에 축전지에 저장된 전기에너지로 전동기를 작동시켜 동력을 발생시키고, 이를 동력전달장치를 통해 차륜을 회전시켜 주행하는 차량으로 1830년 프랑스에서 개발되어 19세기 중반에 실용화되어 교통수단으로 사용 된지가 1세기를 넘게 되었다. 전기자동차는 배기가스가 없어 무공해이며, 내연기관의 폭발음이 없어 저소음이고, 또한 에너지 이용효율이 좋은 등 많은 장점이 있다.

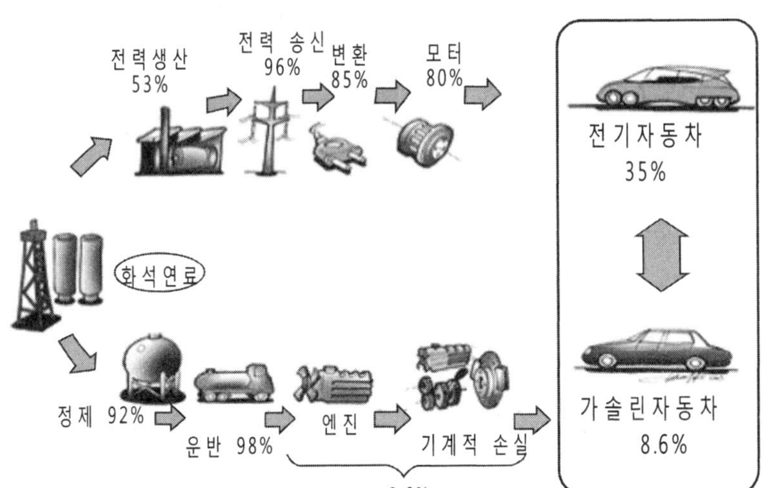

그림 8. 가솔린차와 전기자동차의 에너지효율 비교

1970년대의 오일쇼크 이후 에너지적인 문제에서 미국, 일본 등에서 본격적으로 개발을 하였고, 현재는 환경적 측면에서 개발의 필요성이 증대되고 있는 실정에 있다. 특히 전기자동차는 내연기관 자동차에 비해 1회 충전 주행거리가 짧고, 전동기 및 각종 부품의 소형, 경량화 및 고효율화가 어려우며, 소량생산으로 인해 가격이 기존의 차들에 비해 2~3배 비싸며, 충전시간이 6~8시간으로 길고, 서비스시스템 부족으로 그 보급이 미미하고, 현재로서는 주로 우유 배달차, 업무 연락차, 특수지역용(공원, 호텔, 강연장)등 제한적으로 사용하고 있는 실정이어서 대량보급의 가능성은 적은 것으로 예상된다.

그러나 최근 환경오염(대기오염), 에너지절약 대책의 일환으로 전기자동차 개발, 성능 향상, 보급추진의 중요성이 증대되고 있다. 이중 2003년부터 미국의 캘리포니아 주에서는 대기보전법이 발효되어 무공해 자동차(ZEV : Zero Emission Vehicle) 일정비율 판매를 의무화하고 있다.

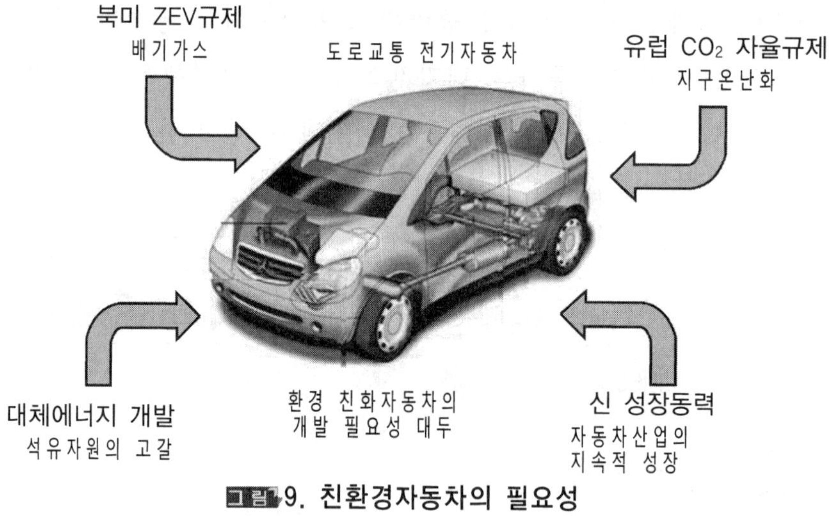

그림 9. 친환경자동차의 필요성

한편, 전기자동차 기술은 전지, 전기, 전자, 재료, 차량 등 복합기술로 지금까지는 선진 각국이 기술을 보유하고 있고, 기술개발 경쟁이 심화됨에 따라 주요기술의 이전기피 등 기술정보의 차단의 벽은 높아지고 있다. 이에 우리나라 정부는 전기자동차 기술개발을 핵심과제로 선정하여 핵심요소기술을 집중개발 할 계획을 갖고 있다.

참 고 커넥티드카 차세대 자동차 핵심으로 부상

- 커넥티드 카(Connected Car)란 자동차와 IT기술을 융합해 상시 네트워크에 연결된 차량을 의미하며, 외부 네트워크와의 연결성에 기반한 '커넥티드 카' 에 대한 운전자들의 관심과 수요가 크게 늘고 있다.
- IT 및 전기·전자산업과 융합한 커넥티드 카가 자동차산업의 신 성장동력으로 부상한 것이다. 이 분야에서 주도권을 잡기 위한 자동차 업체들의 경쟁도 더욱 가속화될 전망이다.

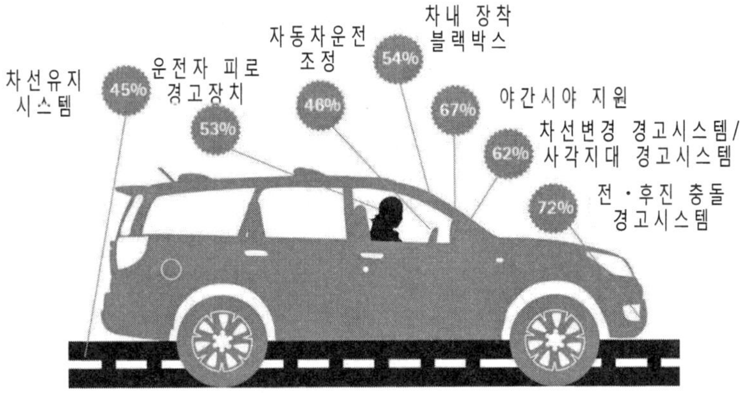

[커넥티드 카]

2 친환경자동차의 등장배경

최근 자동차산업의 가장 큰 화두는 친환경자동차라고 할 수 있다. 2008년 유가 급등으로 각국의 모터쇼에서 대부분의 주제가 친환경자동차 일색으로 변화했다. 특히 석유자원의 고갈, 지구온난화라는 전 세계적 과제와 더불어 자동차업계의 신성장 동력 및 차세대 패권을 차지하기 위한 이해관계가 맞물리면서 더 이상 미래 일로 치부할 수 없는 현재 진행형 과제가 되고 있다.

2.1. 석유자원의 고갈

석유자원 고갈의 논리적 토대는 1956년 미국 지질학자 킹 허버트 박사의 피크오일(Peak oil)이론이 유명한데, 석유 생산량이 기하급수적으로 확대되었다가 특정 시점을 정점으로 급격히 줄어드는 현상을 말한다.

피크오일은 석유소비의 급증에 비해 새로운 유전발견이 부진하거나, 정유시설의 미흡한 투자, 전쟁 등으로 석유 생산이 한계에 부딪혔을 때에 나타난다. 즉 석유의 부족 보다는 공급량이 정해져 있기 때문에 발생한다고 보고 있다. 허버트 박사는 95년 피크오일을 예측하였으나 1, 2차 석유파동에 의한 석유 절감 효과로 빗나갔다.

그러나 국제 에너지기구는 그 이후에도 중국, 인도의 경제성장으로 에너지 수요가 증가하는 반면, 석유공급량은 한정되어 있어 심각한 석유 수급 불균형을 겪을 것으로 내다보았다. 수요량 대비 석유공급량이 2010년 85%에서 2020년 66% 수준으로 낮아질 것으로 전망한 바 있다. 석유자원의 부족 여부, 피크오일의 시기 예측이 중요하다기 보다는 더 이상 석유가격이 싸지 않은 시점이 도래했다는 것이며, 이로 인해 대체연료와 연료저감이 중요해진 이유라는 점을 간과해서는 안될 것이다.

2.2. 환경규제

자동차관련 환경규제는 미국, EU, 일본 등 선진국을 중심으로 규제가 강화되고 있으며 한국, 중국 등 주요 자동차 생산국들도 기술변화에 뒤처지지 않기 위해 규제강화에 동참하고 있다. 자동차 시장이 성숙한 나라에서는 여러 가지 의미로 자동차 배출가스 규제를 갖고 있다. 이른바 잘사는 선진국일수록 환경보호에 관심이 많기 때문에 규제가 엄격할 수도 있다.

(a) 전기차 (b) 하이브리드차 (c) 경유차 (d) 휘발유차

그림 10. 자동차별 온실가스 배출량 비교(1Km 당)

하지만 그 뒤에 숨겨져 있는 것은 이러한 배출가스 규제가 환경을 보호한다는 명목 하에 기술적 장벽으로 작용하여 자국의 자동차산업을 보호하는 수단이 될 수도 있는 것이다.

기존에는 HC, CO, NOx 등 인체에 해로운 3가지 배출가스에 대하여 규제를 해왔었지만, 최근에는 온실가스에 관심이 높아지면서 유럽을 시작으로 CO_2배출량 또한 규제가 되고 있다. 실제 우리나라에서도 그 흐름에 맞춰 자동차에 붙는 에너지 소비 효율 등급 스티커에 CO_2배출량도 표시하고 있다.

아무리 연료가 완전연소가 된다고 해도 배출되는 가스에는 CO_2와 H_2O가 포함되어 있기 마련이다. 그러므로 CO_2를 규제한다는 것은 최소한의 연료를 태우는 방법밖에 없으며, 이것은 결국 연비와 직결되는 문제이다. CO_2를 규제한다는 것은 연비, 결국 엔진의 총체적인 기술에 대한 기술적 장벽이 하나 생기는 것이다.

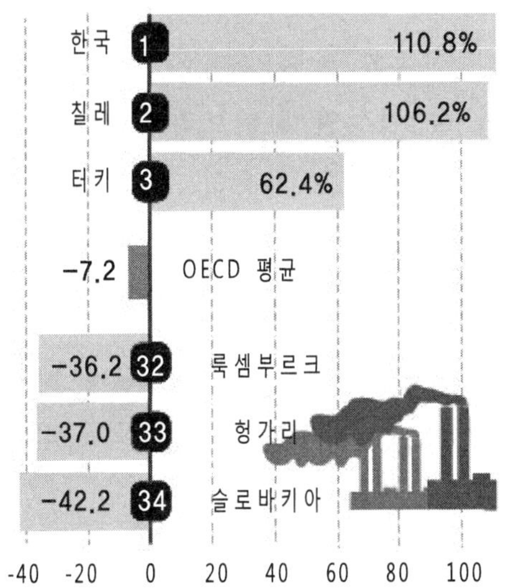

그림 11. OECD주요국 CO_2 배출증가율

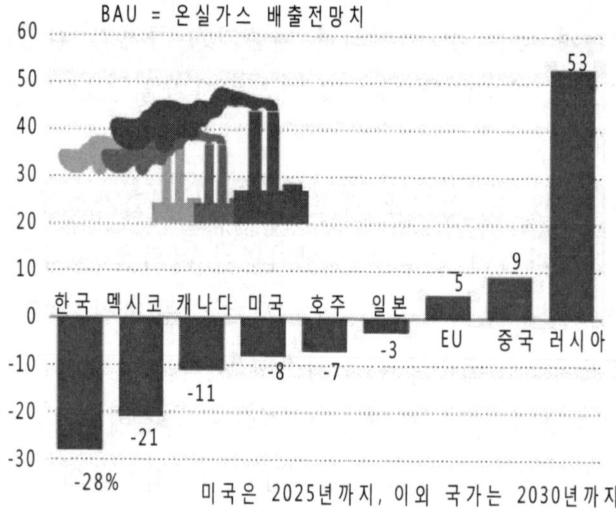

그림 12. 2030년 BAU대비 온실가스 감축율

3 전기자동차의 구분

전기자동차는 전기를 동력원으로 움직이는 차량을 말한다. 전기모터나 내연기관을 동시에 사용하는 엔진이 둘 이상인 하이브리드 전기자동차(Hybrid EV : HEV), 동력원으로는 전지에 저장한 전기만을 사용하고 필요에 따라 충전을 시켜줄 수 있는 조그만 내연기관을 가진 플러그인 하이브리드(Plug-in Hybrid EV : PHEV), 그리고 전기자동차는 배터리(Battery)로만 가는 전기자동차(Battery Electric Vehicle : BEV), 연료전지 자동차(Fuel cell Electric Vehicle : FCEV) 등 크게 4 종류로 나눌 수 있다. 이하에서의 전기자동차는 HEV, PHEV, BEV, FCEV를 통칭한다.

그림 13. 전기자동차의 대표 차종

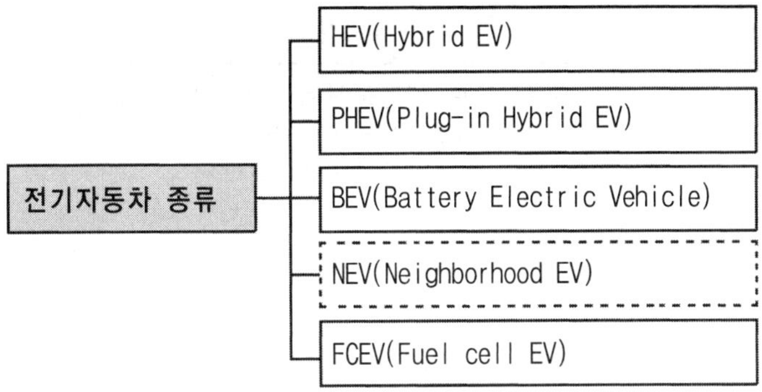

그림 14. 전기자동차의 종류

전기자동차(EV)의 구분은 자동차 동력원으로써 전기화의 정도로 구분해 볼 수 있다. 즉 전기에너지 사용률에 의해 다음과 같이 구분한다.

① 기존의 엔진과 변속기를 동력원으로 사용하는 내연기관(Internal Combustion Engine)

② 정지 시 엔진이 정지되어 연료를 저감하는 Micro(Mild) HEV

③ 기존 엔진에 모터로 보조하는 Soft(Power assist) HEV

[표 1-2. 동력원의 전기화 정도에 따른 구분]

구 분		특 징	비 고
내연기관		기존의 엔진과 변속기를 동력원으로 사용	엔진
HEV	Micro(Mild) HEV	• 공회전시 엔진이 정지 • 모터는 보조(재시동)역할만 하는 단순시스템	엔진 + 모터(보조미비)
	Soft(Power assist) HEV	• 기존 엔진에 모터로 보조 • 전기 주행모드가 없다. • 재시동이나 가속순간에만 모터가 엔진을 보조	엔진(주) + 모터(보조)
	Hard(Full) HEV	• 전기모터가 출발과 가속시에만 역할을 하는게 아니라 주행에 주된 역할 • (저속시) 전기주행모드가 있다. • 하이브리드의 주류가 될 것	모터(주) + 엔진(보조)

구 분	특 징	비 고
Plug-in HEV(PHEV)	기본적으로 전기모터로 움직이지만 배터리 범위를 넘어서는 거리는 엔진을 이용해 발전기를 돌리는 방식	모터(주)+엔진(배터리 충전)
BEV(Battery Electric Vehicle)	순수 전기로만 움직이는 자동차.	모터(배터리)
FCEV(Fuel cell Electric Vehicle)	연료전지를 통해 얻어지는 순수 전기로만 움직이는 자동차.	연료전지 + 모터

④ 전기모터가 출발과 가속 시에만 역할을 하는게 아니라 주행에 주된 역할을 하는 Hard(Full) HEV

⑤ 기본적으로 전기모터로 움직이지만 배터리 범위를 넘어서는 거리는 엔진을 이용해 발전기를 돌리는 방식인 Plug-in HEV

⑥ 순수 배터리로만 운행하는 EV 또는 수소연료전지를 이용하는 FCEV 등의 순서로 구분이 가능하다.

하이브리드 전기자동차는 엔진과 모터와 같이 두 개 이상의 동력원을 가진 자동차로 정의될 수 있고, 전기자동차는 순수 배터리를 사용하는 자동차로 정의될 수 있다.

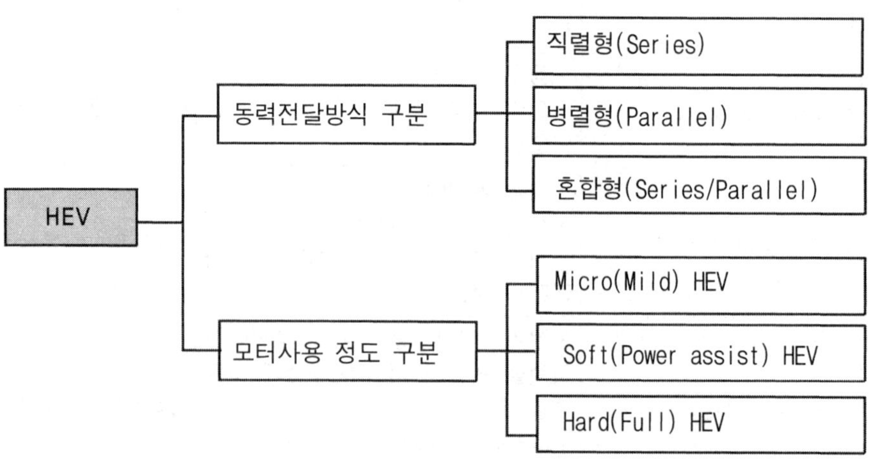

그림 15. 하이브리드 전기자동차(HEV)의 구분

특히 전기자동차는 배기가스가 전혀 배출되지 않으며 내연기관에 비해 부품수가 현저히 감소하고 낮은 속도에서도 더 높은 토크를 낼 수 있다. 궁극적으로는 하이브리드 전기자동차가 전기자동차의 과도기적 성격을 지니고 있다는 점에서 전기자동차를 하이브리드 전기자동차를 포함한 넓은 의미로 쓰기도 한다.

하이브리드 전기자동차의 경우, 두가지 이상의 동력원을 사용하기 때문에 전기자동차에 비해 여러 가지로 분류가 되는데 동력전달방식에 따라 직렬형(Series), 병렬형(Parallel), 혼합형(Series/Parallel)이 있으며, 모터 사용정도에 따라 Micro (Mild) HEV, Soft(Power assist) HEV, Hard(Full) HEV로 분류된다.

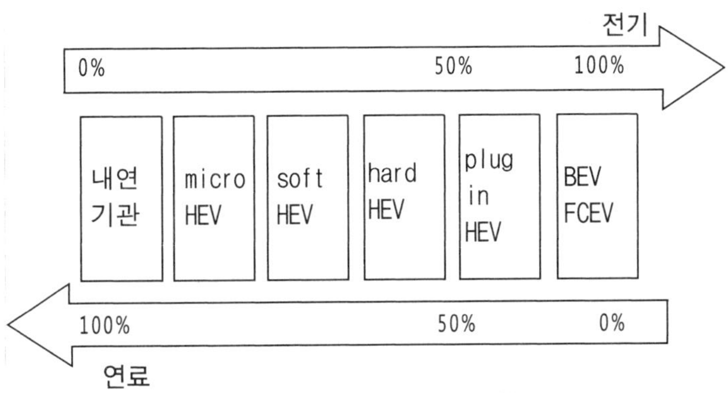

그림 16. 에너지 사용률에 의한 분류

4 메커니즘 및 문제점

가솔린차의 구동력은 엔진에서 나오지만 전기자동차는 모터에서 나온다. 엔진은 회전수와 출력은 액셀 페달로 조절한다. 모터는 이 기능을 위해 컨트롤러를 부착해야 하는데 이것이 간단한 문제가 아니다.

모터에는 직류모터와 교류모터가 있다. 직류모터는 고정자의 전극을 마이너스와 플러스로 바꿔주기 위해 브러시가 필요하다. 교류모터는 브러시가 필요 없으나 교류의 타이밍을 모터로 얻고 싶은 토크나 회전수에 맞춰 조정하는 것이 어려워 효율이 낮았었다. 요즘에는 회전자와 고정자의 위치관계를 정확히 알아서 교류전류를 흘리는 방식이 개발돼 마치 브러시가 없는 직류모터와 같은 성능을 낼 수 있게 됐다. 그리고 모터에 걸리는 전압은 회전수와 전류 양쪽에 관계된다.

전기자동차로 평지를 달리며 속도를 높이려면 전압을 올리면 되고 고갯길에서 같은 속도로 달리고 싶으면 전압을 올리고 회전수를 유지한 채 전류를 증가시키면 된다. 컨트롤러는 전지에서 얻은 직류전압을 조정하는 장치로 컨버터라고 부른다. 교류모터의 경우는 직류전압을 교류전압으로 바꿔주며 전압을 조절해야 하며 이것을 인버터라고 부른다. 직류전압을 손쉽게 조절하는 방법은 저항을 만들어주는 것이나 에너지손실이 많아 보다 효율이 높은 반도체소자가 개발되고 있다.

인버터는 컨버터와 같은 작용을 하면서 직류를 교류로 변환시키는 기능을 해야 한다. 직류를 교류로 만들기 위해 변조기가 사용된다. 그래서 인버터는 컨버터에 비해 구조가 복잡하다. 자동차용 모터는 토크와 회전수를 조절하기 쉽고 전체적으로 가벼운 것이 이상적이다. 현재는 직류분권식이 주류를 이루고 있으나 브러시에 의한 전압강하와 기계적 손실로 효율이 떨어지는 결점이 있다. 이 때문에 최근에는 브러시리스 DC모터라고 불리는 유도식 교류모터가 개발돼 각광을 받기 시작했다.

전기자동차의 에너지 소비를 줄여 주는 데 있어 매우 중요한 역할을 하는 것이 회생 브레이크다. 전기자동차에 사용되는 모터는 발전기와 구조가 같아 전류를 흘리면 회전하고 반대로 밖에서 힘을 걸어 회전시키면 발전기가 된다. 차를 감속시키거나 제동을 할 때 그 힘으로 모터를 회전, 전기를 발전시켜 축전지로 보내는 장치를 만들면 전기소모량을 많이 줄일 수 있다. 일반적으로 엔진차를 전기자동차로 개조하는 경우에는 엔진 위치에 모터를 장착하고 트랜스미션과 디퍼렌셜기어를 그대로 사용하는 일이 많다.

그러나 전기자동차에 사용되는 모터들은 저속에서 고속까지 무단으로 부드럽게 변환시킬 수 있기 때문에 반드시 변속기와 감속기가 필요하지는 않다. 실제로 최근에 오리지널 전기자동차로 개발된 차들은 바퀴를 각각 하나씩 돌리도록 여러 개의 모터가 장착돼 있다.

가솔린차와 달리 현재의 전기자동차는 주행거리가 짧기 때문에 가솔린차의 감각으로 운전하다가는 길거리에서 멈추기 십상이다. 그래서 남아 있는 전력량을 아는 일이 매우 중요하다. 보통 배터리액의 비중 또는 전압을 측정하는 두 가지 방식이 있다. 그런데 배터리 중 주위 온도에 따라 남아 있는 전력량이 달라지는 것도 있어 계기를 만드는 일이 쉽지 않다.

참 고 전기자동차 탈수록 주행거리 짧아져 최대 단점

① 쉐보레 전기자동차 볼트(Bolt) EV의 주행거리가 최대 143마일(230Km)까지 줄어들 수 있는 것으로 확인돼 주목된다. 해외 자동차 전문매체 블로그는 쉐보레 전기자동차 볼트 EV가 배터리 보증기간인 8년 동안 전지 용량이 최대 40% 줄어든다고 전했다. 이는 GM이 '쉐보레 볼트 EV 오너 매뉴얼'에 직접 기술한 부분인 것으로 확인됐다.

② GM은 볼트 EV 오너 매뉴얼를 통해 '다른 모든 배터리처럼 고압추진 배터리의 용량은 시간과 마일리지에 따라 감소될 수 있다'며 '이용방법에 따라, 전지 용량은 보증기간 동안 최소 10%에서 최대 40% 가량 줄어들 수 있다'고 설명했다.

③ 쉐보레 볼트 EV의 1회 완충 시 최대 주행거리는 238마일(383Km)이다. 전지용량이 40% 가량 줄어들 경우, 8년 뒤 쉐보레 볼트 EV로 달릴 수 있는 거리는 143마일(230Km) 정도에 불과하다. 다만, GM이 어떤 방식으로 '최대 40%'라는 계산을 도출했는지는 전해지지 않았다.

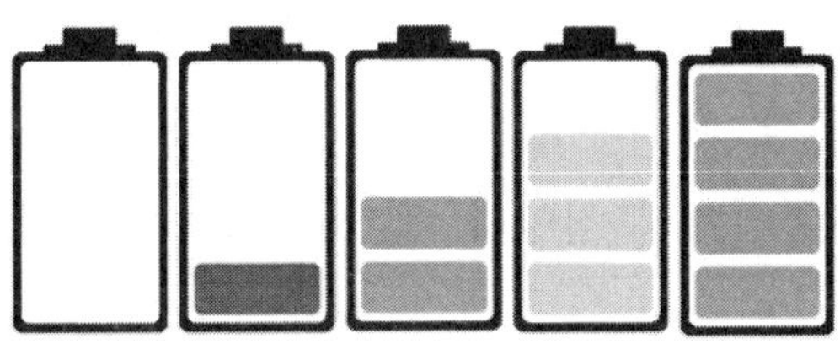

[배터리 성능 저하]

④ 배터리 성능저하는 비단 볼트 EV에서만 나타나는 문제가 아니라, 모든 전기자동차가 공통으로 갖고 있는 단점이기도 하다. 가령 닛산 리프의 경우, 지난 2012년 평균 37도 이상의 지역에서 배터리 용량이 급격히 감소해 대체 패키지를 마련하는 등 해결책을 제시한 사례가 있다.

⑤ 2013년형 테슬라 모델 S에서 같은 문제가 발견되기도 했다. 당시 2014 그린카 리포트에 따르면, 테슬라 모델S 전지용량은 누적 주행거리 5만마일(8만467Km) 이상에서 6% 정도 감소하는 것으로 조사된 바 있다.

4.1. 전기자동차 상용화 장애

전기자동차 관련 기술의 눈부신 발전과 놀라운 수준의 상용 모델들을 살펴보면 순수한 전기자동차(EV)의 본격적인 시대가 눈앞에까지 다가온 것처럼 느끼게 한다.

그러나 EV가 본격적으로 상용화되고 기존의 내연기관 자동차를 완전히 대체하기 위해서는 여전히 많은 문제들이 산재해 있는데, 이런 문제들은 지금과 같은 전통적 접근방법으로는 해결이 쉽지 않다.

4.1.1. 충전인프라

전기자동차 상용화의 가장 큰 걸림돌은 배터리로 인한 비싼 가격이 가장 먼저 떠오르지만, 사실은 배터리 충전기술과 그 인프라 구축이 더 해결하기 어려운 문제이다. 전기자동차가 일반 대중에게 주저 없이 선택되기 위해서는 기존의 내연기관 자동차와 같이 운전자가 쉽고 빠르게 연료(에너지)를 보충할 수 있어야 한다. 이와 관련하여 국내는 물론 전 세계적으로 충전스탠드로 대표되는 충전 인프라를 갖추기 위한 기술개발과 연구가 한창 진행 중이다.

현재 정부의 정책과 지원으로 일부 공공기관 등에서 시범적으로 일정수의 전기자동차를 구입하고 충전시설을 갖추어 운영하는 등의 시도가 추진되고 있다. 전기자동차의 구매가 일반 소비자들에게까지 확산되기 위해서는 충분한 충전인프라가 미리 조성되어야 하지만 충전스탠드를 통하여 요구되는 환경을 구축하는 것은 쉬운 문제가 아니다. 더구나 향후 100만대, 1000만대 이상이 도로를 주행하는 본격적인 전기자동차 시대를 감안할 때, 이것은 더욱 불가능해 보인다. 대부분 개인차고 시설이 없는 국내의 주거환경에서 집안의 전기를 이용하여 충전을 한다는 가정은 하기 어렵다.

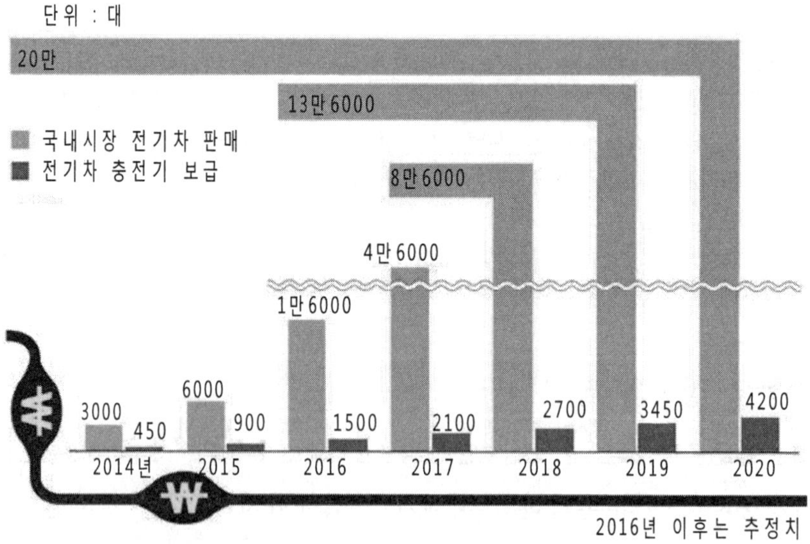

그림 17. 국내 전기자동차 충전기 설치 예상대수

이것은 결국 전기자동차를 구입하는 소유자의 주거지 인근에 충전스탠드를 갖춘 전용의 주차공간이 확보되어 제공되어야 함을 의미한다. 뿐만 아니라 자동차가 운행되는 극장, 식당, 쇼핑센터, 체육시설, 도로 휴게소 등 모든 공공장소의 주차장에도 전기자동차를 위한 전용의 공간이 필요하다.

따라서 필요한 충전시설, 충전스탠드의 수는 보급되는 전기자동차 숫자의 최소 3배수 이상이 되어야 할 것으로 예상된다. 즉, 전기자동차의 본격적 상용화로 전국에 약 100만대 이상이 보급된다면, 충전시설은 약 300만개 정도가 시설되어야 하고, 이와 같은 막대한 숫자의 충전시설 확충은 경제적으로 뿐만 아니라 물리적으로도 가능할 것 같지 않다. 또한, 이렇게 마련된 주차공간은 장애인용 주차공간과 같이 전기자동차를 위해 사용이 제한되어야 하며, 그만큼 주차공간의 낭비가 발생하게 된다. 이 문제는 그렇지 않아도 도심의 주차난이 심각한 우리나라와 해외 선진국 등에서 도저히 채택할 수 없는 정책이 되게 한다.

이웃나라 일본의 경우 특정 시범지역을 선정하여 일정기간 내에 일정량 이상의 전기자동차를 보급한다는 원대한 계획을 가지고 있지만, 막대한 정부의 보조금과 정책적 지원에도 불구하고 일반 국민들에게 얼마나 원활하게 보급이 될 수 있을지는 두고 보아야 할 일이다.

4.1.2. 충전 소요시간

전기자동차 상용화의 또 다른 결정적 문제는 충전에 소요되는 시간이다. 전기자동차가 완전히 상용화되고, 기존의 내연기관 자동차를 대체할 수 있기 위해서는 시내주행용 또는 출퇴근용이라는 용도의 제한이 있어서는 안 된다. 또한 전기자동차 사용자가 자동차의 운행계획을 미리 수립하고, 이에 맞추어 사전에 충분히 배터리를 충전해 두거나, 또는 운행 중에도 언제 어디에서 충전할 것인지에 대한 계획을 미리 세운다는 등의 사용상 제약도 없어야 할 것이다.

이를 위해서는 충전스탠드 또는 충전소 등 전기자동차 충전 인프라가 충분히 갖추어져 있어서 필요한 경우 언제 어떤 상황에서도 손쉽게 충전시설에 접근할 수 있어야 한다. 이 때 충전 또한 화석연료의 보충과 같이 신속하게 마무리될 수 있어야 한다.

그림 18. 전기자동차 충전

이와 관련하여 국내외에서 급속 충전기술에 대한 연구가 활발히 진행되고 있으나 여전히 30분 정도의 시간이 소요된다. 급속 충전기술이 보편화되어 모든 충전소에서 30분만에 배터리 충전을 완료할 수 있다고 가정해도 사용자에게 이 소요시간은 전기자동차 선택을 재고하게 하는 중요한 결함이 된다.

그나마 현재의 충전인프라 구축현황은 8시간 이상이 소요되는 보통 충전방식을 표준으로 채택하고 있으며, 급속충전은 배터리 수명에 미치는 영향 등의 이유로 최소한의 수량으로 긴급한 상황에서만 이용할 수 있도록 시설되고 있다. 이와 같은 상황에서 아무리 충분한 수의 충전인프라가 구축된다고 하여도, 소비자들은 충전에 소요되는 시간으로 인해 전기자동차의 구입을 쉽게 결정하지 못할 것이다.

[표 1-3. 2세대 전기차 완속 충전시간]

구 분	배터리용량(KWh)	주행거리(Km)	완충시간(예상)	배터리 공급사
BMW 뉴 i3S	33	300	4~5시간	삼성 SDI
테슬라 모델3(표준)	55	354	6~8시간	파나소닉
기아 니로 EV	60	380	8~9시간	SK이노베이션
GM 볼트(Bolt)	60	383	8~9시간	LG화학
현대 코나 EV	60	390	8~9시간	LG화학
닛산 리프 2세대	60	400	8~9시간	AESC
르노 조에(ZOE)	41	400	8~9시간	LG화학

*주행거리 및 충전시간은 국가별 인정기준이 다름

4.1.3. 전기자동차 가격

또 다른 결정적 장애는 전기자동차의 보급가격에 있다.

앞에서 살펴본 여러 장애로 인해, 전기자동차의 시장진입은 처음부터 많은 난항을 겪을 것이 너무나 확실하다. 따라서 자동차 개발업체 또는 배터리 생산업체에서 처음부터 공격적인 시설투자와 연구개발을 할 수 없으며, 이와 같은 가정은 제한된 판매시장에서 막대한 투자비의 회수를 고민하게 만든다.

자동차 제조회사는 전기자동차가 시장에서 시장원칙에 의해 스스로 자생할 수 있는 경쟁력을 갖추지 않는 한 본격적으로 상용화 될 수 없음을 알고 있다. 이를 위해서는 배터리용량을 최소화하면서 주행거리의 한계를 극복하고 가격경쟁력을 갖추는 등 세 마리 토끼를 한번에 잡아야 한다.

현재 출시되고 있는 대부분의 전기자동차가 몇몇의 예외적인 차종을 제외하고는 경차와 소형차에 국한되고, 그러면서도 주행거리를 충분히 늘리지 못하는 등이 이와 같은 이유에서이다.

결국 현재와 같은 접근에서 전기자동차는 본격적인 상용화를 기대하기 어려우며, 제한된 시장과 수요에 직면하여 자동차와 배터리회사에서는 제품의 가격을 충분히 인하하는 등의 시장전략을 전개할 수 없다. 따라서 지금 시장에 출시되고 있는 경차와 소형차류의 전기자동차로는 배터리가격 때문에 출고가가 높아 사실상 정부와 지자체의 보조금 없이는 구매하기가 쉽지 않다. 따라서 정부의 제도적 규제와 재정적 지원이 동시에 이루어지는 시범도시 등에 제한적으로 보급되어 그 가능성을 시험하는 수준의 보급에서 그칠지도 모른다.

참고 배터리가격 뚝뚝… 5년내 2000만원대 전기자동차 나온다.

① 전기자동차용 배터리 가격이 오는 2020년 현재 보다 약 60% 저렴한 수준으로 떨어질 것이라는 전망이 나왔다. 순수 전기자동차(EV) 기준으로 통상 전체 제조원가의 30~40%를 배터리가 차지한다는 점을 고려하면, 오는 2020년 이후에는 기존 내연기관차와 전기자동차의 가격이 거의 비슷해질 것으로 보인다.

② 업계에 따르면 올해 기준으로 1KWh당 200달러 안팎인 전기자동차용 리튬이온 배터리의 가격이 내년 160~140달러로 내려간 뒤 2020년에는 100달러 수준까지 떨어질 것으로 전해졌다.

③ 업계 관계자는 연비규제 강화로 자동차용 배터리의 수요는 계속 늘어날 것이라며 2008년 당시 1KWh당 1000달러 수준이었던 배터리가격이 200달러대 안팎으로 떨어진 것을 고려하면 5년 안에 100달러 진입도 가능할 것이라고 말했다. 실제로 일부 배터리 제조업체는 이미 100달러대 중 · 후반의 가격에 배터리 셀을 공급하는 것으로 알려졌다.

[전기차 배터리 공급가격 예상치]

단위 : 1KW당 달러

2008년	2016년	2017년	2020년
1000달러	250~160달러	160~140달러	100달러

④ 배터리 셀 가격이 100달러 수준까지 내려가면 산술적으로 2만달러(약 2500만원) 초·중반에 주행거리 300Km 수준의 전기자동차를 만들 수 있다. 통상 전기자동차 가격에서 배터리와 관련 부품이 차지하는 비중은 30~40% 수준이라는 점을 고려하면, 320Km(60KWh)를 주행하는 전기자동차를 만들기 위해 드는 배터리 비용이 약 6000달러(약 750만원)라는 계산이 나온다.

[모델명 배터리 셀 가격]

단위 : 1KWh당 달러

모델명	가 격	모델명	가 격
테슬러 모델 3	140~130	GM Bolt	145
테슬러 모델 S	210	BMW i3	400
GM Volt	350	닛산 리프	370

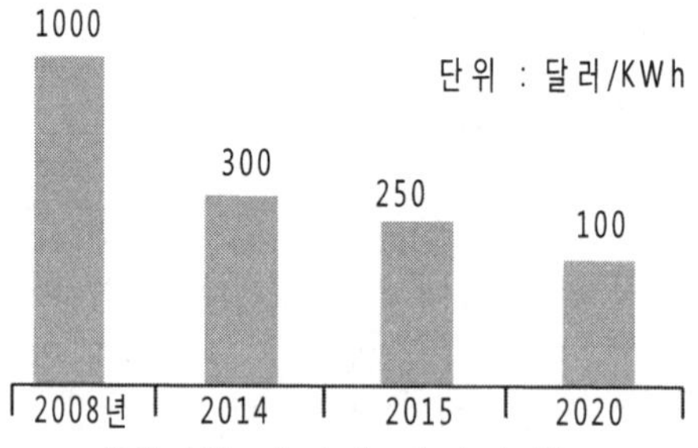

[전기차 배터리 가격전망]

가격 면에서 불리한 전기자동차의 초기시장 창출을 위해 정부의 보조금 지원, 세금인하, 의무구매제도 등 적극적인 역할이 필요하며, 전기자동차 보급을 위해서는 차량가격 인하, 주행거리 증가, 충전시간 단축 등의 시급한 문제 해결이 필요하다.

4.2. 전기자동차가 환경에 미치는 영향

4.2.1. 대기공해

석유자원을 이용한 자동차를 전기자동차로 대체하려는 움직임에 대해 일부 환경 전문가들은 전기자동차가 환경적으로 우수한 것은 아니라는 반론을 제기하기도 한다. 발전소에서 전기를 만들기 위해서는 여전히 화석연료를 태워야 하기 때문이다.

하지만 원유를 100%로 볼 때, 전기자동차의 에너지 이용률은 12.5%인 반면, 가솔린 자동차의 이용률은 겨우 9.3%에 지나지 않으며, 전기는 화력발전을 비롯한 석유자원 이외에 원자력, 수력, 조력 등 개발 가능한 에너지원이 다양하다는 점에서 긍정적이라고 볼 수 있다.

발전소의 배출가스는 자동차의 배출가스에 비해 감시와 조절이 용이하며, 발전소에서는 연료를 고열로 가열하기 때문에 내연기관자동차의 연소에 비해 효율이 좋아 결과적으로 배출되는 가스도 적다.

4.2.2. 재활용문제

내연기관 자동차에 비해 재활용문제에 있어 크게 다른 부분은 배터리라고 보며, 현재 납 배터리의 경우 약 97%가 재활용되고 있어, 니켈카드뮴 등 중금속계통의 배터리를 제외하고는 크게 문제시 되고 있지 않다.

참고 전기자동차 배터리의 재활용

일본의 미쯔비스자동차, 미쯔비시 상사 및 리튬이온 배터리 제조업체는 공동으로 전기 자동차의 폐 배터리를 태양광 발전용 축전지로 재활용하는 실증실험에 들어갔다.

전기자동차의 경우 현재까지는 대부분 대용량 리튬이온 전지가 사용되고 있다. 전기 자동차의 판매가 늘어나면 늘어날수록 여기에 사용되는 배터리의 수량도 늘어나게 될 것이고 내구연한이 넘은 배터리는 새로운 환경문제를 야기할 수 있다.

물론 재활용이 가능하지만 기존의 가솔린이나 디젤엔진 자동차에서 나오는 배터리 수와 비교가 힘들 정도로 전기자동차 한대에 들어가는 배터리 수가 많은 것이 문제이다.

내구연한이 넘은 대용량 전기자동차용 리튬이온 배터리의 경우 약 80% 정도의 성능을 유지할 수 있다고 한다. 따라서 폐배터리를 가정용이나 혹은 업무용 태양광 발전시스템과 연결시켜 축전지로 재사용 하자는 계획이 타당성 검토를 위해 실증실험에 들어가게 된다.

4.2.3. 유지보수 문제

내연기관 자동차에 비하여 구성하는 부품의 수가 적다. 따라서 고장률이 적고, 유지보수가 쉬우며, 수리에 소요되는 시간, 비용, 자원이 절약된다.

참 고 10년 타고다닐 차라면… 휘발유보다 전기자동차가 이득

전기자동차를 10년 동안 타고다니면 휘발유차와 비교해 유지비가 500만원 이상 적게 드는 것으로 나타났다.

KEI의 보고서에 따르면, 올해부터 2025년까지 차량을 운행한다고 가정할 때 순수 전기자동차(EV)는 동급의 휘발유차보다 유지비용이 571만원 적게 들었다. 전기와 휘발유를 번갈아 사용하는 플러그인 하이브리드차(PHEV)는 휘발유차에 비해 182만원을 아낄 수 있었다. 반면 수소전기자동차(FCEV)는 오히려 휘발유차보다 유지비가 1,419만원이나 더 들었다. 이는 차 값과 세금, 연간 주행거리 1만5,000㎞ 기준 연료비 등을 총 소유비용(TCO)으로 합산, 비교한 결과다.

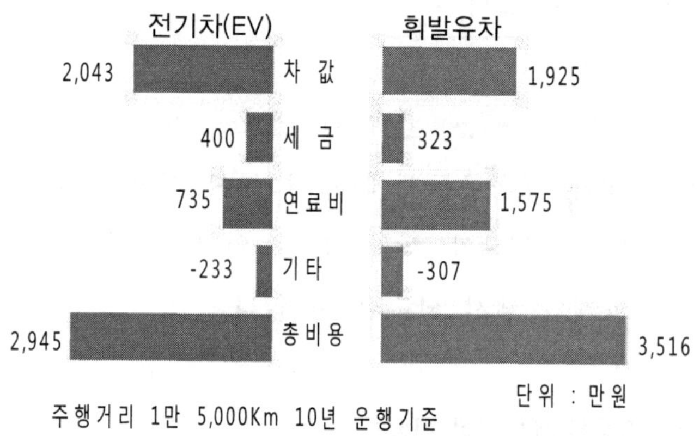

[전기차와 휘발유차 유지비 비교]

결국 지금 소비자 입장에서 차를 산다면 전기·하이브리드차를 타는 것은 장기적으로 이득이지만, 수소차는 손해라고 볼 수 있다. KEI 부연구위원은 '수소차는 차량 가격이 상대적으로 높아 아직 민간에 보급되기엔 한계가 있다' 고 설명했다. 실제 조사 대상 수소차 가격은 휘발유차보다 2배 이상 비쌌다.

4.3. 전기자동차 개발의 필요성

4.3.1. 21세기 육상교통수단으로서의 주요 역할

21세기에는 전용가이드 웨이(Guide way)방식의 간선 교통시스템과 전기자동차에 의한 근거리 교통수단을 병용하는 이중모드(Dual mode)시스템이 등장하고 공유개념의 소형, 고기능 자동차를 이용한 시티 카(City car)방식이 도입될 것으로 생각된다. 이러한 교통수단으로는 도심권에서의 전기자동차, 지하전철, 도시 간 교통은 고속전철 등이 주종을 이룰 것으로 예상된다.

4.3.2. 환경 공해문제의 해결

환경 공해문제의 해결을 위해서는 배기가스가 없고, 저소음의 청정 환경을 조성할 수 있어야 한다. 전기자동차의 경우 청정에너지(Clean energy)인 전력을 사용하므로 배기가스나 소음의 발생이 거의 없는 교통수단으로서, 점진적인 국내 보급 확대를 유도하고자 노력하고 있다.

한편, 앞에서도 언급했듯이 미국에서는 대기보전법의 의회 통과(90.10.27)에 따라 캘리포니아 주에서는 20003년부터 무공해 차량(ZEV)의 판매를 촉진, 10%를 의무화하고 있으나 초저공해 차량(Ultra Low Emission Vehicle : ULEV)까지 포함하면 약 25%를 점유할 것으로 예상된다.

4.3.3. 에너지원 다원화로 미래의 에너지 문제 해결

앞으로 화석연료 고갈시를 대비한 에너지 대체가 시급한 실정에 있다. 전기자동차의 경우, 2차 에너지인 전기에너지를 사용하므로 화석연료가 아닌 원자력, 수력, 대체에너지 등이 이용 가능하며, 이러한 장점을 활용하여 에너지 공급원의 다원화를 모색할 수 있다.

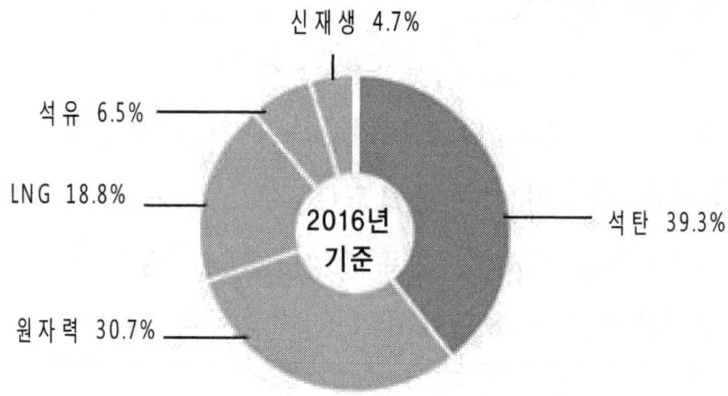

그림 19. 국내 에너지원별 전력 생산 비중

4.3.4. 에너지 이용 효율의 증대로 에너지 절약

가솔린자동차는 총 에너지 효율이 10.3%인 데 비해 전기자동차는 17.8%로 에너지 효율이 약 70% 더 높아 에너지 절약효과가 크다. 또한 전기자동차는 충전 시 심야의 잉여전력을 사용할 수 있어 고가의 발전설비를 효율적으로 활용할 수 있다는 장점이 있다.

[표 1-4. 동력원에 따른 효율 비교]

구 분	Well to Tank 연료생산효율(%)	Tank to Wheel 차량효율(%)	Overall Efficiency 총괄효율(%)
가솔린 내연기관	88	18	16
디젤 내연기관	89	22	20
하이브리드 자동차	88	30	24
전기자동차	42	80	31
연료전지 자동차	75	48	36

4.3.5. 자동차 수출확대와 새로운 시장개척

우리나라의 자동차산업은 80년대 이후 크게 신장되어 왔으나, 최근 기술 경쟁력 약화로 성장속도가 둔화되고 있는 실정이고, 미국의 경우 대기보전법이 발효되어 2003년부터 일정비율의 전기자동차 판매를 의무화하고 있는 등 세계적으로 환경문제가 강화되고 있다. 따라서 앞으로 자동차 수출의 확대를 위해서 전기자동차 개발이 필수적이다.

그 외 전기자동차는 조작이 간단하고 대기온도에 무관하게 확실히 시동이 되며, 엔진의 진동이 없어 차량수명이 길어 경제성이 좋고, 운전이 용이한 등의 장점을 갖고 있어 개발이 필요하다.

5 친환경자동차의 시장 전망

친환경 전기자동차의 확산이 거스를 수 없는 대세로 자리잡고 있다. 세계 각국 정부의 자동차연비 및 배기가스 규제가 갈수록 강화되면서 전기자동차의 입지는 갈수록 확고해질 전망이다. 당분간 하이브리드형의 전기자동차가 주류를 이루겠지만, 향후 10년 후면 전기로만 가는 자동차의 비중이 이에 못지않게 높아질 것이다.

이러한 전기자동차의 확산과 진화는 자동차산업은 물론 관련 산업에 적잖은 변화의 물결을 예고하고 있다. 전기자동차의 핵심부품의 하나인 전지를 둘러싼 공급사슬 구조가 기술발전과 충전인프라의 영향을 받아 재편될 것이다. 전력산업의 경우 충전인프라는 전력판매의 새로운 수익원이 될 것이며, 이를 지능적으로 관리 운영하는 것과 관련된 산업들이 성장할 것이다.

전기자동차 확산으로 인해 명암이 나뉘는 분야도 있을 것이고, 사업모델이 새로운 형태로 진화할 수 있는 영역도 있을 것이다. 기업들로서는 이러한 변화의 흐름을 잘 간파하고 기술개발이나 인프라 구축, 사업모델 개발 등 다각적인 측면에서 미리 대응하는 노력이 필요하다.

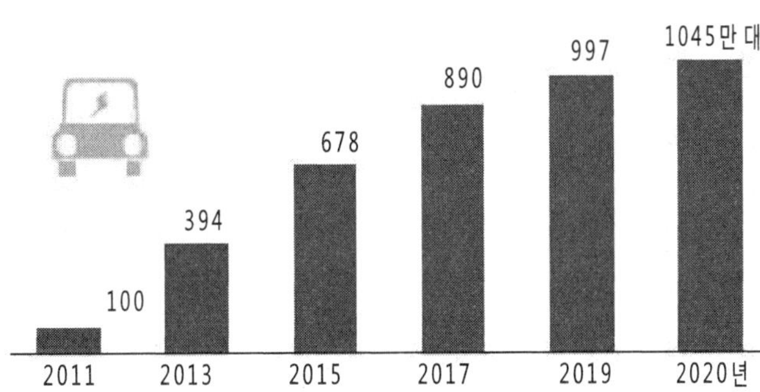

그림 20. 전기자동차의 판매량 전망

선진 각국 정부들이 내놓은 2020년 온실가스 배출기준은 현재의 내연기관 자동차의 효율증대로는 도저히 달성할 수 없는 목표로 평가되고 있다. 배기가스가 전혀 없는 자동차를 라인업에 추가시켜 생산, 판매해야만 도달할 수 있는 목표라는 이야기이다.

결국, 공급측면에서 전기자동차의 확산은 앞으로 자동차산업의 대세로 보인다. 정부정책 환경이 자동차 기업들로 하여금 전기자동차 개발과 출시에 압력을 넣고 있으며, 자동차 기업들도 이를 따를 수밖에 없는 입장이다. 미국에서는 2016년까지 적용될 연비기준과 배기가스 배출량 정책을 확정 발표하였다. 여기서 미국 정부는 캘리포니아 주정부, 환경보호단체, 자동차기업 등 연비 및 온실가스 규제와 관련한 이해관계자들의 합의를 통해 결정된 사항이라는 것을 강조하였다. 향후 일관된 정책 추진을 예상할 수 있다.

자동차 배기가스 규제가 강화되면서 자동차기업들이 선택할 수 있는 대안은 기존 내연기관의 효율을 대폭 향상시키던가, 클린 디젤이나 전기자동차의 생산비중을 높이던가 하는 것으로 좁혀진다. 내연기관 자동차의 이산화탄소 배출을 현재보다 30%~40% 만큼 줄이기 위해서는 소형 경량화, 파워트레인 개선, 혁신적 직접 연료 분사 기술 등과 함께 하이브리드기술이 꼭 필요하다.

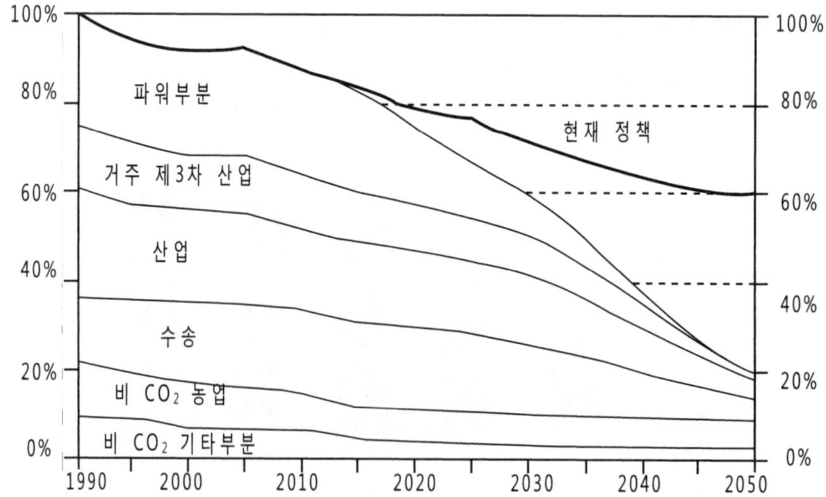

그림 21. EU 2050년까지 온실가스 배출 80% 감축계획

전기모터와 내연기관 엔진의 작동 특성을 살펴보면 저속에서는 전기모터가 내연기관보다 훨씬 출력이 좋다. 고속에서는 상황이 역전된다. 현 내연기관 연비의 대부분은 저속주행 시 잃어버린다. 그렇기 때문에 전기모터와 내연기관 엔진을 조합할 경우 출력과 연료효율을 동시에 높일 수 있게 되는 것이다.

전기자동차는 향후 자동차 관련 기술 및 산업구조를 근본적으로 변화시킬 것으로 예상되고 있다. 전기자동차의 생산 및 보급이 본격화되면 세계 자동차산업의 판도가 새롭게 재편될 전망이다. 특히 최대 자동차 수요시장인 중국이 전기자동차 개발에 박차를 가하면서 그동안 전기자동차에 소극적이던 주요 완성차 업체들이 경쟁적으로 전기자동차 개발에 나서고 있는 등 친환경차와 관련된 새로운 판도가 빠르게 진행되고 있다. 또한 각국 정부는 미래 자동차산업의 경쟁구도를 좌우할 전기자동차 부문에서 관련 정책들을 적극적으로 추진하고 있다.

새로운 전기자동차시대의 도래에 따른 기술 간, 산업 간, 경쟁국 간 급속한 재편에 대처하기 위해서는 새로운 전략과 인프라가 요구된다. 전기자동차의 경쟁우위 확보 및 시장선점, 기술도입을 위해서는 정부의 역할이 무엇보다 중요하다. 중국정부는 기존 내연기관차에서의 경쟁열위를 친환경차를 통해 만회하고 선도자 기회를 얻기 위해 적극적으로 나서고 있다. 주요국들은 중앙정부, 지자체, 기업간의 협력 시스템을 구축하고 자동차산업의 기술 패러다임의 변화에 부응해 연관 산업, 대중소기업, 대학 및 연구소가 능동적으로 참여할 수 있는 개방형 생태계를 조성하여 동반 성장을 유도하고 있다.

우리나라 자동차산업도 빠르게 진전되고 있는 전기자동차 시장에 대응하여 시장을 선점하기 위해서는 업체들의 개발의지와 더불어 정부가 전기자동차 관련 표준이나 정책을 만들고 전기자동차 보급 확산을 위한 보조금 마련과 인프라구축 등 많은 노력이 필요하다.

참고 전기자동차 주행거리에 대한 불편한 진실

몇 년 전까지만 해도 아직 실험용에서 벗어나지 못하고 있었던 전기자동차를 단숨에 상업용으로 양산하여 전기자동차의 대중화를 이끈 테슬러의 비결은 무엇일까? 테슬러 이전의 전기자동차는 전지 충전용량이 작아서 태양열 전기자동차처럼 차체를 가볍고 작게 제작해야만 했다.

저용량의 전지를 장착한 결과 당연히 출력이 낮고 1회 충전 후 주행거리도 짧아서 최고속도는 고작해야 40~60Km/h, 주행거리도 고작 수십 Km에 불과했다.

그런데 테슬러는 달랐다. 그들은 대체 왜 전기자동차는 작고, 저속이어야만 하는가, 그냥 기존 내연기관 자동차처럼 크고 빠르게 만들지 못할 이유가 뭔가, 라며 획기적이면서도 간단한 해결책을 내놨다. 그런데 그 해결책이란게 너무 단순하고 간단한 것이라서 이제까지 왜 아무도 이런 시도를 하지 않았는지 허탈할 지경이다.

그 비결은 그냥 차체를 크게 만들어서 전지 장착량을 늘렸다. 전지 장착량이 늘어나니까 출력이 세지고, 1회 충전 후 주행거리도 획기적으로 늘어났다.

[배터리용량과 주행거리]

구 분	1회 충전 주행거리(Km)	배터리 용량(KWh)
BMW i3	132	21
닛산 리프	132	24
테슬라 모델3	354	55
GM 볼트(Bolt)	383	60
테슬라 모델s P100D	594	100
루시드 에어	643	130

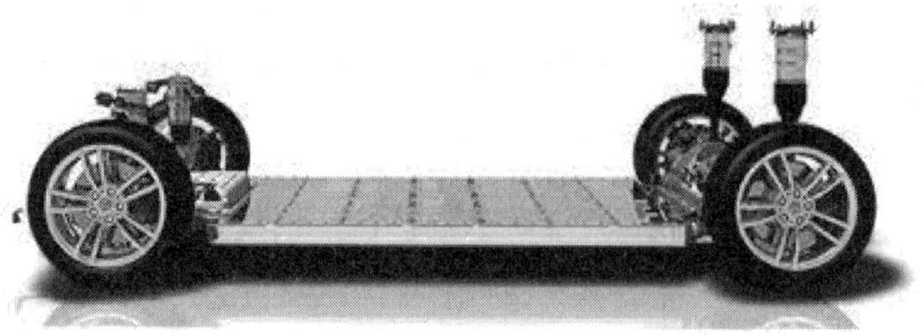

[테슬라 모델 S의 배터리 팩 배치도]

새로운 전기자동차시대의 도래에 따른 기술 간, 산업 간, 경쟁국 간 급속한 재편에 대처하기 위해서는 새로운 전략과 인프라가 요구된다. 전기자동차의 경쟁우위 확보 및 시장선점, 기술도입을 위해서는 정부의 역할이 무엇보다 중요하다. 중국정부는 기존 내연기관차에서의 경쟁열위를 친환경차를 통해 만회하고 선도자 기회를 얻기 위해 적극적으로 나서고 있다.

주요국들은 중앙정부, 지자체, 기업간의 협력시스템을 구축하고 자동차산업의 기술 패러다임의 변화에 부응해 연관 산업, 대중소기업, 대학 및 연구소가 능동적으로 참여할 수 있는 개방형 생태계를 조성하여 동반 성장을 유도하고 있다.

우리나라 자동차산업도 빠르게 진전되고 있는 전기자동차 시장에 대응하여 시장을 선점하기 위해서는 업체들의 개발의지와 더불어 정부가 전기자동차 관련 표준이나 정책을 만들고 전기자동차 보급확산을 위한 보조금 마련과 인프라구축 등 많은 노력이 필요하다.

석유자원 고갈, 지구온난화 등 유한한 자원과 환경보호라는 글로벌 명제아래 세계 자동차 메이커는 친환경자동차인 전기자동차에 대한 관심이 날로 높아지고 있다. 이러한 시점에서 22세기를 바라보면서 산업시설 및 수송수단의 무공해 특성을 가진 친환경자동차의 개발은 필연적이다.

Chapter 02

전기자동차의 역사 및 종류

1 전기자동차의 역사

전지의 성능개선과 주변 환경의 변화 그리고 대량생산이 이루어진다면 전기자동차는 가솔린자동차를 밀어내고 자동차의 주역이 될지도 모른다. 이러한 전기자동차의 확산과 진화는 자동차산업은 물론 관련 산업에 적잖은 변화의 물결을 예고하고 있다.

전기자동차의 핵심부품의 하나인 전지를 둘러싼 공급사슬 구조가 기술발전과 충전인프라의 영향을 받아 재편될 것이다. 전력산업의 경우 충전인프라는 전력판매의 새로운 수익원이 될 것이며, 이를 지능적으로 관리 운영하는 것과 관련된 산업들이 성장할 것이다.

1.1. 전기자동차 개발 시기

전기자동차는 석유자동차보다 먼저 개발이 되었다. 어처구니없는 말일 수도 있다. 왜냐하면 대부분의 사람들은 전기자동차의 개발은 최근에 이루어진 것으로 알고 있기 때문이다.

최근 석유 상승, 하락폭이 커지고 환경에 관한 문제제기가 커지면서 자동차 연비를 상승시키기 위한 노력이 계속되고 있다. 그러나 무한자원이 아닌 유한자원인 석유를 사용하면서, 자동차 연비를 상승시키기 위한 노력뿐만 아니라 에너지를 만들 수 있는 다른 원동력이 필요함을 느끼게 되자 사람들은 가장 현실성 있고, 유력한 대체 에너지인 "전기자동차" 개발에 다시 힘쓰게 되었다.

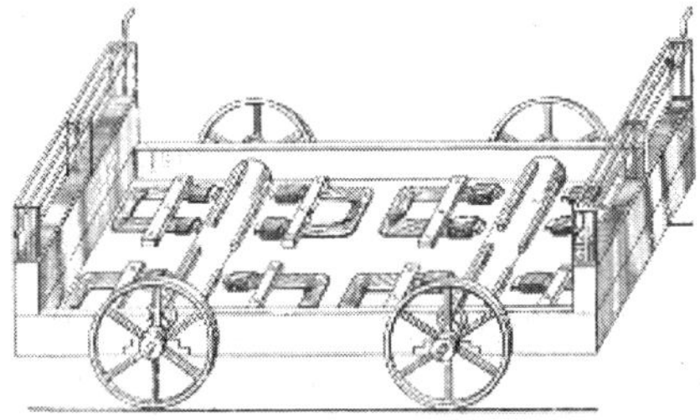

(a) 1842년경 전기자동차

(b) 2018년 테슬러 모델 3

그림 1. 최초 및 현재의 전기자동차 모습

1.2. 전기자동차의 역사

1.2.1. 1820년대~1900년대

[1] 전기자동차의 시초

전기자동차는 디젤엔진, 가솔린엔진을 사용하는 오토사이클 방식의 자동차보다 먼저 고안되었다. 19세기 말에는 자동차를 선택하는 데 있어 가솔린자동차와 증기자동차 외에도 전기자동차가 선택사항 중 하나로 존재하고 있었다. 전기로 움직이는 탈것의 초기 발명품은 1824년으로 거슬러 올라간다. 헝가리의 발명가 앤요스 제드릭(Ányos Jedlik)는 자신이 발명한 전기모터를 이용한 전기자동차를 발명하였다. 그러나 이는 자동차라고 하기에는 너무 미비한 수준이었다.

(a) 앤요스 제드릭의 전기자동차

(b) 앤요스 제드릭

그림 2. 앤요스 제드릭

1830년대에 스코틀랜드의 로버트 앤더슨(Robert Anderson)이 최초로 전기자동차의 원형을 설계했다고 전해지고 있으며, 또한 이는 최초의 원유 전기마차를 발명하였다.

그림 3. 로버트 앤더슨

1835년에 네덜란드 그로닌겐의 스트라틴(Sibrandus Stratingh of Groningen)교수는 소형의 전기자동차를 설계하였다. 스트라틴교수가 설계한 도면을 바탕으로 제자인 크리스트 파벡카가 처음 전기자동차를 만들었다. 하지만, 이런 초기의 전기자동차는 개인의 발명품에 지나지 않았다.

1842년경에 미국의 토마스 다벤포트(Thomas Davenport)와 스코틀랜드의 로버트 데이빗(Robert Davidson)에 의해서 제작된 모델이 최초로 실생활에서 이용이 가능한 전기자동차라는 인정을 받고 있다. 이 전기자동차의 차축에는 영구자석이 달려있고 차축 주위에는 전자석이 둘러싸여 있어서 전자석에 전류를 단속하여 바퀴를 움직인다.

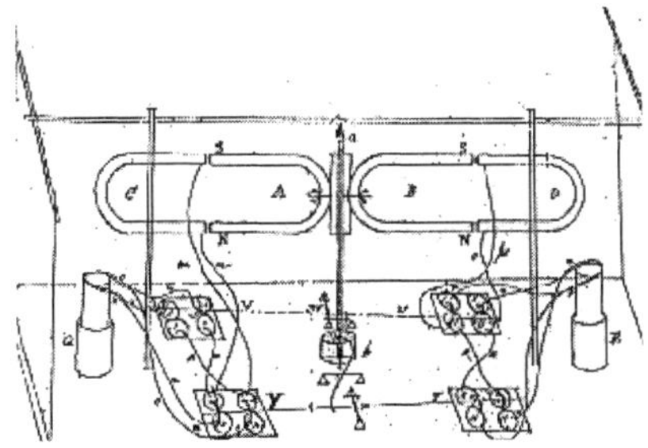

그림 4. 다벤포트의 전기자기 엔진 설계도

그림 5. 최초의 전기자동차의 모습

하지만 두 모델 모두 재충전할 수 없는 타입의 전지를 장착하고 있어 그리 실용적이지는 못했다. 당시 전지기술의 선도적인 역할을 하고 있던 국가는 프랑스였다. 프랑스인이었던 가스 톤 프란테는 1865년 재충전할 수 있는 축전지를 발명하였다. 전기자동차는 1873년 영국의 로버트 데이빗(R. Davidson)이라는 사람이 만들어 실용화했다. 1881년에 프랑스의 카미르 파우레가 기존의 재충전할 수 있는 축전지를 개량하여 전기자동차에 처음 축전지를 적용하며 전기자동차의 비약적인 발전을 가져왔다.

프랑스와 영국은 전기자동차의 광범위한 개발을 지원한 최초의 국가들이다. 1881년 9월에 프랑스 발명가 구스타프 트루베는 프랑스 파리에서 열린 국제 전기박람회에서 삼륜자동차가 작동하는 것을 입증한다. 이후 전기자동차는 급속도로 보급되기 시작한다.

내연기관 자동차의 출현은 1882년과 1883년의 독일의 다이믈러와 벤츠에 의해 차례로 가솔린자동차가 발표되면서부터 시작되었다. 이 당시 가솔린엔진은 미숙 단계이었기에 전기자동차가 자동차의 주류를 이루었고 속도기록도 전체적으로 전기자동차에 의해 독점될 정도였다. 한편, 미국에서는 1891년에 라이카(A.L.Ryker)가 3륜의 전기자동차를 만들었으며 윌리엄 · 모리슨이 6인승의 전기자동차 왜건을 만들었지만 당시에 미국에서 전기자동차의 인기는 그리 높지 않았다. 미국 사람들이 전기자동차에 관심을 가지기 시작한 것은 그로부터 4년 뒤인 1895년 이후부터였다.

1895년에 전기 삼륜자동차가 개발되면서 미국에서도 전기자동차의 관심은 높아졌다. 전기자동차는 기존의 다른 방식의 차량들과 비교해서 냄새가 적고, 진동이 적고, 소음도 작았다. 그리고 무엇보다 휘발유자동차는 차량속도에 따라 적절하게 기어를 바꿔줘야 했으나 전기자동차는 기어를 바꿔줄 필요가 없어 운전조작이 간편해 상류층 및 여성 운전자들로부터 많은 관심을 받게 된다. 그러나 기술적 한계와 트랜지스터의 기술부족으로 인해 이 당시 전기자동차는 최고속도는 시속 32Km에 불과하다는 단점도 있었다. 또한, 2년 뒤인 1897년에는 최초의 상업용 전기자동차로 필라델피아 전기자동차 회사에서 제작된 자동차가 뉴욕시의 택시 전 차량에 채용되기도 하였다.

당시 판매되었던 페톤이라는 전기자동차는 주행거리 18마일(29Km), 시속 14마일(22Km)의 성능을 보여주었으며 가격은 약 2천 달러였다. 하지만, 당시의 전기 자동차는 차대에 모터를 붙인 것에 지나지 않았다.

그림 6. 까뮈 제나지의 전기자동차

1899년 벨기에인 까뮈 제나지가 제작한 유선형 전기자동차가 당시 세계 최고기록인 시속 105Km를 기록하였다. 이 당시 가솔린엔진 자동차의 최고기록이 시속 50Km 정도였던 것을 비교할 때 당시로서는 전기자동차가 상당히 고속형 자동차이었다는 것을 알 수 있다.

1899년~1900년에 전기자동차는 어떤 다른 방식의 차량(휘발유자동차, 증기자동차 등)보다도 많이 팔리게 되고, 1912년에 생산 및 판매 정점을 기록한다. 기본 전기자동차의 가격은 1000달러 이하였으나 대부분 값비싼 재료로 화려하게 꾸며 평균 3000달러 이상으로 상류층들이 주로 이용하였다.

전기자동차의 기술력이 본격적인 궤도에 오르기 시작한 것은 1916년으로 우드사가 가솔린과 전기를 함께 이용하는 하이브리드 카를 개발하기 시작하면서였다. 또한, 그 시절이 전기자동차사에서도 가장 황금기이기도 했다. 전기자동차가 당시 큰 사랑을 받게 된 큰 이유 중 하나는 날로 부유해져 갔던 미국의 공이 컸다. 미국 국민은 금전적 여유가 생기면서 자동차에 관심을 많이 가지게 되었고 가솔린과 증기자동차에 비해 남다른 매력을 가지고 있던 전기자동차는 황금기를 맞이하게 됩니다.

당시 전기자동차는 가솔린자동차가 가지고 있는 진동이나 냄새, 소음이 없어 쾌적했으며 기어 변속이 필요 없었고 증기자동차보다 뛰어난 주행거리 및 매끄럽게 달리는 주행성능은 당시 소비자들로 하여금 전기자동차를 선택하게 하기에 충분한 매력이었다. 이 때문에, 전기자동차는 출발시 크랭크 조작이나 주행시의 기어 변속 등의 매뉴얼의 조작을 좋아하지 않는 사람들에게 특별히 선호되기도 하였다.

증기자동차도 기어시프트는 불필요 하긴 했지만 추운 아침 등에는 시동을 거는데 45분이나 걸릴 뿐만 아니라 유지비용 역시 전기자동차에 비해 많은 금액이 소요되었다.

참고 자동차의 역사

1600년 : 풍력 범주차 - 네덜란드 Simon Stevin(시몬 스테핀)
1633년 : 태엽식 자동차 - 영국 요한 하리우스(Johan Haurish)
1680년 : 최초의 자동차 - spring car(15Km/h) - 레오나르도 다빈치
1765년 : 증기기관 - 영국 제임스 와트(James Watt)

1769년 : 증기추진 3륜 자동차 – 프랑스 조제프 퀴뇨
1839년 : 2사이클 기관 발명 - 듀갈드 클러크
1824년 : 전기모터를 이용한 전기자동차 발명 – 앤요스 제드릭
1835년 : 최초 전기자동차 제작 – 크리스트 파벡카
1837년 : 증기 & 가솔린자동차 – 납·아연 축전지 – 영국 데이비드슨
1842년 : 최초 실생활 이용가능 전기자동차 – 미국 토마스 다벤포트/스코틀랜드 로버트 데이빗
1873년 : 전기자동차를 실용화함 – R. Davidson/영국
1876년 : 오늘날 자동차의 시작 – 4행정 내연기관 발명 – 오토
1900년 : 전기자동차 – 세계 최초 4륜 자동차 – 영국 하드
1885년 : 기화기 발명, 2륜차에 탑재 – 독일 고틀리브 다이믈러
1886년 : 세계 최초 가솔린엔진 자동차 – Patent Motor Car – 독일 칼 벤츠
1893년 : 포드 제1호차 완성 – 포드 생산방식 적용.
1898년 : 압축 점화기관 발명 – 루돌프 디젤

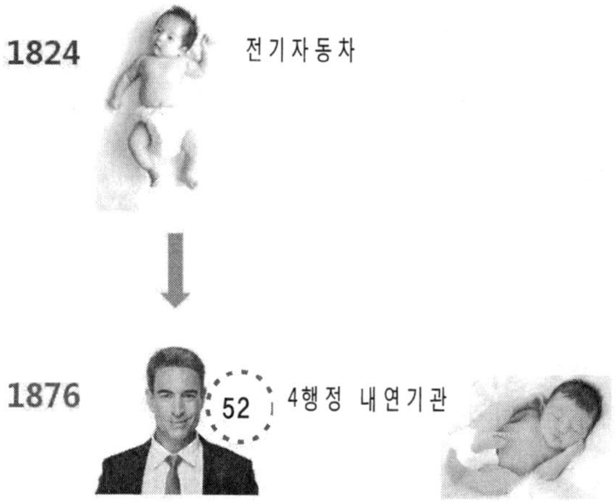

그림 7. 전기자동차와 4행정 내연기관의 탄생

1.2.2. 1920년대~1980년대

[1] 휘발유 자동차의 지배, 전기자동차의 쇠퇴

전기자동차는 가솔린자동차보다 먼저 제작해 1920년까지 사용되었다. 시동이 간편하고 조용하며 배기가스가 없었다. 1920년대에 미국 텍사스의 원유 발견으로 휘발유의 가격은 떨어지고, 내연기관의 대량생산 체제를 구축함에 따라 휘발유자동차는 500달러~1000달러 정도로 가격이 많이 떨어진다.

그러나 전기자동차의 가격은 점점 상승해 평균 1750달러 정도에 팔릴 때 휘발유자동차는 평균 650달러 정도에 팔려 전기자동차는 극히 일부 교통수단으로 이용되고 휘발유자동차가 자동차시장에서 급부상하기 시작한다. 1920년대부터 속도, 힘, 값싼 석유에 힘입어 가솔린자동차는 자동차의 주류가 된다. 그리고 1930년대에 들어서서 전기자동차는 비싼 가격, 전지의 무거운 중량, 충전에 걸리는 시간 등의 문제 때문에 자동차시장에서 대부분 사라진다.

1.2.3. 1990년대

[1] 전기자동차에 대한 재관심

전기자동차가 처음 등장한 것은 1835년, 네델란드의 크리스트 파벡카가 처음 개인의 발명품 형태로 만들었다. 실제로 1900년대 초반에는 전기자동차가 휘발유차보다 더 많았다. 그러나 휘발유차의 대량생산과 싼 가격에 밀려 전기자동차는 역사 속으로 사라졌다.

19세기 말까지 전성을 누린 전기자동차는 전지 성능향상의 지연과 더불어 가솔린 엔진의 급속한 발전과 대량생산 시대가 도래함에 따라 자연스럽게 도태되었다. 그 이후에 몇 차례 오일쇼크 등의 계기로 이슈화된 적이 있었으나 지속되지는 못하다가 1990년대 들어 자동차 배출가스로 인한 환경오염대책으로 미국 캘리포니아 주정부의 무공해자동차 의무판매를 법제화하려는 움직임으로 의해 다시한번 본격적인 관심의 대상이 되었다.

1990년, 크리스트 파벡카가 처음 전기자동차를 만든지 100년 가까이 시점에 미국 제네럴 모터스(GM)에 의하여 EV1이라는 전기자동차를 LA모터쇼에서 선보였다.

그림 8. 전기자동차 GM-EV1

GM이 전기자동차를 만든 이유는 캘리포니아 주정부에서 제정한 '배기가스 제로법'이 주원인으로 여겨진다. 배기가스 제로법은 자동차업체들이 캘리포니아에서 자동차를 팔려면 전체 판매량의 일정부분(10~20%)은 배기가스가 나오지 않는 전기자동차를 판매하도록 강제한 법이다.

1996년에 GM은 양산 전기자동차 1호로 볼 수 있는 "EV1"전기자동차를 제작해 미국 캘리포니아에서 운행했다. 4시간 정도면 완전 충전되는 1996년형 EV1은 배기가스는 물론이고 소음도 없이 시속 130Km의 속도로 거리를 내달렸다. 1회 충전이면 160Km의 거리를 달릴 수 있기 때문에 충전소만 충분하면 사용에 문제가 없었다. GM에서는 200여대의 EV1을 사용자들에게 리스 해주었다고 한다. 이용자들의 입소문 덕분에 EV1 신청자들이 쇄도하면서 휘발유차의 판매가 위협받기 시작했다.

(a) (b) (c)

그림 9. GM의 EV1

전기자동차는 화석연료 즉 석유를 사용하는 내연기관이 아닌 모터로 주행을 하기에 엔진오일, 이에 따른 오일필터 등이 필요하지 않다. 즉 정유업계를 포함한 자동차부품업계의 자동차 수리점까지 큰 위협으로 다가왔던 것이다. 급기야 업계 측에서는 전기자동차의 인기에 따른 위기의식을 느껴 '전기자동차가 전지에 문제가 많고 비용이 비싸다'라는 문제점을 퍼트렸고 온갖 로비를 통하여 캘리포니아 주정부에 압박을 가해 공청회를 가진 뒤 결국 2003년에 배기가스 제로법을 철폐시켰다.

배기가스 제로법이 사라지자 GM은 EV1의 생산라인과 더불어 관련 직원들을 해고하였으며 EV1을 소리 소문 없이 회수하여 200여대의 EV1을 폐차 처리하였는데 폐차하다가 마지막 남은 78대의 EV1을 2005년 사막 한가운데서 조용히 폐차하였다고 전한다.

(a)

(b)

그림 10. GM의 EV1 전기자동차 폐기모습

전기자동차에 만족했던 이용자들은 회수에 대한 항의를 하였지만 소용이 없었다고 한다. 천덕꾸러기로 태어난 GM의 EV1은 천덕꾸러기 운명 그대로 역사의 뒤안길로 소리 소문없이 사라졌다. 날로 심각해지는 환경오염과 치솟는 기름 값 때문에 전기자동차의 필요성이 급부상하고 있다. 만약 GM이 전기자동차를 폐기처분하지 않고 계속적으로 생산 및 개발에 전념하였더라면 결과는 현재의 결과는 어떠할까? 아마 얼마 전처럼 재정위기를 겪지 않아도 됐을 것이다.

어쩌면 혼다, 도요타의 전기자동차에 비해 월등한 성능을 보였던 EV1을 통해 GM은 세계 자동차시장의 판도를 바꾸고 미래 전기자동차 시장을 주도했을 수 있다. 당장 눈앞에 이익에만 매달린 GM의 탐욕이 전기자동차 뿐 아니라 GM의 재정적 위기를 가져온 셈이다.

참고 Who Killed The Electric Car ?

GM이 1996년 개발한 전기자동차 EV1은 배기가스 및 소음이 전혀 없고 시속 130Km로 달리는 것이 가능한 전기자동차이다.
전기자동차의 특징은 내연기관 자동차와 비교할 때 주된 동력원이 전기모터이기 때문에 내연기관에서 필요로 하는 오일필터, 엔진오일 등을 갖지 않으며, 교환 또한 필요 없다. 이러한 전기자동차의 특징은 정유업계, 자동차 부품업계, 자동차 수리점 및 판매점에게는 엄청난 변화이며 위협이었다.
EV1을 리스하여 운전하였든 톰 행크스와 멜 깁슨 등 다수의 EV1 사용자들은 인터뷰를 통해 EV1을 몰았던 놀라운 경험에 대해 소개하며 전기자동차가 사라진 것을 너무 아쉬워했다.

전기자동차의 충전방식은 플러그를 꽂은 뒤 4시간이면 완전충전이 가능했으며 이용자들은 퇴근 후 플러그를 꽂은 뒤 자고 일어난 뒤 EV1을 몰고 다녔다고 한다. 또한 차고 벽에 설치된 충전기는 소형으로 액자크기 정도이었다고 한다.
GM은 차례로 EV1을 폐차하다가 마지막 남은 78대의 EV1을 2005년 사막 한가운데서 조용히 폐차시켰으며, 다큐멘터리 제작진은 GM의 외부인 폐차장 접근 봉쇄로 인하여 공중 촬영을 통하여 폐차촬영이 이루어졌다고 한다.

[전기차용 충전시설]

[벽에 설치된 충전기]

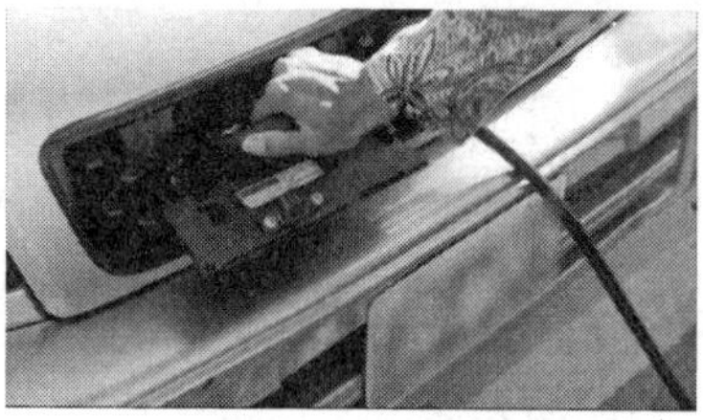

[EV1 전기차의 충전방식]

[옵신스키 부부]

[폐차되는 전기자동차]

[폐차반대 시위 중 체포모습]

옵신스키와 그의 부인. 옵신스키는 한 번 충전에 500Km를 달리는 전기자동차용 전지를 개발했으나 회사가 GM에 적대적 인수된 뒤 석유회사에 매각됐다.
다큐멘터리 제작진은 자동차, 석유업계, 미국 정부와 더불어 큰 차를 좋아한 미국 소비자의 성향과 전기자동차에 대한 무관심이 전기자동차를 죽이는데 일조했다고 주장했다.

날로 심각해지는 환경문제와 더불어 하루가 다르게 휘발유가격이 치솟고 있는 현 상황에서 미쯔비시 자동차사의 전기자동차 '아이미브(i-MIEV)'는 1회 충전에 16KW/h가 소요되며 160Km까지 주행이 가능하다.

즉 이는 가장 저렴한 심야전력을 사용한다면 약 저렴한 가격으로 160Km를 주행할 수 있는 전기자동차이다. 한 달 휘발유 자동차의 기름 값에 비하면 놀라울 정도의 연비를 갖는 자동차로서 경제적인 면에서 누구나 다 끌리는 매력을 갖춘 자동차라고 할 수 있다.

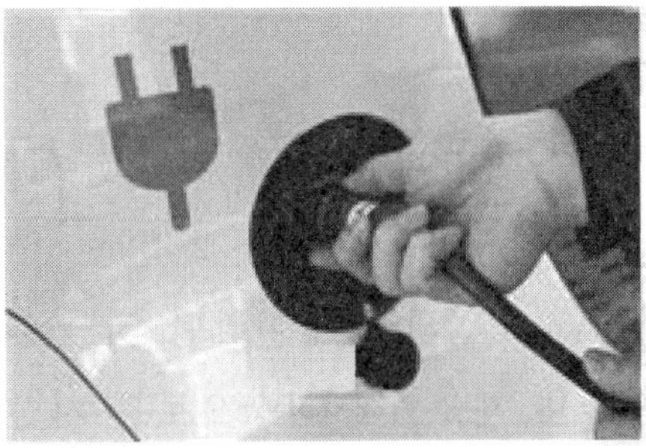

그림 11. 전기자동차 충전

아이미브(i-MIEV)는 등판능력이 탁월하고 시속 130Km까지 속도를 낼 수 있으며, 충전은 급속충전과 가정용 콘센트로 충전할 수 있는 두군데의 충전구를 갖추고 있다. 급속충전의 경우는 30분 안에 80%가지 충전이 가능하며, 가정용 콘센트를 사용하는 충전의 경우는 7시간정도 충전하면 완전 충전가능하다.

2010년 1월 기준으로 아이미브의 일본 내 공식 판매가격은 약 5700만원 선으로 지자체의 보조금에 따라 실제 구매가격은 차이가 있다. 앞으로 리튬이온 전지가격의 하락과 충전시간 및 배터리 용량 등을 보완한다면 많은 소비자들이 즐겨 선택할 수 있는 전기자동차가 되리라 생각된다.

참고 EV1의 특징

EV1은 1996년에 첫 시제품이 나왔다. 판매를 시작하여 99년까지 1,000대 가량이 생산되었고, 생산차량의 상당량은 전기자동차의 기술적 특성상 리스조건으로 개인에게 판매되었다. 판매조건은 사용자가 계약기간동안 매달 사용료를 지불하는 대신 정비관리는 회사에서 책임지는 방식이었다. EV1은 기존의 모델을 개조하는 대신 처음부터 전기자동차로서 개발되었으며, GM의 개발을 위한 투자비용은 15억 달러에 이른다고 한다.

기본적인 구성은 2인승 앞바퀴 굴림방식으로 무게를 가볍게 만들기 위해 알루미늄 스페이스 프레임에 복합소재의 보디를 씌웠으며 서스펜션 등 많은 부분에 알루미늄과 마그네슘 같은 가벼운 금속을 사용했다.
EV1의 0~96Km/h 도달시간은 9초 미만, 4시간만의 완전충전, 160Km의 주행거리 그리고 최고시속 130Km이었다.

1.2.4. 2000년대

[1] GM의 시련

1931년부터 2007년까지 77년간 세계 자동차판매 1위를 지켜온 세계 최대 자동차 기업 제너럴모터스(GM)가 2009년 6월 뉴욕 법원에 파산보호를 신청하였다. 이로써 미국 제조업의 상징이었던 지난 101년간에 걸친 GM의 역사에 시련이 왔다. 이는 미국 내 제조업체 파산으로로는 사상 최대의 기록을 갱신한 것이다.

그림 12. 2009년 GM의 파산신청

전문가들은 GM의 파산에 영향을 끼친 요인으로

① 생산라인의 경직된 운용으로 인한 낮은 생산성

② 고유가 시대에 부응하지 못하는 낮은 연비의 대형차 위주 생산

③ 할부금융 등 금융부분에 대한 과도한 투자

④ 일본과 한국의 저가 자동차들에 의한 시장 잠식

⑤ 노조의 과도한 복지 요구 등을 꼽는다.

결국 이러한 복지비 부담이 기업의 경쟁력을 저하시키고, 생산되는 자동차 한 대당 단가를 수백 달러나 높이고 있었던 셈이다. 즉, GM의 파산을 통해 국가복지의 과소가 기업의 경쟁력을 얼마나 심각하게 약화시킬 수 있는지, 그 생생한 사례를 보고 있는 것이다.

대기오염 배출과 관련하여 유럽의 나라들이 유로 쓰리와 유로 포 등의 규제를 스스로 만들어 규제를 강화할 때, 자동차 회사들의 로비를 받은 미국은 환경 규제의 강화를 미루었고, 유럽과 일본, 한국의 자동차들이 정부의 환경규제 강화와 각종 지원 정책에 따라 가볍고 효율성 높은 경차 생산에 주력할 때 미국의 자동차는 타국가의 자동차에 비하여 상대적으로 크고 무겁고 효율이 낮은 엔진 기술과 낮은 연비로 많은 대기오염 물질을 동시에 뿜어 대는 무거운 탱크 같은 자동차를 지속적으로 양산하였다.

(1) 100년 기업 GM의 몰락

네 차례에 걸친 미정부의 공적자금 지원에도 불구하고 GM은 2009년 6월 1일 법원에 파산보호를 신청하였으며, 이때 GM의 자산규모는 820억달러로 파산보호신청기업 중 미국에서 역대 네 번째로 큰 규모였다. GM 주식은 2009년 5월 13일 1달러 미만으로 급락한 후 씨티그룹과 함께 2009년 6월 8일 다우지수(DJIA)에서 제외되었다.

GM은 7월 10일 기존의 GM으로부터 시보레, 캐딜락, 뷰익, GMC 등 수익성이 양호한 자산과 사업부 일부만 인수한 '뉴 GM'이 공식 출범하였다. 생산규모가 600만대 전후로 줄어든 '뉴 GM'은 경쟁력 강화와 수익성확보를 위해 고연비 소형차와 플러그인 하이브리드자동차 등 친환경차의 개발 및 생산에 주력한다는 방침을 발표하였다. GM 실패는 개별기업 파산 이상의 의미를 지니고 있다.

1931년부터 2007년까지 77년간 세계 자동차판매 1위를 지켜온 GM의 몰락은 20세기형 대량생산・대량소비 체제의 종언을 상징한다.

GM은 포드가 창안한 대량생산방식에 이어 대량소비체제를 완성한 경영학의 모범사례 기업이었다. 고급차에서 대중차에 이르는 멀티브랜드 전략으로, 1919년에 설립한 자동차 할부금융사(GMAC), 디자인 및 색상을 매년 변경하는 모델체인지 전략 등을 통해 대량소비체제를 완성하였다. 미국 내 우수기업의 특징을 분석한 초우량 기업의 조건에서 IBM, GE, 인텔, 듀폰 등과 함께 GM도 초우량 기업으로 선정되었으며, 미 제조기업 최후의 보루로 여겨졌던 GM의 파산보호 신청은 20세기 대량생산 체제를 주도했던 미국 전통제조업의 몰락을 의미한다.

유구한 전통과 우월한 시장지위를 자랑하는 100년 1등 기업도 구조적문제를 장기간 방치하면 몰락할 수밖에 없음이 GM의 흥망성쇠를 통해 얻을 수 있는 교훈이다. GM몰락의 직접적 계기는 글로벌 경제위기의 충격이지만 보다 근본적으로는 경영시스템의 결함이 집약된 결과이며, 전략적 실패를 거듭한 경영진과 위기에도 불구하고 제몫 챙기기에 급급했던 노조, 경제적 파장을 우려해 구조조정의 결단을 회피한 금융권과 정부 모두가 몰락의 원인을 제공하였다고 전문가들은 평가한다. 이미 1960년대 중반부터 시장점유율이 하락하는 등 쇠퇴의 징후가 발생했음에도 불구하고 철저한 자기변신을 외면한 GM의 사례를 통해 교훈을 얻을 필요가 있다.

(2) 몰락의 근본 원인

매출감소와 고비용구조의 고착화에 따른 유동성 위기가 GM 몰락의 직접적인 원인이지만 그 배후에는 구조적이고 고질적인 근본 원인이 존재하였다. 매출급감의 직접 원인은 경제위기에 취약한 제품 포트폴리오의 구성이었다.

근본 원인은 미국시장에 치중한 제품전략, 생산방식의 혁신과 브랜드 관리 실패, 정책에 편승한 제품전략 등 공적 의료보험제도의 미비와 경영위기를 도외시한 노조가 막대한 유산비용(legacy cost)을 온존시켜 고비용 구조를 고착화하였으며, 구조적인 문제가 해결되지 않고 지속된 것은 GM이 과거 성공모델에 안주하여 자기혁신을 소홀히 한 결과라고 할 수 있다.

1) 몰락의 근본원인

① 잦은 파업 등 잘못된 노사관행

② 일 안해도 월급 주는 인력은행제도 모순

③ 연간 50억~60억 달러의 퇴직자 후생복지비

④ 급변하는 상황에 경영진의 안이한 대처

⑤ 품질 대신 양적 팽창 위주 정책

⑥ 제품 혁신 실패 소비자 외면

(3) 경제위기에 취약한 제품 포트폴리오

설립초기인 1920년대 GM은 다양한 제품 포트폴리오를 내세워 시장을 장악하였다. GM은 시보레, 올즈모빌, 뷰익, 캐딜락 등 8개에 달하는 브랜드를 바탕으로 모든 사람의 목적과 지갑사정에 맞춘 다양한 모델을 출시하였다. 당시 선두업체였던 포드는 규모의 경제를 통한 가격인하를 목적으로 검은 색의 T형 모델만을 생산하다. 1929년부터 GM에게 추월당한 포드의 모토는 '고객은 누구나 자기가 원하는 색깔을 칠한 자동차를 손에 넣을 수 있다는 것' 이었다.

이후 승승장구하던 GM은 1970년대 두 차례 석유위기를 거치면서 연비가 높은 소형승용차를 내세운 일본기업에게 시장을 잠식당하기 시작하였다. 1970년대 말 추진한 공용 플랫폼 전략이 실패하고 1980년대 중반에 생산방식을 혁신하지 못함에 따라 승용차시장에서 주도권을 상실하였으며, 이후 경영실적 악화로 고전하던 GM은 1980년대 중반부터 확대되기 시작한 소형트럭 시장을 겨냥하여 소형트럭의 판매 비중을 높이기 시작하였다.

이후 소형트럭 위주의 제품 포트폴리오를 구축해 왔던 GM은 2008년 유가상승과 경제위기에 따른 매출급감으로 유동성 위기에 직면하였다. 소형트럭은 중소형승용차에 비해 엔진과 차체가 크고 가격이 비싸기 때문에 유가상승과 경제위기에 취약하였으며 소형트럭이 보트 견인, 오프로드 주행 등 특수용도로 사용되는 '세컨드카(Second Car)' 인 경우가 많은 점도 불황 시 판매급감 요인이었다. 수입차와의 정면대결을 피하기 위해 구축한 소형트럭 위주의 제품 포트폴리오는 결국 GM에게 독이 든 성배(poisoned chalice)였든 것이다[삼성경제연구소/100년 기업 GM몰락의 교훈/2009].

GM의 파산소식과 동시에 들려오는 도요타의 신차 프리우스에 대한 폭발적 인기를 대비시켜 볼 필요가 있다. 이 차는 ℓ당 연비가 무려 38Km에 달하는 친환경 자동차이다. 즉, 부시 정부의 대기오염 규제 완화라는 자동차회사 지원정책으로 8년 동안 개술개발을 미룬 미국 자동차는 세계적인 경쟁력을 상실한 것이다. 역설적이게도, 이렇게 미국 신자유주의 정부의 친기업적 규제 완화는 오히려 GM제품의 세계적인 경쟁력을 상실하게 만들었던 것이다.

[2] 시보레 볼트(VOLT) 출시

막대한 적자와 차량사고 시 수리 등에 대한 책임을 어떻게 처리할 것인가에 대한 문제를 이유로 제너럴모터스가 2000년대 초중반에 GM EV1을 전량 회수해 폐차하기로 결정을 내리면서 환경단체와 EV1 오너들의 비난이 따르자 폐차결정을 내렸던 당시 부회장은 인프라가 떨어지고 개발시간이 너무 오래 걸리는 등으로 현실성이 떨어지는 연료전지자동차 대신 개발할 전기자동차 프로젝트를 구상하기 시작했다.

개발과정을 거치면서 LG화학 등의 도움을 받아 당시로서는 토요타 등이 안정성이 떨어진다는 이유로 자동차 분야에 적용하는 것이 불가능하다고 주장하던 리튬이온 배터리를 장착했다. 처음에는 하이브리드 차량의 판매와 연료전지자동차의 개발을 고집하는 분위기, 리튬이온 배터리의 기술적 한계가 보인다는 기술팀의 주장, EV1 시절의 금전적 손실을 이유로 반대하는 분위기가 있었으나 리튬이온 배터리로 300Km급의 주행거리와 뛰어난 성능을 보여준 테슬라 로드스터의 데뷔가 볼트의 개발에 힘을 실어줬고, 순수 전기자동차의 보완책으로 주행거리 연장용 엔진을 추가하는 플러그인 하이브리드의 개념을 제안하면서 플러그인 하이브리드로서의 볼트의 윤곽이 잡혔다.

개발 중에는 효율성을 이유로 토요타 프리우스와 비슷한 병렬방식으로 가야 된다는 기술팀과 전기자동차 다운 운전경험을 최대화할 필요가 있다며 직렬방식을 주장하는 의견이 충돌하긴 했지만, 컨셉트카 공개 후 좋은 반응을 얻으면서 사내 분위기도 향상되었고, 심지어는 EV1 개발팀들과 연료전지 개발팀, 독일 오펠 출신의 개발진들도 참여함에 따라 프로젝트가 탄력을 얻어 2010년 여름쯤에 첫 차를 공개할 수 있었다.

그림 13. 연비 98Km/ℓ 의 시보레 볼트(Volt)

내연기관과 전기모터를 함께 사용한다는 것이 하이브리드카의 개념이므로 볼트는 전형적인 하이브리드카임에도 불구하고, 쉐보레에서는 어느날 갑자기 이 차를 내연기관 발전기를 갖춘 전기자동차라면서 전기자동차라고 우기기 시작했는데 안타깝게도 내연기관을 갖췄으면 전기자동차라고 부를 수는 없다. 같이 탑재된 내연기관이 구동도 수행하면 병렬식 하이브리드, 내연기관이 발전만 하더라도 직렬식 하이브리드다. 볼트는 직렬식 하이브리드이다.

(1) 연비 98Km/ℓ

GM은 자사의 플러그인 하이브리드자동차인 시보레 볼트에 기업의 운명을 걸고 전사적 연구 역량을 집중하였다. GM은 2009년 북미 국제오토쇼에서 볼트 시제품을 선보일 당시 100% 전기자동차인 볼트는 휘발유 1L로 약 100Km를 주행한다고 발표했었다. 1L당 100Km라는 GM의 셈법은 순수 전기모드의 최대 주행거리(65Km)와 휘발유 1L를 사용해 달릴 수 있는 주행거리(35Km)를 합산한 것이다.

볼트의 최대 주행거리는 610Km이라고 GM은 소개했다. 볼트는 최초 40~80Km만을 순수전기로 주행하고, 배터리가 방전되면 그 다음부터는 휘발유 엔진으로 발전해 모터를 돌리는 방식이다. 순수전기 주행거리는 배터리성능에 영향을 주는 기후변화와 운전습관에 따라 달라질 수 있다. 배터리를 소모시키는 공조장치나 전자장비 등을 함께 사용할 경우 주행거리는 더욱 짧아지게 된다. 볼트의 휘발유 연료탱크는 35L이다.

순수전기를 사용한 최대 주행거리(80Km)를 넘어간 뒤인 나머지 주행거리(530Km)는 약 15.1Km를 달릴 때마다 휘발유 1L를 소모하는 셈이다. 따라서 일상생활에서의 하루 주행거리가 100Km 이하일 경우 높은 효율성을 갖게 되지만, 그 이상은 주행거리가 늘어날수록 효율이 떨어지는 구조다.

주행성능은 일반 휘발유차에 뒤지지 않는다. 준중형급 차체에 최고출력 149마력, 최고속도는 시속 161Km이다. 정지상태에서 시속 100Km까지 도달하는 데 9.1초가 걸린다. 연비효율을 위해 라디에이터그릴을 차단하고 차체를 날렵하게 만드는 등의 방식으로 공기저항계수를 낮췄다.

결과적으로 차의 성능에도 도움을 주는 부분이다. 체감 가속능력도 상당한 수준이다. 설계 초기부터 친환경차를 염두에 둔 만큼, 차체의 무게배분이나 조향능력 등을 살펴보면 기존 휘발유차를 친환경차로 개조한 차와 비교하면 완성도 면에서 월등하다.

참고 1리터로 100Km 주행하는 꿈의 전기자동차 ?

2009년 8월 11일 GM에서 1리터로 100Km(98)를 간다는 시보레 볼트 전기자동차를 발표. 1리터로 100Km를 간다는게 과연 어느 정도일까 ?

시보레 볼트는 차량이 출발하고 65Km(50마일) 이동할 때까지는 오로지 전지에만 의존해서 달리다가 그 이후에는 가솔린엔진으로 시동이 걸리면서 전기를 생산하며 달리는 방식(PHEV)이다. 따라서 정확히 말하자면 1리터로 100Km갈 수 있다기 보다는 처음 차량이 출발해서 휘발유 1리터를 소요하는데 100Km를 갈 수 있다는 계산이 나온다(전지 : 65Km + 1L : 35Km = 100Km).

시보레 볼트 차량이 출시되고 1리터로 100Km 갈 수 있다는 말을 두고 과대광고이라고 소비자단체에서 말들이 많기도 했다.

전지 : 65Km + 1L : 35Km = 100Km

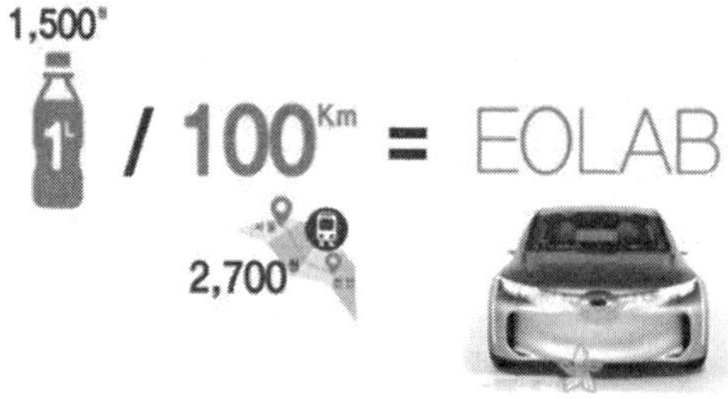

1.3. 친환경자동차의 대중화

1.3.1. 각종 모터쇼는 친환경차 전시장

2011년 디트로이트 모터쇼가 미국 자동차산업 회복의 신호탄인가에 관한 의문에는 긍정할 수밖에 없다는 것이 대다수 업계관계자와 참관객, 언론인들의 반응이었다. 우선 빅3를 중심으로 전년도와는 확연히 달라진 전시 부스구성을 통해 알 수 있었다. GM과 Ford는 전기자동차 등 친환경 차량의 시범운행 행사를 가지고, 소비자를 이끌만한 이벤트를 대거 마련했으며, Chrysler는 성인 키높이 만한 무대를 설치해 개선된 출시 차량을 대량으로 전시하고, 모회사인 Fiat의 마세라티와 같은 유럽 인기모델과 서브콤팩트 모델인 500을 선보였다.

그림 14. 2011 올해의 승용차로 선정된 GM Volt

[1] General Motors

홍보의 중심을 전기자동차 Volt와 중소형 차량에 두고, 파산 이후 운영하는 4가지 브랜드(Buick, Chevrolet, GMC, Cadillac)의 모델별 브랜드 이미지를 홍보하는데 주력하였다. 특히, 한국 GM코리아에서 개발된 Sonic, Cruze(한국명 라세티 프리미어)을 대대적으로 홍보하였다. 참관객들은 역시 Cadillac 등 중대형 차량모델보다는 Sonic, Cruze 등에 더 많이 몰려있어 북미 자동차 판매시장의 변화된 트렌드를 엿볼 수 있었다.

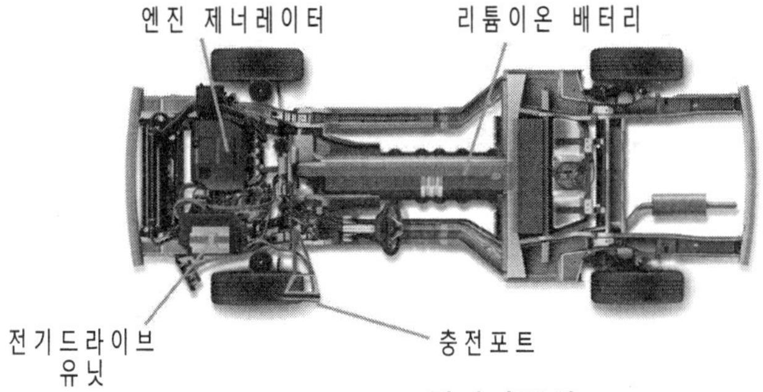

그림 15. GM 전기자동차 Volt

[2] Tesla

전기자동차 주문생산으로 유명한 캘리포니아 벤처기업인 이 기업은 기존 양산 자동차기업과 차별을 두기 위해 차량보디를 알루미늄으로 제작한 프로토타입을 공개해 주목을 받았다.

그림 16. 전기자동차 전문기업 Tesla

[3] 현대, 기아

현대는 차량의 문이 3개인 Veloster, 콘셉트카인 Curb, 기아는 크로스오버인 KV7 콘셉트카를 선보여 주목을 받았고, 특히 신차인 기아 Optima(한국명 K5), 대형차 에쿠스가 많은 참관객들의 인기를 받았다.

그림 17. 현대 콘셉트카 Curb

그림 18. 기아 콘셉트카 KV7

[4] BYD

중국전기자동차 브랜드인 BYD는 출시를 목표로 한 전기자동차 세단형 모델과 SUV 하이브리드 모델 S6DM을 선보였으며, 대체적으로 내장이나 디자인이 세련되지 못하다는 평가를 받았다.

그림 19. BYD S6DM

1.3.2. 도요타 BEV 대신 HEV, FCV주력 발표

도요타는 1997년부터 HEV를 시장에 선보인 이후 친환경자동차 중에서 HEV를 전략적으로 육성하여 현재 세계 최대 전기자동차 생산업체로 등극하였으며, 전기자동차 시장을 주도하고 있다. 도요타는 과거 HEV중심의 친환경 자동차사업 전략을 추진해 왔으나, 이제는 전기자동차 외에 연료전지자동차, 클린 디젤자동차까지 포함시키고 있다.

도요타는 2012년 9월 24일 자사의 대형 전시장 MEGA WEB에서 열린 '도요타 환경기술개발의 설명회'에서 프리우스 HEV개발 계획을 밝혔다. 설명회에서 도요타는 2015년말까지 신형 하이브리드차 21개 모델을 출시할 예정이며, 순수전기자동차 eQ도 올해 연말에 북미 및 일본에서 시범운행에 돌입할 계획을 발표하였다. 또한 열효율을 향상시킨 가솔린엔진, 고성능 클린 디젤엔진, 고효율 트랜스미션 및 차세대 2차전지 등의 개발상황을 공개했다.

이와 같은 도요타의 환경기술개발을 위한 최신의 대처방안과 향후의 전개 계획을 공표한 것은 도요타가 기존 가솔린자동차 사업전략 이외에 친환경자동차의 보급에도 대대적인 공세를 높여 전세계 자동차시장의 주도권을 지속적으로 잡으려는 시도로 보여지고 있다.

1.3.3. 친환경자동차(PHEV)의 대중화

2015년 디트로이트 모터쇼의 관전 포인트는 본격적인 자동차 수요 증가와 유가하락이 앞으로의 자동차시장에 어떤 영향을 미치느냐는 것이었다. 관련연구소에 따르면 자동차 판매량은 금융위기 이전 수준을 회복할 전망이었다.

서유럽시장 역시 전년 대비 3.7% 성장할 것으로 보였으며, 중국과 인도 등 신흥시장도 올해 9~10%의 판매 성장을 이어갈 것으로 보였다.

국제 유가도 하락세였다. 국제 유가는 2009년 이래 가장 낮은 수준이였으며, 이 같은 분위기를 반영하듯 디트로이트 모터쇼에는 화려한 럭셔리 카가 대거모습을 드러냈다. 친환경차는 기술만 강조하는 게 아니라 일반 사용자들이 실생활에서도 편안하게 사용할 수 있는 차종들이 전시되었다.

미국 브랜드 포드는 대형 럭셔리 스포츠 유틸리티 차량(SUV)인 올-뉴 링컨 MKX를 처음으로 선보였다. 올-뉴 링컨 MKX는 새로운 디자인 DNA와 함께 새롭게 부활한 MKZ, MKC에 이은 링컨의 세 번째 전략 모델이다. 비행기와 모터사이클의 강력한 파워와 민첩함에서 영감을 얻은 디자인을 택했다.

미국 최대 자동차 업체인 GM은 고성능 모델인 신형 캐딜락 CTS-V를 공개하였다. 신형 캐딜락 CTS-V에는 6.2ℓ V8 슈퍼차저 엔진이 탑재됐다. 이 엔진은 8단 자동변속기와 맞물려 640마력의 최고출력과 87.0Kg·m의 최대토크를 내뿜는다.

정지상태에서 시속 97Km까지 가속시간이 3.7초에 불과하며 최고 속도는 322 Km/h에 이른다. 친환경차는 기술을 자랑하는 것으로 그치는 것이 아니라 일상생활에서도 편히 사용할 수 있도록 소비자를 배려한 차들이 대세다. 가장 큰 관심을 끄는 차는 쉐보레 볼트의 후속 모델이다. 쉐보레 볼트는 주행거리 연장 전기자동차(EREV)란 개념을 처음 현실화한 모델이다.

EREV란 모터와 가솔린엔진을 모두 탑재하지만 하이브리드카와 달리 엔진은 충전용으로만 사용할 뿐 주행에 관여하지 않는 전기자동차를 말한다. 엔진으로 충전시킬 수 있기 때문에 충전 걱정 없이 자유로이 이동할 수 있다는 장점이 있다. 새 모델은 전용 리튬이온배터리와 드라이브유닛, 주행거리 연장시스템을 새롭게 설계해 현 모델보다 1회 충전 시 주행 가능거리가 80% 이상 증가했다.

현대차는 쏘나타 플러그인하이브리드(PHEV) 모델을 세계 최초로 공개하였다. 쏘나타 PHEV 모델은 최고출력 150마력의 가솔린엔진과 70마력의 모터가 짝을 이뤘다. 정지상태에서 시속 100Km 도달까지 9초면 충분하며 배터리만으로 최장 30Km를 달릴 수도 있는 것으로 전해졌다.

그림 20. 쏘나타 플러그인하이브리드(PHEV)

혼다는 수소연료전지차인 FCV 콘셉트카를 공개하면서 현대차와 도요타가 이끌고 있는 수소연료전지차 시장에 도전장을 내밀었다.

그림 21. 현대자동차 플러그인하이브리드(PHEV)의 구조

1.3.4. 럭셔리 차량, 고성능 차량

2016 디트로이트 모터쇼에서는 미국 경기회복과 저유가 기조 속에 전 세계 40여 개 자동차 업체가 세계 최대 고급차 시장인 미국시장을 공략하기 위한 전략모델을 선보였다. 대형 럭셔리 세단과 SUV, 고성능차를 중심으로 친환경차도 꾸준히 영역을 확대하고 있다.

현대자동차는 고급 브랜드 제네시스의 최고급 모델인 G90(한국명 EQ900)를 세계무대에 처음으로 공개하였다. 메르세데스-벤츠는 중형 세단 E클래스의 5세대 완전변경 모델을 선보였다. 방향지시등을 켜면 자동으로 차선을 변경해주는 지능형 차선변경 기능 등 자율주행시스템이 탑재됐다.

그림 22. EQ900

그림 23. E클래스의 5세대

미국업체 포드는 프리미엄 브랜드 링컨의 플래그십 세단 올 뉴 링컨 컨티넨탈을 최초로 선보였다. 14년 만에 부활하는 대형 세단이다. 친환경차들도 대거 출품되었다.

GM은 국제전자제품박람회(CES) 2016에서 처음으로 공개한 장거리 주행 전기자동차 쉐보레 볼트 EV 양산형 모델을 선보였다. 볼트 전기자동차는 한 번 충전으로 321Km 이상을 주행할 수 있다. BMW도 전기자동차 i의 첫 양산 모델인 i3를 전시하였으며, 아우디는 수소연료전지차 콘셉트카인 h-트론을 선보였다.

그림 24. 쉐보레 볼트 EV

그림 25. BMW i3 EV

고성능차도 다양하였다. BMW는 세계 최초로 뉴 M2 쿠페를, 포르쉐는 스포츠카인 911시리즈의 주행성능을 개선한 911터보S 모델을, 인피니티는 주행성능을 향상시킨 Q50 레드 스포츠 400을 공개하였다. 포스코는 전 세계 철강업체 중 최초로 모터쇼에 참여하였다. 꿈의 자동차 강판을 주제로, 트윕(TWIP), HPF(고온 프레스 성형)강 등 포스코의 최첨단 철강제품으로 구성한 자동차 차체를 전시하였다.

2 전기자동차의 현재

친환경자동차의 최종목표는 어디일까 ? 다수의 사람들은 전기자동차라고 알고 있다. 그렇다면 역사가 가장 오래된 자동차는 무엇일까 ? 아마 전기자동차라는 사실을 알고 있는 사람은 많지 않을 것이다. 전기에너지로 구동되는 전기자동차는 최초의 내연기관 자동차보다 50여년이나 역사가 길다. 지난 1835년 네덜란드의 크리스트 파벡카에 의해 첫선을 보였으며, 1873년 영국의 R. Davidson이라는 사람이 만들어 실용화했는데, 그 후 휘발유 엔진이 급속도로 발전하자 사라졌었다.

전기자동차가 다시 사람들의 관심을 끌게 된 것은 지난 1990년 미국의 캘리포니아주가 완전 무공해자동차(ZEV, zero emission vehicle)를 도입하는 정책을 법제화하면서 부터이다. 그런데 GM이 EV1 전기자동차를 1990년 1월 LA모터쇼에서 공개하였을 때만해도 이 차는 사실 운행할 수 없는 무늬만 자동차이었다고 한다. 아무튼 이때부터 모든 자동차메이커들은 전기자동차가 대세라고 판단하고 전기자동차 개발에 매달리기 시작했다. 우리나라에서도 기아자동차가 선두로 연구에 착수하였고, 1993년 대전엑스포에 전기자동차가 등장하는 등 한 때 큰 붐을 일으키기도 했다.

GM이 EV1의 후속으로 내놓은 신개념 전기자동차 시보레 볼트는 리튬 이온 전지로 작동하다가 전기가 부족할 때는 휘발유 엔진을 돌려 전기를 만들어 항속 거리를 늘린다. 충전은 차에서 코드를 뽑아 110볼트 콘센트에 꽂으면 된다. 완전히 충전하는 데는 8시간 정도 걸리며 완전히 충전된 볼트는 도심에서 달릴 경우 전기만으로 약 64Km를 달릴 수 있다.

전기자동차는 운행 중에는 배출가스를 전혀 내뿜지 않고 화력발전으로 전기를 생산한다 해도 휘발유자동차에 비해 배출가스가 90% 정도 줄어드는 획기적인 친환경자동차이다. 전기자동차는 유지비용이 작다는 장점도 있다. 우선 연비가 좋아 가솔린에 비해 연료비가 매우 저렴하다. 게다가 자동차의 구조가 간단하기 때문에 자동차 유지관리 비용도 훨씬 적게 든다. 엔진오일 교환이나 튠업도 필요하지 않다.

2.1. 각국의 개발현황

친환경차시대의 예상보다 빠른 개막은 전기자동차의 기술 발전속도와 밀접한 연관이 있다. 과거 테슬라와 르노닛산 등 일부 차 메이커가 주도했던 전기자동차 개발은 글로벌 자동차업계 전반으로 확산되고 있다. 투자가 늘면서 브랜드별 기술경쟁이 붙고 세단, SUV는 물론 트럭, 버스 등 전 차종의 전기자동차 개발이 진행중이다.

전기자동차 대중화의 관건인 주행거리도 500Km의 벽을 넘어 600Km의 고지를 바라보고 있다. 현대자동차는 1회 충전으로 390Km를 달릴 수 있는 소형 스포츠유틸리티차(SUV) '코나' 기반의 2세대 전기자동차(EV)를 출시한다. 2세대 전기자동차는 기존 1세대 전기자동차의 단점인 짧은 주행거리와 높은 가격을 내연기관차와 경쟁할 수 있는 수준으로 개선한 모델이다. 현재까지 시판된 1세대 전기자동차는 높은 배터리 가격과 낮은 에너지 밀도로 주행거리가 내연기관차의 25~35% 수준인 150~200Km에 그쳤지만, 2세대 전기자동차는 1세대보다 두 배가까이 증가한 400Km 전후 주행이 가능하다.

현대차는 궁극적으로 전기자동차와 수소전지차를 미래 친환경차로 보고, 배터리나 수소연료 공급에 대한 연구와 협업을 활발히 진행하고 있으며 2020년까지 14개의 전기자동차와 수소전기자동차를 추가로 생산할 예정이다. 그런데도 전기자동차가 아직도 널리 상용화되지 못하고 있는 이유는 몇 가지가 있다.

첫째는 순수 전기자동차는 전지의 급속한 발전에도 불구하고 여전히 내연기관 자동차와 경쟁 상대가 못된다. 1회 충전으로 400Km 전후를 달릴 수 있는 전기 자동차는 현재의 내연기관 자동차 주행거리와 비교했을 때 많은 차이를 가지고 있음은 분명하다.

둘째는 전기자동차가 진정한 의미에서 친환경적이 되려면 전기를 얻는 과정도 친환경적이어야 한다. 지금처럼 화력발전이나 원자력발전으로 얻는다면 도시환경은 크게 개선되지만 전기소비량은 급격히 늘어 발전을 하는 곳에 공해가 더욱 증가하는 불균형이 발생한다.

세 번째 문제는 충전소와 같은 인프라의 문제이다. 이미 오랜 세월 자동차가 보급되었기 때문에 주유소라는 시스템을 통해 운전자들은 손쉽게 연료를 공급받을 수 있지만 전기자동차가 운전 중 방전되었을 때 충전할 수 있는 인프라는 새로 구축해야 하는 문제가 있다.

하지만 업계의 기대와 달리 전기자동차의 상용화 가능성은 다소 불투명한 상태다. 비약적 기술발전에도 불구하고 과거 전기자동차 몰락의 근원적인 문제가 되었든 전지성능의 문제가 지금껏 가장 큰 걸림돌로 남아 있기 때문이다.

리튬이온 전지는 과열·과충전 등의 상황에서 열 폭주(thermal runaway)라고 불리는 폭발사고를 유발할 수 있다. 이를 막는 길은 전지의 양극에 쓰이는 리튬 코발트 산화물을 대체할 신물질을 찾아내는 것뿐인데 이것이 결코 말처럼 쉽지 않다. 즉 플러그인 하이브리드자동차 성공 여부는 지금보다 저렴하고, 안전하며, 강력한 성능의 전지 개발에 달려 있다고 해도 과언이 아니다.

현재 완성차업계의 1차적 목표는 10년, 24만Km의 내구성을 갖춘 전지확보다. 이 조건을 충족해야 전 세계 친환경 자동차들의 각축장인 미국 캘리포니아주 대기자원위원회(CARB)의 인증을 받을 수 있기 때문이다. 과연 완성차 메이커들은 수년 내이 조건에 부합하는 전지 개발에 성공할 수 있을까. GM의 글로벌 프로그램 경영관리자는 시보레 볼트에 채용된 리튬이온 전지를 업그레이드하는 방식으로 목표달성을 자신하고 있다. 이 전지는 기존 하이브리드 차량용 니켈수소 전지보다 가볍고 에너지 밀도 또한 높다는 이유에서다.

그림 26. 시보레 볼트(Bolt)의 구조

요즘 새로운 친환경자동차의 대명사라 할 수 있는 하이브리드자동차나 연료전지자동차의 핵심 기술들은 대부분 바로 전기자동차 기술에서 나온 것들이다. 도요타가 하이브리드자동차를 만든 계기가 바로 전기자동차의 한계를 극복하려는 방법의 하나로 시도했던 것이고, GM이 연료전지자동차를 만들려고 시도한 이유도 전기자동차의 전지 용량을 늘리려는 연구에서 시작된 것이다. 따라서 전기자동차는 친환경자동차의 종착역일 뿐 아니라 출발역이기도 하다.

참 고 테슬라 '모델3' vs GM '볼트' 승자는?

GM과 테슬라가 저가형 전기자동차 분야에서 자존심 싸움을 펼칠 것으로 예상된다. GM은 미국시장 등을 중심으로 3만달러(한화 약 3천만원)대의 '볼트(Bolt) EV'를 시판중이며, 테슬라도 볼트 EV가격 수준의 '모델 3'를 시판중이다. 이들의 움직임에 따라 닛산 리프 중심이었던 전기자동차 시장 판도가 확 바뀔 수 있다는 예측도 나오고 있다.

볼트 EV의 주행성능은 테슬라 모델3와 비슷하다. 고용량 전기모터를 동력원으로 하는 볼트 EV는 한번 충전으로 최대 383Km까지 주행가능하며, 0에서 60mph (98Km/h)까지 7초 안에 주파하는 가속성능까지 갖췄다. LG전자와의 파트너십을 통해 개발한 60KWh급의 고용량 배터리 팩이 탑재됐다.

[테슬라 모델 3]

[GM 볼트]

모델 3에 대한 관심은 놀라운 수준이다. 예약주문 실적이 개시 36시간 만에 25만3천 대를 넘은 상황. 옵션항목과 추가기능을 포함한 예약주문의 대당 평균가격은 기본 트림(3만5천 달러·4천만원)보다 높은 4만2천 달러(4천800만원)이다.

기존 테슬라 모델보다 절반 수준에 불과하고, 일반 휘발유자동차와 큰 차이가 없는 가격이 관심을 끈 가장 큰 이유일 것이다.

엄청나게 빠르고 60Km/h까지 4.5초면 돌파한다. 최저가 기본 모델을 사도 오토파일럿과 슈퍼차징 기능이 탑재되어 있다. 모델 3의 가장 큰 특징은 기본 옵션에 자율주행 기능이 있다는 거다. 운전자 중심의 운전석을 탈피하여 편안하게 앉아 주행을 즐기는 시대가 곧 도래한다는 것을 의미한다.

수백만 마일의 자율주행 데이터가 테슬라에 원격으로 쌓여 가면 아마도 가장 강력한 자율주행 자동차 플랫폼이 될 것 같다.

2.2. 자율주행차량의 개발

자율주행자동차(Self-Driving Car)는 우리가 오래 전부터 상상해 왔던 것을 현실화시킬 것으로 예상된다. 자율주행자동차란 운전자가 가만히 있어도 자동차 스스로 도로의 상황을 파악해 자동으로 주행하는 차로서, 운전자가 브레이크, 핸들, 가속페달 등을 제어하지 않아도 자동차 스스로 판단과 제어를 하는 자동차를 의미한다. 많은 자동차업체에서는 2020년에 완전한 자율주행차 출시를 목표로 하고 있다. 자율주행을 위해서는 고성능 카메라, 충돌방지장치 등 기술적 발전이 필요하며, 주행상황 정보를 종합 판단하여 처리하는 주행상황 인지·대응기술이 필수적이다. 수많은 자동차회사들 뿐만 아니라 구글, 애플 등 IT기업들이 기술개발에 앞장서고 있다.

그림 27. 자율주행자동차의 개발업체

우리나라에서도 현대차를 중심으로 여러 대학에서 기술개발이 이루어지고 있다. 상용화되면 전체 교통사고의 95% 가량을 차지하는 운전자 부주의에 의한 교통사고와 보복운전을 줄일 수 있다고 기대된다. 또한, 인간 운전자를 완전히 대체하게 되면 교통정체의 감소를 가져오고 교통경찰과 자동차보험이 필요 없어질 것이다. 반면, 크래킹이나 버그 등으로 인한 사고를 우려하는 목소리도 있다. IEEE의 보고서에 의하면, 2040년에는 전 세계 차량의 약 75%가 자율주행자동차로 전환될 것으로 예상된다.

자율주행 차량의 도입으로 인한 편익은 네 가지로 볼 수 있다. 첫째, 판단 착오, 졸음 및 음주운전 등의 상황을 사전에 차단할 수 있다. 둘째, 일정한 차간거리(headway)를 유지하는 군집 주행이 가능하여 도로용량을 효율적으로 증가시킬 수 있다.

셋째, 고령자, 장애인 등의 차량 이용이 가능하여 이동성이 확보된다. 넷째, 차량의 효율적 주행으로 인해 연료 소비량 및 대기오염을 감소시킬 수 있다. 자율주행 기술의 구현 정도에 따른 등급은 아래 표와 같다.

[표 2-1. 자율주행 개발단계]

0단계	1단계	2단계	3단계	4단계
위험경고 선택적	능동제어	통합 능동제어	제한적 자율주행	완전 자유주행
수동적 안전시스템 자동제어 없음	1개의 ADAS장착, 운전대 또는 페달 중 선택적 자동제어	2개 이상의 ADAS 장착, 운전대와 페달을 동시에 자동제어	제한된 조건(주차장, 자동차 전용도로 등)에서 자율주행	모든 상황에서 자율주행
운전자 모든 제어 필수 목적지만 입력	운전자 제어 및 감시	필수 운전자 제어 및	감시필수 특정 상황만	운전자 개입 운전자는
		현재 발전단계		

현재 유럽 주요 국가와 미국, 일본 등은 2단계 차량의 개발을 완료할 계획이며 구글은 관련 업체 중 유일하게 4단계 자율주행 차량 개발을 목표로 연구를 진행하고 있다. 미국도로교통안전국(NHTSA)에 따르면 자율주행자동차 기술단계는 4단계로 분류된다.

1단계는 특정기능의 자동화 단계인 선택적 능동제어 단계이다. 현재도 많은 자동차에서 지원하는 차선이탈경보장치나 크루즈 컨트롤 등의 기능이 이 단계에 속한다. 2단계는 테슬라의 오토파일럿처럼 기존의 자율주행 기술들이 통합되어 기능하는 통합적 능동제어 단계로 운전자들의 시선은 전방을 유지시키지만 운전대와 페달을 이용하지 않아도 된다.

3단계는 차량이 교통신호와 도로 흐름을 인식해 운전자가 독서 등 다른 활동을 할 수 있고 특정 상황에서만 운전자의 개입이 필요한 제한적 자율주행 단계로 구글의 자율주행차가 이 단계에 속한다.

최고 등급인 4단계는 모든 상황에서 운전자의 개입이 필요 없는 완전 자율주행 단계다.

현재 많은 자동차기업 뿐만 아니라 구글, 애플 같은 IT기업들이 개발 중인데, 그 중 가장 앞서있다고 평가되는 구글의 자율주행차는 실제 도로주행을 하여 주행거리가 200만Km가 넘었다. 애플도 장기 프로젝트 중 하나로 자율주행차 개발을 진행하고 있다고 한다. 뿐만 아니라, 벤츠, 아우디, 현대자동차, 포드 등 기존 자동차 브랜드들도 개발 중이고, 2020년경이면 실제로 출시가 예상된다.

그림 28. 구글의 자율주행차

현재도 다수의 자동차에서 볼 수 있는 크루즈 컨트롤, 차선이탈 경보시스템, 주차 보조시스템 등도 기본적인 자율주행 기술의 하나라고 볼 수 있다. 구글과 같은 IT기업이 추구하는 방향과 기존의 자동차 회사가 추구하는 방향은 사뭇 다르다. IT기업이 추구하는 방향은 최종적으로 운전면허가 필요 없는 단계까지 만드는 걸 목표로 하고 있으며 현재 운행 중인 구글의 무인자동차는 핸들이 없다. 반면 기존 자동차 회사는 인간이 직접 운전하는 재미를 침해하지 않는 수준의 편의 기능의 방향으로 개발하고 있다.

국내에서는 현대자동차가 최근 열린 모터쇼에서 아이오닉 전기 자율주행차를 공개했다.

아이오닉 전기 자율주행차는 전기자동차 기반의 완전 자율주행 콘셉트카로, 미국 자동차공학회(SAE)의 자율주행 기준 레벨가운데 완전 자율주행 수준을 의미하는 레벨4를 만족시킴으로써 시선을 모았다. 현대·기아차는 국내 자동차업체 최초로 미국 네바다주 고속도로 자율주행 면허를 획득하기도 했다.

현대·기아차는 투싼 수소연료 전지차와 쏘울 전기자동차 등 미래형 친환경차에 자율주행 기술을 탑재하는 등 자동차의 완벽한 변신을 꾀하고 있다. 현대·기아차는 2020년까지 고도 자율주행차를 상용한다는 목표다.

2.2.1. 전기자동차의 전망

EV1 이후 세계 각국의 자동차 업체들은 간간히 쓸 만한 전기자동차를 내놓았지만 각종 규제법규와 자동차회사, 석유업체, 정부 등의 이해관계가 맞물려 본격적인 실용화는 되지 못했다.

하지만 2000년대에 들어 유가는 급격히 오르게 되고 특히 2008년의 세계금융위기는 유가 100달러/배럴시대를 열게 된다. 그 이후로 우리나라 같은 경우 휘발유는 리터당 천 원대 후반, 디젤은 천 원대 중반을 유지하며 본격적인 고유가 시대를 열게 된다. 그리고 지난 100년간의 화석연료 과잉사용에 대한 결과는 우리나라를 비롯한 전 세계에 걸쳐 기상이변이라는 커다란 재앙을 가져오게 된다.

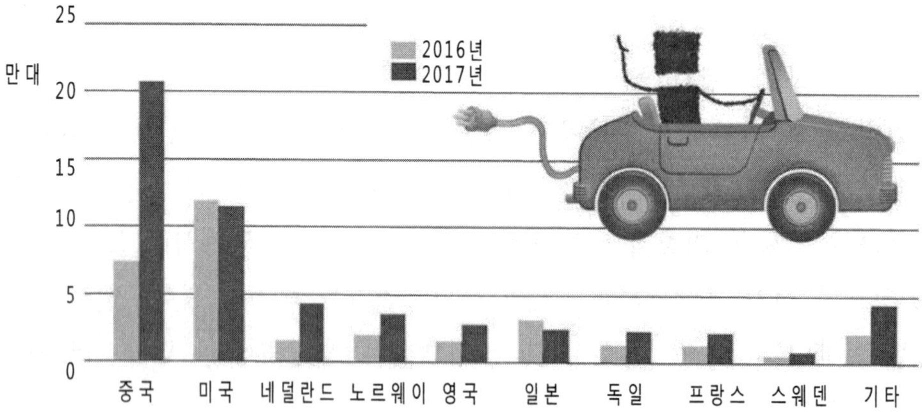

그림 29. 국가별 전기자동차 판매량(2017년)

급기야 환경 재앙을 막기 위한 탄소배출 규제 및 화석연료 사용 규제 등의 회담이 열리게 되고 우리나라도 이젠 발등에 불이 떨어지게 되면서 그린정책을 펼치게 된다.

그린정책의 한 부분으로서 전기자동차도 다시 연구가 활발해지고 있다. GM은 스스로 폐기처분 했던 전기자동차를 다시 연구하기 시작했고 일본의 닛산은 프랑스의 르노와 협력하여 전기자동차를 개발하고 있으며 도요타와 혼다는 이미 실용적 하이브리드 모델을 판매하고 있으며 전기자동차도 선보일 예정이다.

[표 2-2. 전기자동차의 역사]

년도	이 름	내 용
1824	앤요스 제드릭/헝가리	전기모터를 이용한 전기자동차 발명
1830	로버트 앤더슨/스코틀랜드	・최초의 전기 자동차의 원형 설계 ・최초의 원유 전기마차 발명
1835	그로닌겐 스트라틴/네덜란드	소형의 전기 자동차 설계
1835	크리스트 파벡카/네델란드	최초 전기자동차 제작
1842	토마스 다벤포트/미국 로버트 데이빗/스코틀랜드	・최초로 실생활 이용 가능한 전기자동차 제작 ・재충전할 수 없는 타입의 전지 장착-실용적이 못함
1865	가스 톤 프란테/프랑스	재충전할 수 있는 축전지를 발명
1873	R. Davidson/영국	전기자동차를 실용화함
1876	오토	4행정 내연기관 발명
1881	카미르 파우레/프랑스	・기존의 재충전용 축전지를 개량하여 전기자동차에 처음 적용 ・전기자동차의 비약적인 발전을 가져옴
1881	구스타프 트루베/프랑스	・프랑스 파리에서 열린 국제 전기박람회에서 삼륜자동차가 작동하는 것을 입증 ・이후 전기자동차는 급속도로 보급되기 시작
1884	토마스 파커/영국	・마차를 연상시키는 외관 갖는 전기자동차를 개발 ・기존의 유류 자동차를 개조해 전기자동차 개발
1886	칼벤츠	3륜 가솔린자동차 발명

년도	이 름	내 용
1891	라이카(A.L.Ryker)/미국	• 3륜의 전기자동차를 만들었으며 윌리엄 • 모리슨이 6인승의 전기자동차 왜건을 만들었지만 당시에 미국에서 전기자동차의 인기는 없음
1893	디젤	디젤엔진 발명
1895	라이카(A.L.Ryker)/미국	• 전기 삼륜자동차가 개발되면서 미국에서도 전기자동차의 관심 높아짐 • 전기자동차는 기존의 다른 방식의 차량들과 비교해서 냄새가 적고, 진동이 적고, 소음도 작음 • 최고속도는 시속 32Km에 불과하다는 단점
1897	필라델피아 전기자동차 회사	• 최초의 상업용 전기자동차 • 뉴욕시의 택시 전 차량에 채용 • 당시 판매되었던 페톤이라는 전기 자동차는 주행거리 29Km, 시속 22Km의 성능/가격은 약 2천 달러
1899	까뮈 제나지/벨기에	• 유선형 전기자동차 • 당시 세계 최고 기록인 시속 105Km 
1900初		• 다른 방식의 차량(휘발유자동차, 증기자동차 등)보다도 많이 팔림 • 1912년에 생산 및 판매 정점을 기록 • 1900년대 초반에는 전기자동차가 휘발유자동차보다 더 많음
1916	우드사	• 전기자동차의 기술력이 본격적인 궤도에 오름 • 가솔린과 전기를 함께 이용하는 하이브리드 카를 개발하기 시작하면서 전기 자동차사에서도 가장 황금기
1920년대		• 미국 텍사스의 원유 발견으로 휘발유의 가격은 떨어지고, 내연기관의 대량 생산체제를 구축함에 따라 휘발유자동차는 500달러~1000달러 정도로 가격이 많이 떨어진다. • 전기자동차의 가격 : 평균 1750달러 • 휘발유자동차 : 평균 650달러 • 전기자동차는 극히 일부 교통수단으로 이용 • 휘발유자동차가 자동차시장에서 급부상하기 시작 • 1920년대부터 속도, 힘, 값싼 석유에 힘입어 가솔린자동차는 자동차의 주류
1930년대		비싼 가격, 배터리의 무거운 중량, 충전에 걸리는 시간 등의 문제 때문에 자동차시장에서 전기자동차가 대부분 사라진다.

년도	이 름	내 용
	공 백 기	
1990		자동차 배출가스로 인한 환경오염대책으로 미국의 캘리포니아주가 완전 무공해자동차(ZEV, zero emission vehicle)를 도입하는 정책을 법제화
	EV1/GM	• 1월 LA모터쇼에서 GM이 EV1 이라는 이름의 전기자동차를 공개-사실 운행할 수 없는 무늬만 자동차 • 이때부터 모든 자동차메이커들은 전기자동차가 대세라고 판단하고 여기에 매달리기 시작
1996	EV1 /GM	• 양산 전기자동차 1호로 미국 캘리포니아에서 운행 • 최고속도 : 150Km/h, • 1회 충전당 주행거리 : 208Km
	옵신스키와 그의 부인	한 번 충전에 500Km를 달리는 배터리를 발명했다가 회사가 GM에 적대적 인수된 뒤 석유회사에 매각
2003	배기가스 제로법 철폐	• GM은 전기자동차가 배터리에 문제가 많고 비용이 비싸다는 등 억지로 문제점을 퍼뜨림 • 온갖 로비를 통해 캘리포니아 주정부에 압박을 가해 공청회를 가진 뒤 결국 2003년에 '배기가스 제로법'을 철폐
2005	Who Killed The Electric Car?	• 법이 사라지자 GM은 EV1 생산라인을 폐쇄하고 관련 직원들을 해고한 뒤, EV1을 소리 소문없이 회수 • GM은 차례로 EV1을 폐차하다가 마지막 남은 78대의 EV1을 2005년 사막 한가운데서 조용히 폐차
		자동차업계, 석유업계, 자동차 부품업계는 전기자동차에 위기의식을 느꼈고 황당한 결과를 내놓았다. 전기자동차를 죽이기로 한 것.
2009	GM	파산신청
2010 2011	GM	• 시보레 볼트(Volt)/PHEV • 연비 98Km/ℓ, 최고속도 : 160Km/h • 배터리 동력만으로 1회 충전이동거리 : 64Km
	닛산	세계최초 양산 전기자동차 '리프(LEAF)'
2012	도요타	순수 전기자동차(BEV) 대신 하이브리드(HEV)와 연료전지자동차(FCV)개발에 주력 발표 - 순수 전기자동차의 짧은 주행거리, 비싼 가격, 긴 충전시간 등 3가지 문제점이 주요 장애요인
	파리모터쇼	지금이 미래다' 신차 100여대 첫선

년도	이 름	내 용
2012	현대차	블루온(i10)EV, 쏘나타 HEV, 투싼ix FCEV(주행거리424Km)
	기아차	K5 HEV, 레이 EV
2013	디트로이트모터쇼	고연비 대신 고성능이 주요 트렌드로 부상
	혼다	혼다 피트 HEV, 36.0Km/ℓ
	현대기아	기아 쏘울 EV
	BMW	i3(21KWh/주행거리 132Km)
	GM	스파크 EV
2014	디트로이트모터쇼	최고출력 등 성능을 강조한 모델 공개
	도요다	미라이 FCEV
	폭스바겐	e-Golf
2015	디트로이트모터쇼	친환경자동차(PHEV)의 대중화, 고성능차 공개
	현대	소나타 PHEV
2016	디트로이트모터쇼	고성능차(슈퍼카) 부활
	GM	볼트(Bolt) EV(60KWh/주행거리 354Km)
	BYD다임러	덴자(DENZA)400
2017	디트로이트모터쇼	'개스 거즐러' 들의 귀환, 스마트카보다 스트롱카 공개
	테슬라	모델3 EV(55KWh/주행거리 354Km)
	르노	조에(ZOE)
2018	디트로이트모터쇼	세단의 화려한 귀환, SUV의 변함없는 도전
	제네바모터쇼	반(半)자율주행 친환경차, 다양해진 SUV(스포츠유틸리티 차량), 500마력을 뿜어내는 초고성능 자동차
	현대	코나 EV(60KWh/주행거리 390Km)
	닛산	리프2세대(60KWh/주행거리 400Km)

요즘 새로운 친환경자동차의 대명사라 할 수 있는 하이브리드자동차나 연료전지자동차의 핵심 기술들은 대부분 바로 전기자동차 기술에서 나온 것들이다. 도요타가 하이브리드자동차를 만든 계기가 바로 전기자동차의 한계를 극복하려는 방법의 하나로 시도했던 것이고, GM이 연료전지 자동차를 만들려고 시도한 이유도 전기자동차의 전지 용량을 늘리려는 연구에서 시작된 것이다. 따라서 전기자동차는 친환경자동차의 종착역일 뿐 아니라 출발역이기도 하다.

3 전기자동차의 종류

전기자동차는 내연 엔진과 전기자동차의 축전지 엔진을 동시에 장착하거나, 차체의 무게를 획기적으로 줄여 공기의 저항을 최소화하는 등 기존의 일반 차량에 비해 연비 및 유해가스 배출량을 획기적으로 줄인 차세대 자동차를 말한다.

전기자동차는 유해가스를 기존의 차량보다 90% 이상 줄일 수 있고, 대도시의 공기와 주변 환경을 개선할 수 있으며, 교통통제·도로계획 등과도 잘맞기 때문에 환경자동차(Eco-car)라고도 부른다.

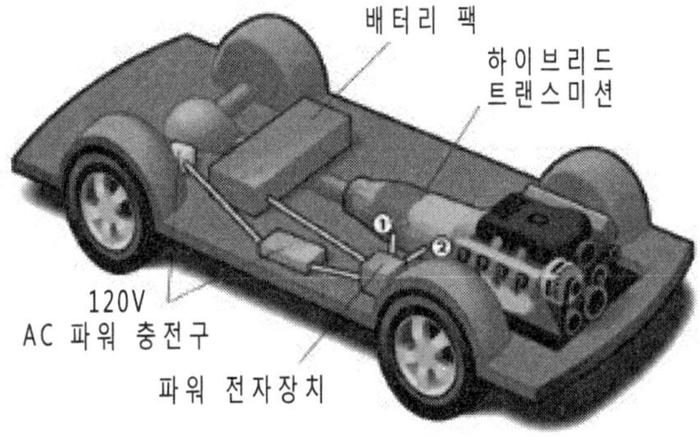

그림 30. 2-모드 하이브리드 전기자동차

하이브리드 전기자동차는 엔진+모터와 같이 두 개 이상의 동력원을 가진 자동차로 정의될 수 있고, 전기자동차는 순수 축전지를 사용하는 자동차로 정의될 수 있다. 특히 전기자동차는 배기가스가 전혀 배출되지 않으며, 내연기관에 비해 부품수가 현저히 감소하고 낮은 속도에서도 더 높은 토크를 낼 수 있다.

궁극적으로는 하이브리드 전기자동차가 전기자동차의 과도기적 성격을 지니고 있다는 점에서 전기자동차를 하이브리드 전기자동차를 포함한 넓은 의미로 쓰기도 한다.

3.1. 전기자동차의 구분

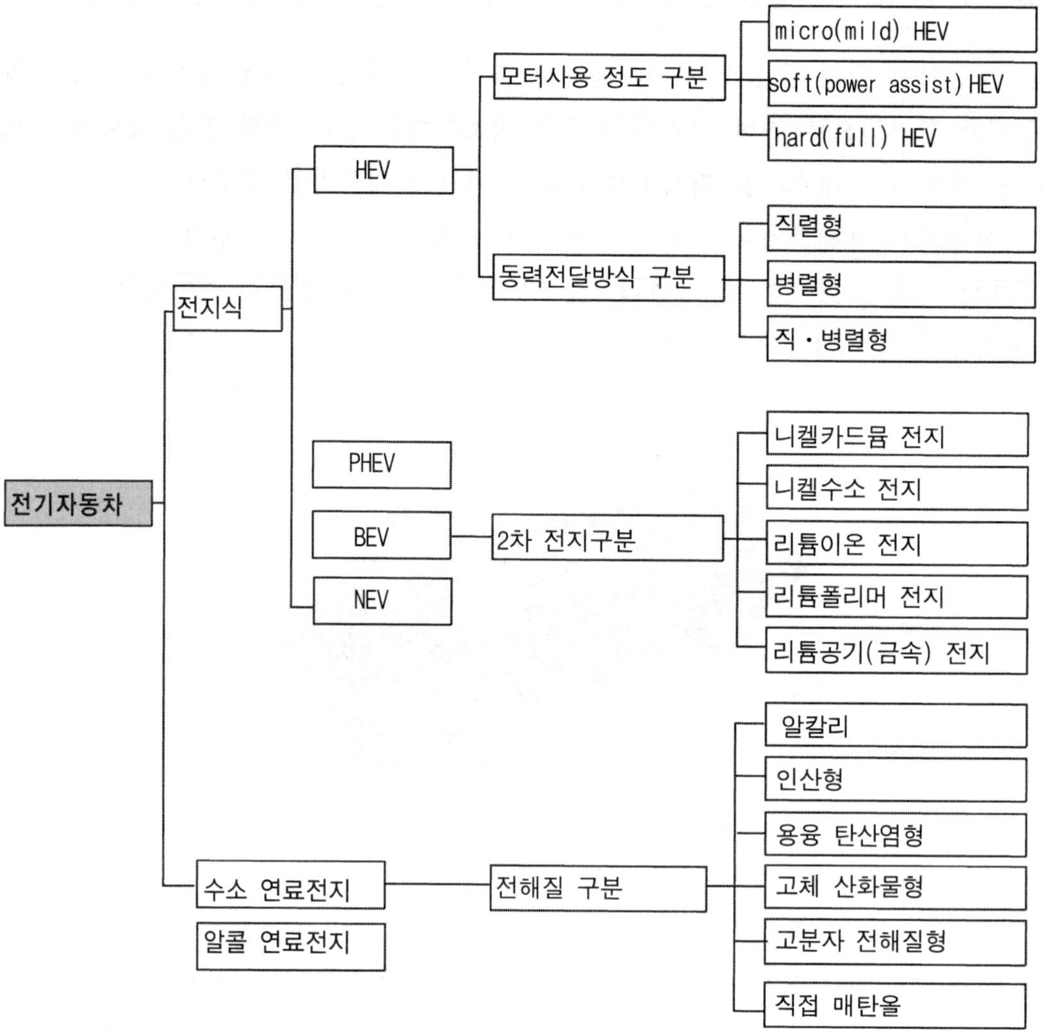

그림 31. 전기자동차의 종류

참고 전기자동차의 구분

전기자동차를 5종류로 나누어 보면 HEV, PHEV, EV, NEV, FCEV로 나눌 수 있다.

[1] HEV(Hybrid Electric Vehicle)

하이브리드 전기자동차. 일반적인 내연기관과 모터 그리고 축전지가 장착되어 화석연료의 에너지와 전기에너지를 사용하여 구동되는 형식의 자동차로서, 기존 내연기관 자동차에 비하여 연비가 높고 공해물질 및 이산화탄소의 배출량이 적은 것이 장점이다.

엔진과 모터 그리고 구동축의 연결방식에 따라 크게 직렬, 병렬, 직병렬방식으로 구분할 수 있으며 구동축과 전기코터가 직접 연결되어 잇는 방식이면 직렬, 구동축에 전기모터와 엔진이 같이 연결되어 있으면 병렬, 그때그때 전기모터, 엔진, 모터+엔진의 방식으로 구동할 수 있으면 직·병렬 방식으로 분류된다.
병렬형 HEV를 기준으로 장점을 설명하자면, 가속 또는 등판시엔 모터에서 동력을 보조받을 수 있기 때문에 동급의 엔진이라도 일반차량에 비해 가속, 등판력이 좋으며 감속시엔 버려지는 에너지를 모터가 회생시켜 축전지를 충전하고 자동차가 정지시엔 엔진이 정지할 수 있어 연비 개선 및 이산화탄소 배출 저감효과가 있다.

[2] PHEV(Plug-in Hybrid Electric Vehicle)

가정이나 충전소에서 쉽게 충전할 수 있는 전기플로그가 장착되어 있는 하이브리드 전기자동차를 의미하며, 가정 등에서 충전한 전기로 주행을 하다가 충전된 전기를 소모해 감에 따라 엔진을 동작시켜 추가로 전기에너지를 보충시키는 방식으로, 충전된 전기로 주행하는 구간에서는 EV와 같이 오염물질 및 이산화탄소 배출량이 없으며 엔진을 동작시켜 운행하는 구간에서도 HEV와 같은 높은 연비와 저공해 주행이 가능하다.
현재 출퇴근용 정도의 거리는 전기자동차 모드로 주행이 가능하다고 하다. HEV와 비교하여 상대적으로 큰 축전지 용량이 요구되며, EV의 과도기적 기술로서 상용화가 계획되고 있다.

[3] EV(Electric Vehicle)

내연기관 없이 모터와 축전지가 엔진과 화석연료의 역할을 대신하는 자동차를 말하다. 주행시 오염물질 및 이산화탄소 배출량이 없어 무공해차량으로 불리며 이러한 특징들 때문에 HEV, PHev와 같은 과도기적 혹은 혼합식의 구조는 향후 축전지 기술의 발전에 따라 사라지고 EV화 될 것으로 기대되고 있다. 많은 완성차 제조업체들과 신생 벤처기업들에서 전기자동차를 출시하거나 이를 계획하고 있으며 작년 일본에서 i_MEV라는 전기자동차가 첫 상용화 되었다.

[4] NEV(Neighborhood Electric Vehicle)

저속 전기자동차라 불린다. 저속전기자동차는 아직은 부족한 축전지의 용량과 비싼 가격에 대응하기 위한 시도로써 PHEV와는 접근 방법을 달리한다.

[NEV]

[5] FCEV(Fuel cell Electric Vehicle)

FCEV는 EV의 배터리가 갖는 문제점을 극복하는 과정에서 나온 것이다. 사실 EV는 배터리문제만 극복되면 세상에서 가장 완벽한 자동차이다. 배터리문제란 가볍고, 부피가 작고, 반영구적이며 값이 싼 배터리를 만들어야 한다는 것이다. 여기에 무엇보다 충전시간이 짧아야 한다. FCV는 EV의 배터리 충전문제를 해결하기 위해 수소만 공급해 주면 계속 전기가 생산되는 연료전지를 사용한다.

[표 2-3. 전기자동차의 종류 및 특징]

구 분	하이브리드차(HEV)	플러그인 HEV(PHEV)	전기차(BEV)	연료전지차(FCEV)
동력계 구조	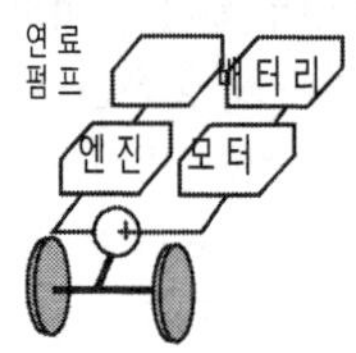	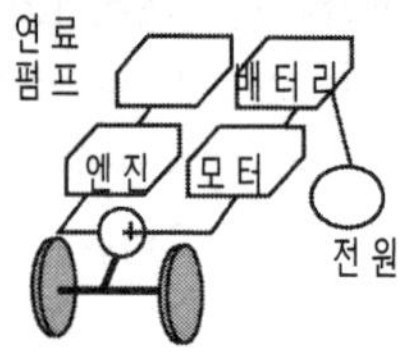	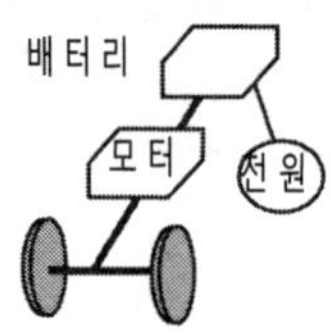	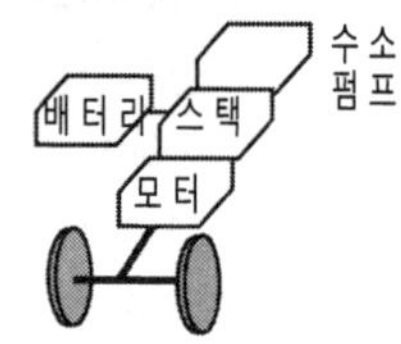
구동원	엔진 + 모터	• 모터 • 엔진(방전시)	모터	모터
에너지원	• 화석연료 • 전기	• 전기 • 화석연료(방전시)	전기	수소
특 징	• 구동시 내연기관/모터 적절히 작동시켜 연비향상 • 별도 인프라 필요 없음 • 배터리 전용 주행 5Km 내외	• 단거리 전기로만 주행 • 장거리 주행시 엔진 직구동 • HEV대비 배터리 용량증대(주행거리 60Km 내외)	• Zero-Emission • 현재 근거리 주행만 가능(100Km 내외)	• 수소/산소반응으로 전기를 생산하여 모터 구동 • Zero-Emission • 수소탱크, 스택 등 장착(레이아웃불리) • 시스템 고가
구매비용	다소 고가	다소 고가	고가	초고가
배터리 용량	0.98~1.8KWh	4~16KWh	60KWh 전・후	
운영비용	다소 저비용	다소 저비용	저비용	고비용
운전편의	내연기관 대비 동일	내연기관 대비 거의 동일	내연기관 대비 불편(충전 필요)	내연기관 대비 불편(수소충전 필요)
적용사례	• 프리우스(도요타) • 시빅(혼다) • 소나타(현대) • K5(기아)	• VOLT(GM) • 프리우스(도요다) • F3DM((BYD) • i8(BMW)	• BOLT(GM) • 모델S(테슬라) • ZOE(르노) • 코나(현대)	• 미라이(도요다) • 클래리티(혼다) • 투싼ix(현대) • 넥쏘(현대)

전기자동차는 동력원의 전기화 정도에 따라 구분해 볼 수 있다. 즉 HEV는 동력원으로 전기모터와 내연기관을 동시에 쓰는 자동차, PHEV는 동력원은 전기만 쓰지만 충전에 필요한 내연기관을 내장한 자동차, BEV는 순수 전기로만 움직이는 자동차를 말한다.

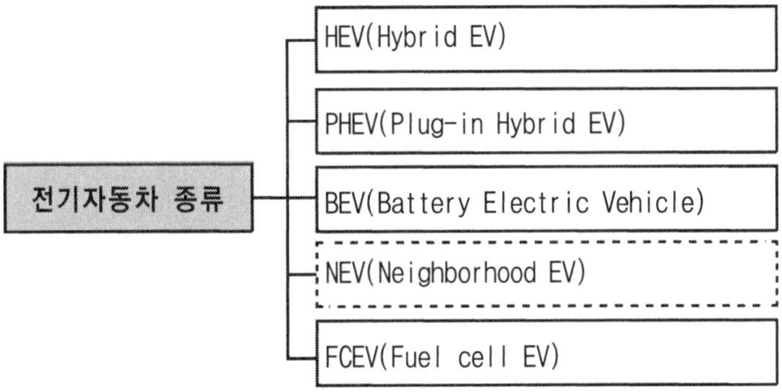

그림 32. 전기자동차의 종류

[표 2-4. 전기자동차의 구분]

구 분	특 징	
하이브리드 전기자동차	Hybrid EV. HEV	동력원으로 전기모터와 내연기관을 동시에 쓰는 자동차
플러그인 하이브리드	Plug-in Hybrid EV. PHEV	동력원은 전기만 쓰지만 충전에 필요한 내연기관을 내장한 자동차
전기자동차	Battery Electric Vehicle. BEV	순수 전기로만 움직이는 자동차.
연료전지자동차	Fuel cell EV. FCEV	연료전지를 통해 얻어지는 전기로 움직이는 자동차

① 기존의 엔진과 변속기를 동력원으로 사용하는 내연기관(Internal Combustion Engine)

② 정지시 엔진이 정지되어 연료를 저감하는 Micro(Mild) HEV

③ 기존 엔진에 모터로 보조하는 Soft(Power assist) HEV

④ 전기모터가 출발과 가속시에만 역할을 하는게 아니라 주행에 주된 역할을 하는 Hard(Full) HEV

⑤ 기본적으로 전기모터로 움직이지만 축전지 범위를 넘어서는 거리는 엔진을 이용해 발전기를 돌리는 방식인 Plug-in HEV

⑥ 순수 축전지로만 운행하는 EV 또는 수소연료전지를 이용하는 FCEV 등의 순서로 구분이 가능하다.

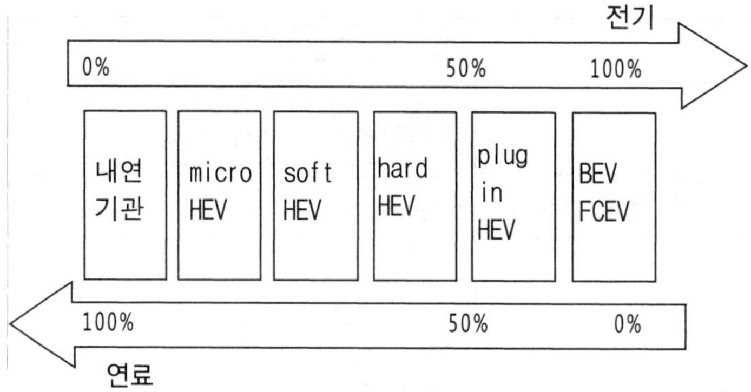

그림 33. 에너지 사용률에 의한 분류

하이브리드 전기자동차의 경우, 두가지 이상의 동력원을 사용하기 때문에 전기자동차에 비해 여러 가지로 분류가 되는데 동력전달 방식에 따라 직렬형(Series), 병렬형(Parallel), 혼합형(직・병렬형)(Series/Parallel)이 있으며, 모터 사용정도에 따라 Micro(Mild) HEV, Soft(Power assist) HEV, Hard(Full) HEV로 분류된다.

플러그 인 하이브리드 전기자동차(PHEV)기본은 하이브리드 전기자동차 이지만, 축전지 용량을 하이브리드 전기자동차와 전기자동차의 중간크기로 하고, 비상시에는 다시 충전해 두는 것으로 단거리는 전기자동차로서 활용하는 형식이다. 가정 전원이 이용가능하고 어디서도 충전할 수 있다는 간편성을 염두해 둔 방식이다.

트럭에 비해 단거리 이용이 많은 승용차의 특성에 주목하여, 전동주행을 단거리 이용으로 줄여서 전지 코스트를 줄인 가솔린자동차와 전기자동차의 하이브리드 방식이다.

PHEV는 하이브리드 전기자동차와 마찬가지로 동력계 구조에 따라 바퀴축과 발전기가 연결된 직렬 하이브리드시스템(Serial Hybrid System), 병렬 하이브리드시스템(Parallel Hybrid System), 직병렬 하이브리드시스템(Serial Parallel Hybrid System)으로 구분된다.

각 방식의 차이는 엔진과 전기모터가 어떤 역할을 맡고 있는지가 핵심이다.

전기자동차에 전기를 공급하는 방법은 무엇이 있을까? 방법은 연료전지와 축전지 두 가지다. 외부로부터 전기를 충전, 저장해야 하는 축전지방식은 수백 파운드의 무거운 축전지팩이 필요한데다 운행거리에 제한이 따르고 3~6년에 한 번씩 축전지를 교환할 때 많은 돈이 든다. 그래서 자동차업계에서는 연료전지방식에 더 주목하고 있다. 특히 수소연료전지는 축전지에 비해 작고 가벼우며 빠른 시간에 재충전된다는 것이 장점이다. 또 수증기만을 방출하기 때문에 가장 깨끗한 미래형 동력원이 될 것으로 보인다.

연료전지자동차의 경쟁자인 전기자동차는 엄밀한 의미에서 무공해차로 분류하기는 어렵다. 왜냐하면, 주행시 배기가스를 배출하지는 않지만 화력발전으로 전기를 생산한다면 화석연료를 사용하기 때문이다. 연료전지(Fuel Cell)는 수소와 산소의 화학반응으로 생기는 화학에너지를 직접 전기에너지로 변환시키는 기술을 이용한 전지이다.

수소 연료전지자동차가 가장 친환경에 가깝지만 아직 개발되어야 할 기술과 생산단가를 많이 낮춰야 하는 문제점이 있다. 수소 연료전지자동차는 수소 연료 전지로 발전하고 전동기를 구동하는 타입으로 수소를 직접 연소하여 이용하는 수소자동차와는 에너지를 내는 방법이 다르다. 알코올 연료전지자동차는 알코올을 직접 연료전지에 공급하는 방식과, 연료 개질기를 사용하여 알코올에서 수소를 얻어, 수소 연료 전지에 공급하는 방식이 있다. 발전이후의 시스템은 전동기를 구동하는 전기자동차와 거의 같다. 알코올을 연료로 하여 직접 내연기관에서 연소시키는 자동차와는 다르다.

3.2. 하이브리드 전기자동차(HEV)

3.2.1. 정의

하이브리드 전기자동차(Hybrid Electric Vehicle, HEV)는 하나의 자동차에 2종류 이상의 엔진을 장착한 자동차를 말하는데, 가솔린엔진과 전기모터, 수소연소 엔진과 연료전지, 천연가스 가솔린엔진과 디젤엔진과 전기모터 등 두 개의 동력원을 함께 쓰는 차를 말한다.

이 자동차는 플라이휠, 축전지, 대용량축전지와 조화를 이루는 연료전지, 가스터빈, 디젤, 가솔린엔진 등 많은 hybrid시스템 개념이 있다. 기존 휘발유, 디젤 등의 내연기관 엔진과 전기모터를 동시에 장착한 형태가 대표적이다.

현재의 하이브리드 전기자동차는 출발 등 저속 주행시 전기모터를 사용하고 높은 출력이 필요할 경우 내연기관 엔진을 가동시키는 방식이 주류를 이루고 있다. 전기모터 구동에 필요한 전력은 차량 내에 장착된 2차 전지를 통해 얻는데, 브레이크 페달을 밟을 때 나오는 잉여의 에너지로 충전하거나, 주행시 바퀴의 회전을 통해 충전하는 방식으로 운행 전 오랜 시간 동안 충전해야 하는 전기자동차와 구별된다.

LPG, 천연가스, 알코올 등과 같은 연료는 엔진을 크게 손보지 않아도 되기 때문에 실용화하기 어렵지 않은 반면 태양열을 이용하는 차는 실용화가 어렵다. 빼어난 장점 때문에 집중적으로 수소자동차를 연구하는 메이커도 있지만 기술적으로 가장 기대를 모으는 것은 전기를 이용하는 자동차다. 기존의 화석연료인 가솔린이나 디젤연료를 사용하여 동력을 얻는 엔진과 전기로 구동시키는 전기모터를 결합하여 만들어진 하이브리드시스템은 현재의 내연기관 엔진에 비하여 배기가스를 현저하게 저감시키고, 저속에서 연비를 좋게 개선하는데 효과가 있다.

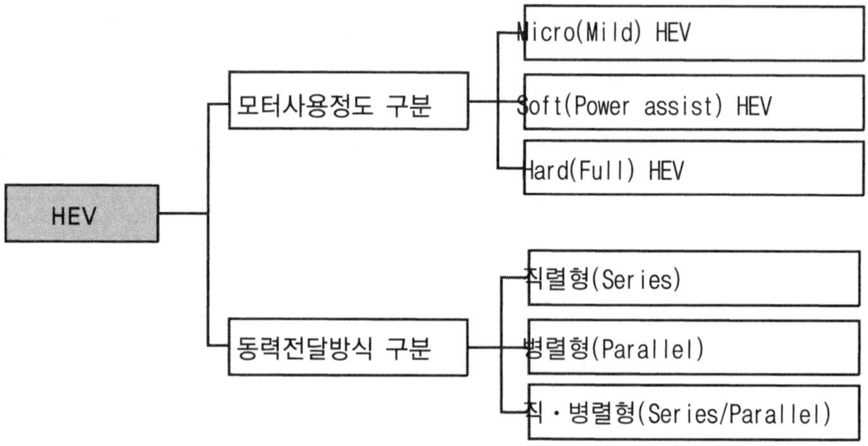

그림 34. 하이브리드 전기자동차(HEV)의 구분

참고 하이브리드 전기자동차

- 하이브리드(hybrid)는 잡종, 혼합이란 뜻
- 2개 이상의 동력원을 이용하여 구동되는 자동차

•동력원
- 가솔린 엔진 + 전기모터
- 엔진 + 회생시스템
- 전기모터 + 회생시스템
- 가스터빈 + 전기모터
- 디젤엔진 + 전기모터

3.2.2. 전기자동차와의 관계

전기모터와 내부 연소 엔진을 사용하는 전형적인 예가 하이브리드 전기자동차이다. 이 차는 전기로만 작동하도록 고안되지는 않았다. 하이브리드 전기자동차는 진기에너지를 축전지에 충전시켜 사용함으로서 자동차의 에너지사용에서 가솔린 연료사용 부분을 부분적으로 대체하고 있다. 이러한 기술이 하이브리드 전기자동차에 적용된 차량을 하이브리드 전기자동차라 하고 만약 축전지가 외부로부터 충전할 수 없다면, 즉 전기 에너지를 저장할 매체가 없는 차량은 하이브리드 차로 분류된다.

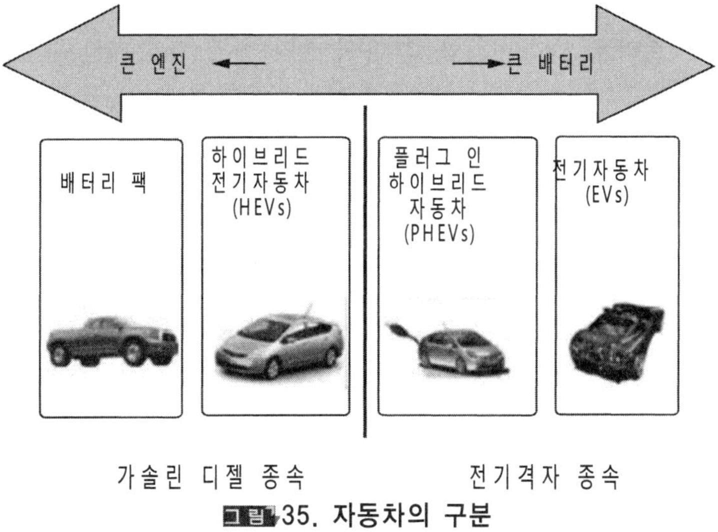

그림 35. 자동차의 구분

짧은 주행거리와 높은 가격의 문제를 안고 있는 전기자동차에 대한 대안으로 하이브리드 전기자동차(HEV)를 내세우고 있다. HEV는 가솔린과 전기를 함께 동력원으로 사용하기 때문에 연비개선, 배기가스 저감(가솔린자동차의 절반수준) 측면에서 긍정적인 평가를 받고 있다.

이러한 HEV도 가솔린자동차와의 가격차이를 어떻게 극복하느냐가 관건으로, 2차 전지 탑재량을 EV의 1/3수준까지 낮출 수 있어 연료전지자동차(FCEV)로 가기 위한 징검다리 역할을 할 것으로 기대된다.

[표 2-5. 동력원 조합방법으로 분류한 하이브리드 전기자동차]

종 류	동력원	장 점
하이브리드 전기자동차	가솔린엔진 + 전기모터	• 총 주행거리의 확대 • 축전지 중량의 경감 • 에너지 절약
하이브리드 회생자동차	• 엔진 + 회생시스템 • 전기모터 + 회생시스템	• 에너지 절약 • 저 배출가스
하이브리드 가스터빈자동차	가스터빈 + 전기모터	• 가스터빈의 연료 다양성 • 열효율과 배출가스 특성
하이브리드 디젤 전기보조식	디젤엔진 + 전기모터	고 부하시 다량으로 나오는 가스억제

일본 도요타의 프리우스(Prius)와 혼다의 인사이트(Insight)가 HEV의 대표적인 차종으로, 프리우스는 2000년 말 세계 최초로 양산화에 성공하였다. 연료효율이 높고, 가솔린엔진과 전기엔진의 장점만을 결합해 운전하면서 도로와 주변환경에 알맞게 자동으로 가솔린엔진과 전기엔진의 변환이 가능하다.

인사이트는 가솔린엔진이기는 하지만, 차체를 알루미늄으로 만들어 기존의 차량보다 40% 정도 무게가 가볍고, 세계 최경량인 1리터 린번 VTEC 엔진을 사용해 공기의 저항을 획기적으로 줄였으며, 연비 성능을 입증함으로써 차세대 환경 스포츠카로 자리 잡았다. 하이브리드 전기자동차는 축전지의 전기 외에 통상적인 휘발유/디젤엔진뿐만 아니라, 화학작용에 의해 전기를 생산하는 연료전지로도 구성할 수 있다.

그러나 연료전지에 관한 기술에 많은 연구가 필요하기 때문에 전통적인 엔진을 보조 에너지원으로 이용하는 경우가 대부분이다. 일반적인 하이브리드 전기자동차는 바퀴를 돌리기 위한 모터, 모터의 회전력을 바퀴에 전달하는 변속기, 모터에 전기를 공급하는 축전지, 그리고 전기 또는 동력을 발생시키는 엔진으로 구성된다.

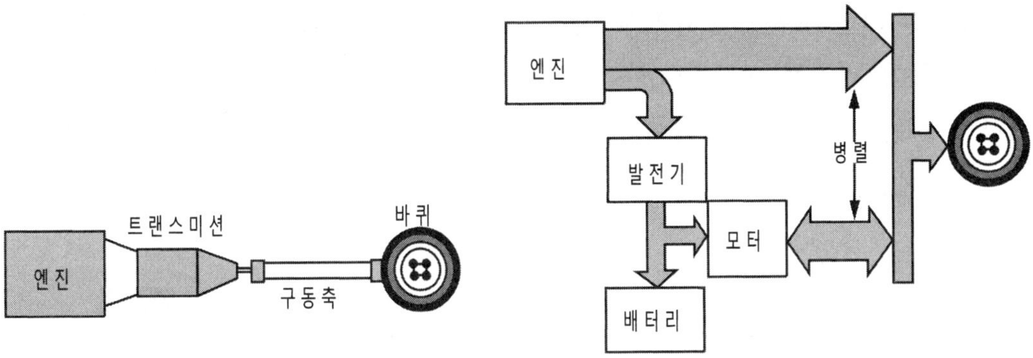

(a) 일반엔진 (b) 하이브리드 전기자동차

그림 36. 동력전달 시스템

[표 2-6. 하이브리드 전기자동차와 일반차의 비교]

종 류	장 점	단 점
가솔린자동차	• 주행 성능이 좋다. • 차량가격이 싸다	• 연비가 낮다.
하이브리드 전기자동차	• 연비가 높다(연료소모 50% 감소) • 환경 친화적이다 - HC, CO, NOx 90% 감소 - CO_2 50% 감소	• 정비가 복잡하고 수리비용 높다. • 구조가 복잡해진다. • 가격이 비싸다 • 구동계가 복잡하고 무겁다. • 고압 축전지의 수명이 짧고 비싸다

3.2.3. HEV의 모터 사용 정도에 의한 분류

하이브리드 전기자동차는 모터 사용정도에 따라 Micro(Mild) HEV, Soft(Power assist)HEV, Hard(Full) HEV로도 분류된다.

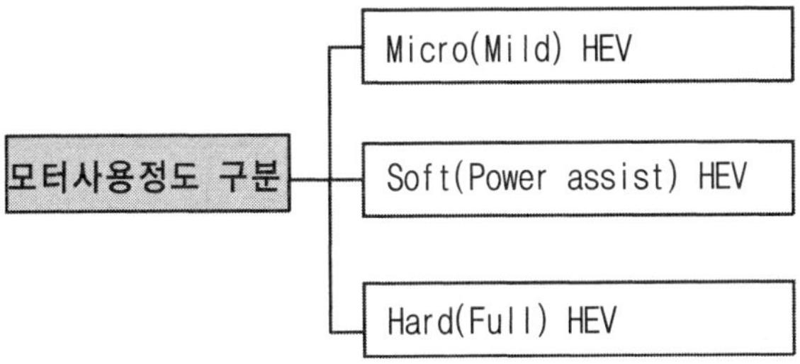

그림 37. 하이브리드 전기자동차(HEV)의 구분

[1] Micro(Mild) HEV

Micro(Mild) HEV는 공회전시 시동이 자동으로 꺼지고 출발시 액셀레이터를 밟으면 시동이 켜지는 idle stop & go system을 장착한 차량으로 모터는 이때 보조역할만 하는 단순한 시스템이다. 기존의 내연기관에 부착하거나 제약조건이 많은 소형차량에 적합한 방식이다.

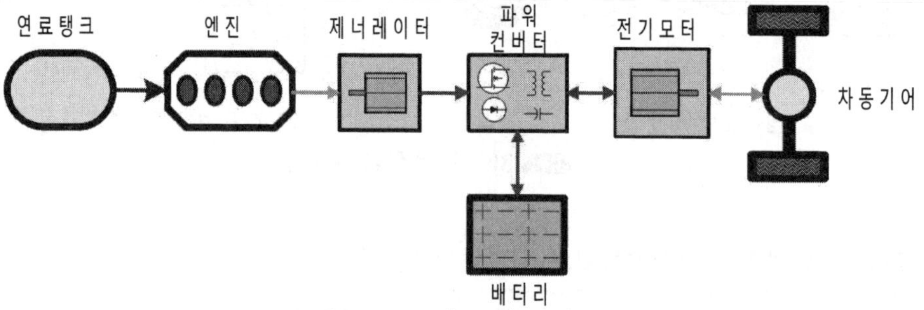

그림 38. Micro(Mild) HEV

[2] Soft HEV

Soft HEV의 경우 Micro(Mild) HEV방식보다는 모터의 보조역할이 더 크다. 대부분의 병렬형 방식이 Soft 타입으로 현대자동차의 아반테 LPI 하이브리드 및 혼다자동차의 시빅 하이브리드와 같이 엔진 + 전기모터 한 개 + CVT로 구성되어 있다. 이 경우 엔진과 변속기사이에 모터가 삽입되어 있으며 모터가 엔진의 동력 보조역할을 수행하게 된다. 전기모터 단독으로 차를 움직일 수 있지만 모터는 단지 추진의 보조역할을 한다.

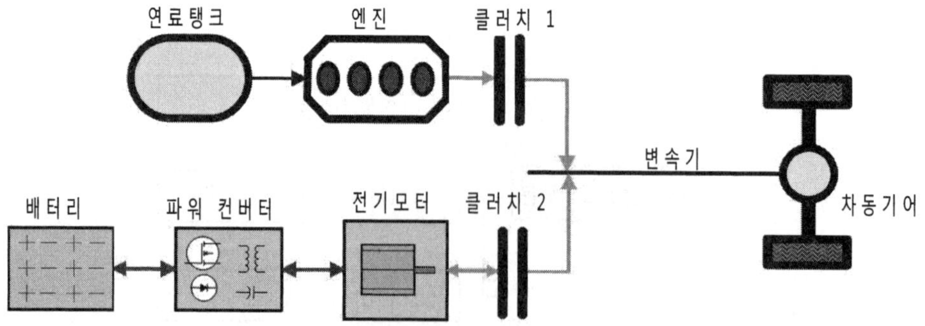

그림 39. Soft(Power assist) HEV

Soft 하이브리드시스템은 전기적인 비중이 적어 가격이 저렴한 장점이 있지만 순수 전기모드 구현이 불가능하여 배기가스 저감 및 연비개선에서 상대적으로 불리하게 된다. Soft타입은 시동이나 가속순간에만 모터가 엔진을 보조하고 정속주행 시는 일반 자동차와 동일하게 엔진으로만 구동하는 타입이다. 그래서 하드타입에 비하여 연비가 나쁜 것이다.

[3] Hard(Full) HEV

Hard(Full) HEV은 전기모터가 출발과 가속시에만 역할을 하는게 아니라 주행에 주되게 사용되는 방식이다. 직렬형과 혼합형(직·병렬형)이 이 방식에 속한다. 도요타의 프리우스가 대표적이며 이러한 방식이 하이브리드의 주류가 될 것으로 보이지만 기술과 비용 측면에서 모든 차량이 Hard(Full) HEV로 가려면 좀 더 기간이 필요해 보인다.

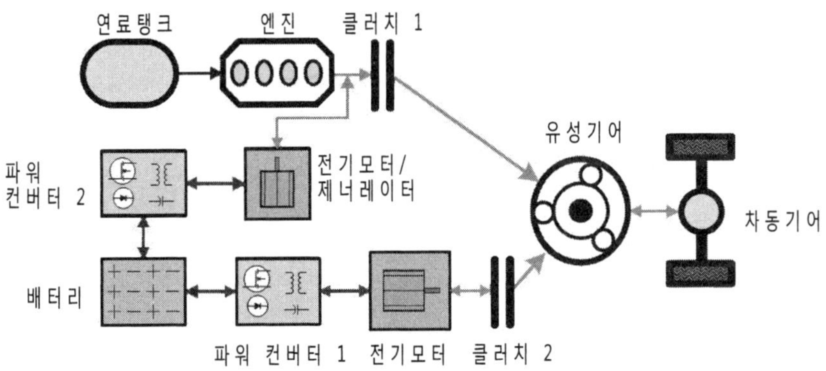

그림 40. Hard(Full) HEV

Hard 하이브리드는 도요다자동차의 프리우스처럼 엔진에 전기모터 2개를 가지고 있으며 CVT로 구성된 하이브리드시스템이다. 이 경우 엔진, 모터, 발전기의 동력을 분할/통합하는 기구인 유성기어를 채택하여 효율적으로 동력을 배분하고 있으며 모터 2개가 유기적으로 작동하여 동력보조 역할도 수행하면서 순수 전기자동차로 작동도 가능하다.

Hard 하이브리드 시스템은 대용량 모터와 추가 모터 등 2개 이상의 모터와 제어기가 필요하고 대용량 축전지가 필요하여 soft 타입에 비하여 전용부품이 1.5~2배 이상 고가인 단점이 있지만 회생제동 효율이 우수하고 연비가 좋은 장점도 가지고 있다.

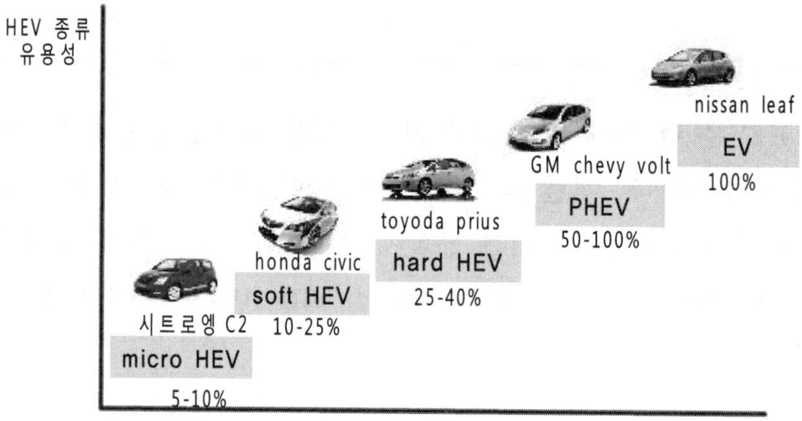

그림 41. HEV의 종류별 연료효과 및 CO_2 감소율

Hard 하이브리드는 저속구간인 약 60Km/h까지 급가속을 하지 않으면 고전압 축전지의 전압을 이용 모터로만 자동차를 구동하는 방식이다. 급가속 순간 시에는 엔진 출력을 보조하는 소프트타입과 동일한 작동을 한다.

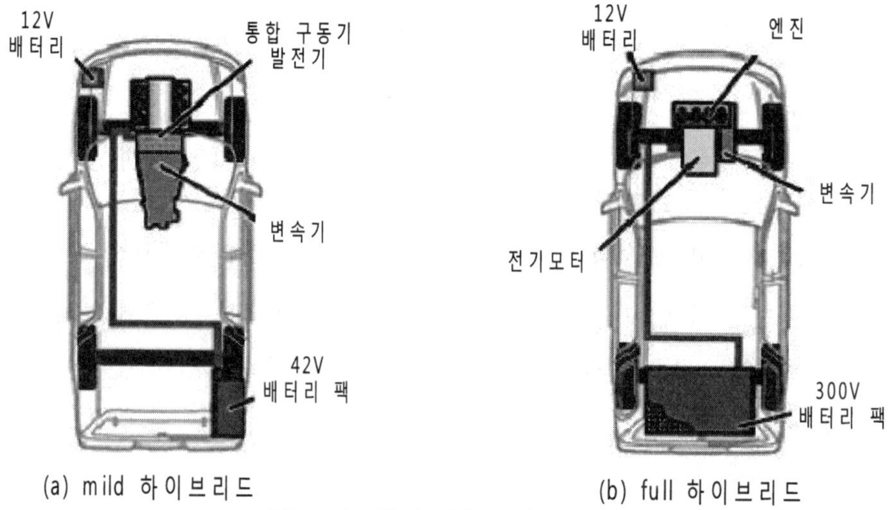

그림 42. 하이브리드 시스템

기존의 Hard 하이브리드시스템에 대용량 축전지를 추가하고 집에서 축전지를 충전하여 주행하게 되면 스트롱 하이브리드보다 연료를 적게 소비하면서 멀리 주행하게 되는데 이러한 자동차를 플러그드 인 하이브리드 전기자동차(PHEV)라 한다.

[표 2-7. 동력원의 전기화 정도에 따른 구분]

구 분		특 징	
내연기관		기존의 엔진과 변속기를 동력원으로 사용	엔진
HEV	Micro(Mild) HEV	• 공회전시 엔진이 정지 • 모터는 보조(재시동)역할만 하는 단순시스템 • 소형차량에 적합한 방식 • Citroen C2	엔진 + 모터(보조미비)
	Soft(Power assist) HEV	• 기존 엔진에 모터로 보조 • 전기 주행모드가 없다. • 재시동이나 가속순간에만 모터가 엔진을 보조 • 대부분의 병렬형 방식 • 현대자동차 아반테 LPI HEV 및 혼다자동차의 시빅	엔진(주) + 모터(보조)
	Hard(Full) HEV	• 전기모터가 출발과 가속시에만 역할을 하는게 아니라 주행에 주된 역할 • (저속시)전기 주행모드가 있다. • 하이브리드의 주류가 될 것 • 직렬형, 혼합형(직•병렬형) • 도요타의 프리우스 대표적 예	모터(주) + 엔진(보조)
PHEV(Plug-in HEV)		· 기본적으로 전기모터로 움직이지만 축전지 범위를 넘어서는 거리는 엔진을 이용해 발전기를 돌리는 방식 · 동력원은 전기만 쓰지만 충전에 필요한 내연기관을 내장한 자동차 · 가정용 콘센트를 이용해 자동차를 충전시키는 구조	모터(주) + 엔진(배터리 충전)
BEV		순수 전기로만 움직이는 자동차	모터(배터리)
FCEV		연료전지에서 발생하는 순수 전기로만 움직이는 자동차.	연료전지 + 모터

[표 2-8. 동력전달장치의 전기화 정도에 따른 구분]

구 분	Engine Stop/Start	Regenerative Braking	Electric Motor Assist	Pure Electric Drive
내연기관	가능	최소	NO	NO
Micro(Mild) HEV	YES	YES	재시동	NO
Soft(Power assist) HEV	YES	YES	재시동+가속	NO
Hard(Full) HEV	YES	YES	재시동+가속	YES
PHEV(Plug-in HEV)	YES	YES	재시동+가속	YES
BEV	NO	YES	NO	YES

3.2.4. HEV의 동력전달 방식에 의한 분류

하이브리드 전기자동차는 바퀴를 돌리기 위한 모터, 모터의 회전력을 바퀴에 전달하는 변속기, 모터에 전기를 공급하는 축전지, 그리고 전기 또는 동력을 발생시키는 엔진으로 구성된다.

이들 중 엔진과 모터의 연결방식에 따라 ① 직렬형(Series type) ② 병렬형(Parallel Type) ③ 직・병렬형(Series-Parallel type)으로 구분된다.

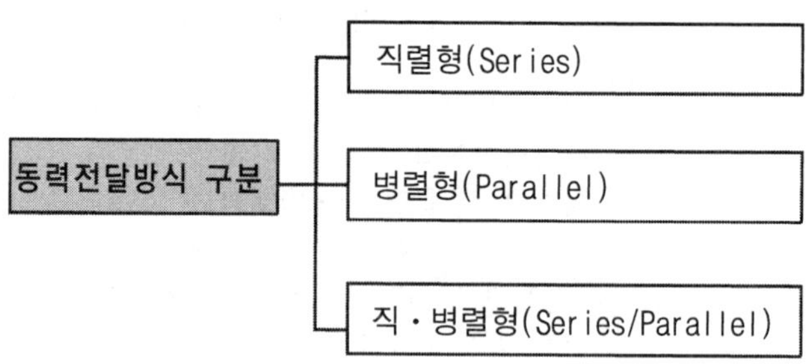

그림 43. 하이브리드 전기자동차(HEV)의 구분

직렬형과 병렬형은 둘 모두 모터가 바퀴를 돌린다는 점은 같다. 직렬형에서 엔진은 축전지를 충전시키기 위한 장치로 사용하고, 병렬형은 엔진이 변속기에 직접 연결되어 차체를 움직이고, 축전지의 충전에 관여하는 것이 주목적은 아니다. 따라서 직렬형과는 달리 발전기가 필요 없다. 병렬형은 엔진과 모터의 배열에 따라 다양한 종류의 방식이 가능하다.

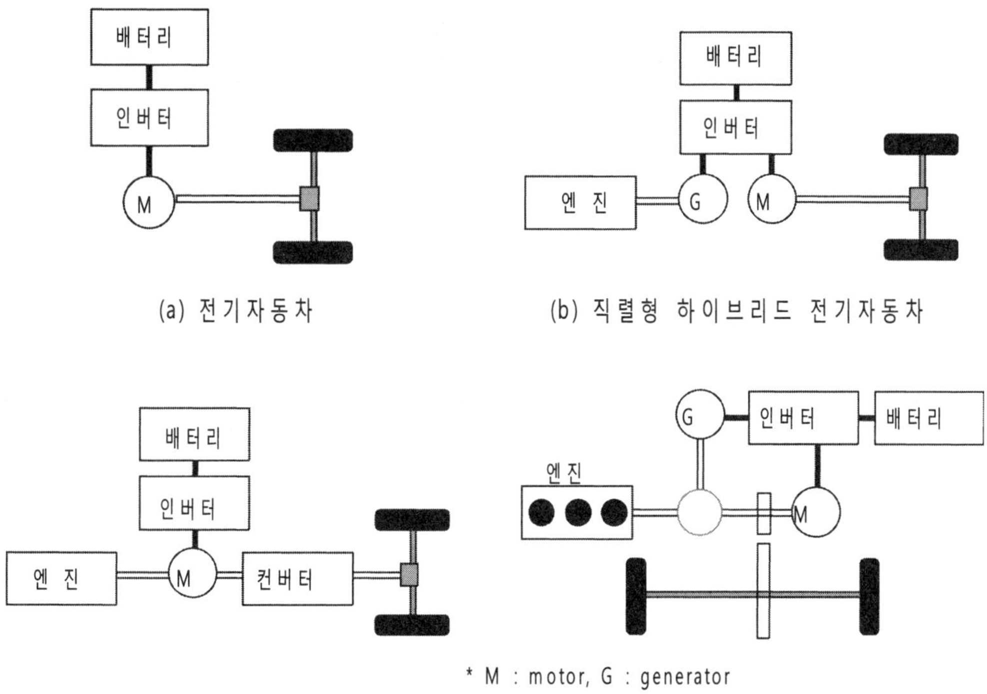

(c) 병렬형 하이브리드 전기자동차 (d) 직·병렬형 하이브리드 전기자동차

그림 44. 전기자동차 및 하이브리드 전기자동차의 구조

직·병렬형은 발진시와 경부하시에는 축전지로부터의 전력만을 가지고 모터로 주행하고, 통상 주행시에는 엔진 직접구동과 발전기에서 얻어진 전력을 사용한 모터구동 두 가지가 된다. 그리고 가속, 추월, 등판시 등 큰 동력이 필요한 경우, 통상 주행시에 추가하여 축전지로부터 전력을 공급하여 모터의 구동력을 증가시킨다. 감속시에는 모터를 발전기로 변환시켜 감속에너지로 발전하여 축전지에 충전하여 재생한다.

직렬형 하이브리드 전기자동차는 순수 전기자동차(Pure Electric Vehicle)에 더 가깝고 병렬형 하이브리드 전기자동차는 전통적인 내연기관 엔진의 변형으로 이해할 수 있다. 병렬형 하이브리드 전기자동차가 기존의 내연기관 자동차에 더 쉽게 적용될 수 있는 이유다.

[1] 직렬형

직렬형은 엔진이 발전기를 돌리고, 발생한 전기에 의해 모터가 구동축(바퀴)를 움직이는 방식이다. 엔진이 구동축에 연결되어 있지 않고 엔진과 발전기가 직접 연결되어 있어 직렬형이라고 부른다. 태양열이나 태양광 자동차에서 주로 쓰이고 있고 내연기기관보다 엔진이 더 효율적이다. 다만 이 방식의 상용화 최대 핵심은 전기의 힘으로만 기계적인 추진력을 얻어야 하기 때문에 대용량 축전지가 필요하다는 것이다. 그래서 현재로서는 하이브리드 트럭이나 버스와 같이 중량이나 면적에서 제약 조건이 적은 타입이 유리하다.

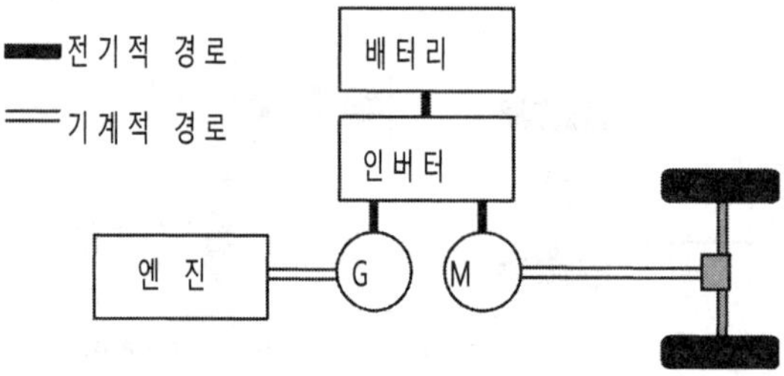

그림 45. 직렬형 하이브리드 전기자동차

그림 45는 앞바퀴 굴림방식의 직렬형 하이브리드 전기자동차의 구성을 나타낸 것이다. 앞바퀴사이에는 변속기가 있고, 모터는 이 변속기를 통해 동력을 바퀴에 전달한다. 그리고 모터에 공급하는 전기를 저장하는 축전지가 달렸다.

직렬형에 사용되는 엔진은 바퀴를 돌리기 위한 것이 아니라 축전지를 충전하기 위한 것이다. 따라서 엔진에는 발전기가 연결되고, 이 발전기에서 발생되는 전기는 축전지에 저장된다. 이러한 직렬형은 엔진과 구동바퀴사이에 동력전달 구조가 필요없다는 점에서 여러 가지 특징을 찾을 수 있다.

첫째, 엔진과 바퀴사이에 동력전달을 위한 기계적인 연결이 필요 없어 엔진의 레이아웃이 자유롭다. 엔진이 좁은 엔진룸에 함께 있을 필요가 없고 적당한 공간에 설치함으로써 차의 운동특성을 개선하기도 손쉽다.

둘째, 엔진과 바퀴의 회전은 전혀 무관하므로 항상 최적의 상태로 엔진을 구동할 수 있다.

통상적으로 내연기관 엔진의 회전수에 따라서 발휘되는 힘, 출력, 연비 등이 달라지는데, 충전하기 위해 가장 적은 배기가스를 배출하는 상태로 엔진을 구동시킬 수 있는 것이다.

일반적인 휘발유, 디젤자동차와는 달리 비효율적이고 배기가스가 많이 배출되는 아이들링 상태로 엔진회전수를 유지할 필요가 없다. 게다가 엔진은 엔진대로 모터는 모터대로 별개로 제어할 수 있으므로 제어논리가 간단해진다는 것도 장점이다. 충분한 성능을 지닌 모터가 얹힌다면 4단, 5단 따위의 다단 변속기도 필요없다. 모터의 출력특성은 내연기관 엔진과 비교해 회전수에 크게 좌우되지 않기 때문이다.

반면 직렬형 하이브리드 엔진의 단점도 만만치 않다. 가장 큰 단점은 차체의 구동이 전적으로 모터에 의존한다는 것이다. 직렬형을 위해서는 성능이 뛰어난 모터가 필요하지만 자체 힘만으로 무거운 차체를 가뿐히 움직일 만한 성능 좋은 모터는 아직 찾을 수 없는 실정이다. 이러한 모터가 있다면 하이브리드 대신 순수 전기자동차를 내놓는 것이 더 유리할 수도 있다.

축전지의 용량이 문제이기 때문에 리튬축전지 기술 상용화가 더 진전되면 강력한 도전자가 될 것으로 평가되고 있다. 특히 가정에서 충전이 가능한 플러그인 하이브리드의 경우 기본적으로 전기로 운행을 하지만 전기모터의 범위를 넘어서는 거리는 엔진을 이용해 발전기를 돌리는 방식이기 때문에 직렬형 하이브리드방식이 플러그인 하이브리드의 주요 방식이 될 것으로 기대된다. 2010년말 GM이 출시한 플러그인 하이브리드 전기자동차인 시보레 볼트가 이러한 방식이다.

참고 직렬형 하이브리드 전기자동차

직렬형 하이브리드 전기자동차는 엔진, 발전기, 전동기가 직렬로 연결되어 있으며, 엔진을 항상 최적점에서 작동시키면서 발전기를 이용해 전력을 모터에 공급하고, 순수하게 모터의 구동력만으로 차를 주행시키는 방식이다.
제어가 비교적 간단하고, 배기가스 특성이 우수하며 별도의 변속장치가 필요 없다는 것이 장점이며 전체시스템의 에너지효율이 병렬형에 비해 낮고, 차량의 주행성능을 모두 만족시킬 수 있는 고성능의 전동기개발이 필수적이며, 동력전달구조 자체가 크게 바뀌므로 기존차량에 적용하기는 어렵다는 단점이 있다.

[2] 병렬형

병렬형은 엔진과 모터가 각각 독립적으로 구동하는 방식을 말하며, 주로 하이브리드 전기자동차라고 할 때 지칭하는 방식이 병렬형이다. 주 동력원은 엔진을 이용한 기계적 추진력이고, 엔진을 더욱 가속할 때나 출력이 부족할 때 주동력원을 모터가 보조하는 방식이다. 직렬형이 지닌 한계 때문에 양산이 되었거나 혹은 선보일 예정인 하이브리드 전기자동차는 대개 병렬형을 선택하고 있다.

그림 46은 앞바퀴 굴림방식의 병렬형 하이브리드 전기자동차 구조를 나타낸다. 축전지의 전기로 구동되는 모터가 변속기를 통해 바퀴를 돌린다는 점에서 병렬형은 직렬형과 동일하다. 그러나 병렬형의 엔진은 변속기에 직접 연결되어 차체를 움직이고, 축전지의 충전에 관여하는 것이 주목적은 아니다. 따라서 직렬형과는 달리 발전기가 필요 없다.

구체적으로 병렬형의 동력시스템은 축전지 모터 변속기 바퀴로 이어지는 전기적 구성과 연료탱크 엔진 변속기 바퀴의 내연기관 구성이 변속기를 중심으로 병렬적으로 연결된다. 엔진과 모터 각각이 바퀴에 직접 연결되므로 동력전달 효율이 뛰어난 것은 물론이다. 엔진과 모터가 출력을 동시에 바퀴에 전달할 수 있으므로 엔진의 크기를 줄이는 만큼의 성능을 발휘하는 모터만 갖추면 기존의 내연기관 자동차에 손색없는 동력성능을 이끌어낼 수 있다는 점이 눈길을 끈다. 작은 엔진을 고효율 영역에서 운전하도록 하여 공해를 줄인다는 점 외에도 모터가 병렬로 연결되는 것은 숨은 장점이 있다.

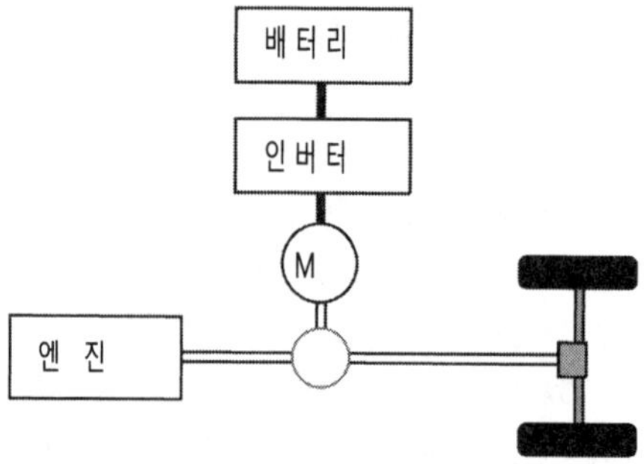

그림 46. 병렬형 하이브리드 전기자동차

통상적으로 엔진에서 배출되는 출력 중 차체를 움직이는 힘으로 사용되는 비율은 크지 않고 나머지는 대부분 버려지는데, 병렬형 하이브리드 전기자동차에서는 엔진의 힘이 운전자가 요구하는 동력 이상으로 발휘될 수 있을 때는 여유동력으로 모터를 구동시키고 이 때 모터는 발전기 역할을 하며 전기를 저장한다.

축전지에 저장된 모터에서 발생된 전기는 엔진과 모터의 힘을 합한 큰 동력성능이 필요할 때 모터를 움직인다. 따라서 병렬형 하이브리드 전기자동차는 엔진에서 발생되는 에너지를 효율적으로 사용할 수 있다. 또 연료탱크 엔진 변속기 바퀴의 내연기관 구성은 기존의 자동차와 다를 바 없어 현실적으로 적용하기도 쉽다.

엔진과 모터의 복잡해진 구조를 종합적으로 제어해야 하는 탓에 제어논리(logic)가 복잡해지지만 이러한 장점들 때문에 다수의 개발중인 모델들은 병렬형을 채택하고 있다. 이미 선보였거나 앞으로 선보일 대부분의 하이브리드 전기자동차는 병렬형을 기본으로 하고 있지만 GM의 프리셉트(PRECEPT)는 복합형이라는 독특한 구조를 사용하고 있다. 프리셉트는 모터가 앞바퀴를 돌리고, 뒷바퀴는 엔진이 돌린다. 네바퀴 굴림 병렬방식이지만 직렬방식이 유리할 때는 엔진이 충전장치로 사용된다.

복합형은 장점도 많지만 직렬과 병렬방식사이의 전환과정과 기타 복잡한 주행환경에서 적절하게 동력원을 제어하는 것이 어렵다. 또 병렬형에 비해 고성능의 모터가 필요하다는 것도 단점이다.

모터는 추가의 개념이기 때문에 기존의 내연기관에 추가로 요구되는 시스템은 단순한 편이며, 무게와 비용면에서도 제약조건이 많지 않다. 이 때문에 현재 하이브리드 형태 중 가장 널리 적용되는 방식이다. 혼다의 시빅 하이브리드가 병렬형의 대표적인 모델이다.

참고 쏘나타 병렬식 하이브리드시스템

변속기의 전후에 엔진 및 전동기를 병렬로 배치하여, 주행상황에 따라 최적의 성능과 효율을 갖게끔, 차량구동에 필요한 동력을 엔진과 전동기에 적절히 분배하는 방식으로 엔진의 힘이 운전자가 요구하는 동력 이상으로 발휘될 수 있을 때는 여유동력으로 모터를 구동시켜 전기를 저장한다(모터는 발전기 역할).
엔진과 모터의 힘을 합한 큰 동력성능이 필요할 때 모터를 움직인다.

병렬형은 기존차량의 구조를 이용 가능하므로 제조비용면에서 직렬형에 비해 유리하다는 장점이 있으나, 동력전달구조 및 제어가 복잡하다는 단점이 있다.
유럽 등의 도시규모가 작은 지역에서는 전기자동차로 주행하고, 도시간의 고속주행이 요구되는 경우는 엔진주체의 주행으로 하는 방식.

[3] 직·병렬형

혼합형(직·병렬형)은 직렬형과 병렬형을 혼합한 방식으로 엔진과 모터가 동시에 작동되거나, 모터 단독 또는 엔진 단독으로, 그리고 엔진과 회생제동을 통해 발전기를 돌려 구동축을 움직이는 방식을 말한다.

엔진효율이 좋은 주행상태에서는 엔진으로 발전기를 돌려 축전지에 충전하여 두고자함이 주요 동작과정이다. 바퀴 회전속도를 측정하여 엔진구동이 효율적이라고 판단되면 엔진으로 바퀴를 직접 구동하도록 하고, 이보다 엔진-발전기-모터의 효율이 좋다고 판단되면 엔진은 발전기가 된다. 엔진은 일정속도 회전시가 효율이 가장 좋다. 이 엔진출력이 주행에 소요되는 구동력을 초과할 경우에는 남는 에너지로 발전하여 축전지에 저장한다. 보다 큰 구동력을 요할 때에는 엔진, 엔진-발전기-모터, 축전장치-모터의 구동력이 함께 동원되어 강력한 힘을 발휘한다.

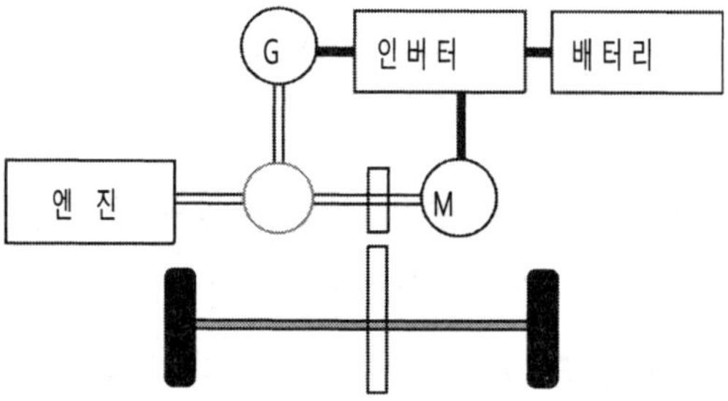

그림 47. 직·병렬형 하이브리드 전기자동차

프리우스에 채용한 하이브리드 시스템(Toyota Hybrid System : THS)은 병렬형 방식을 기본으로 직렬형 방식을 부가한 것이다. 절충형 유닛구조를 채용했다. 엔진구동에 의한 주행을 기본으로 하면서 주행상황에 따라 엔진동력을 차량 구동용과 발전용으로 분할, 모터구동력을 병용하면서 차를 달리게 하는 것이다.

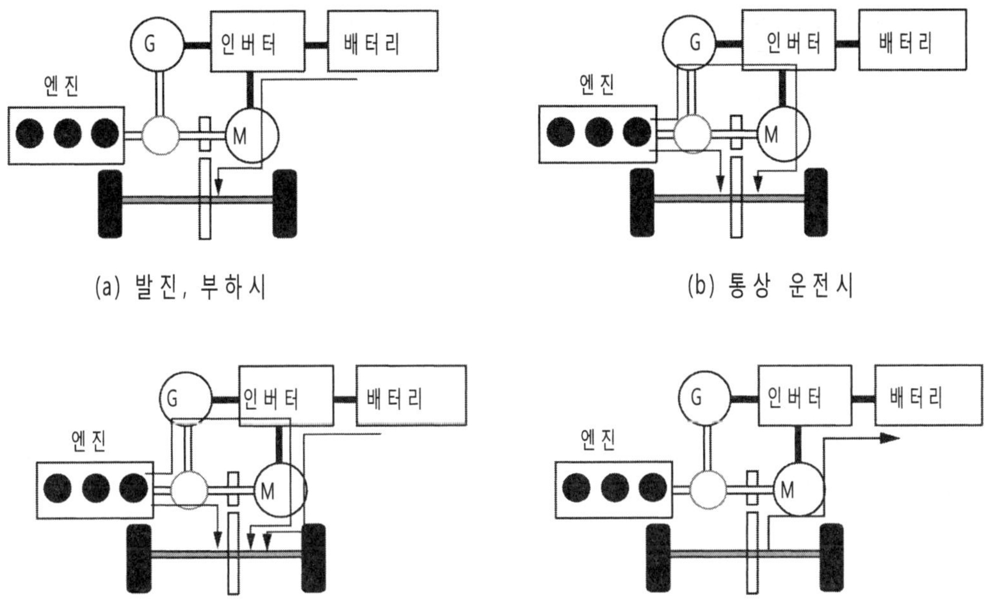

(a) 발진, 부하시 (b) 통상 운전시 (c) 전출력 운전시 (d) 감속, 제동시

그림 48. Prius의 구동력 전달

하이브리드시스템(THS)의 작동원리는 다음과 같이 요약할 수 있다.

① 발진시와 경부하시에는 엔진을 정지하고, 축전지로부터의 전력만을 가지고 모터로 주행한다.

② 통상 주행시에는 엔진 직접구동과 발전기에서 얻어진 전력을 사용한 모터구동 두 가지가 된다.

③ 가속, 추월, 등판시 등 큰 동력이 필요한 경우, 통상 주행시에 추가하여 축전지로부터 전력을 공급하여 모터의 구동력을 증가시킨다.

④ 감속시에는 모터를 발전기로 변환시켜 감속에너지로 발전하여 축전지에 충전하여 재생한다.

참고 혼합형 하이브리드 전기자동차 작동원리

① Starting or Light Load : 엔진이 최대효율로 작동하지 않으므로 모터에 의해서만 차량을 구동

② Normal Driving : 엔진이 바퀴를 구동하고, 나머지 출력은 모터 구동용 전기를 발생 - 최대효율을 얻을 수 있도록 각 경로에 분배되는 출력비율을 제어

③ Full Acceleration : 엔진/모터 동시사용 축전지에서 모터에 전력 공급(축전지에서 모터에 전력 공급)

④ Decelerating or Braking : 바퀴의 관성에 의해 발전기가 구동되고, 발전기에서 발생된 전기는 축전지에 저장 역할.

⑤ Idling : 엔진 정지 단, 축전지의 재충전이 필요한 경우에는 가동

이러한 복잡한 제어를 변속충격 없이 실현시켜주는 시스템이 도요타(Toyota)가 자체 개발한 유성기어(Planetary-Gear) 전기식 무단변속기와 제어시스템이다. 따라서 하이브리드시스템(THS)에는 무단계변속기(CVT : continuously variable transmission) 등의 기계식 변속기가 장착되어 있지 않다.

연비향상과 파워풀한 드라이빙을 가능하게 하는 장점이 있으나 복잡한 구조와 전장기술 때문에 비교적 비용이 높아지는 단점도 있어서 중형급 이상의 차종에 적합한 방식으로 평가된다. 도요타의 프리우스가 혼합형(직·병렬형)의 대표적인 모델이다. GM, Daimler, Chrysler와 BMW 등도 혼합형(직·병렬형) 방식을 개발했지만 도요타가 지난 10년간 하이브리드 상용화를 통해 얻은 다수의 혼합형(직·병렬형) 기술 노하우를 가지고 있기 때문에 선도적인 업체로 볼 수 있다.

참고 프리우스의 개요

- 최초의 양산형 HEV자동차(1997)
- SPLIT방식(직렬, 병렬 조합)
- 이산화탄소 배출량 약 1/2(50% 감소)
- CO, HC, Nox 배출량 : 규제치의 1/10(90% 감소)
- 연비 : 35.5Km/L

[프리우스 세대구분]

[표 2-9. 동력전달방식의 HEV 분류]

구 분	특 징	
•직렬형 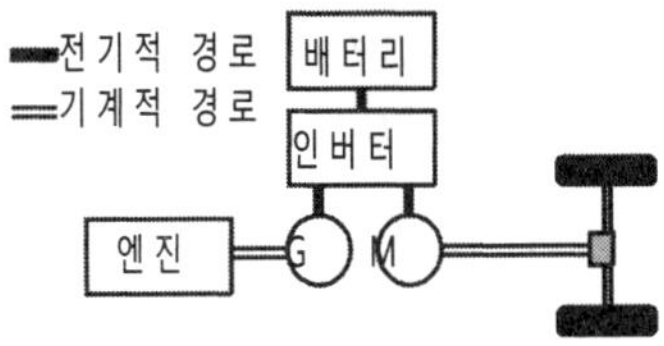	• 엔진이 발전기를 돌리고, 발생한 전기에 의해 모터가 구동축(바퀴)를 움직이는 방식 • 최대 핵심은 전기의 힘으로만 기계적인 추진력을 얻어야 하기 때문에 대용량 축전지가 필요 • 하이브리드 트럭이나 버스와 같이 중량이나 면적에서 제약조건이 적은 타입이 유리	• 시보레 볼트 (플러그인)
•병렬형 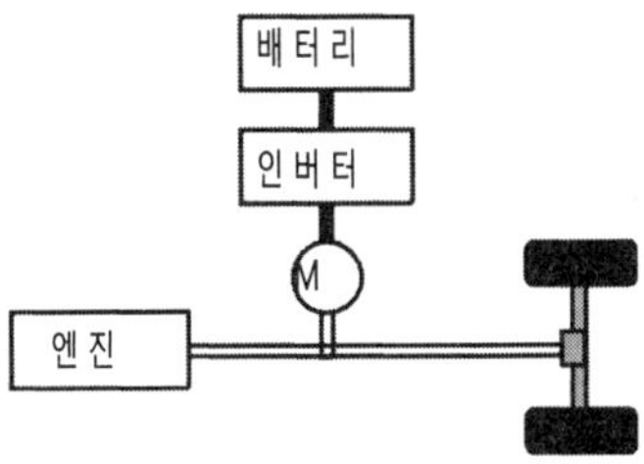	• 하이브리드 형태 중 가장 널리 적용되는 방식 • 엔진과 전기모터가 동시에 구동축에 힘을 전달하는 방식(엔진과 모터가 각각 독립적으로 구동) • 주행상태에 따라 엔진과 모터로 최적상태 구동 -큰 동력필요시 : 엔진 + 모터 -여유 동력시 : 엔진 → 모터구동 → 전지충전(모터는 발전기 역할).	• 혼다 시빅 • Soft 방식 • 현대차 방식
•혼합형(직·병렬형) 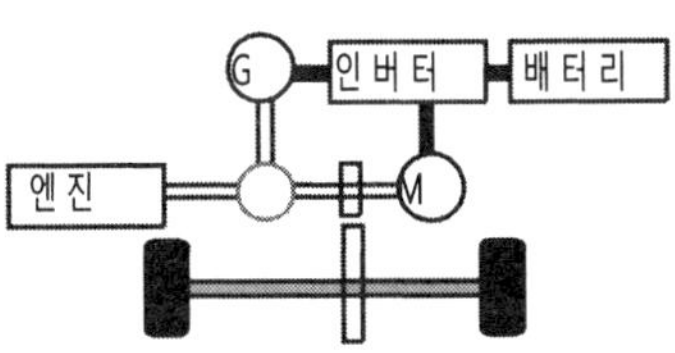	• 엔진과 모터가 동시에 작동되거나, 모터 단독 또는 엔진 단독으로, 그리고 엔진과 회생제동을 통해 발전기를 돌려 구동축을 움직이는 방식 • 복잡한 구조와 전장기술 때문에 비교적 비용이 높아지는 단점 • 중형급 이상의 차종에 적합한 방식 • 발진, 경부하시 : 모터주행(엔진정지) • 통상 주행시 : 엔진구동 + 모터구동 • 감속시 : 모터를 발전기로 변환 • 감속에너지 축전지 충전 • 엔진효율이 좋은 주행상태에서는 엔진으로 발전기를 돌려 축전지에 충전하여 두고자 함이 주요 동작과정이다.	• 도요타 프리우스 • Hard 방식

참고 일반 자동차와 하이브리드 전기자동차의 구조 비교

[일반자동차의 구조(무단변속기 장착용)]

[하이브리드 전기자동차의 구조]

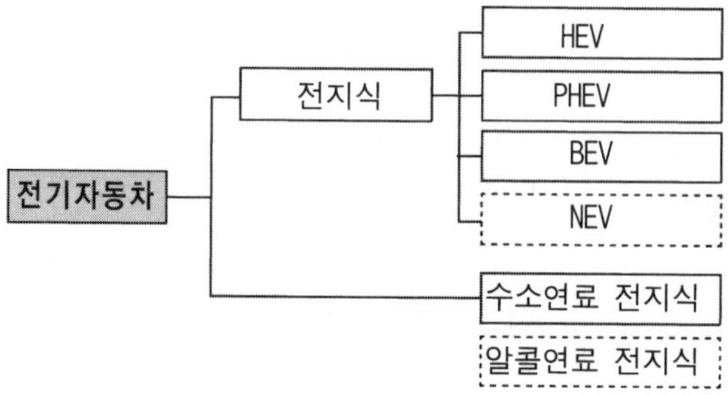

그림 49. 전기자동차의 구분

하이브리드 전기자동차는 이 낭비되는 에너지를 다시 흡수해 재사용할 수 있도록 하는 장치가 내연기관에 덧붙여진 형태라고 보면 된다. 감속과 정차시에 운동에너지를 회수해 다시 가속과 주행과정에서 사용하기 위해서는 발전기와 축전지, 전기모터가 첨단 컴퓨터에 의해 유기적으로 연결돼 작동한다. 따라서 기존의 내연기관 자동차에 비해 연비가 크게 개선되는 효과가 있다. 그러나 하이브리드 전기자동차는 '과도형' 이다.

언젠가는 고갈될 화석연료를 주에너지원으로 사용하기 때문에 궁극적인 미래형 자동차로 발전되기엔 한계가 있기 때문이다. 하이브리드 전기자동차의 주동력원은 휘발유와 경유 등 화석연료를 사용하는 내연기관이다. 여기에 보통 발전기보다 성능이 높은 발전기와 대용량의 고압 축전지가 연결돼 있다. 중량 감소를 위해 발전기와 모터는 일체형으로 결합돼 구동계에 연결된다.

발전기는 특히 운전자가 가속기에서 발을 떼고 감속하는 과정에서 운동에너지를 흡수할 수 있도록 컴퓨터로 정밀하게 제어된다. 출발과 저속주행은 전기모터가 맡는다. 일정속도 이상이 되거나 가속시에는 엔진이 기동돼 내연기관과 전기모터가 함께 힘을 공급하고, 감속시에는 자동차가 가던 힘으로 발전기를 돌려 축전지를 충전하게 된다. 아이들링이 필요 없어 정차 시에는 엔진이 꺼지며 엔진은 항상 재시동이 쉽도록 크랭크축이 일정위치에서 정지하게 설계된다.

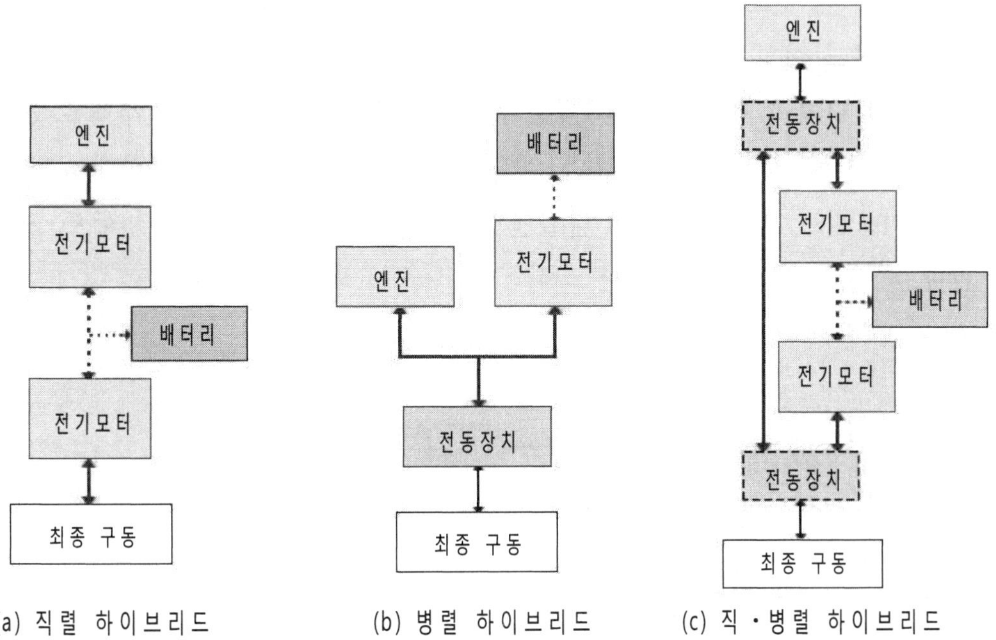

그림 50. 동력전달방식에 따른 구분

발전기와 전기모터는 교류로 작동하고, 축전지는 직류인 데다 서로 사용전압이 달라 인버터라는 전압. 전류 변환장치와 이들 장치를 유기적으로 연결시켜 효율을 극대화해 주는 전자제어장치가 핵심부품으로 들어간다.

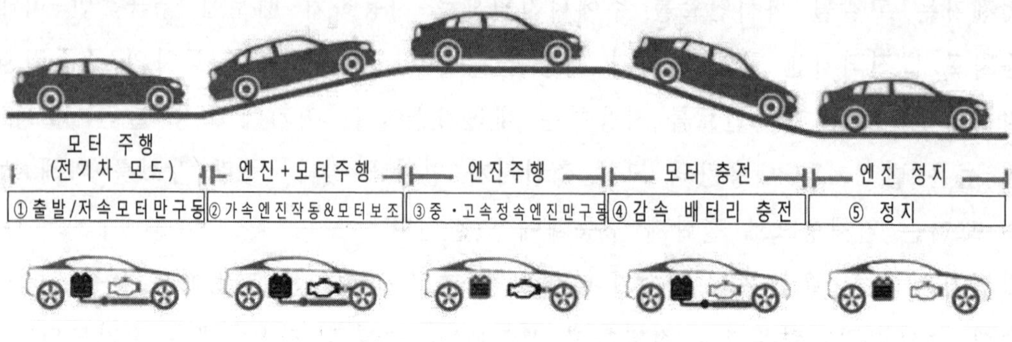

그림 51. 현대차 병렬형 하이브리드시스템의 동작특성

3.3. 플러그 인 하이브리드 전기자동차(PHEV)

플러그 인 하이브리드 전기자동차의 기본은 하이브리드 전기자동차 이지만, 축전지 용량을 하이브리드 전기자동차와 전기자동차의 중간 크기로 하고, 비상시에는 다시 충전해 두는 것으로 단거리는 전기자동차로서 활용하는 형식이다. 가정 전원이 이용 가능하고 어디서도 충전할 수 있다는 간편성을 염두해 둔 방식이다.

트럭에 비해 단거리 이용이 많은 승용차의 특성에 주목하여, 전동 주행을 단거리 이용으로 줄여서 전지 코스트를 줄인 가솔린자동차와 전기자동차의 하이브리드 방식이다. 하이브리드 전기자동차는 디젤엔진에 비해 그 연료 효율성 면에서 장점이 크지 않다.

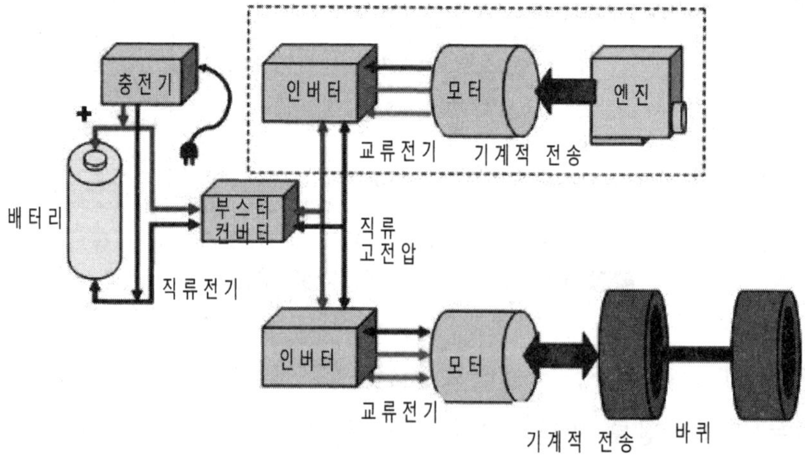

그림 52. PHEV의 구조

물론 신기술이 많이 사용되어 엔진과 모터를 동시에 사용하고 적정한 동력 분배 전략을 구사하면서 연료 효율성을 높이는 것은 큰 장점이다. 하지만 많은 개발 비용과 복잡한 시스템을 볼 때 비슷한 연비를 뽑아주는 디젤엔진이 더 나은 선택이 될지도 모른다. 하지만 미국 적어도 캘리포니아에서 차를 팔아야 한다면 의무적으로 친환경자동차를 팔아야 일반 자동차를 팔수가 있다.

수소 연료전지자동차가 가장 친환경에 가깝지만 아직 개발되어야 할 기술과 생산 단가를 많이 낮춰야 하는 문제점이 있다. 이에 자동차 회사들은 하이브리드 전기자동차라는 중간 단계를 이용하고 있는 것이다. 기존 대부분의 HEV의 경우 차량에 탑재된 축전지의 전기에너지를 이용하여 저속운전 영역에서 약 1Km~2Km 이내의 짧은 거리만 순수 전기구동이 가능했던 반면, PHEV는 전기에너지를 이용하는 운전영역을 고속영역까지 대폭 확대시킴과 동시에 순수 전기구동 주행거리를 수십 Km 이상으로 확장함으로써, 내연기관의 사용을 최소화하고 효율을 극대화하여 CO_2의 배출량 및 연료 연료소모량을 저감하고, 대기환경부하 저감 등의 효과를 기대할 수 있는 환경친화적인 자동차이다.

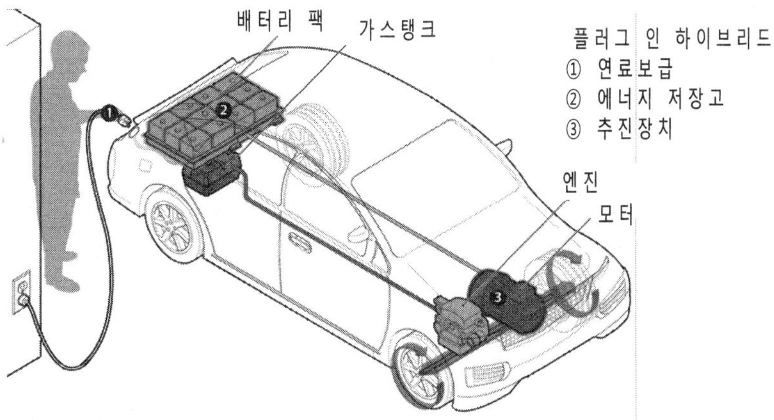

그림 53. PHEV 추진장치의 구조

3.3.1. 동력전달 방식에 의한 분류

PHEV는 하이브리드 전기자동차와 마찬가지로 동력계 구조에 따라 바퀴축과 발전기가 연결된 직렬 하이브리드시스템(Serial Hybrid System), 병렬 하이브리드시스템(Parallel Hybrid System), 직병렬 하이브리드시스템(Serial Parallel Hybrid System)으로 구분된다. 각 방식의 차이는 엔진과 전기모터가 어떤 역할을 맡고 있는지가 핵심이다.

직렬 하이브리드시스템은 엔진이 발전기를 돌리고, 발전기가 전기모터에 전류를 공급해 구동축을 움직이는 방식이다. 구동축을 움직이는 역할은 전기모터가 하며 엔진은 전기모터에 전력을 공급하는 역할만 한다. GM 시보레 볼트가 이 방식을 사용하고 있다.

병렬 하이브리드시스템은 엔진과 전기모터가 동시에 구동축에 힘을 전달하는 방식이다. 엔진이 구동축에 바로 연결되기 때문에 직렬 하이브리드시스템과 달리 엔진에서 얻어진 기계적에너지를 전기에너지로 바꾸지 않아도 된다는 것이 장점이다. 혼다 인사이트, 시빅 하이브리드 등이 병렬 하이브리드시스템을 사용하고 있다.

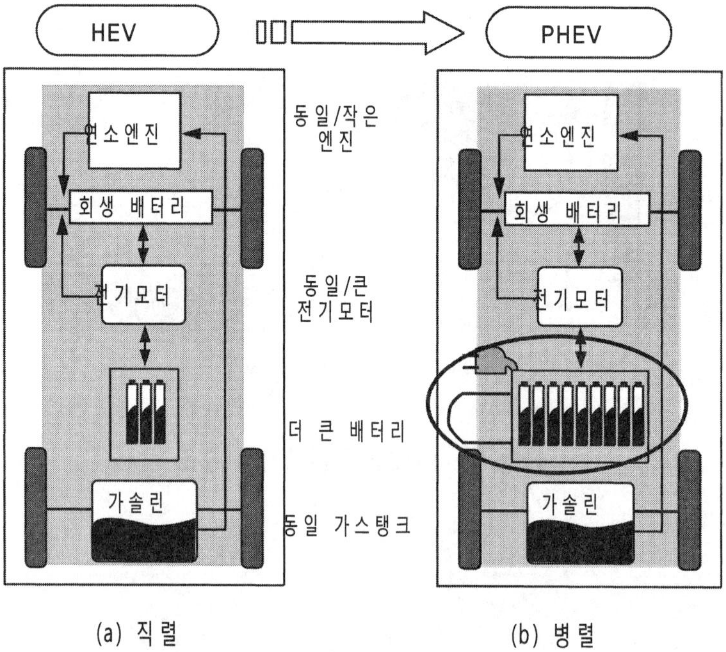

그림 54. HEV와 PHEV의 구성 비교

직·병렬 하이브리드시스템은 직렬방식과 병렬방식을 상황에 따라 유연하게 바꿔가며 사용할 수 있는 방식이다. 엔진 힘이 구동축에 직접 전달되기도 하고 전기모터만으로 사용할 수 있기도 해서 편리하다. 저속에서는 직렬시스템을 사용하고, 고속에서는 병렬시스템을 사용하기 때문에 연비와 출력 모두 장점을 가질 수 있다. 도요타 프리우스, 렉서스 하이브리드 차량 등에 직·병렬 하이브리드시스템이 사용된다. 하지만 각 방식은 주행상황에 따라 장단점이 존재한다.

직렬시스템 경우에는 정지와 운행이 반복되는 도심 운전에서는 연비가 우수하지만, 고속도로 주행에서는 연비가 오히려 낮다. 병렬시스템은 도심 운전에는 연비가 낮지만 고속도로 주행에서는 연비가 높다. 직병렬 경우 양쪽 장점을 가지고 있지만 대형 발전기와 축전지 팩이 필요하기 때문에 원가가 높다는 것이 단점이다.

[표 2-10. 플러그인 하이브리드 전기자동차의 비교]

구 분	구동방식	비 고
직렬 PHEV	·대표적인 구조 ·엔진이 발전기를 돌리고, 발전기가 전기모터에 전류를 공급해 구동축을 움직이는 방식 ·구동축을 움직이는 역할은 전기모터가 하며 엔진은 전기모터에 전력을 공급하는 역할만 한다.	· 시보레 볼트
병렬 PHEV	·엔진과 전기모터가 동시에 구동축에 힘을 전달하는 방식 ·엔진이 구동축에 바로 연결되기 때문에 직렬 하이브리드시스템과 달리 엔진에서 얻어진 기계적 에너지를 전기에너지로 바꾸지 않아도 된다는 것이 장점	· 혼다 인사이트 · 혼다 시빅
직병렬 PHEV	·직렬방식과 병렬방식을 상황에 따라 유연하게 바꿔가며 사용할 수 있는 방식 ·엔진 힘이 구동축에 직접 전달되기도 하고 전기모터만으로 사용할 수 있기도 해서 편리 ·저속에서는 직렬시스템을 사용하고, 고속에서는 병렬시스템을 사용하기 때문에 연비와 출력 모두 장점을 가질 수 있다. 등에 직·병렬 하이브리드시스템이 사용	· 도요타 프리우스 · 도요타 렉서스

플러그인 하이브리드 전기자동차는 낮은 유지비, 친환경 등 여러 가지 경쟁력을 가지고 있어 GM, 포드, 도요타 등 글로벌 자동차업계가 사활을 걸고 개발하고 있다. 이제 가까운 미래에는 일을 마치고 집에 돌아가면 휴대전화보다 자동차를 먼저 충전해야 하는 일이 발생할지도 모른다.

도요다의 프리우스 플러그인 하이브리드는 간단히 말해 기존의 프리우스 하이브리드 전기자동차에 축전지 용량을 늘려 전기 에너지만으로 구동되는 거리를 늘린 하이브리드 전기자동차이다. 이 자동차에 사용된 축전지를 5.2KWh의 용량을 갖고 있다. 최대 속도 100Km/h로 23Km를 주행할 수 있다. 이 말은 만약 출・퇴근거리가 왕복 20Km내외라면 기름 한방울 사용하지 않고 출퇴근을 할 수 있다. 저녁때 퇴근을 하면 물론 가정의 플러그로 충전을 해야 한다. 충전시간은 100V의 전기로는 180분 200V로는 100분이 소요된다.

시보레 볼트는 전통적인 직렬형 하이브리드 방식을 채택하고 있다. 여기에 대용량의 축전지를 채용하여 내연기관의 도움없이 전기 에너지만으로 약 60Km를 주행할 수 있다. 내연기관은 축전지의 충전량이 저하 되었을 경우 작동되며 내연기관에서 발생된 동력은 발전기를 구동시켜 100% 축전지를 충전하는데 사용된다.

다시 말해 도요다 프리우스 플러그인 하이브리드와의 가장 큰 차이점은 바퀴를 굴리는데 필요한 동력은 100% 전기 에너지를 사용한다는 것이다. 볼트는 16KWh의 리튬이온 축전지를 사용하고 있고 축전지의 전기에너지만으로 64Km를 주행할 수 있는데 이는 미국 사람들 중 75%에 해당하는 50Km의 통근거리를 커버할 수 있는 거리이다. 축전지를 충전하는 내연기관은 1400cc 엔진을 사용하며 모터는 111KW (149hp)의 힘을 낸다. 시보레 볼트는 기본적으로 엔진이 구동하지 않을 때는 전기 에너지만으로 구동이 되기 때문에 일반 내연기관과 달리 자동차 구동 소음이 매우 작다. 이는 보행자에게 자동차가 다가오고 있다는 인지를 줄 수 없으므로 일반 도로를 주행하기 위해 적당한 소음을 만들어 내야 한다.

일반 내연기관을 동력으로 사용하는 자동차의 경우 소음을 줄이기 위해 노력하는 반면 전기자동차는 소음을 내기 위해 노력한다. 시보레 볼트의 경우 전기모터가 만들어낸 동력은 구동 바퀴에 동력을 전달하기 위해 일반 내연기관 자동차와 같이 트랜스미션을 사용하게 된다. 하지만 여기서 좀더 발전한 전기자동차가 바로 인휠 모터 방식의 자동차이다. 볼보의 플러그인 자동차는 인휠 모터를 채용하고 있다. 인휠 모터는 각 바퀴를 구동하는 동력을 각 바퀴 안쪽에 설치된 모터를 사용한다. 휠안에 모터가 있다고 하여 인휠 모터라고 불린다. 가장 큰 장점은 각 바퀴로 연결되는 드라이빙 샤프트를 없애 구조의 간단화를 꾀할 수 있다.

그림 55. 인휠 모터방식을 채용한 플러그인 하이브리드 전기자동차

이는 드라이브 바이 와이어의 관섬에서 보면 완벽한 드라이브 와이어의 구현으로 표현할 수 있다. 극단적인 예를 들면 하나의 인휠 모터시스템을 갖고 따로 큰 기계구조 설계 변경 없이 다양한 차종에 부착할 수 있을 만큼 큰 범용성을 갖을 수 있다. 축전지에 저장된 전기 에너지는 각 바퀴로 공급되어 인휠 모터를 구동하여 자동차를 움직인다. 전기에너지를 전달해주는 배선만 있으면 쉽게 4륜 구동을 구현할 수 있어 구조의 극단적인 단순화를 꾀할 수 있다.

인휠 모터의 장점을 조금 더 생각해보면, 차량 자세 안정시스템인 ESP, 조금 더 발전된 차량의 안정화를 시켜주는 X-drive와 같은 시스템의 구현을 추가적인 기계부품 없이 구현할 수 있다. X-Drive와 같은 차량의 주행 안정성을 높여주는 시스템은 복잡한 메커니즘이 기반이 된 토크 벡터링이 구현되어야 한다. 하지만 아주 큰 단점이 있다. 바로 알고리즘의 정밀한 제어가 그것이다. 사실 기술적으로는 이미 당장 양산을 해도 되지만 비상안전장치(Fail safe)기능에 대한 대처가 약하다는 점이다. 최근의 자동차 급발진 사고의 원인으로 자동차의 전자화가 문제가 된다고 지목하는 전문가들도 있다.

인휠 모터는 구동방식 자체도 정밀한 전자제어가 필요한 방식이다. 쉽게 말해 4바퀴의 회전을 정밀하게 제어하지 못하면 쉽게 할 수 있는 자동차의 직진주행조차 어렵게 될 수 있다. 자동차나 비행기 기차 배와 같은 운송수단이 궁극적으로 추구하고자 하는 완벽한 X-by wire시스템은 정밀한 제어와 완벽한 비상안전장치 알고리즘이 뒷받침 되어야 한다.

직렬형 하이브리드 방식에 기초한 플러그인 하이브리드의 대표적인 예는 시보레 볼트이며 이는 축전지의 발전으로 인해 양산되고 있다.

그림 56. PHEV인 VOLT의 구조

[표 2-11. Plug-in HEV의 장 · 단점]

구 분	장 점	단 점
Plug-in HEV (PHEV)	· 가솔린 스탠드를 이용 가능하며, 충전 스탠드 정비가 진행될 때까지는 편리하게 사용할 수 있다. · 전지로 장거리 주행을 타협하고 있으므로, 전지 코스트/중량이 전기자동차보다 저렴하다. 그 때문에 전지 가격 저하까지는 종합 경제적으로 유리하다. · 대형 승용차에 전기자동차보다 우월한 연비를 보인다. · 가솔린차와 동등 이상의 항속성능을 보인다.	·13Km 정도 이상의 주행은 하이브리드 전기자동차와 비슷한 정도의 환경 부하가 있다. ·장거리 주행, 또는 지속적인 대출력이 필요한 버스, 트럭 등에는 쓸 수 없다. ·전기자동차와 가솔린자동차의 전환 기구가 필요하고 부품 수가 많아서, 전지의 코스트 다운이 진행된 경우는 경제적 이득을 잃게 된다.

플러그-인 하이브리드 전기자동차의 성능, 연비 및 주행거리 등은 에너지 저장 장치에의 특성과 용량에 따라 결정적인 영향을 받게 된다.

PHEV용 에너지 저장장치는 HEV용 저장장치와는 다른 상대적으로 가혹한 운전 조건에서 사용되게 되므로, PHEV의 보급은 자동차용 에너지 저장시스템의 새로운 기술개발 및 도입을 촉진시키는 촉매제 역할을 할 것으로 기대된다. 한편 각국의 전문가로부터 친환경자동차의 기술개발과 양산 가능성에 대한 의견을 종합한 한 보고서에 따르면 현재 시장에서 판매되고 있는 HEV의 후속 양산 가능 기술로서 PHEV를 꼽고 있다. 이는 PHEV를 구성하는 시스템이 에너지 저장시스템과 차량에 대한 운용 제어로직을 제외하고는 HEV를 구성하는 시스템과 상당히 유사하기 때문에, 이를 근간으로 상용화를 위한 개발이 상대적으로 용이할 것으로 판단하고 있는데 따른 것으로 보인다.

참 고 **현대차 소나타 PHEV**

쏘나타 PHEV의 가장 큰 특징인 두 가지 '주행모드' 이다. 엔진 없이 모터로만 주행하는 전기자동차 모드(CD 모드)와 필요에 따라 엔진과 모터를 모두 사용하는 하이브리드 모드(CS 모드), 쏘나타 PHEV에서는 두 가지 '주행모드' 의 매력을 모두 만나볼 수 있다.

•**전기자동차 모드**(CD mode: Charge Depleting) : 엔진은 쉬고 모터를 이용해 주행LF쏘나타 PHEV는 충전된 배터리가 일정량 소진될 때까지는 모터로만 주행하는 CD 모드를 유지한다. 말 그대로 급가속 등 특별한 상황을 제외하곤, 연료를 사용하는 엔진을 쉬게 해주는 시간인 것이다.

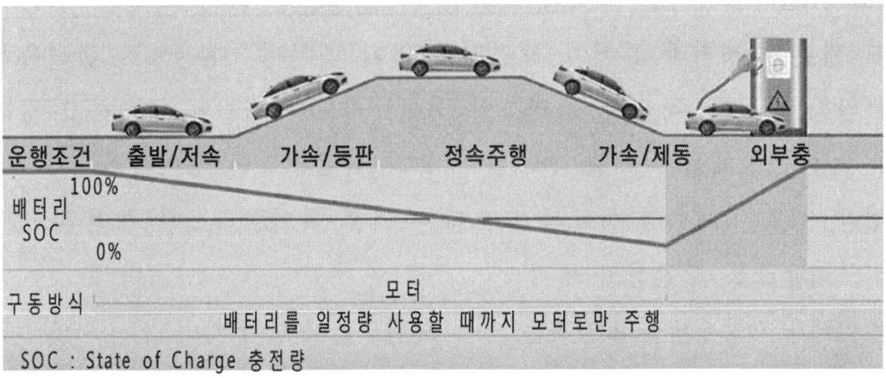

[정속주행 : 모터구동(전기자동차 모드), 배터리 잔량부족 시 엔진 가동하여 충전]

•하이브리드 모드(CS mode: Charge Sustaining) : 엔진과 모터로 주행

•쏘나타 PHEV는 일반적으로 시동을 걸고 출발할 때 CD모드, 즉 전기자동차 모드로 운행되다가 강한 가속이 필요하거나 배터리가 소진됐을 때 모터와 엔진, 두 개의 심장을 함께 사용하는 CS모드로 진입한다.

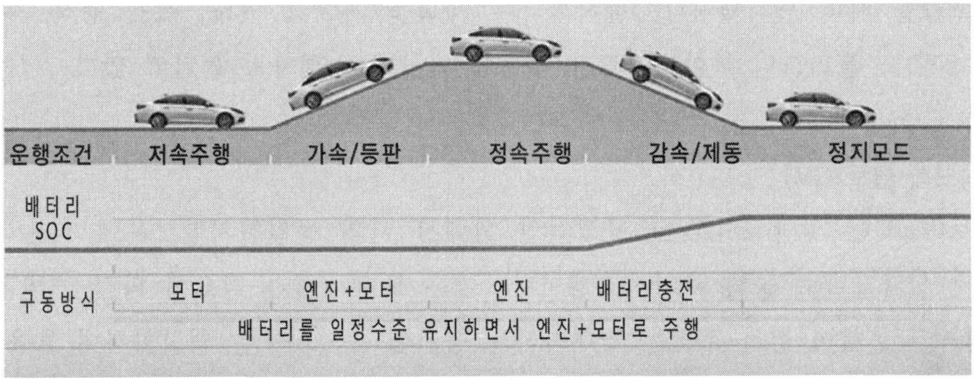

[정속주행 : 엔진 구동(하이브리드 모드), 배터리 잔량 적정수준 이하경우 충전 진행]

3.3.2. 개발동향

2006년부터 본격적으로 미국을 중심으로 하여 차세대 친환경자동차로서 플러그-인 하이브리드 전기자동차가 부각되기 시작하였다. PHEV는 외부 전원계통으로 부터 전력을 공급받아 충전장치를 통해 차량에 장착된 에너지 저장시스템에 전기에너지를 저장하고, 차량주행에 저장된 전기에너지를 사용함으로써 내연기관 즉, 화석연료의 사용을 최대한 억제하는 실질적인 무공해 자동차(Practical Zero Emission Vehicle)라고 할 수 있다.

자동차업체들은 전기자동차 보급에 가장 큰 걸림돌인 높은 배터리 가격이 낮아진다고 해도 짧은 주행거리 문제가 해결되지 않기 때문에, 대안으로 전원을 직접 연결해 배터리를 충전할 수 있는 플러그인 하이브리드카 개발에 주력하고 있다.

글로벌 자동차 업체들은 리튬 전지를 사용하는 플러그인 하이브리드카 부문을 강화하고 있다. GM은 쉐보레 볼트를 도요타는 기존 하이브리드카 프리우스를 개량한 플러그인 프리우스를 시판하고 있다.

BMW는 미래형 이동수단을 표방하는 'i' 브랜드를 선보이며, 'i3', 'i8' PHEV 모델을 차례로 출시하였다. 저배기량 엔진과 리튬전지를 탑재한 i3는 배터리만으로 160Km를 주행할 수 있다. BMW는 'i' 브랜드 차량을 단순히 연비를 높인 교통수단이 아니라 교통정보와 연계한 효율적 주행과 지능형 주차시스템 등을 결합해 자동차 패러다임을 바꾸겠다는 전략이다.

이외에도 포드, 폭스바겐, 혼다, 마쓰다 등 다른 자동차 업체들도 플러그인 하이브리드카를 이미 출시했거나, 출시한다는 계획을 가지고 있다. 특히 중국 자동차 업체 BYD도 플러그인 하이브리드카 부문에 연구개발 투자를 늘리고 있다.

[1] 시보레 볼트(GM)

볼트(Volt)는 일반 PHEV와 구조적인 면에서 거의 동일하지만, 눈에 띄는 특징 하나가 있다. 바로 볼텍 추진시스템이다. 이는 모터 2개가 필요에 따라 개별적 혹은 함께 작동하여 힘과 토크는 극대화하는 동시에 전기사용은 최적화하여 효율적인 주행을 가능하게 해준다. 48KW의 듀얼 모터 시스템을 사용하여 드라이브 유닛의 효율을 높인다.

그림 58. GM의 쉐보레 '볼트(Volt)' PHEV

주로 엔진은 배터리를 충전하는데 쓰이고, 동력은 모터가 주로 담당한다. 기존의 PHEV와 가장 큰 차이점이다. 저속에서는 1개의 모터가, 고속과 추월에서는 2개의 모터가 효율적으로 작동하면서 결과적으로 효율과 성능 두 마리 토끼를 다 잡을 수 있다. 최대 149마력에 40.6Kg·m 토크를 가지면서도 17.8Km/L의 연비, 그리고 676Km를 달릴 수 있는 스펙을 가진다.

GM의 쉐보레 '볼트(Volt)' PHEV는 미국내 가장 많이 팔리는 PHEV에 등극했다. 쉐보레 볼트는 1회 전기충전에 89Km를 간다. 보통 PHEV가 1회 전기충전에 40Km 주행가능한 점과 비교하면 2배 이상이다.

[표 2-12. 미국시장 PHEV 3파전 모델비교]

	토요타	쉐보레	현대차
차량명	프리우스프라임	볼트	아이오닉 플러그인
배터리용량	8.8KWh	18.4KWh	8.9KWh
EV모드 주행거리	약 40Km	약 85Km	약 50Km
총 주행거리	약 1029Km	약 676Km	

[2] 프리우스(도요다)

HEV 절대 강자 토요타가 전기자동차로 전략 수정한 배경은 무엇일까 ?

지금까지 토요타자동차는 하이브리드자동차(HEV)와 연료전지차(FCEV)를 미래 친환경차량의 중심축에 놓고 집중적인 투자를 해 왔다.

그런데 미래를 주도할 차세대 차량의 불확실성 때문에 전기자동차 사업에 참여키로 방침을 정했다. 토요타는 2017년부터 내부 기획개발팀을 신설하고 1회 충전으로 300Km 이상 주행하는 전기자동차 출시 목표로 프리우스나 코롤라의 플랫폼을 활용한 SUV 전기자동차를 개발한다. 토요타는 원칙적으로 오는 2050년까지 내연기관 생산을 중단하고 중간단계로 내연기관과 배터리를 병행 사용하는 하이브리드 차량으로 시장을 주도하다가 궁극적으로는 연료전지차로 모두 대체해 나간다는 전략을 추진해 왔다.

그런데 세계 주요 국가와 자동차업체들이 전기자동차를 메인으로 내세우면서 전기자동차 개발경쟁이 생각보다 빠르고 치열해지자 전기자동차 부문에서 뒤쳐질 경우 낙오될 위험성이 높다고 판단, 전기자동차를 포함한 모든 환경기술에 전 방위적으로 대응할 수 있도록 전략을 전환키로 한 것으로 보여진다.

유럽 자동차업체들의 경우, 클린 디젤을 축으로 플러그인 하이브리드와 전기자동차에 올인하고 있으며 미국업체들은 하이브리드와, 플러그인 하이브리드, 전기자동차 개발에 투자하고 있다. 토요타의 경우는 가정용 전원으로 충전이 가능한 플러그인 하이브리드 차량(PHV)을 시판한다. 전기자동차는 비싼 배터리가격과 200Km를 넘지 못하는 짧은 항속거리, 긴 충전시간 때문에 일반 보급에는 시간이 많이 걸릴 것으로 판단해 왔다. 그러나 최근 들어서는 전기자동차의 배터리성능이 생각보다 빠르게 향상됨에 따라 약점인 주행거리와 차량가격에서 경쟁력을 갖추기 시작하자 전 세계가 일제히 전기자동차를 차세대 메인 차량으로 지지하기 시작했다.

미국 캘리포니아주에서는 판매되는 차량에 대해 새로운 규제가 도입, 일정 비율의 전기자동차를 판매해야만 다른 차량을 판매할 수 있게 되고 한국에서도 전기자동차 의무 판매제 도입이 논의되고 있으며 중국과 독일에서도 전기자동차에 엄청난 규모의 보조금이 도입되고 있다. 게다가 충전설비의 표준화나 확대 및 정비계획도 유럽과 미국 등지로 확산되고 있다. 이 때문에 토요타 자동차와 선두 다툼을 벌이고 있는 독일 폴크스바겐(VW)은 2025년까지 30개 차종 이상의 전기자동차를 투입, 연간 200만 대 이상의 판매를 목표로 잡고 있다. 또, 닛산자동차는 중국에서 저가용 전기자동차 투입을 검토하고 있고 혼다차도 내년부터 미국에서 전기자동차 세단을 시판한다.

전기자동차 부문에서 가장 앞서 있는 미국 테슬라 모터스 등 신흥 강자들도 3천만 원 대 고성능 저가 전기자동차를 내놓기로 하는 등 전기자동차 시장을 둘러싼 자동차업체들의 경쟁이 한층 치열해지고 있다.

[3] F3DM((BYD)

지난해 순수 전기자동차를 가장 많이 판매한 곳은 연일 뉴스거리를 뿌리고 있는 테슬라가 아니다. 출시 5년 동안 20만대가 판매된 전기자동차의 스테디셀러 리프를 만드는 닛산도 아니다. 중국 업체 BYD가 1위를 차지했다. 지난 해 총 판매량은 6만여대를 기록했다. 테슬라가 5만여대로 뒤를 이었다. 하지만 중국제품을 보면 우리는 항상 평가절하를 하며 말한다. "14억 명에게 하나씩만 팔아도 1등 아니겠어?" 맞는 말이다.

그림 58. F3DM((BYD)

중국의 자동차 시장 규모는 세계에서 가장 크다. 이미 2009년도에 미국을 제치고 7년째 1위를 하고 있다. 그러나 단순히 시장이 크기 때문에 BYD가 어부지리로 승리한 것은 아닐지 모른다. BYD의 주력은 전기버스다. 전세계에서 전기버스를 대량 생산하는 곳은 BYD가 유일하다. 주력 모델인 K9은 12m길이의 40인승 버스다. 324KW의 배터리를 탑재하고 약 250Km를 달릴 수 있다. 충전시간은 4시간 밖에 걸리지 않는다. BYD는 전기자동차 배터리업계에서 점유율 2위를 기록하고 있다. 지금 만들어 지는 전기자동차 4대 가운데 1대는 BYD의 배터리를 사용하고 있다. BYD의 배터리는 무겁고 비싸다.

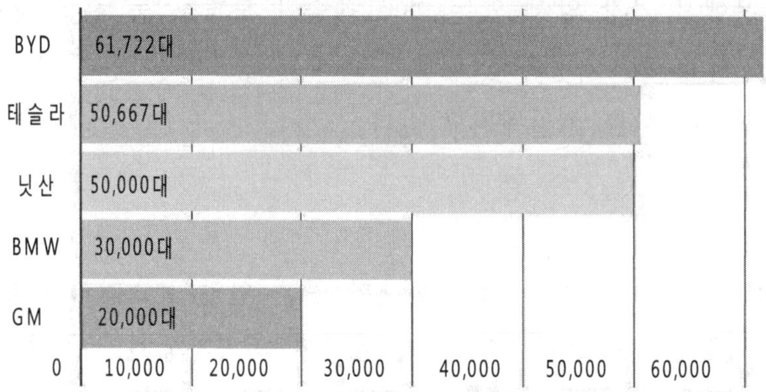

그림 59. 전기자동차 판매량 순위(2016년)

그런데 어떻게 계속 점유율이 오르고 있는 걸까? 비결은 BYD의 독점 커스텀기술로 만들어진 'LiFePO 4' 배터리다. BYD의 리튬 인산철(lithium- iron-ferrous-phosphate) 배터리는 4,000회 이상 충전에도 70% 이상의 효율을 보장한다. 과열로 인한 폭발에 대한 안전성도 뛰어나다.

아직 상용 모델에 적용된 기술은 아니지만 망간을 추가한 'LiMnFePO 4' 배터리는 에너지 밀도 증가, 배터리 충전속도를 획기적으로 단축할 수 있다. BYD의 고속충전기를 사용하면 20분이면 80%, 40분이면 100% 완충을 할 수 있다. BYD의 전기자동차 배터리 수명은 30년이고 보증기간은 무려 12년이다.

[4] i8(BMW)

국내에서 강세를 보이는 독일 완성차 업체들이 경쟁적으로 PHEV 출시에 나서고 있다. 독일차의 경우 토요타로 대표되는 일본 완성차 업체들이 선점한 하이브리드 차를 건너뛰고, 바로 PHEV로 진입하고 있다. PHEV 시장을 장악하면 다음 단계인 완전한 전기자동차시장 평정도 유리할 수 있기 때문이다.

BMW는 PHEV인 스포츠카 'i8' 을 선보인데 이어 PHEV인 SUV 'X5 xDrive40e' 를 선보인다. BMW의 제조공장은 세계 여러 곳이 있지만, i8 모델은 독일에서만 제조하며, 스포츠카 성능을 자랑한다고 알려져 있는 모델이다. 전기충전 또는 재생시스템으로 충전되기 때문에 다른 자동차보다 무게가 많이 나가게 되어 있는 모델이다.

BMW 기술을 담아 조금 더 무게를 줄이기 위해서 탄소섬유, 세라믹, 알루미늄 등 적용하여 1485Kg 무게를 실현하며 출시하게 되었다.

AWD구동으로, 동적 벡터링시스템은 eDrive 적용하여 최고의 드라이브를 즐길 수 있도록 민첩한 휠 스핀과 코너링에서 각기 다른 휠 스핀을 적용해 안정적인 코너링을 도와주는 시스템이다. 최고출력(362ps/rpm), 최대토크(58.2Kgm/rpm), 1회 충전, 전기모드에서 120Kmh 속도로 37Km 주행 가능하다.

3.4. 연료전지자동차

전기자동차에 전기를 공급하는 방법은 연료전지와 축전지 두 가지다. 외부로부터 전기를 충전, 저장해야 하는 축전지방식은 수백 파운드의 무거운 축전지팩이 필요한데다 운행거리에 제한이 따르고 3~6년에 한 번씩 축전지를 교환할 때 많은 돈이 든다. 그래서 자동차업계에서는 연료전지 방식에 더 주목하고 있다. 특히 수소 연료전지는 축전지에 비해 작고 가벼우며 빠른 시간에 재충전된다는 것이 장점이다. 또 수증기만을 방출하기 때문에 가장 깨끗한 미래형 동력원이 될 것으로 보인다.

연료전지자동차의 경쟁자인 전기자동차는 주행 시 배기가스를 배출하지는 않지만 화력발전으로 전기를 생산한다면 화석 연료를 사용하기 때문에 엄밀한 의미에서 무공해차로 분류하기는 어렵다. 연료전지자동차는 화학적 축전지 대신 작은 발전소에 비유할 수 있는 연료전지(Stack)를 싣고 다닌다. 연료전지자동차는 수소를 연료로 사용하는데 아직은 수소저장 및 운반기술이 미흡하고, 충전소도 많지 않아서 상용화되지 못하고 있다.

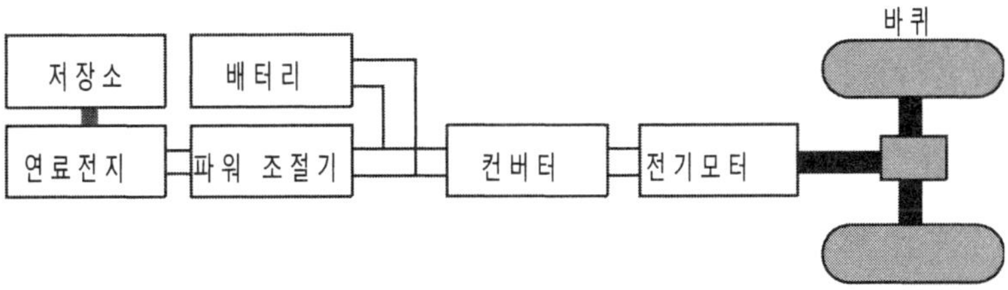

그림 60. 연료전지자동차의 구조

그러나 연구는 활발하게 이루어지고 있다. 연료전지는 가장 주목을 받고 있는 대체에너지 기술 중 하나로, 환경오염문제를 해결하고 전력수요 및 에너지 수요에 효율적으로 대비할 수 있는 일종의 전기화학장치이다. 연료전지는 원료인 수소를 산소와 반응시켜 열과 전기를 얻는다. 물을 전기분해해 수소와 산소를 만들어내는 원리를 반대로 생각하면 쉽다.

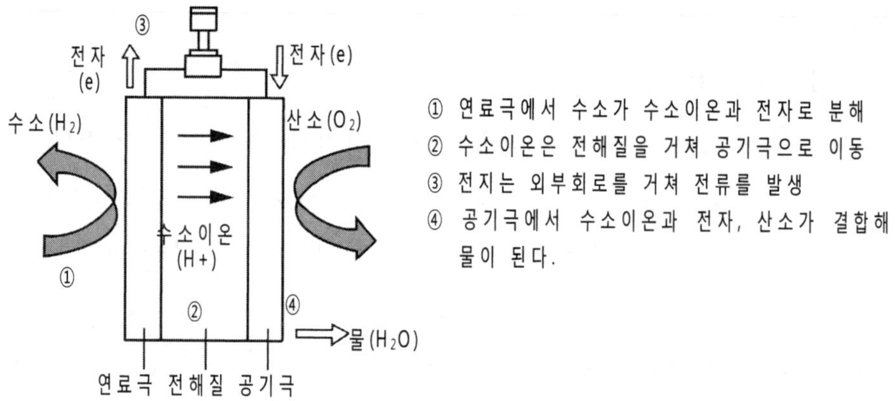

그림 61. 연료전지의 전기발생원리

연료전지는 연료극(anode), 공기극(cathode), 그리고 이온전도성 전해액으로 구성된다. 연료극에서 수소가 이온화되어 수소이온의 형태로 전해액을 통해 공기극으로 이동하고, 이온화시 발생한 전자는 외부회로를 통하여 공기극으로 흘러가게 된다. 공기극에서 만난 산소, 수소이온 그리고 전자가 반응하여 물을 생성한다. 즉, 연료전지는 수소와 산소를 전기 화학적 방법으로 반응시켜서 전기를 생산하는 장치이다. 이때 생성물은 물이며, 부수적으로 반응열도 생성된다.

연료전지는 다양한 장점을 갖고 있다. 가정용의 경우 발전 뿐 아니라 발전 과정에서 나오는 열을 난방에 활용할 수 있다. 발전효율만 해도 35%에 달해 기존 발전시스템보다 높다. 여기에 난방효율까지 더하면 전체 효율은 80%에 달해 압도적인 우위를 자랑한다. 효율이 높으면 높을수록 연료 사용이 줄어든다. 화석연료를 이용한 기존의 방식에 비하여 훨씬 더 효율적으로 사용할 수 있는 것이다.

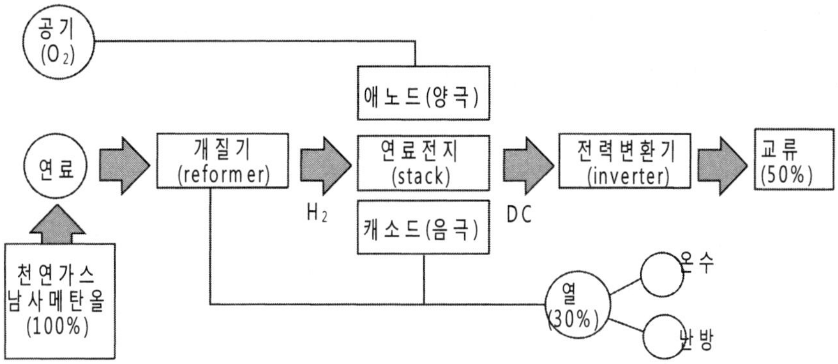

그림 62. 연료전지 발전시스템의 구성도

3.4.1. 수소 연료전지자동차

수소 연료전지로 발전하고 전동기를 구동하는 타입으로 수소를 직접 연소하여 이용하는 수소자동차와는 에너지를 내는 방법이 다르다.

[1] 장점

① 자연 에너지 발전의 이용보다, 수소는 물에서 무한대로 생산 가능하여 지속 가능하다.

② 주행시 CO_2나 NOx가 발생하지 않는다.

③ 항속거리가 전지식 전기자동차보다 길다.

④ 내연 수소자동차보다 연료를 절감할 수 있다.

[2] 단점

① 다른 방식의 수소자동차와 같은 단점이다.

② 인프라 정비에 비용이 든다.

③ 수소흡장 합금 탱크나 고압수소 탱크를 탑재하므로 차량 내부 공간이 협소하고 무게는 증가한다.

④ 수소연료전지자동차에 사용하는 백금 등에 의해 연료 전지 자체가 고가여서, 내연 수소자동차보다 취득 비용이 든다.

⑤ 화학반응을 이용하는 발전이로, 이온 교환 수지의 마모에 의한 성능저하를 피할 수 없으며, 몇 년마다 연료 전지를 교환해야한다.

3.4.2. 알코올 연료전지자동차

알코올을 직접 연료전지에 공급하는 방식과, 연료 개질기를 사용하여 알코올에서 수소를 얻어, 수소 연료전지에 공급하는 방식이 있다. 발전이후의 시스템은, 전동기를 구동하는 전기자동차와 거의 같다. 알코올을 연료로 하여 직접 내연기관에서 연소시키는 자동차와는 다르다.

[1] 장점

① 화재시 물로 소화가 가능하다.

② 항속거리가 전지식 전기자동차에 비해 길다.

③ 연료가격은 비교적으로 싸다.

④ 전기자동차와 설계의 공통화를 도모할 수 있다.

[2] 단점

① 알코올의 제조 단계에서 CO_2가 발생한다.

② 알코올 연료는 가솔린이나 경유에 비해 인화 가능한 공기중의 혼합비의 범위가 넓고, 안전성이 떨어진다.

③ 메탄올은 금속을 부식시켜 취급자격이 필요하다.

④ 연료전지 스택이 비싸다.

⑤ 부식성 때문에 알코올 직접공급식 연료전지는 수소연료전지보다 수명이 짧다.

참고 한·일 친환경차 개발 경쟁

한국과 일본 자동차회사들의 친환경차 투자 경쟁이 본격화하고 있다. 양국 대표 자동차 기업인 도요타, 현대·기아차는 친환경차와 자율주행차 관련 기술 개발에 수십조원이 넘는 투자를 예고했다. 도요타는 수소연료전지자동차(FCV)와 플러그인 하이브리드카 개발에 집중하기로 했다. 수소연료전지자동차는 도요타가 '궁극의 친환경차'로 생각하는 모델이다. 도요타는 2014년 12월 수소연료전지자동차 '미라이'를 선보였다. 충전시간은 3~5분, 한 번 충전으로 650Km를 달린다.

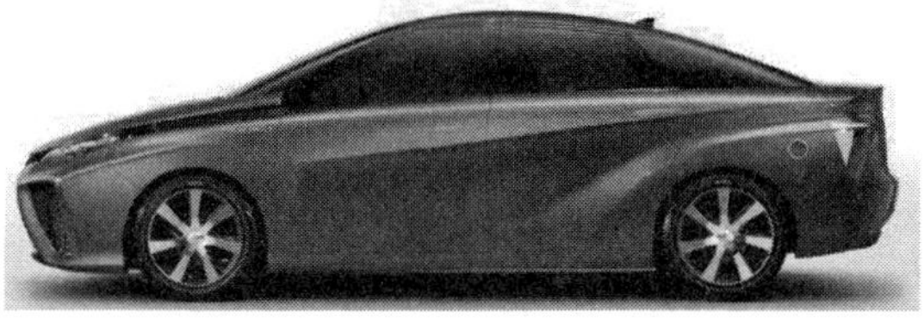

[도요타 수소연료전지자동차(FCV)]

도요타 관계자는 "2020년 도쿄올림픽이 열리는 때를 고려해 (FCV)상품을 강화해 나갈 계획"이라며 "그 때가 수소연료전지자동차 시장의 분기점이 될 것"이라고 말했다.

도요타는 순수 전기자동차보다는 플러그인 하이브리드카 개발에 힘쓸 예정이다. 플러그인 하이브리드카는 배터리를 충전한 뒤 모터를 이용해 달리다가 방전되면 석유엔진을 구동해 주행하는 하이브리드차다. 도요타는 2011년 플러그인 하이브리드카 1세대 모델 '프리우스 PHV' 를 선보였고 2세대 모델인 '프리우스 프라임' 을 출시했다. 프리우스 프라임은 전기만으로 60Km를 달릴 수 있다.

현대·기아차도 친환경차 경쟁에서 밀리지 않겠다는 의지를 내보였다. 현대차그룹 회장은 친환경 자동차 라인업을 확대해 시장을 주도하자고 말했다. "끊임없는 혁신만이 불확실성의 시대에도 생존할 수 있는 방법"이라고도 했다.

현대·기아차는 아이오닉 하이브리드(HEV), 순수 전기자동차 아이오닉 일렉트릭(EV)을 출시한 데 이어 아이오닉 플러그인 하이브리드(PHEV)도 선보인다.

수소연료전지자동차의 새로운 모델도 구상 중이다. 수소연료전지자동차를 세계 최초로 개발한 만큼 수소차 경쟁에서도 앞서가겠다는 것이다. 현대·기아차는 2010년에 '투싼 ix FCEV'를 처음 내놨다. 한 번 충전으로 424Km를 달리는 친환경차다.

선진 각국에서는 순수전기자동차의 조기 실용화를 위하여 정부 차원의 대규모 투자와 아울러 강제 보급정책을 추진하고 있다. 자동차 제작회사들도 이에 적극 참여하고 있으므로 전기자동차의 개발 및 실용화 전망은 밝다고 할 수 있다. 더불어 순수한 전기자동차의 단점을 보완하기 위한 즉, 완벽한 전기자동차의 전 단계라고 할 수 있는 하이브리드 전기자동차(HEV), 플러그인 하이브리드 전기자동차(PHEV), 연료전지자동차(FCEV) 등에 대한 연구도 활발히 진행되고 있다.

Chapter 03

전기자동차의 구조

1 전기자동차의 개요

전기자동차의 보급은 자동차산업 전반의 큰 변화를 이끌고 있다. 지금까지 내연기관 자동차는 엔진을 생산하는 완성차 제조업체를 중심으로 변속기와 클러치 등을 공급하는 업체의 협력으로 만들어졌으며, 다소 복잡한 생산구조를 이루고 있다. 그러나 2차 전지와 모터로 구동하는 전기자동차는 변속기가 필요 없어지는 등 구조가 간단해진다.

자동차 구조만 단순해지는 게 아니다. 산업구조도 자동차 업체를 기준으로 하는 계열화에 의한 수직통합형에서 전지·전자 등을 중심으로 하는 수평통합적인 구조로 완만하게 변화할 것이다. 다시 말하자면 관련계열 이외의 기업도 참여할 수 있는 여지가 생기는 것이다.

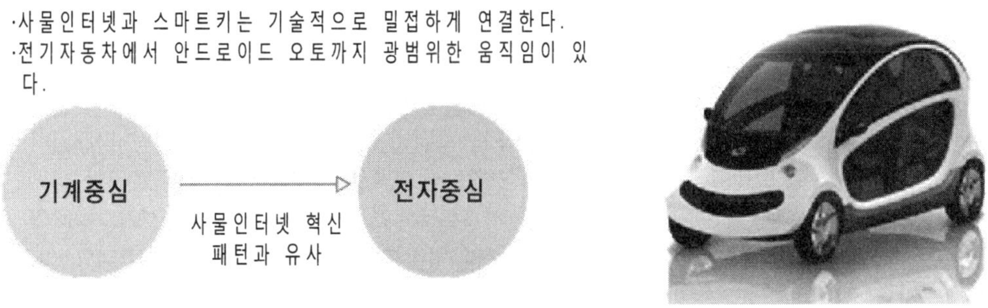

그림 1. 자동차산업의 변화

가솔린자동차의 경우, 기존의 유압기구였던 부품의 전동화가 진전돼 지금은 한 대에 100여개 이상의 모터가 탑재된다. 하이브리드자동차의 경우 전자부품 사용이 증가해 모터의 탑재 수는 더욱 늘고 있다. 전기자동차화의 추세가 그야말로 탄력을 받고 있는 상황이다.

가솔린자동차의 구동력은 엔진에서 나오지만 전기자동차는 모터에서 나온다. 가솔린자동차의 엔진 회전수와 출력은 액셀레이터로 조절하지만 모터는 이 기능을 위해 컨트롤러를 부착해야 하는데 이것이 간단한 문제가 아니다.

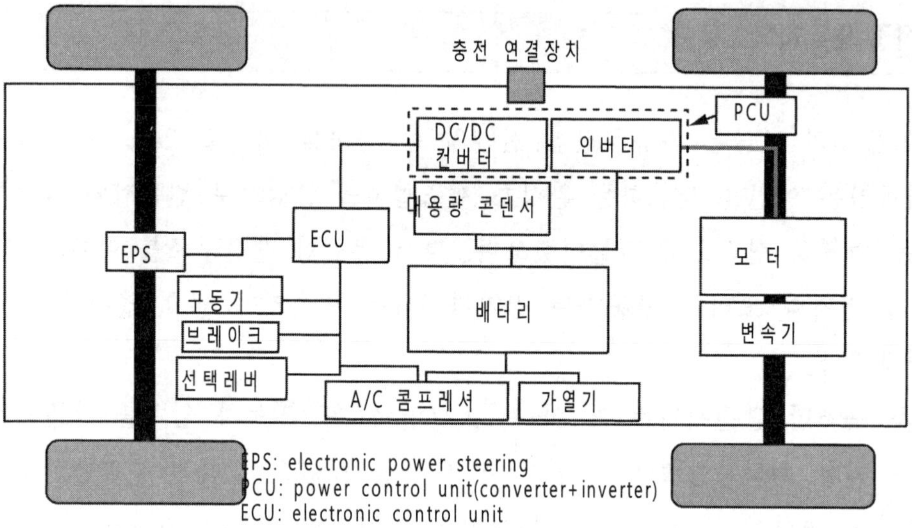

그림 2. 전기자동차의 주요 부품구성도

참고 자동차 이동성의 원천, 파워트레인

- 자동차에서 파워트레인은 동력장치에서 생산한 동력을 바퀴에 전달하는 과정에서 필요한 시스템을 지칭한다.
- 전기자동차 파워트레인은 동력을 만드는 모터와 전기의 특성을 제어하는 파워일렉트로닉스, 그리고 전기에너지를 저장하는 전지팩으로 구성된다. 연료를 저장하고 배출하는 내연기관차의 연료탱크는 파워트레인에 포함되지 않지만, 전기자동차의 전지팩은 에너지의 저장 및 효율적 관리 역할까지 하므로 파워트레인 구성요소에 포함된다.
- 전기자동차와 내연기관차 파워트레인의 가장 큰 차이는 동력을 만드는 방법에 있다. 내연기관차의 동력을 엔진이 만든다면, 전기자동차의 동력은 모터가 만든다. 엔진을 구동하려면 휘발유 등 연료가 필요하고, 모터를 돌리려면 전기가 필요하다. 동력을 전달하는 방식도 전기자동차와 내연기관차는 다르다. 전기자동차가 동력을 만들고 전달하는 방식은 내연기관차에 비해 간단한 편이다. 따라서 전기자동차 파워트레인은 내연기관차보다 구조적으로 훨씬 단순하고, 부품수도 최대 80%까지 줄어든다.
- 내연기관차의 성능은 파워트레인 구성부품인 엔진과 변속기의 개별 성능, 그리고 부품간 효율적 연계 수준에 달려있다. 전기자동차에서도 파워트레인의 성능은 중요한 경쟁요소다. 원가 측면에서도 파워트레인의 비중은 전기자동차 부품 중에서 가장 높다. 전기자동차 모델간 경쟁의 핵심이다.

[표 3-1. 파워트레인 부품가격 비중]

내연기관차(폭스바겐 Golf)			전기차(GM Bolt)		
파워트레인	$6,800	36%	파워트레인	$16,078	56%
엔진	$3,400	18%	배터리	$12,300	43%
변속기	$1,200	6%	모터	$1,200	4%
파워트레인기타	$2,200	12%	파워 일렉트로닉스	$1,802	6%
			파워 트레인 기타	$776	3%
기타	$12,000	64%	기타	$12,600	44%
합계	$18,800	100%	합계	$28,678	100%

2 전기자동차의 주요부품

전기자동차의 주요부품은 축전지, 모터, 인버터/컨버터, 회생제동장치, 축전지시스템(BMS) 등이다. 축전지는 재충전이 가능한 2차전지가 이용되며 전기자동차 품질에 가장 큰 영향을 미치며, 모터는 축전지를 통해 구동력을 발생시키며 인버터/컨버터는 직류와 교류를 변환시키는 역할을 한다. 축전지시스템은 축전지의 충전, 방전을 조절하고 보호하는 역할을 하여 축전지의 품질을 향상시킨다.

모든 부품들은 하이브리드차, 수소연료전지차 등 타 그린카에도 공통적으로 사용되나, 전기자동차의 경우 고성능 축전지 및 고속충전 기술이 추가적으로 필요하다.

[표 3-2. 전기자동차 종류별 주요구성부품]

부품명	하이브리드 전기자동차	전기자동차(EV)	수소연료 전기자동차
전기모터	●	●	●
배터리	●	●	●
BMS	●	●	●
인버터/컨버터	●	●	●
차량제어기	●	●	●
엔진	●	-	-
변속기	●	-	-
수소저장탱크	-	-	●
연료전지	-	-	●

그림 3. 전기자동차의 주요부품

[표 3-3. 내연기관차 VS 전기자동차 부품수 비교]

구 분	내연기관차 부품수		전기자동차 부품수	
엔진부품	6,900개	23%	-	-
구동, 전달 및 제동장치	5,700개	19%	3,600개	19%
차체	4,500개	15%	4,500개	24%
현가(서스펜션) 및 제동	4,500개	15%	4,500개	24%
전장품, 전자부품	3,000개	10%	900개	5%
기타	5,400개	18%	5,400개	29%
합계	30,000개	100%	18,900개	100%

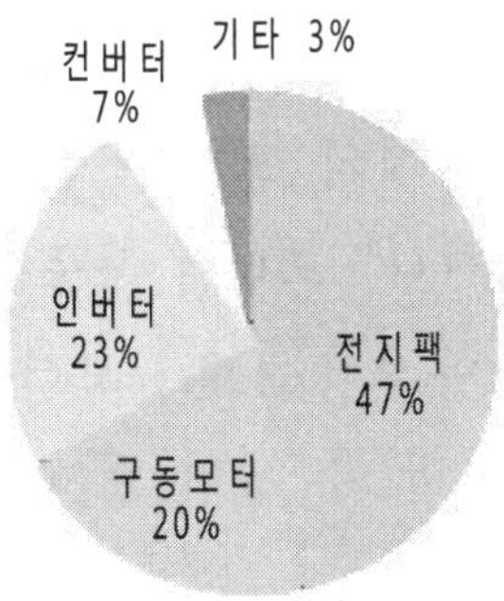

그림 4. 전기자동차의 중요 부품 비중

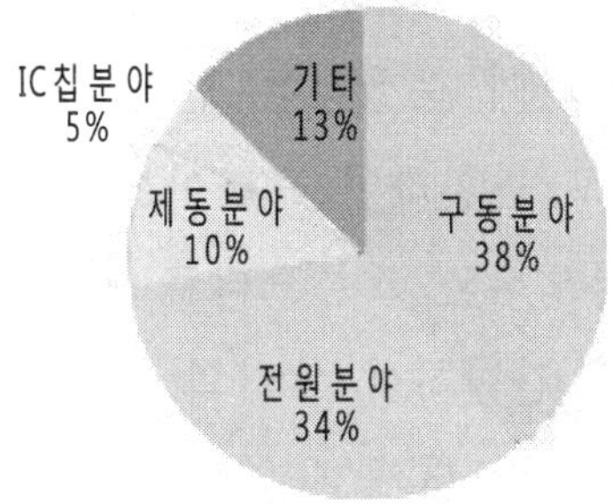

그림 5. 친환경차 부품시장 비중(2010년)

모터에는 직류모터와 교류모터가 있다. 직류모터는 고정자의 전극을 마이너스와 플러스로 바꿔주기 위해 보통 카본으로 만들어진 브러시가 필요하다. 교류모터는 브러시가 필요 없으나 교류의 타이밍을 모터로 얻고 싶은 토크나 회전수에 맞춰 조정하는 것이 어려워 효율이 낮았다. 요즘에는 회전자와 고정자의 위치관계를 정확히 알아서 교류전류를 흘리는 방식이 개발돼 마치 브러시 없는 직류모터와 같은 성능을 낼 수 있다. 그리고 모터에 걸리는 전압은 회전수와 전류 양쪽에 관계된다.

전기자동차로 평지를 달리며 속도를 높이려면 전압을 올리면 되고 고갯길에서 같은 속도로 달리고 싶으면 전압을 올리고 회전수를 유지한 채 전류를 증가시키면 된다.

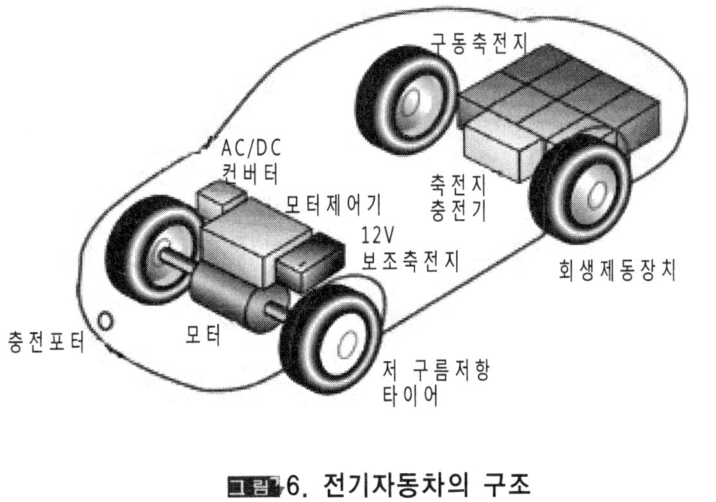

그림 6. 전기자동차의 구조

전기자동차는 축전지, 축전지관리시스템, 전기모터 및 감속기, 인버터 및 충전기 등으로 구성되어 있으며 엔진이 없고 외부로부터 축전지에 전기를 충전하여 그 전기를 사용하여 운행하는 친환경자동차이다. 전기자동차의 모터는 전기에너지를 기계에너지로 변환하여 드라이브 라인에 동력을 공급한다. 모터는 구동전원의 형태에 따라 직류모터와 교류모터로 구분할 수 있는데, 교류모터는 직류모터에 비해 구조가 비교적 간단하여 모터의 크기를 소형화, 경량화 할 수 있어 현재 전기자동차에는 주로 교류모터가 사용되고 있다.

전기자동차의 축전지는 핵심기술로서 기존의 납축전지에서 니켈-수소전지, 리튬이온전지, 리튬이온폴리머전지 등 성능 및 안전성 등에서 개발과 발전을 거듭해오고 있습니다. 그러나 전기자동차의 활성화를 위해서는 더욱 에너지밀도를 높이고 공급가격을 낮출 수 있는 기술개발이 필요하다.

[표 3-4. 전기자동차의 주요 구성품]

주요 구성품	특 징
모 터	·모터에는 직류모터와 교류모터가 있다. ·교류모터는 브러시가 필요 없으나 교류의 타이밍을 모터로 얻고 싶은 토크나 회전수에 맞춰 조정하는 것이 어려워 효율이 낮다. ·요즘에는 회전자와 고정자의 위치관계를 정확히 알아서 교류전류를 흘리는 방식이 개발돼 마치 브러시 없는 직류모터와 같은 성능을 낼 수 있다. ·모터에 걸리는 전압은 회전수와 전류 양쪽에 관계된다. 전기자동차로 평지를 달리며 속도를 높이려면 전압을 올리면 되고 고갯길에서 같은 속도로 달리고 싶으면 전압을 올리고 회전수를 유지한 채 전류를 증가시키면 된다. ·최근에는 브러시리스 DC모터라고 불리는 유도식 교류모터가 개발돼 각광을 받고 있다.
축전지	·가솔린자동차와 달리 현재의 전기자동차는 주행거리가 짧기 때문에 가솔린자동차의 감각으로 운전하다가는 길거리에서 멈추기 십상이다. 그래서 남아 있는 전력량을 아는 일이 매우 중요하다. ·보통 축전지액의 비중 또는 전압을 측정하는 두 가지 방식이 있다. 그런데 축전지 중 주위 온도에 따라 남아 있는 전력량이 달라지는 것도 있어 계기를 만드는 일이 쉽지 않다.
DC/AC Converter	·인버터는 컨버터와 같은 작용을 하면서 직류를 교류로 변환시키는 기능 ·직류를 교류로 만들기 위해 변조기가 사용 ·인버터는 컨버터에 비해 구조가 복잡

주요 구성품	특 징
모터제어기	·액셀 페달 조작량 및 속도를 검출해서 거기서 의도한 구동토크 변화를 가져올 수 있도록 차속이나 부하 등의 조건에 따라 모터의 토크 및 회전속도를 제어한다. ·직류모터라면 전류의 크기를 제어 ·교류모터는 진폭이나 주파수/위상을 바꾸어서 자동차의 주행상황 변경한다.
회생제동장치	·전기자동차의 에너지 소비를 줄여 주는 데 있어 매우 중요한 역할을 하는 것이 회생 브레이크다. ·전기자동차 모터는 발전기와 구조가 같아 전류를 흘리면 회전하고 반대로 밖에서 힘을 걸어 회전시키면 발전기가 됨 ·차를 감속시키거나 제동을 할 때 그 힘으로 모터를 회전, 전기를 발전시켜 축전지로 보내는 장치를 만들면 전기소모량을 많이 줄일 수 있다. ·엔진차를 전기자동차로 개조하는 경우 : 엔진 위치에 모터를 장착하고 트랜스미션과 디퍼렌셜기어를 그대로 사용하는 일이 많다. ·전기 자동차에 사용되는 모터들은 저속에서 고속까지 무단으로 부드럽게 변환시킬 수 있기 때문에 반드시 변속기와 감속기가 필요하지는 않다. ·실제로 최근에 오리지널 전기자동차로 개발된 차들은 바퀴를 각각 하나씩 돌리도록 여러 개의 모터가 장착된다.

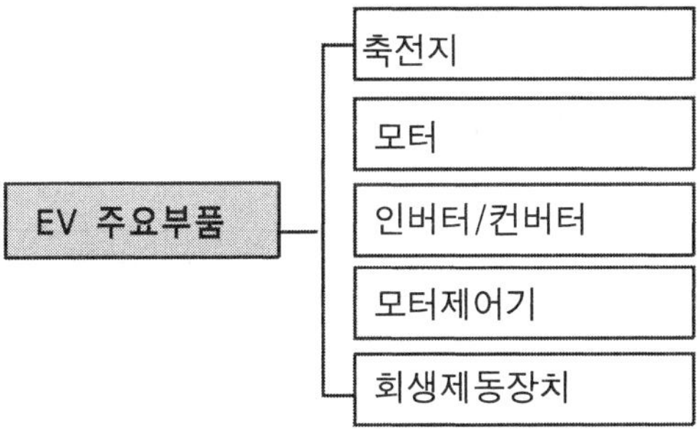

그림 7. 전기자동차 주요부품

전기자동차의 구조는 동력원인 축전지와 구동력을 발생하는 모터 그리고 감속장치 등으로 구성되어 있다.

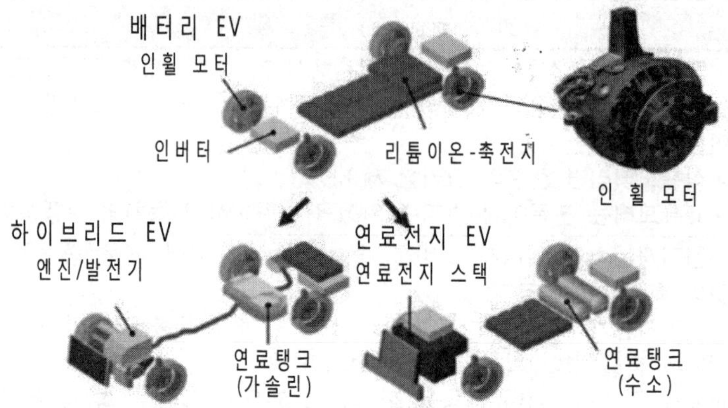

그림 8. 전기자동차의 종류 및 구조

[표 3-5. 전기자동차의 주요 구성품과 대응되는 가솔린자동차의 부품]

	전기자동차 주요 구성품	내연기관 주요 구성품
구동원	모터	엔진
에너지원	구동 축전지	연료탱크 및 연료
에너지변환	DC/AC 컨버터	알터네이터
충전기	충전기	-
제어기	모터제어기	엔진제어기(ECU)
발전기	회생제동장치	-
기동	-	시동모터

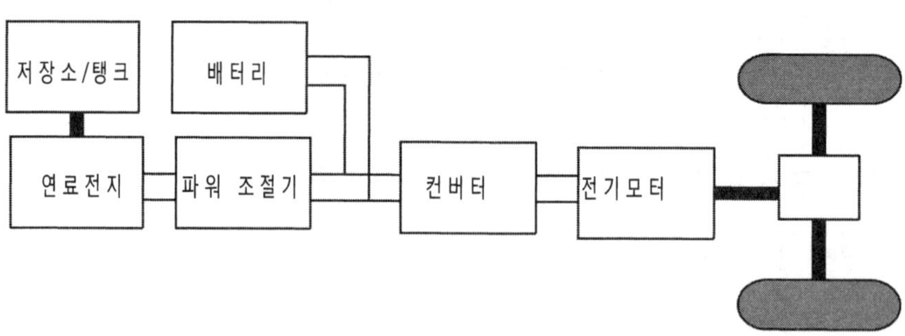

그림 9. 연료전지 전기자동차의 구조

[1] 전기자동차, 무엇을 필요로 하는가?

자동차가 내연기관의 힘이 아니라 순수하게 전기의 힘만으로 구동된다면 자동차 부품시장도 지금과는 많이 달라질 것이다. 가장 먼저 생각해 볼 수 있는 것은 자동차에서 에너지의 근원인 엔진이 모터로 바뀐다는 것인데 자동차를 굴러가게 할 정도의 힘이 있는 구동모터는 일반 직류모터의 효율로는 아직 구현하기 힘들고 교류모터라 하더라도 단상이 아닌 삼상 모터가 사용된다. 삼상모터는 교류전압 및 전류가 sine파형으로 발생하게 될 때 3개의 발전코일이 있어 sine파형을 120도 간격으로 발생시키게 되어 효율이 높다.

[표 3-6. 전기자동차의 주요부품]

구 분	비 고
축전지	리튬 이온 전지, 리튬 폴리머 전지, 공기 아연 전지
모터	구동바퀴 모터-효율이 높음
인버터(Inverter)	전지의 직류를 교류로 변환
IGBT모듈(KEC)	대전력이 소요되기 때문에 대전력 스위칭 및 제어용 파워모듈/IGBT (Insulated Gate Bipolar Transistor)
DC/DC 컨버터 (Converter)	구동모터에서는 수백볼트의 고전압을 필요로 하지만 보조기기에서는 12V의 저전압이 사용
PCU(Power Control Unit)	인버터와 컨버터 등을 묶어서 하나의 모듈로 만들어 사용
ECU(Electronic Control Unit)	각 부문에서 추가로 ECU가 필요
각종 X by Wire	Steer by wire, Brake by wire 등의 각종 X by Wire(현재의 벨트식 구동을 모터로 대체하여 제어하는 전선으로 연결되는 각종 시스템을 일컬음)도 그 중요도가 점차 높아질 것이다.
BLDC모터	・각종 소형 일반모터로 사용 ・예전에는 직류모터 사용했으나 최근에는 교류모터나 브러시리스 모터 등을 사용하는 경향이 두드러짐 ・전기자동차 한 대에 대략 1,000개 이상의 모터가 탑재
변속기	인휠 방식일 경우에는 필요 없음

따라서 2차 전지로부터 전기를 공급받는 구동모터는 직류를 교류로 변환시켜주는 인버터(Inverter)가 필요하며 대전력이 소요되기 때문에 대전력 스위칭 및 제어용 파워모듈인 IGBT(Insulated Gate Bipolar Transistor)모듈(KEC)도 포함되어야 한다. 충전되는 전압과 구동모터에 사용되는 전압이 다른 경우라면 컨버터도 필요하다. 또한 구동모터에서는 수백볼트의 고전압을 필요로 하지만 보조기기에서는 12V의 저전압이 사용되기 때문에 DC/DC 컨버터(Converter)는 필수적이다. 도요타에서는 인버터와 컨버터 등을 묶어서 하나의 모듈로 만들어 PCU(Power Control Unit)라고 부르고 있는데 이것이 최근에는 그냥 통용되고 있는 추세이다.

그림 10. IGBT

현재의 자동차에서도 전장부품을 제어하기 위해 ECU(Electronic Control Unit)가 사용되고 있지만 전기자동차에서는 각 부문에서 추가로 ECU가 필요하게 된다. 가장 대표적인 것이 에어컨시스템인데 내연기관자동차에서는 엔진에 연결된 벨트로 에어컨을 가동하지만 전기자동차는 정지한 상태에서 아무런 동력이 작동하지 않기 때문에 에어컨을 작동하기 위한 모터가 따로 필요하다(하이브리드자동차의 경우에도 정지 시에는 엔진이 정지하므로 마찬가지다). 따라서 이를 제어하기 위한 ECU도 새롭게 필요하게 되며 이때 모터의 과열을 방지하기 위해 기존의 냉매보다 우수한 냉매의 개발도 이루어져야 한다. 히터의 경우도 마찬가지이다. 냉각수가 데워지는 것을 이용한 기존 방식에서 고전압을 이용한 전기가열식의 PTC 히터와 이를 제어하는 시스템의 개발이 필수적이다.

그리고 기어변속을 제어하거나 각종 부위의 온도를 감지하여 제어하기 위한 ECU도 필요하게 될 것이며, 지금도 계속 발전 중인 Steer by wire, Brake by wire 등의 각종 X by Wire(현재의 벨트식 구동을 모터로 대체하여 제어하는 전선으로 연결되는 각종 시스템을 일컬음)도 그 중요도가 점차 높아질 것이다. 전력을 공급하게 될 2차 전지는 보호회로를 통해 전지시스템(BMS : Battery Management System)으로 제어하게 되며 전지의 안전을 위해서는 BMS의 경쟁력을 키우는 것도 중요하며 아직 전지에 비해 밀도가 낮아서 전력원으로 사용하기는 힘들지만 저장장치로서의 Ultra Capacity도 개발속도에 따라 그 중요도가 높아 질 가능성이 높다. 그리고 각 바퀴마다 모터를 장착하는 인휠(In wheel) 방식의 경우는 위의 구성과는 약간 달라질 수 있다.

지금까지 순수전기자동차의 경우만 다루었다면 하이브리드자동차에서는 모터의 동작유무에 따라 스위치를 켜거나 닫는 EV 릴레이도 추가로 필요하다. 하이브리드자동차는 병렬형과 직렬형에 따라 모터의 작동시기가 다르지만 엔진에 대한 보조동력으로서 항상 작동될 필요가 없기 때문이다.

참 고 **친환경차 핵심부품**

- HEV ~ FCEV까지 공통적으로 들어가는 핵심부품은 배터리 · 모터 · 인버터 임
- 동력 전동화의 핵심기술은 '고에너지 배터리' 와 이를 제어하는 전력반도체에 있음

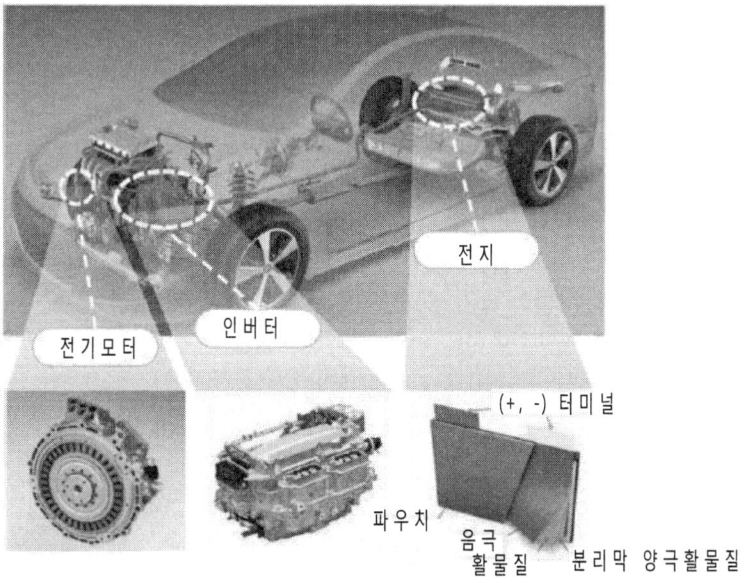

2.1. 모터

전기자동차에서 모터는 구동용 모터 혹은 회생용 모터의 용도로 사용된다. 모터는 종래의 자동차 엔진 혹은 트랜스미션에 상당하며, 인버터에 의한 모터 회전수 제어로 주행속도를 제어한다. HEV에서는 구동시스템의 동력전달방식에 따라 구동모터의 역할이 다르며, 직렬형(Series), 병렬형(Parallel) 또는 직병렬의 세가지 방식이 있다.

현재 최대 생산모델인 도요타 프리우스는 직병렬(혼합)-전륜 구동방식이며, 구동용과 발전기용의 모터 2개가 필요하다. 도요타의 또 다른 모델인 해리어 하이브리드 등의 4WD차량은 3개, 병렬방식을 사용하는 혼다의 차량에는 1개가 탑재되고 있다. 구동용 모터는 차량의 심장부인 엔진 유닛에 상당하는 점에서 자사개발 혹은 그룹내 개발이 진행 중이다.

참고 모터의 용도 및 구동방식별 갯수

[1] 구동용 모터 혹은 회생용 모터의 용도로 사용

- 종래의 자동차 엔진과 트랜스미션에 해당
- 인버터에 의한 모터 회전수 제어로 주행속도 제어

[2] HEV는 구동시스템의 동력전달방식에 따라 구동모터의 역할 구분

직렬형(Series), 병렬형(Parallel), 또는 직병렬(혼합형)의 세가지 방식

[3] 도요타 프리우스 : 혼합(직·병렬)형

- 구동용과 발전기용의 모터 2개 필요
- 도요타의 해리어 하이브리드 등의 4WD차량은 3개

[4] 현대, 혼다 : 병렬형

- 1개 모터 : 구동, 발전 병행
- 모터의 개수 줄여 크기 축소, 차량 무게 감소, 연비 개선
- 시속 100Km 이상에서도 모터구동 모드 있음(가속 붙은 상태의 평지, 내리막길)

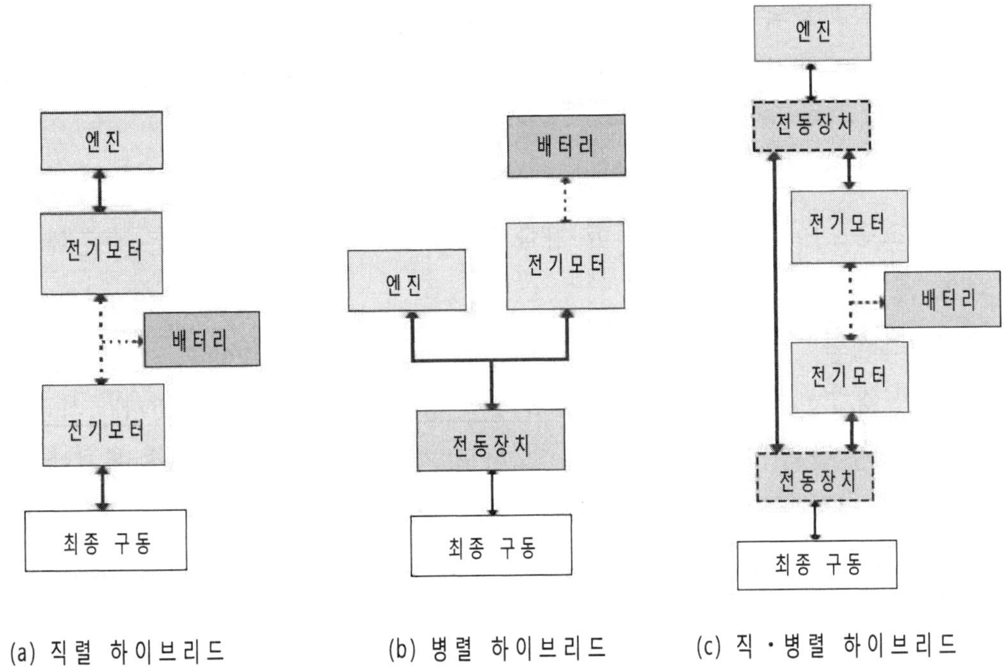

[동력전달방식에 따른 구분]

전기자동차용 모터의 요구조건을 들면 다음과 같다.

① 전원은 축전지의 직류전원이다.

② 시동시의 토크가 커야 한다.

③ 구조가 간단하고 기계적인 내구성이 커야 한다.

④ 속도제어가 용이해야 한다.

⑤ 취급 및 보수가 간편하고 위험성이 없어야 한다.

⑥ 소형이고 가벼워야 한다.

그림 11. AC모터의 구조

전기자동차에 사용되는 모터/제어기술도 점점 발달하여 고출력, 소형이면서 효율이 높은 시스템이 개발되고 있다. 모터/제어계통의 주요 과제로서 최근 개발상황은 다음과 같다.

① 고출력화 : DC모터를 AC모터로 변환함에 따라 출력과 EV의 동력성능(가속성능, 최고속도)이 크게 향상되어 가솔린자동차에 비하여 손색없는 수준에 도달하였다.

② 경량·소형화 : 고출력화를 추진하면서 고회전화(~10,000rpm 이상)함에 따라 모터가 경량·소형화되어 탑재중량이나 용적도 크게 감소하였다. 최근에는 1KW/Kg의 출력 밀도를 초과하는 모터도 개발되고 있고, 모터와 동시에 감속기나 차동장치도 소형화되고 있다.

모터는 HEV 및 EV 구동력을 실현하는 중요한 부품이다. 승용차의 주행용으로 사용되는 모터의 경우, 출력은 10~60KW 정도가 일반적이다. 시판 차량을 개조한 EV나 소형 EV에서는 DC모터가 사용되지만, 주류는 AC모터이다.

교류모터는 같은 출력을 내는 직류모터에 비하여 가격이 3배 이상 싸며, 크기에 비하여 모터의 효율이 크며, 토크가 비교적 크다. 또 보수 유지비용이 상대적으로 저렴하고, 수명이 더 길다.

[표 3-6. 직류, 교류모터의 장단점 구분]

구 분	장 점	단 점
직 류	• 작은 부피 • 빠른 속도 • 크기에 비해 큰 힘	• 부하에 따라 속도변화가 심하다 • 속도가변이 힘들다. • 수명이 짧다(브러시). • 소음이 심하다
교 류	• 높은 효율 • 큰 힘 • 용이한 속도가변(주파수변화) • 수명이 길다(보수유지비용 저렴) • 저렴한 가격	• 회전속도는 느리다

전기자동차는 가솔린자동차에 비해서 세 가지 우위성을 가지고 있다.

① 바퀴를 제어하는 모터의 토크 응답, 즉 차에 '힘을 내라' 고 명령하면 그에 따라 힘을 내는 시간이 1000분의 1초로 가솔린엔진의 10분의 1초에 비해 두 자리 숫자나 빠르다.

② 바퀴 하나하나에 모터를 장착하기 쉽기 때문에 타이어 각각을 독립적이며, 정확히 고속으로 제어할 수 있다.

③ 세 번째는 모터의 전류 변화로부터 달리고 있는 노면의 상태를 파악할 수 있다.

우선 모터의 토크 응답이 빠르면 그만큼 바퀴를 보다 고속으로 보다 정교하게 제어할 수 있다. 정말 타이어의 미미한 미끄러짐도 순간적으로 감지하여 즉시 타이어의 미끄러짐을 멈출 수 있다. 이에 따라 눈길에서도 보다 안정적으로 주행할 수 있다.

타이어의 제어성능을 더욱 높이려면, 바퀴 하나마다 모터를 붙여서 독립적으로 제어하면 좋다. 가솔린자동차의 바퀴 하나하나마다 엔진을 붙이는 것은 코스트 면에서 현실적이지 않지만, 모터라면 그다지 큰 부담이 되지 않는다. 그것에 의해 자동차의 자세 안정성이 좋아지고, 승차감도, 안전성도 좋아진다.

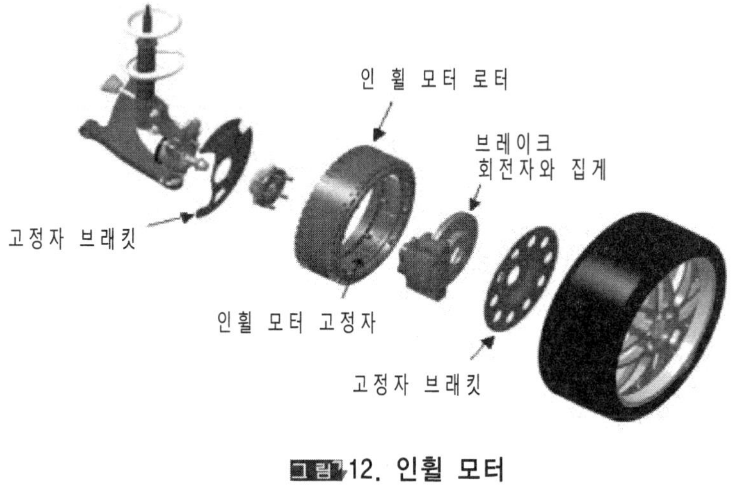

그림 12. 인휠 모터

인휠 모터는 모터가 바퀴의 안쪽에 있어서 자력으로 바퀴를 직접 회전시킨다. 알기 쉽게 이야기하면 전기모터의 회전자 자체가 바퀴가 되는 셈이다. 전기자동차 등에서 구동력을 발생시키는 전기모터가 타이어 휠 허브 내에 장착되는 경우이다.

기존 자동차는 엔진의 동력을 차축이나 기어박스를 통해 타이어에 전달하고 있다. 그러므로 중간에서 에너지 손실이 발생한다. 그러나 인휠 모터는 모터가 바퀴를 직접 구동하기 때문에 에너지 손실이 적다. 또한 차축이나 기어박스 등이 없기 때문에 무게가 가볍고, 공간이 늘어난다.

인휠모터는 전기자동차에 사용되지만, 모든 전기자동차가 인휠 모터를 탑재하는 것은 아니다. 하나의 엔진이 네바퀴를 굴려야 한다는 틀에 박힌 발상을 뒤엎고 각각의 바퀴 안에 모터를 사용해 따로따로 돌리는 MIEV 컨셉트카는 자동차 역사에서 혁신에 가깝다. 현재 전기자동차 양산의 걸림돌이 되는 축전지 문제점이 해결된다면 인휠 모터 전기자동차는 새로운 자동차의 패러다임으로 각광받게 될 것이다.

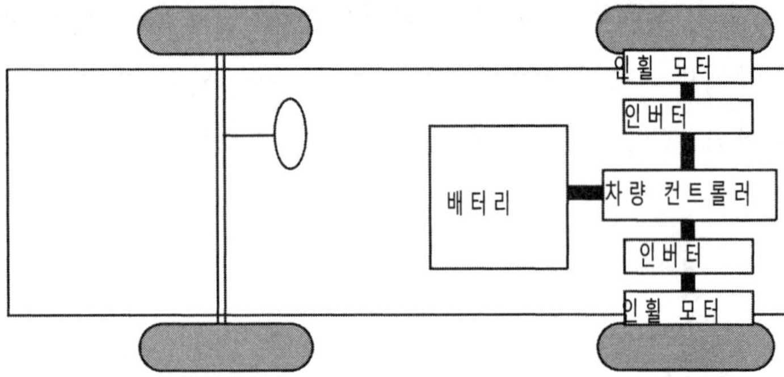

그림 13. 인휠 드라이브의 원리

2.2. 전지

미래의 전기자동차 전지는 그 가격을 낮추고 에너지 축전용량 및 사용가능기간을 연장시키는 것이 필요하다. 기존의 내연기관에서 화석연료를 대체하는 근원적인 에너지원인 전기를 저장하는 장치이기 때문이다. 그러므로 전지 기술이야말로 성능 좋은 전기자동차를 만드는데 가장 핵심적인 사항이기도하다.

최근 들어 전자, 통신, 컴퓨터산업의 급속한 발전에 따라 캠코더, 휴대폰, 노트북 PC 등이 출현하였고, 이에 따라 가볍고 오래 사용할 수 있으며, 신뢰성이 높은 고성능의 소형 2차 전지 개발이 절실히 요청되고 있다. 또한 환경 및 에너지문제의 해결 방안의 하나로 전기자동차의 실현과 심야 유휴전력의 효율적 활용을 위한 대형 2차 전지의 개발이 심각히 대두되고 있다.

2차 전지 중 Ni-Cd(Nickel-cadmium) 및 Ni-MH(Nickel-Metal Hydride) 전지는 메모리 효과와 유해한 Cd 사용 등으로 인해 점차 시장에서 입지가 좁아지고 있으며 휴대용 IT 기기에는 리튬이온 전지가 가장 큰 시장 점유율을 가질 것으로 예상되며, 리튬폴리머 전지는 Ni-MH시장을 잠식하며 꾸준히 성장할 것이다.

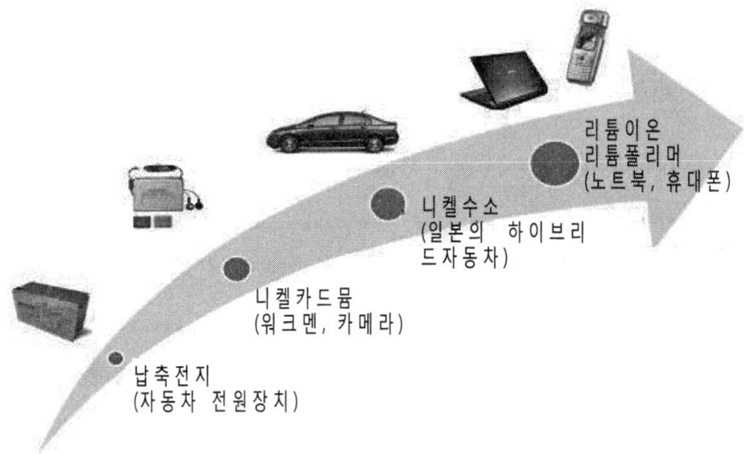

그림 14. 2차 전지의 발전

참고 전기자동차 전지

[1] 납축전지(lead acid battery)

현재 대부분의 내연기관 자동차에 사용되고 있는 것이 바로 납축전지이다. 양극으로는 이산화납이 사용되고 음극에는 납이 사용된다. 전해질로는 황산이 사용된다. 초기의 전기자동차의 동력원으로 사용되었고 지금도 저급형 전기자동차에 간간히 사용되고 있으나 무게가 무거워 거의 사용되지 않고 있다.

[2] 니켈수소(NiMH) 배터리

주로 전자기기의 충전기로 많이 사용되고 있었으며, 최근 Toyota의 HEV 배터리로 사용되기도 한다.

하지만 역시 무겁고 수명이 짧다는 약점 때문에 EV에는 적합하지 못하다.

[3] 리튬이온(Li-ion) 배터리

휴대전화나 노트북 컴퓨터에 많이 사용되고 있으며, 무게가 가볍고 에너지 저장 특성이 좋은 장점을 가지고 있어 EV용으로 적합하나 가격이 비싸고 폭발 등의 문제가 남아있어 안전성에 문제가 있다.

[4] 리튬폴리머(Li-ion Polymer) 배터리

- 차세대 전지로 주목받고 있으며 안정성과 효율이 좋다. 현재 일부 휴대폰 및 휴대형 전자기기에 사용이 되고 있으며 EV용으로도 주목을 받고 있다. 고체 또는 겔 상태의 폴리머 전해질을 사용하기 때문에 전지가 파손되어도 발화하거나 폭발하는 일이 없다.
- LG화학의 리튬이온 배터리는 일본 업체들이 주도해 왔던 니켈수소 배터리에 비해 콤팩트한 구조이며 50% 이상 높은 출력 밀도와 에너지를 가지고 있어 세계 최고 수준의 기술력을 인정받고 있다.

[표 3-7. 전지의 특징]

종 류	특 징	사용 예
Ni-MH 전지 (니켈-수소 전지)	· 전력 수준이 낮다 · 자가 방전율이 높다. · 보관 수명이 3년에 불과하다 · 메모리 효과 갖음	· 도요타 프리우스(97년), 캠리, 하이랜더
리튬이온 전지	· 특정한 높은 에너지를 제공 · 무게가 가볍다. · 높은 가격 · 극한 온도의 불용 · 안전에 문제 있음(가장 큰 장애 요인)	· GM Volt(10년) · 도요타 프리우스(12년) · Nissan Leaf(10년) · Tesla Model 3(17년)
리튬폴리머 전지	· 전압은 3.6V로 폭발위험이 없고 전해질이 젤타입이기 때문에 전지 모양을 다양하게 만들 수 있는 것이 장점이다. · 일부 휴대폰에 사용되고 있으며 리튬이온 전지를 이을 차세대 전지이다. · 고분자 겔 형태의 전해질을 사용함으로써 과충전과 과방전으로 인한 화학적 반응에 강하게 만들 수 있어 리튬이온전지에 필수적인 보호회로가 불필요하다.	· i-10전기자동차

2.2.1. 리튬이온 전지

전기자동차시장에서 배터리용 2차 전지는 리튬이온(LiB)형태가 보편화되고 있다. 하이브리드 자동차 출시 초기에는 니켈수소(NimH) 배터리가 사용되었으나 리튬이온 전지의 낮은 방전율, 가벼운 무게, 높은 에너지 밀도, 긴 수명 등 성능의 장점이 부각되면서 현재는 리튬이온 배터리가 2차 전지 시장을 주도하고 있다.

리튬이온 2차 전지 시장은 노트북, 스마트폰 등 모바일 기기에서 사용되는 소형에서 전기자동차, ESS 등 중대형 중심으로 성장축이 옮겨가면서 향후 성장성이 확대될 것으로 보인다. 리튬이온 배터리는 그 형상에 따라 원통형(Cylindrical Circular), 파우치형(Pouch Polymer), 각형(Prismatic Can)으로 구분하기도 한다.

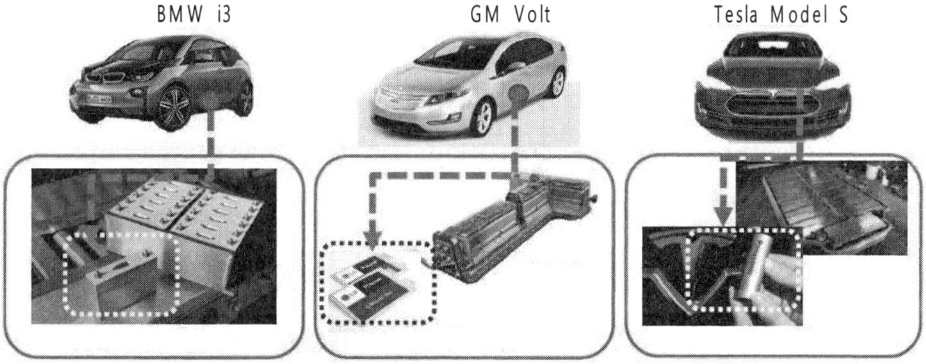

(a) 각형 (b) 파우치형 (c) 원통형

그림 15. 3가지 타입의 배터리 셀과 대표 전기자동차 모델

참고 리튬이온 배터리 형상구분

[1] 각형

삼성 SDI의 주력 형태로 양극과 음극소재를 말아 만드는 와인딩 방식을 적용해 대량 생산에 유리하고 안정성이 뛰어난 장점이 있는 반면 상대적으로 무겁고 형태의 변환이 제약되는 한계가 있다. BMW i3, 폭스바겐 E-Golf, 아우디 A3 e-Tron 등 유럽 자동차에 주로 채택되고 있다.

[2] 파우치형

LG화학이 대표적으로 생산하고 있으며 알루미늄 필름 형태의 파우치 안에 배터리 소재를 넣는 방식이어서 디자인과 경량화 측면에서 유리하다. 닛산 리프, GM 볼트 등에서 채택하고 있다.

[3] 원통형

테슬라 전기자동차에 적용되고 있는 형태로 파나소닉이 주로 납품하고 있다. 모델 S의 경우 약 7,000여개의 배터리가 장착되고 있는 것으로 알려져 있다. 원통형 전지는 가장 오래된 형태로 가격대비 성능을 극대화할 수 있는 장점이 있지만 디자인과 구조상의 한계, 낮은 에너지 밀도 등의 이유로 각형이나 파우치형에 비해 경쟁력이 열 위한 것으로 평가되고 있다. 그러나 최근 중국 2nd, 3nd 티어의 자동차 메이커들이 원통형 채택을 늘리고 있고 차량 하부 장착을 통한 차의 무게 배분 및 공간활용도 증대 측면에서 독일 럭셔리 자동차들도 원통형에 관심을 가지고 있는 것으로 알려졌다.

리튬 2차 전지는 전해질 형태에 따라 유기용매 전해질을 사용하는 리튬금속전지 및 리튬이온 전지와 고체고분자 전해질을 사용하는 리튬폴리머 전지로 나눌 수 있다.

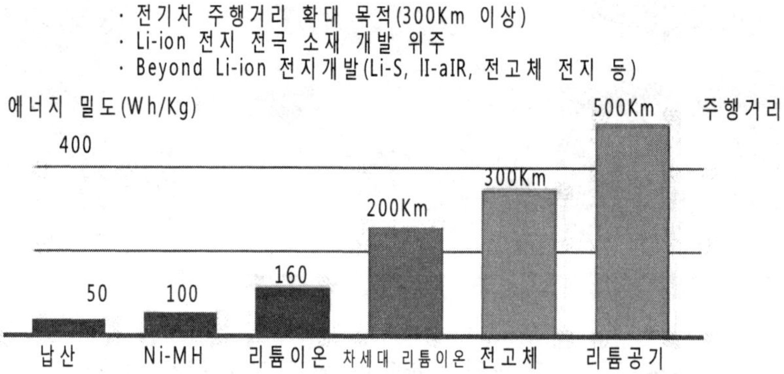

그림 16. 배터리의 주된 개발동향

참 고 테슬라 전기자동차 모델-3 돌풍

- 원통형 리튬이온 배터리가 테슬라 전기자동차 '모델3' 신드롬 후광효과에 다시 주목. 그동안 전기자동차시장에서 파우치형 리튬이온 폴리머 배터리에 자리를 뺏겼지만 부활을 기대하고 있다.
- 일반적으로 원통형과 각형으로 제조되는 건 리튬이온 배터리다. 파우치형은 리튬이온 폴리머 배터리.
- 테슬라 전기자동차 배터리는 파나소닉에서 제조하는 원통형 사용.
- 모델3에 적용된 원통형에 관심이 커진 이유 중 하나는 1회 완전충전 때의 최대 주행거리를 기존 전기자동차의 두 배 수준인 346Km까지 늘렸다는 점

	파우치형	각형	원통형
배터리 제조사	LG화악, AESC, SK이노베이션	삼성 SDI, 파나소닉, 도시바 등	LG화학, 삼성SDI, 파나소닉 등 대부분 배터리업체
자동차 메이커	현대기아차, GM, 포드, 르노, 폭스바겐, 볼보, 닛산, 아우디, 다임러 등	BMW, 도요타, 혼다 등	테슬라

[차량 배터리의 종류]

축전용량의 경우 리튬이온 전지, 리튬 폴리머 전지, 공기 아연 전지를 통해 증가된 용량을 확보할 수 있을 것이다.

일반적으로 축전지 셀을 모듈화하여 여러 개를 합치고, 축전지 제어 컨트롤러 등을 조합한 유닛을 HEV, PHEV, EV에 탑재시키고 있다. 교통시장에서 하이브리드 전기 자동차(HEV), 순수 전기자동차(EV), 플러그인 하이브리드 자동차(PHEV)가 실질적인 성공을 거두려면 전지기술이 상당히 발전해야 한다. 안전, 충전시간, 전력 전달, 극한 온도에서의 성능, 환경 친화성, 수명이 오늘날 전기자동차에 이용할 수 있는 충전식 전지기술의 문제이다.

전기자동차가 실용화되기 위한 전제로는 축전지가격이 저렴하여야 하므로 우선 주재료인 전극재료가 자원적으로 풍부해야 하고, 폐전지로부터 금속의 회전 및 리사이클이 용이해야 하며, 가능한 한 경제성이 좋아야 한다.

하이브리드자동차는 기존의 Ni-MH(니켈수소/니켈메탈하이드라이드)전지에서 리튬이온 전지를 제품에 채용하는 추세이다. 예를 들어, 도요타자동차의 프리우스, 캠리, 하이랜더는 밀폐형 Ni-MH 전지 팩을 사용하여 모터에 전기를 공급한다. 리튬이온 전지와 비교할 때 Ni-MH의 전력수준이 낮고 자가방전율이 높다. 보관 수명이 3년에 불과한 Ni-MH는 EV에 적합하지 않다.

HEV용 전지에는 대전류의 방전이나 높은 회생 축전이 요구되기 때문에 고출력 설계형태로, EV용 전지에는 주행거리를 확보하기 위해서 대용량이며 경량 소형화 설계(고에너지밀도)형태로, PHEV용 전지에는 HEV와 EV의 양쪽 특성을 갖춘 설계형태로 리튬이온 전지(LIB)가 개발되어 탑재되어 있다.

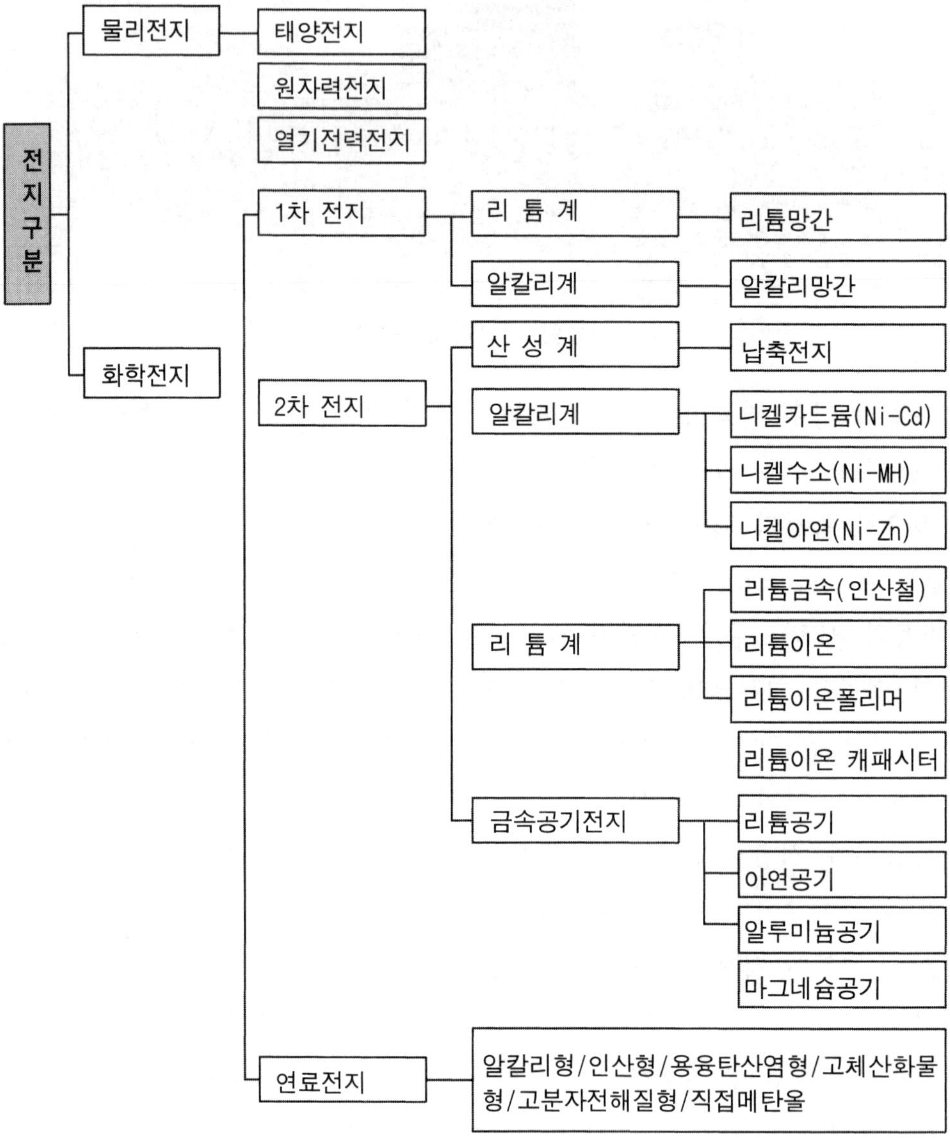

그림 17. 전지의 종류

Ni-MH 전지와 리튬이온(LIB)의 전극반응은, 형식적으로 양음극간을 왕래하는 이온종(수소이온 : H+과 리튬이온 : Li+)만이 다르게 보이지만, 수용액계통과 비수용액 계통(유기 전해액)이라고 하는 큰 차이가 있다. 기존 리튬이온 전지는 특정한 높은 에너지를 제공하고 무게가 가볍다.

그러나 높은 가격, 극한 온도의 불용, 안전(리튬이온 전지의 가장 큰 장애 요인임)때문에 이 전지는 적합하지 않다. 사실 도요타는 안전에 대한 염려 때문에 리튬이온 전지를 장착한 신형 장거리 주행 하이브리드의 출시를 연기 한 경험이 있다. 기존 리튬이온 전지는 수명이 3~5년이고 충전주기는 1,000사이클이다. 다른 문제는 적절한 전지 수명범위를 보장할 수 있는 리튬이온 전지의 크기이다. 랩톱이나 휴대폰의 경우 사용하는 동안 전원연결 가능하기에 광고한 작동시간보다 짧아도 용인되지만 자동차에는 이러한 장치가 없다.

참고 테슬라 대항마 '루시드 모터스'에 삼성SDI 배터리 탑재

- 미국 전기자동차 스타트업 루시드모터스가 전기자동차에 채용되는 배터리 공급업체로 선정, 삼성SDI와 파트너십을 맺었다.
- 루시드모터스는 삼성SDI의 차세대 원통형 배터리를 탑재해 1회 충전에 400마일 이상 주행가능하고, 정지상태에서 시속 60마일(97Km)까지 도달하는 시간인 '제로백' 2.5초에 달하는 하이엔드급 스포츠 세단을 개발, 출시할 계획.
- 삼성SDI가 루시드모터스에 공급할 배터리는 지름 21mm, 높이 70mm의 '21700' 배터리로 기존 18650(지름 18mm · 높이 65mm)에 비해 용량이 약 50% 증가했다. 셀을 엮어 팩으로 제작할 시 원가를 절감할 수 있어 차세대 원통형 배터리의 표준화를 주도할 것으로 예상된다.
- 루시드모터스는 2007년 설립된 '아티에바'가 본격적인 전기자동차 생산 및 판매를 위해 이름을 바꾼 것으로, 자동차 업계에서는 대표적인 '테슬라 대항마'로 불린다. 이 회사는 2018년 후반에 생산할 목표로 7억불을 투자, 미 애리조나에 1만대 규모의 전기자동차 공장을 지을 짓고 있다.

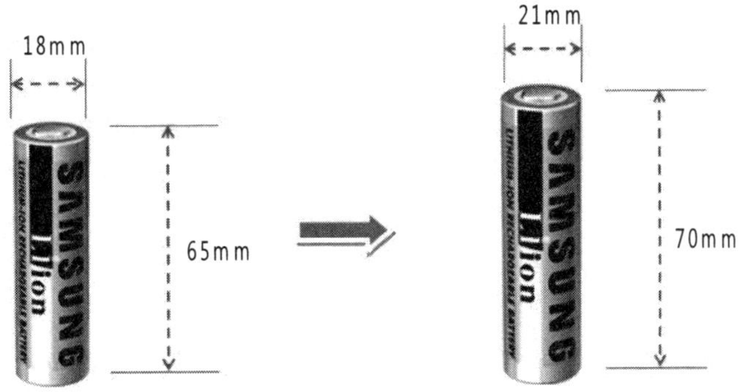

[18650 원통형 배터리] [21700 원통형 배터리]

2.2.2. 리튬공기 전지

리튬이온전지의 가장 큰 문제점은 안전성이다. 그래서 이를 해결하기 위한 전지가 리튬 폴리머전지이나 아직은 용량이 작고 수명이 짧다는 단점이 있어서 많은 연구가 필요한 분야이다. 최근 많이 사용되는 스마트폰에서도 이러한 현상이 일어나고 있는데, 기존보다 더 큰 용량을 갖는 배터리가 연구되고 있다. 그 중 가장 주목을 받는 것이 금속공기전지이다.

금속공기전지는 리튬, 아연, 알루미늄, 마그네슘 등 다양한 금속을 활용한 제품으로 음극은 금속을, 양극은 공기 중 산소를 이용해 전기를 발생시킨다. 리튬이온배터리처럼 충전을 위해 산화성 높은 금속이 쓰이지 않아 화재 및 폭발염려가 없고 에너지 밀도는 5~10배 높다는 장점이 있다. 특히 스마트폰 배터리에 쓰일 경우 기존보다 사용시간이 비약적으로 늘어날 것으로 기대돼 '차세대 배터리'의 대표주자로 꼽힌다. 금속공기전지 중 리튬공기전지는 같은 크기에 대용량 제품을 만들 수 있다는 장점이 있다. 아연공기전지는 안전성과 경제성에 강점이 있다. 하지만 아연공기전지는 충전을 반복할수록 아연 형상이 변하고 내구성이 약해지는 단점을 지녔다.

공기전지의 원리는 1839년 영국의 과학자 그로브(W. R. Grove, 1811~1896)가 발견했다. 19세기 말에는 거치형 공기전지가 개발돼 통신기기에 사용되기도 했다. 그 후 1980년경에 단추형 공기전기가 개발돼 보청기 같은 휴대용 기기에 사용됐으나 많이 쓰이지는 않았다. 그러나 최근에 전기자동차용 전지로 다시 각광받고 있다. 리튬 2차 전지에 비해 안전성이 높고 가격이 저렴하기 때문. 특히 무게 당 에너지밀도가 높아 한 번 충전으로 오래 사용할 수 있다. 재충전이 가능한 아연-공기 2차 전지, 리튬-공기 2차 전지에 대한 기술 개발이 집중적으로 이뤄지고 있어, 전기자동차와 전지 시장의 새로운 장을 열 것으로 기대된다.

지금까지 리튬이온전지의 생산은 일본의 단독 무대였지만, 품질이나 비용의 양면에 있어서 한국이나 중국 전지 제조회사의 진출이 활발하기 때문에, EV는 일본이 리드할 수 없게 되었다. 특히, EV나 PHEV에서는 전지비용의 점유비율이 크기 때문에 이의 저감이 보급의 관점에서 최대 개발경쟁으로 되어 있다. 한편, HEV/EV 자동차산업은 각국의 기간산업이기 때문에, 리튬이온 전지에 필수적인 리튬에 있어서 국제적인 자원 확보 움직임이 치열하게 진행되고 있다.

앞으로 자원의 안정한 공급확보나 이들 원소를 사용하지 않는 새로운 대체 재료의 촉진이 중요하다.

참고 차세대 고용량 배터리

- 전기자동차의 부품 수는 내연기관차 대비 60% 수준에 불과하며 그 구조도 매우 단순하기 때문에 배터리 가격을 제외할 경우, 가솔린차보다 저렴할 것으로 예상된다. 에너지 효율도 53%로 내연기관 자동차보다 월등히 우수하다. 배터리의 현안 문제만 해결되면 자동차의 획기적인 혁신이 이루어질 날이 멀지 않을 것으로 전망하고 있다.
- EV에는 일반적으로 충전과 방전이 가능힌 2차 전지인 리튬이온 배터리를 사용힌다. 현재 한국을 비롯한 선진국의 유명 연구소에서 개발하고 있는 리튬공기배터리는 전극으로 기존의 니켈이나 코발트 같은 금속 대신에 탄소를 사용한다.
- 리튬공기 배터리는 무겁고 비싼 금속 대신에 싸고 가벼운 탄소를 사용하기 때문에 EV무게와 가격을 크게 줄일 수 있다. 단위 부피당 에너지 보유량이 리튬이온 배터리의 10~11배이며 EV용 실제 배터리 팩으로 따지면 성능이 4~5배 이상 늘어나는 셈이다. 전극을 많이 넣고 공기 중의 수분과 이산화탄소가 양극으로 유입되는 것을 막는 기술 등이 개발되면 5년 뒤에는 상용화가 가능할 전망이다.

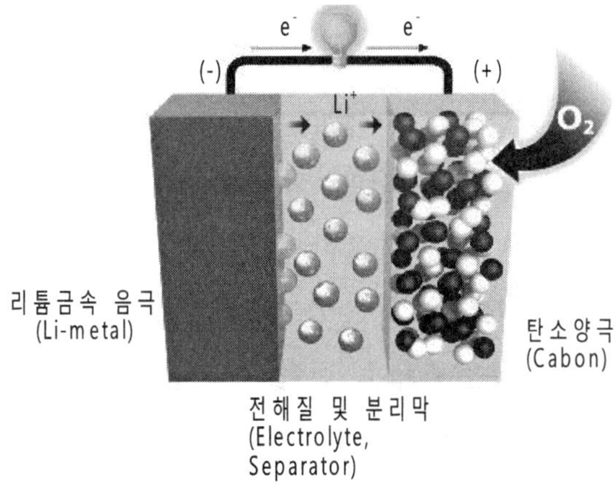

[리튬공기전지 작동원리]

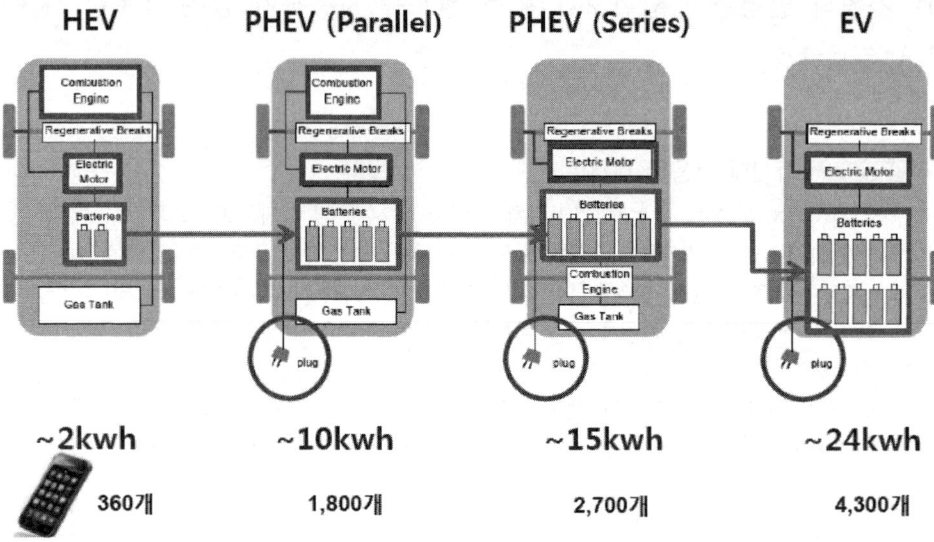

그림 18. 전기자동차 종류 및 배터리 용량

2.3. 인버터(Inverter), 컨버터(Converter)

인버터는 직류전력을 교류전력으로 변환하는 장치, 즉 역변환장치이다. 전지에서 얻은 직류전압을 조정하는 장치로 컨버터(converter : 변환기)라고 부른다. 교류모터의 경우는 직류전압을 교류전압으로 바꿔주며 전압을 조절해야 하므로 인버터(inverter : 뒤바뀜)가 필요하다. 직류전압을 손쉽게 조절하는 방법은 저항을 만들어주는 것이나 에너지손실이 많아 보다 효율이 높은 반도체소자가 개발되고 있다.

인버터의 원리는 전력용 반도체(Diode, Thyristor, Transistor, IGBT, GTO 등)를 사용하여 상용 교류전원을 직류전원으로 변환시킨 후, 다시 임의의 주파수와 전압의 교류로 변환시켜 유도전동기의 회전속도를 제어하는 것이다.

그림 19. 인버터(Inverter)의 기능

유도전동기의 자속밀도를 일정하게 유지시켜 효율변화를 막기 위하여 주파수와 함께 전압도 동시 변화시켜야한다.

현재는 교류를 직류로 바꾼 후 다시 교류로 변환시키는 조그만 전자장치인 인버터를 사용하여 연속 조정이 가능하다. 이것은 Hz를 변환시켜 회전운동의 속도를 변환시키는 것이다. 즉 우리나라 공장에 공급되는 전기를 예를 들면, 60Hz 교류를 직류로 변환하여 원하는 Hz의 교류로 다이얼만 돌리면 손쉽게 조정된다. 그러므로 일반적인 경우는 인버터가 없을 경우의 수단이겠지만, 인버터가 있음으로써 축전지의 직류를 교류로 쉽게 바꾸어 줄 수 있으며, 교류발전기와 교류모터의 장점으로 인하여 자동차의 긴 수명, 저중량, 고효율, 공회전 시의 문제점 해결, 극한 환경에서의 성능 발휘, 변하는 회전운동에도 일정한 운전조건 확립 등이 가능하게 된 것이다.

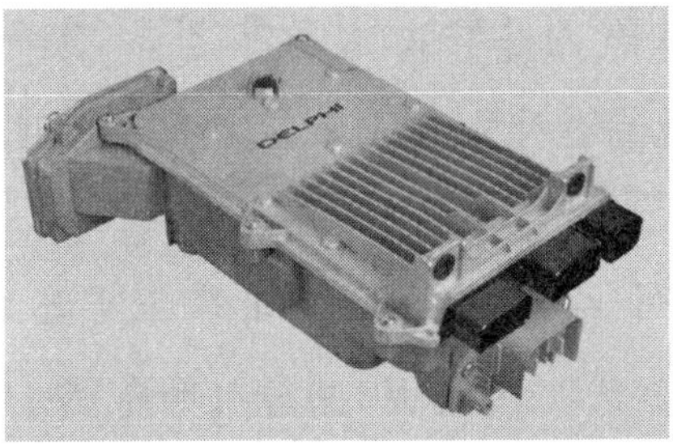

(a) 델파이

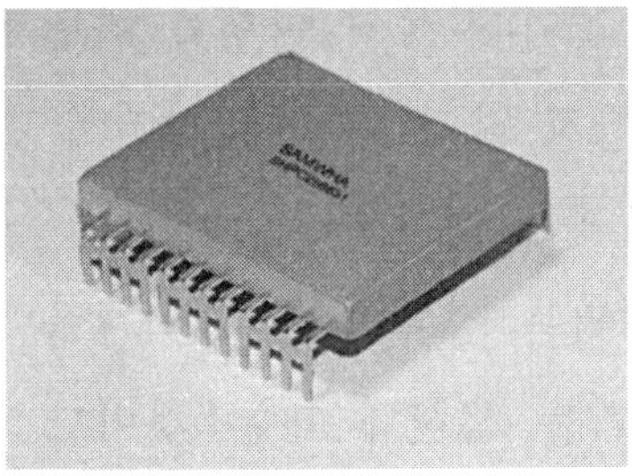

(b)

그림 20. 전기자동차 인버터

인버터는 컨버터와 같은 작용을 하면서 직류를 교류로 변환시키는 기능을 해야 한다. 직류를 교류로 만들기 위해 변조기가 사용된다. 그래서 인버터는 컨버터에 비해 구조가 복잡하다. 자동차용 모터는 토크와 회전수를 조절하기 쉽고 전체적으로 가벼운 것이 이상적이다.

직류모터는 브러시에 의한 전압강하와 기계적 손실로 효율이 떨어지는 결점이 있다. 이 때문에 최근에는 브러시리스 DC모터라고 불리는 유도식 교류모터가 개발돼 각광을 닫기 시작했다. 차량용 인버터를 사용해야 하는 이유는 무엇인가? 발전기에서 생산되는 전기는 모두 교류전기의 특성을 가지고 있다.

교류전기는 주파수 특성이 있다. 한국의 경우 기본 전기가 220V 60Hz이다. 이는 전압은 220볼트이고 1초에 60번의 파형 가진 주파수를 가진 전기라는 뜻이다. 이 주파수를 확인할 수 있는 방법으로 형광등 아래에서 손을 흔들어 보면 깜박거리는 것을 느낄 수 있는데 바로 이 주파수 때문에 그렇게 보이는 것이다. 하지만 교류전기는 감전 위험이 많다. 그리고 늘 두 개의 선으로 공급해야 한다. 하지만 자동차 같은 경우에는 마이너스(어스)선은 접지해 두고 +선만 가지고 운용을 한다. 그리고 승객의 감전 위험을 없앤 것이다.

자동차의 발전기에서 생산되는 전기도 물론 교류전기이다. 이 교류 전기를 발전기 안에 있는 다이오드를 통해 직류로 바꿔 주는 것이다. 전압을 조절해 주는 레귤레이터와는 다르다. 직류전기는 파형이 없어서(다이오드가 파형을 삭제하는 역할을 한다) 감전이 안 되는 것이다. 그 반대로 직류를 교류로 바꿔줘야 할 경우도 생긴다.

예를 들어 자동차 여행을 하면서 커피포트를 사용하고 싶은데 직류 전기에서는 작동을 하지 않기 때문에 집에서 사용하는 교류전기로 바꿔야한다. 이럴 때 인버터를 사용하게 되는 것이다.

인버터는 직류에 없는 파형을 다시 만들어 주는 장치로 원래의 교류와 매우 흡사한 전기를 생산해 내는 것이다. DC 12V를 AC 220V로 변환시켜줄 수 있는 것은 스위칭 레귤레이터 회로, 증폭회로 등이 있기 때문에 가능하다. DC 12V를 입력으로 받아서 캐패시터와 TR을 이용해서 12V의 전압을 대략 400V까지 증폭을 시킨다.

그림 21. 전기자동차의 구조

증폭시킨 400V의 전위를 스위칭시켜서 AC 220V로 변환해서 출력으로 내보내는 것이 자동차 인버터의 원리이다. 그리고 120W, 3000W의 용량을 구현할 수 있는 것은 인버터의 용량도 중요하지만 우선적으로 차량용 축전지의 용량에 따라 결정된다. 최대 3000W까지 쓸 수 있는 축전지이라 하더라도 인버터의 용량을 120W를 사용한다면 120W용 인버터가 되는 것이다. 와트(W)는 전압과 전류의 곱이기 때문에 축전지가 견딜 수 있는 전류까지는 인버터를 만들 수가 있는 것이다. 용량이 크면 클수록 인버터에 들어있는 전자부품 소자들이 커질 수밖에 없기 때문에 크기가 커지는 것이다.

[표 3-7. 회로구성에 따른 Inverter 분류]

구 분		동작 특성	비 고
전류형 (Current Source)		정류부(Rectifier)에서 전류를 가변하여 평활용Reactor로 일정 전류를 만들어 인버터로 주파수를 가변함.	대용량에 채용
전압형 (Voltage Source)	PAM	정류부(Rectifier)에서 DC전압을 가변하여 콘덴서로 평활전압을 만들어 인버터부로 주파수를 가변함.	초기에 사용된 기술로 현재는 단종 됨.
	PWM	정류부(Rectifier)에서 일정 DC전압을 만들고 인버터로 전압과 주파수를 동시에 가변함.	최근 대부분의 인버터에 채용

•PWM : 펄스 폭 변조, Pulse Width Modulation
•PAM : 펄스진폭변조, Pulse Amplitude Modulation

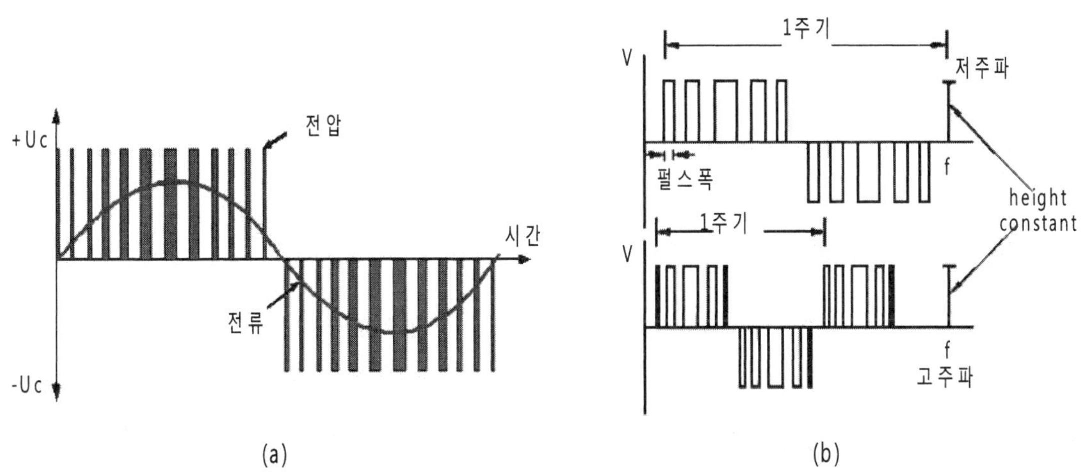

그림 22. PWM : 펄스 폭변조

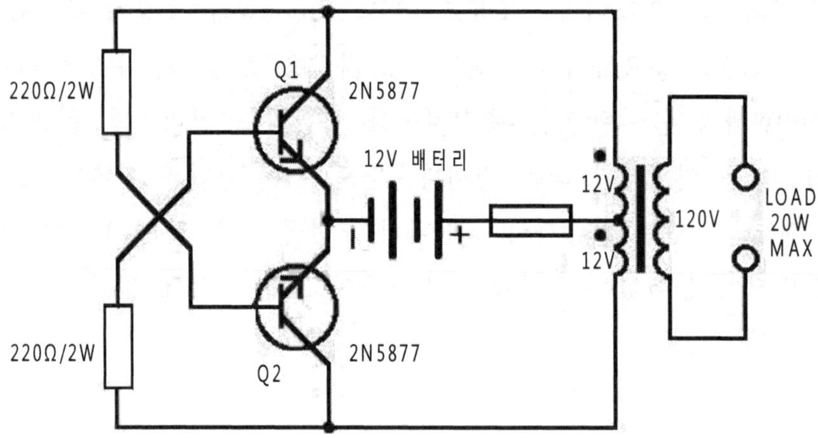

그림 23. 12V DC to 110V AC 인버터

정격이 60Hz인 표준모터를 60Hz 이상에서 운전할 수 있을까 ? 그리고, 토크는 어떻게 되나 ? 정격이상의 주파수(50, 60Hz)로 운전할 때는 전압은 일정한 상태에서 주파수 제어가 되므로 출력일정(정출력)특성으로 된다.

그러나 토크는 거의 2승에 비례해 감소하게 된다. 고속으로 토크가 필요한 경우에는 모터와 인버터의 용량선정에 주의가 필요하다. 인버터가 전압과 주파수(V/F비)를 비례적으로 변환해서 출력하는 이유는 무엇인가 ? 모터는 철심에 코일을 감아 자속을 만들고 그 자속과 회전자에 흐르는 전류와의 전자력에 의해 회전한다.

정격 주파수 이하에서 전압이 일정한 채 주파수만을 낮추면 자속이 과대해 지고 자기회로가 포화해서 모터를 손상시킵니다. 이 때문에 주파수와 전압을 비례적으로 변환하는 것이다(V/F일정 제어). 상용전원에서 전압이 내려가면 전류가 증가하지만 인버터의 경우 주파수를 내리면 전압도 내려가는데 왜 모터의 전류가 증가하지 않나? 주파수를 내려 모터의 속도를 낮추어도 같은 출력을 내면 전류는 증가하지만 토크 일정 조건하에서는 대부분 일정한 전류가 흐른다.

일반적으로 인버터로 모터를 운전할 때 3Hz 이상에서 사용하는데 3Hz 이하는 출력이 되지 않는 것인가? 최저 사용주파수와 기동주파수는 다릅니다. 최저 사용주파수는 모터의 온도 상승이나 기동 토크의 크기 등의 조건으로 3Hz전후로 한다만, 기동 주파수는 실제로 전압이 출력되는 지점으로 대략 0.2~5Hz 정도가 된다.

2.4. 모터제어기

액셀페달 조작량 및 속도를 검출해서 의도한 구동토크변화를 가져올 수 있도록 차속이나 부하 등의 조건에 따라 모터의 토크 및 회전속도를 제어한다. 이를 위한 시스템은 제어기라고 부른다. 운전자의 오른발의 움직임에 따라 모터의 토크와 회전속도를 제어한다. 여기서 전원은 전지이며, 일정전압의 직류전류를 얻을 수 있다. 직류모터라면 전류의 크기를 제어하기만 하면 되지만 교류모터일 경우에는 우선 교류로 변환하고, 다시 진폭이나 주파수/위상을 바꾸어서 자동차의 주행상황을 커버할 필요가 있다.

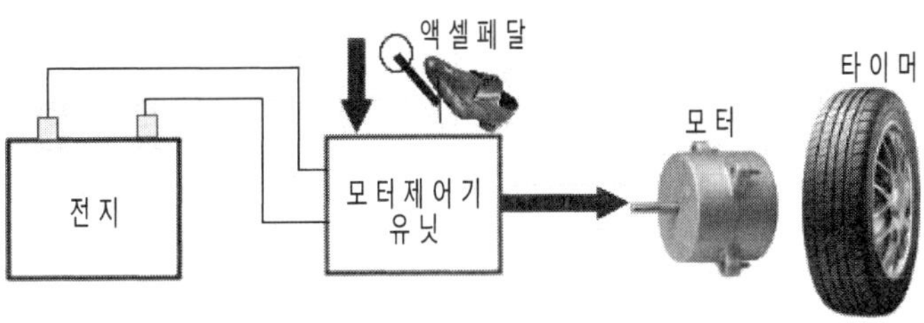

그림 24. 모터제어기의 동력전달 과정

그림 25. 시보레 볼트 모터 및 발 모터

그림 26. GM 볼트의 리튬 축전지/LG화학공급

2.4.1. EV의 출력제어의 기본 개념

가장 기본적인 직류모터의 제어방식은 회로 안에 넣는 저항의 크기 변화로 인하여 전류의 값을 변화한다.

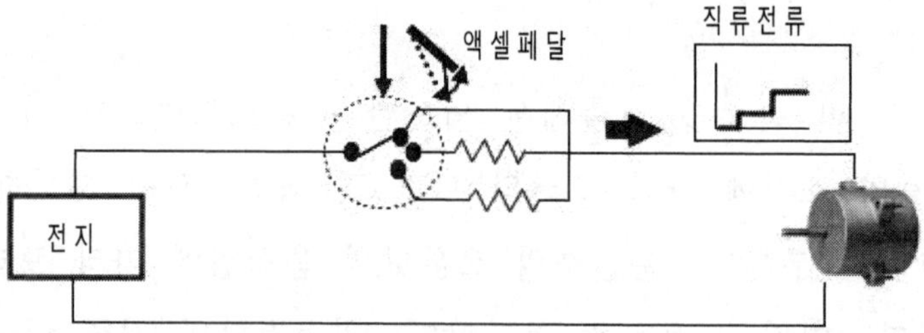

그림 27. DC모터 제어장치

여기서 저항의 값을 서로 다른 경로를 복수 준비하고, 순차 전환한다. 당연히 전류의 크기는 단계적으로 변화하고, 토크도 스텝형태로 변화하게 된다. 구식의 전차에서 발진시 등에서 이러한 상태를 경험할 수 있다. 그러나 오늘날 자동차의 경우는 이러한 러프한 제어, 토크는 불만을 느낄 것이다.

전류의 ON-OFF스위치 기능을 가진 반도체(트랜지스터 또는 사이리스터)에서 작게 회로를 ON-OFF하고 고주파 펄스상태의 전류를 만들어 낸다. 여기서 일정시간 내의 통전시간= 펄스수를 제어해서 전류의 크기가 결정된다. 이 통전 시간률을 듀티비라고 한다. 전류를 상세히 쪼개는 것인데 제어결과는 아날로그 양이 되고, 리니어한 변화를 얻을 수 있다. 최근에는 펄스폭을 제어하는 수법도 있다.

2.4.2. 교류모터의 경우

엑셀・스트로크에 대해 교류전류의 진폭으로 자계강도= 토크를 변화시키고, 교류전류 주파수를 바꿔서 모터 회전속도를 제어한다. 이를 위하여 스위칭소자를 1상으로 2개씩 준비해서 전류를 펄스상태로 하고 조밀방향을 변화시켜 교류를 만든다.

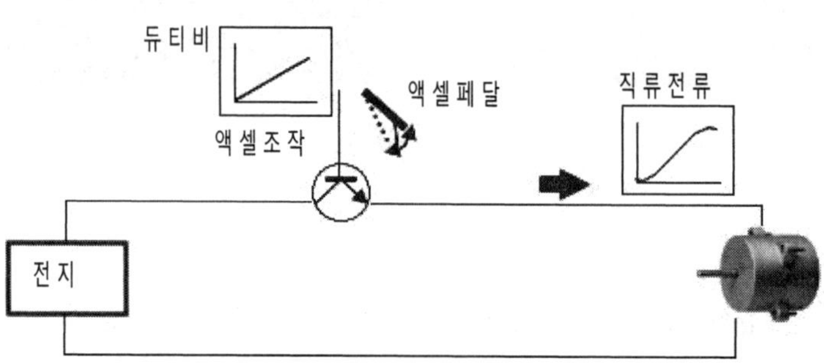

그림 28. 차퍼 제어장치

이것을 3조 사용하면 직류를 3상 교류로 전환, 진폭과 주파수를 제어할 수 있다. 이는 인버터의 기능이다. 모터의 모델을 바탕으로 컴퓨터가 세밀하게 제어하고 응답성을 향상시키는 기법을 '펙토르 제어'라고 한다.

2.5. 회생제동장치(Regenerative Braking System)

회생제동장치(Regenerative Braking System)은 브레이크를 밟을 때 모터가 발전기의 역할을 하게 된다는 개념이다. 하이브리드자동차(HEV)에 적용되는 연비향상의 핵심전략은 회생제동장치이다.

HEV는 회생제동에 유압 마찰제동을 복합으로 사용한다. 기존 유압식 마찰제동은 자동차가 가지는 운동에너지를 마찰로 바꿔 공기에 방열하고 차속을 줄이는 장치다. 모터에 공급하던 전류를 차단하면 도로를 달리던 자동차는 바퀴가 모터를 돌리는 꼴이 된다. 이때 자동차의 관성에 의해 돌아가는 모터에서는 전류가 발생한다. 전동기를 발전기로 만들어서 운동에너지를 전기에너지로 변환해서 전력을 회수해 제동력을 발휘하는 제동방법이다.

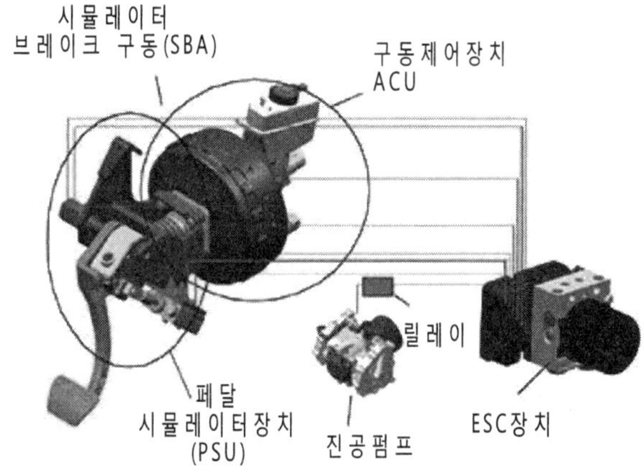

그림 29. 회생제동시스템의 구성

내연기관의 엔진이 뿜어대는 에너지 등 차체를 움직이는데 사용되는 것은 연료에 포함된 총에너지의 약 16%밖에 안된다. 나머지 에너지는 엔진열과 마찰열로 사라지고 다른 부속장치(펌프류, 발전기) 등을 구동시키는데 사용된다.

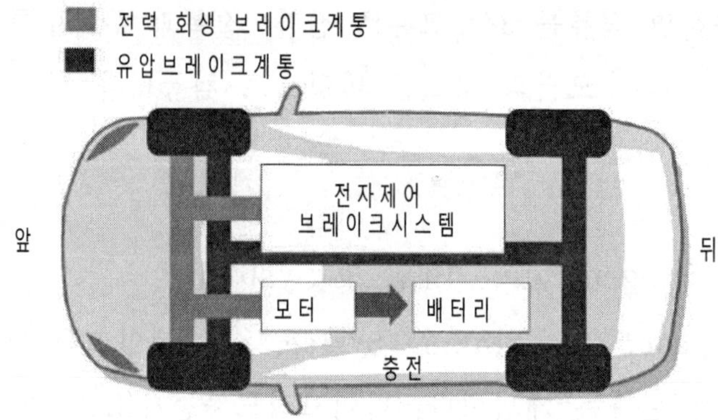

그림 30. 도요다 프리우스 제동장치의 개요

전기자동차의 에너지 소비를 줄여 주는 데 있어 매우 중요한 역할을 하는 것이 회생 브레이크다. 전기자동차에 사용되는 모터는 발전기와 구조가 같아 전류를 흘리면 회전하고 반대로 밖에서 힘을 걸어 회전시키면 발전기가 된다. 차를 감속시키거나 제동을 할 때 그 힘으로 모터를 회전, 전기를 발전시켜 축전지로 보내는 장치를 만들면 전기소모량을 많이 줄일 수 있다.

일반적으로 엔진차를 전기자동차로 개조하는 경우에는 엔진 위치에 모터를 장착하고 트랜스미션과 디퍼렌셜기어를 그대로 사용하는 일이 많다. 그러나 전기자동차에 사용되는 모터들은 저속에서 고속까지 무단으로 부드럽게 변환시킬 수 있기 때문에 반드시 변속기와 감속기가 필요하지는 않다.

(a) 가속

(b) 제동

그림 31. HEV가속과 감속 시 에너지 저장

실제로 최근에 오리지널 전기자동차로 개발된 차들은 바퀴를 각각 하나씩 돌리도록 여러 개의 모터가 장착돼 있다. HEV의 가속시 전륜 구동축이 바퀴를 회전시켜 노면과 바퀴에 견인력을 전달한다. 제동시 구동륜이 발전기 로터 역할로 변화된다.

회생제동은 자동차의 운동에너지가 발전기(바퀴의 회전축)를 구동해 발생한 역기전력을 배터리로 회수하고 제동을 수행하는 제동기술이다. 발전기를 돌리려면 회전력이 필요한데 필요한 회전력은 버려지는 제동력(감속하는 바퀴 회전축)을 이용한다. 이때 운동에너지를 전기에너지를 변환해 이를 2차 전지에 저장 후 발진, 가속, 등판 시에 모터를 구동하며 에너지를 재이용하기 때문에 HEV의 전체 연비 개선량의 35% 달한다. 즉 가장 큰 장점은 배터리 SOC(State Of Charge)의 증가로 가속, 감속을 반복하는 도심주행모드에서 연비효율을 높일 수 있다. 또 회생제동으로 유압 마찰 제동량을 줄일 수 있어 브레이크 디스크 로터 및 브레이크 패드 등의 수명이 연장된다. 그러나 회생제동으로 제동토크가 발생함에 따라 운전자는 기존 유압마찰제동과 다른 이질감을 느낀다.

기계식 유압 마찰 제동장치에서는 운전자의 페달 조작량에 대응하는 만큼 유압제동력이 발생한다. 하지만 FF방식 HEV제동 시 먼저 회생제동으로 인한 제동토크가 걸리고 일정한 조건을 만족하면 기계식 유압제동으로 전환·작용한다. HEV는 유압제동과 제동회생을 적절히 배분해 회생 제동력을 최대화하고 유압제동을 최소화해 에너지 효율을 극대화하는 것이다. 하지만 회생제동의 추가로 전체 제동력이 불필요하게 증가해 운전자의 의도와는 달리 급격히 감속력을 유발시켜 편안하고 안락한 제동을 할 수 없게 된다. 다시 말해 HEV는 운전자가 밟은 브레이크 페달량에 따라 회생제동을 제외한 기계식 유압 제동량의 크기가 달라진다는 것이다.

가솔린자동차와 달리 현재의 전기자동차는 주행거리가 짧기 때문에 가솔린자동차의 감각으로 운전하다가는 길거리에서 멈추기 십상이다. 그래서 남아 있는 전력량을 아는 일이 매우 중요하다. 보통 전지액의 비중 또는 전압을 측정하는 두 가지 방식이 있다. 그런데 전지 중 주위 온도에 따라 남아 있는 전력량이 달라지는 것도 있어 계기를 만드는 일이 쉽지 않다. 전기자동차가 실용화되려면 이런 여러가지 기술까지 완성되지 않으면 안된다. 그저 차가 달리기만 한다고 실용화할 수는 없는 것이다.

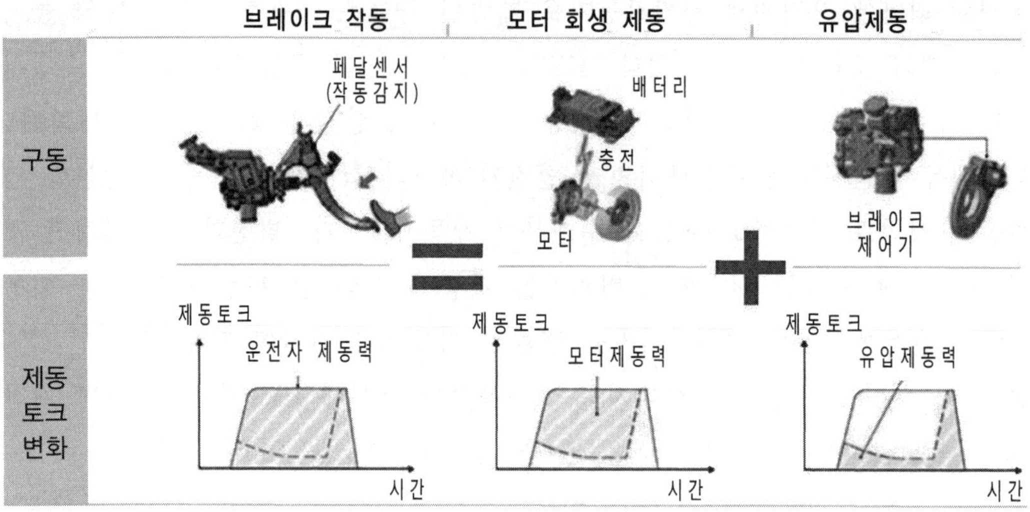

그림 32. 회생제동시스템의 작동

[1] 장점

① 연비개선 효과가 매우 크다.

② 세기를 자유롭게 제어할 수 있다.

③ 마찰재의 부담이 줄어든다.

④ 일종의 엔진 브레이크 효과를 얻을 수 있다.

[2] 단점

① 회생제동이 시작되는 시점에서 갑작스런 제동력으로 인해 운전자가 진동을 느끼기 쉽다.

② 운전자가 밟는 발의 힘과 제동력사이에는 회생제동력의 크기만큼 이질감이 생겨 운전자에게 혼란을 초래하기 쉽다는 점 등은 개선해야 한다.

2.5.1. 프리우스의 회생제동시스템

도요타는 최초의 하이브리드 자동차인 개발한 프리우스(Prius)를 시판하면서 에너지 회수를 극대화하기 위해 회생제동과 유압식 마찰제동을 동시에 구현했다.

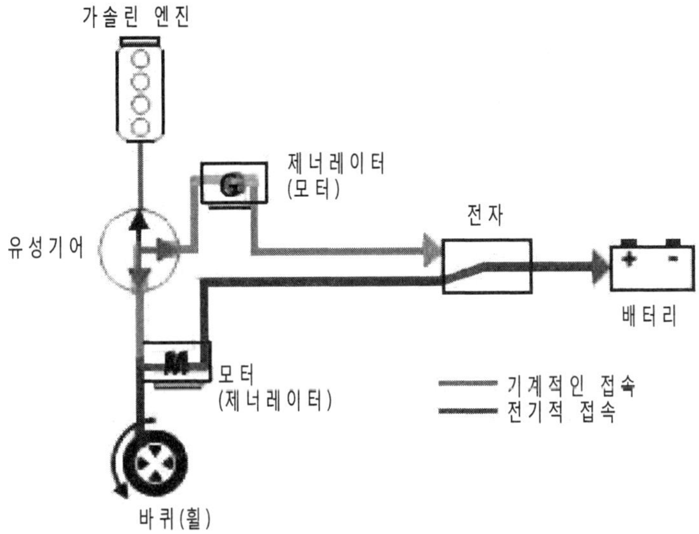

그림 33. 프리우스의 회생제동시스템

프리우스에 적용된 회생제동 장치는 유압에 의해 제동 답력이 증가하는 마스터실린더를 설계함으로써 엔진 정지 중에도 제동력 유지가 가능하며 페일 세이프(Fail Safe) 시 기계적 마찰제동이 가능한 것이 특징이다.

프리우스의 회생제동 과정을 살펴보면 전륜에서는 마스터실린더 압력변화 및 제동 페달의 행정신호를 입력신호로 차량의 상태 정보(속도, 가속도, 자세 등)와 하이브리드 장치 정보(배터리 상태, 모터 상태 등)를 종합해 최적의 회생제동력을 결정한다. 또 추가적으로 요구되는 유압 제동력을 계산해 유압라인의 솔레노이드밸브를 조절한다. 즉 운전자의 제동 의지와 주행상태에 대응, 회생 제동량에 대해 적절한 유압식 마찰제동을 제공한다.

반면 후륜의 경우 운전자의 답력에 따라 마스터실린더에서 발생한 유압 마찰제동만을 수행한다. 기존 차량의 진공 배력장치를 그대로 HEV에 사용한다면 엔진의 흡기 부압을 이용하기 때문에 엔진 정지 시에 제동력을 배력시키지 못하는 문제가 생긴다.

회생제동장치의 구성부품을 살펴보면 제동페달의 작동상태(제동페달 개도)를 감지하는 페달 각도 센서로부터 일반 차량의 페달 감각을 구현하는 제동페달 시뮬레이터로 구성됐다.

이와 함께 모터(구동축)의 회전속도에 대응하는 최대토크를 비례적으로 계산해 역토크를 전자식과 유압식 제동장치에 분배하고 제어하는 ECU가 장착됐다. 또 ECU로부터 신호를 받아 전자식 및 유압식 겸용으로 동작하는 캘리퍼로 구성됐다.

실제 제동 시 부드러운 제동과 에너지 효율 극대화를 위해 먼저 회생제동 모드 시작 단계에서 전자식 캘리퍼가 모터의 회전력을 기어에 의해 배력시킨다. 이후 스크루 메커니즘을 통해 직선운동으로 변환시켜 제동력을 발생시키고 일정조건을 만족시키면 유압제동을 복합 사용한다. 회생제동에서 요구되는 중요한 사항 중 하나는 유압식 마찰제동으로 변경될 때 운전자의 요구 제동력보다 크거나 작은 않도록 제어가 수반되어야 한다는 것이다. 지난 2003년 프리우스 THS-II에서 회생제동과 유압 마찰제동의 협조 제어를 통해 기존 THS보다 회생 제동량을 대폭 증가시킨 바 있다.

그러나 이전에 판매된 프리우스 회생 제동장치에 크고 작은 문제가 있다고 알려져 있다. 눈길과 빗길에서 회생제동이 유압식 마찰제동으로 전환하는 구간에서 지연시간이 발생해 교통사고로 이어질 수도 있다고 언론에 보도된 바 있기 때문이다. 일반적으로 기계식 유압 마찰제동과 회생제동의 차이점은 우수한 제동성능의 만족보다는 회생제동 에너지의 회수의 극대화다. 따라서 회생제동장치는 엔진, 모터, 배터리, 변속기 등 차량의 하이브리드 부품의 통합기술과 ABS, ESP, TCS 등의 기술 통합이 이루어져 최종적으로 제동성능과 안정성을 보장하는 방향으로 개선돼야 한다.

2.6. 전지시스템(BMS)

전지시스템(BMS)은 실시간으로 2차전지의 전류·전압·온도 등을 측정해 에너지의 충·방전 상태와 잔여량을 제어하는 것으로, 타 제어시스템과 통신하며 전지가 최적의 동작환경을 조성하도록 환경을 제어하는 2차 전지의 필수부품이다.

전지시스템(BMS : Battery Management System)이란 말 그대로 축전지를 관리하는 시스템이다. 뉴스를 통해 노트북이나 휴대폰이 폭발한 사고를 들어 보았을 것이다. 2차 전지는 화학소재로 만들어져 전기를 담고 있는 셀들이 모여 구성된다.

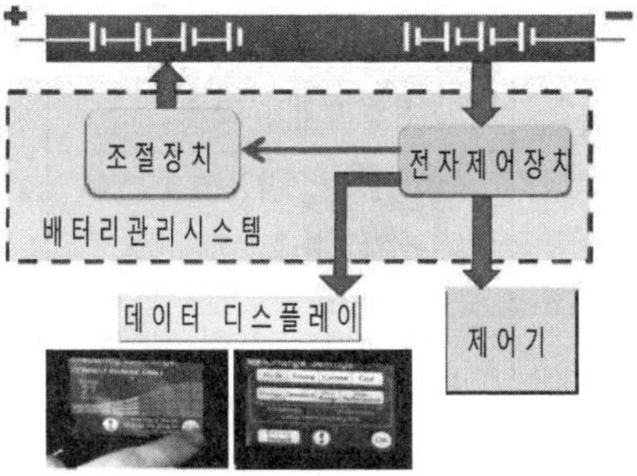

(a) 구성도

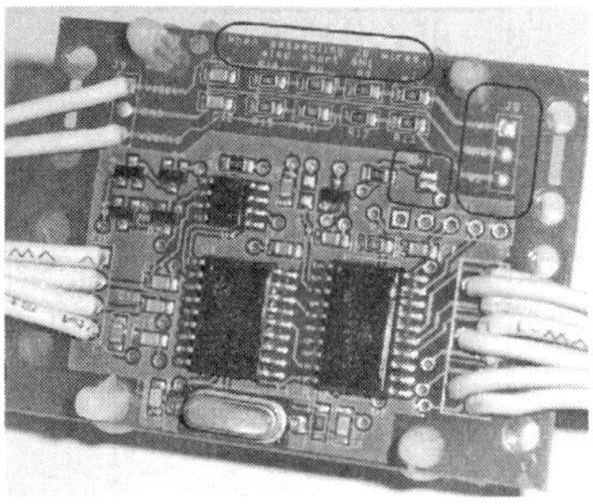

(b) 보드

그림 34. 전지시스템의 구성도 및 보드

전기 사용용량에 따라 셀들이 조금만 모여도 쓸 수 있는 휴대폰용, 더 모이면 노트북용 2차 전지가 되는데, 모여 진 셀들간의 전기 함축과 출력의 밸런스를 조절하지 못하면 폭발사고가 일어나게 된다. 그만큼 까다롭고 또 핵심적인 기술이 BMS이다. 전기자동차는 대용량 셀들이 노트북이나 휴대폰용과는 비교할 수 없을 정도로 많이 모여야 한다. 축전지 관리시스템에 문제가 발생할 경우 전기자동차가 폭발하는 사고까지 이어질 수 있기 때문에 2차 전지를 만드는데 있어 BMS는 핵심기술이다. 우리나라에서는 LG전자, 삼성 SDI 등 기존 2차 전지 생산사는 물론 자동차 메이커들도 BMS에 높은 관심을 가지고 있다.

참고 하이브리드 자동차 고전압 축전지 관리시스템(BMS)

[1] 포르테 하이브리

차량에는180V의 고전압축전지를 적용하여 엔진과 변속기사이에 있는 고출력 모터에 에너지를 공급함으로써 엔진에 출력을 도와주는 역할을 하고 있다. 고전압을 12V로 낮추어 보조 축전지를 충전하는 방식을 적용함으로써 엔진에 장착되는 발전기를 삭제하여 구동에 필요한 엔진 토크손실을 저감하였다. 하이브리드 전기자동차(HEV)는 차량 내 타 시스템(하이브리드 총합 제어기(HCU), 모터 컴퓨터(MCU) 등)과의 통신을 통하여 축전지 충전상태(SOC : State Of Charge), 파워 제한, 자기진단, 셀 밸런싱, 냉각제어를 수행한다.

[2] 전기동력시스템

DC 180V의 고전압 축전지와 AC 180V/15KW급 3상 교류 동기 모터, 모터 컴퓨터(ECU), 12V 충전용 직류변환장치, 파워 케이블 등으로 구성되어 있다.

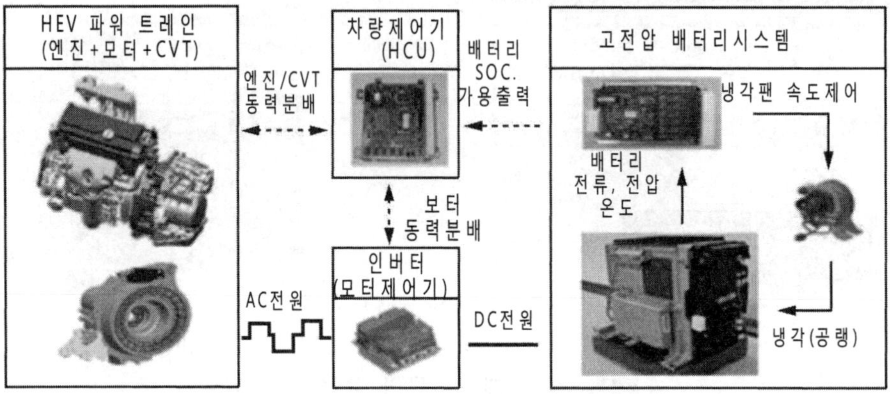

기존 차량에 장착되어 사용해 왔던 DC 12V 축전지(보조 축전지)의 경우 하이브리드 전기자동차에서는 일반 바디전장이나 각종 제어 컴퓨터(ECU) 동작을 위한 보조 축전지이다. 정격전압 180V의 고전압 축전지시스템은 12V 보조 축전지와는 완전히 분리되는 독립적인 전원시스템이다.

[3] 고전압 축전지

DC 180V 정격의 리튬폴리머(Li-Pb) 축전지(전류 차단 구조적용으로 과충전 안전성 확보)로 차량 가감속 시 전기에너지 저장 및 공급하는 기능을 한다.

[4] 하이브리드 총합 제어기(HCU)

고전압 축전지의 축전지 충전상태(SOC : State Of Charge)를 지속적으로 모니터링하고, 축전지 충전상태(SOC : State Of Charge)에 따라 각 주행모드에서 충전 및 방전을 제어한다.

[5] SOC(축전지 충전상태) 게이지

계기판에 설치된 두 가지의 하이브리드 전용 게이지로, 하나는 고전압 축전지의 충전상태를 표시해 주는 SOC 게이지이고, 나머지 하나는 모터의 충・방전 동작 상태를 보여주는 모터 게이지이다.

[6] 하이브리드 총합 제어기(HCU)

모터의 충・방전상태 정보를, 고전압 축전지 관리시스템(BMS)은 고전압 축전지 충전상태(SOC : State Of Charge) 정보를 CAN 통신라인을 이용해 계기판 측으로 송신하고, 계기판에 내장된 마이크로컴퓨터는 그 정보들을 수신하여 게이지 작동을 직접적으로 제어한다.

전기자동차에 대한 BMS의 기능은 다음과 같다.

① 축전지를 이루는 개별 셀의 상태를 모니터링

② 응급의 경우에는 축전지를 분리

③ 축전지 체인 내에서 셀 매개 변수에 있는 불균형에 대한 보상

④ 축전지 충전상태에 대한 정보 제공

⑤ 축전지 상태에 대한 정보 제공

⑥ 드라이버 디스플레이 및 경보에 대한 정보를 제공

⑦ 축전지의 사용가능 범위를 예측

⑧ 관련 차량 제어시스템에서 지시사항을 수락하고 구현

⑨ 셀을 충전을 위한 최적의 충전 알고리즘을 제공

⑩ 제공하는 스위치와 돌입 전류를 제한하는 충전이 단계 전에 부하 임피던스 테스트를 수 있도록 사전충전

⑪ 개별 셀을 충전에 대한 액세스 수단을 제공

⑫ 차량 운영 모드의 변화에 대응

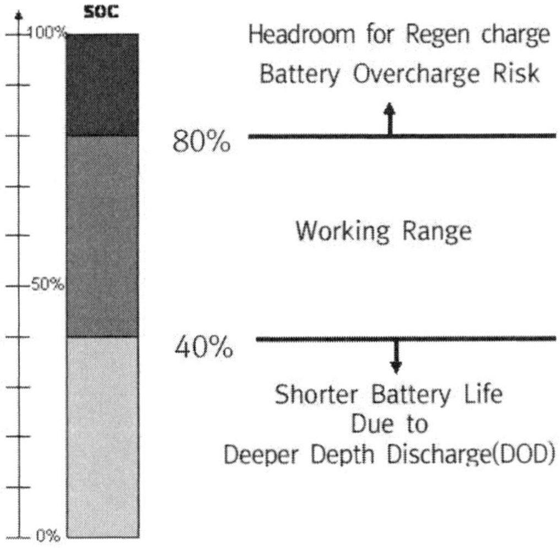

그림 35. HEV 전지 작동범위

실용적인 시스템에서는 BMS 따라서 단순히 축전지 관리를 보다 차량기능을 통합할 수 있으며, 가속제동, 공회전 또는 중지 여부, 차량운영의 원하는 모드를 결정하고 관련 전력관리 작업을 구현할 수 있게 한다.

축전지 관리시스템의 주요 기능 중 하나는 관용의 주변 또는 운영조건에서부터 셀을 보호하기 위해 필요한 모니터링 및 제어를 제공하는 것이다. 이것은 자동차 애플리케이션에서 특히 중요하기 때문에 거친 작업 환경입니다. 뿐만 아니라 각각의 셀 보호와 같은 자동차시스템은 축전지를 분리뿐만 아니라 오류의 원인을 해결하여 외부 오류조건에 응답할 수 있도록 설계되어야 한다. 예를 들어, 냉각 팬이 망가졌을 경우 축전지 가열 표시등이 켜진다. 과열이 과도하게 되면 축전지가 분리될 수 있다. 축전지 감시장치(모니터링 유닛)는 하위 모듈을 통합하는 마이크로프로세서 기반의 단위이다. 이러한 하위 모듈은 반드시 별도의 물리적인 단위는 아니지만 별도로 표시된다.

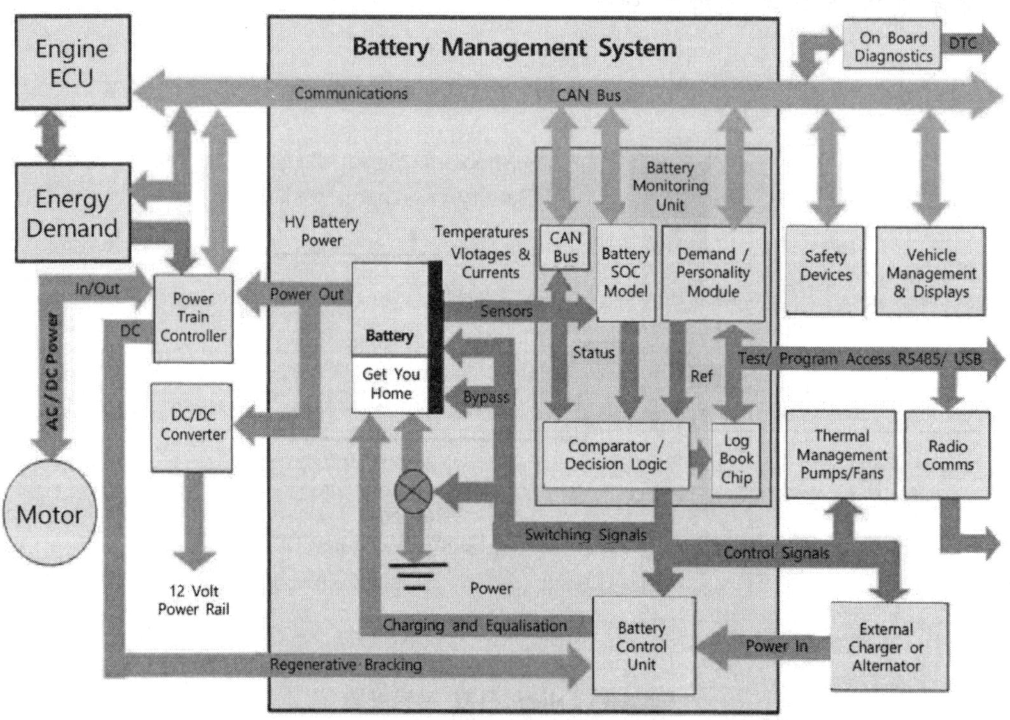

그림 36. 차량의 에너지 관리의 구성도

각각 셀의 모니터링의 비용을 줄이기 위해, 축전지 모니터링 유닛은 단일 아날로그 또는 디지털 출력라인을 차례로 각각의 셀에서 전압을 스위치 멀티플렉싱 아키텍처를 포함한다.

비용 절감은 아날로그 제어 및 디지털 샘플링 회로의 수를 줄이고 구성요소를 최소화하여 실현될 수 있다. 단점은 하나의 셀 전압을 동시에 모니터링 할 수 있다는 것이다. 고속 스위칭 메커니즘은 모든 셀이 순차적으로 모니터링 할 수 있도록 각각의 셀에 출력라인을 전환할 필요가 있다.

2.7. 전기자동차와 내연기관 자동차와의 비교

2.7.1. 운용비

전기자동차의 운용비와 휘발유로 작동하는 내연기관 자동차의 운용비를 비교해볼 수 있다. 내연기관 자동차의 경우, 1리터의 휘발유가 완전히 연소될 때 9.7KWh의 에너지를 생성한다. 그러나 전기자동차 전지의 경우, 단지 2.7KWh에너지로 1리터의 휘발유가 연소될 때 발생하는 에너지와 동등한 9.7KWh에너지를 생성할 수 있다. 따라서 운용비는 전기자동차가 더 좋은 편이다.

서비스비용은 전기자동차가 내연기관 자동차보다 더 작다. 내연기관 자동차의 NiMH(nickel metal hydrate)전지는 자동차 수명기간동안 지속될 수 있는 반면에, 납축전지를 사용하는 전기자동차는 정기적인 전지 교체를 필요로 한다. 그러나 납축전지의 전지기술이 발전하면서, 전기자동차의 일종인 도요타(Toyota)의 프리우스(Prius)자동차는 300,000Km 이상을 전지 교체 없이 가는 것으로 알려져 있다. 도요타는 10년/150,000마일 혹은 8년/100,000마일의 보증제도를 가지고 있고 새로운 전지의 가격은 계속 낮아질 전망이다.

2.7.2. 에너지 효율성

전기자동차의 에너지 효율성은 전기에너지의 충전과 방전효율에 따라 정해진다. 보통 한번 충전하였을 경우 충전량의 약 70%에서 85%의 전기에너지가 실제 사용이 가능하다. 또한 충전간에 약 9.5% 정도의 에너지 손실이 일어난다. 보통의 전기자동차는 동력소비의 대략 20% 정도는 전지충전의 비효율성 때문이다.

휘발유자동차의 대부분의 에너지는 열로 발산되어 없어진다. 즉, 휘발유 자동차 엔진은 열효율성이 20%밖에 안 되기 때문에 효율성이 낮다. 따라서 전기자동차의 에너지 효율성은 휘발유자동차의 에너지 효율성보다 좋고, 심지어 하이브리드 자동차의 에너지 효율성보다 뛰어나다.

내연기관에서는 연료가 투입된 양이 100이라고 가정을 하면 엔진이 가동하면서 폭발에너지로 변화되면서 손실되는 효율이 88%로나 된다. 22%로만 에너지가 변환되는 것이다. 그다음 폭발에너지로 엔진이 구동하는데 당연히 변속기나 공회전, 엔진에 영향을 주는 부대장치(냉각수 펌프, 브레이크 등)에 의해서 다시 효율이 떨어지게 된다. 그 떨어지는 효율은 34% 정도 된다는 것이다. 이렇게 되면 구동바퀴로 가는 효율은 결론적으로 16% 정도이다.

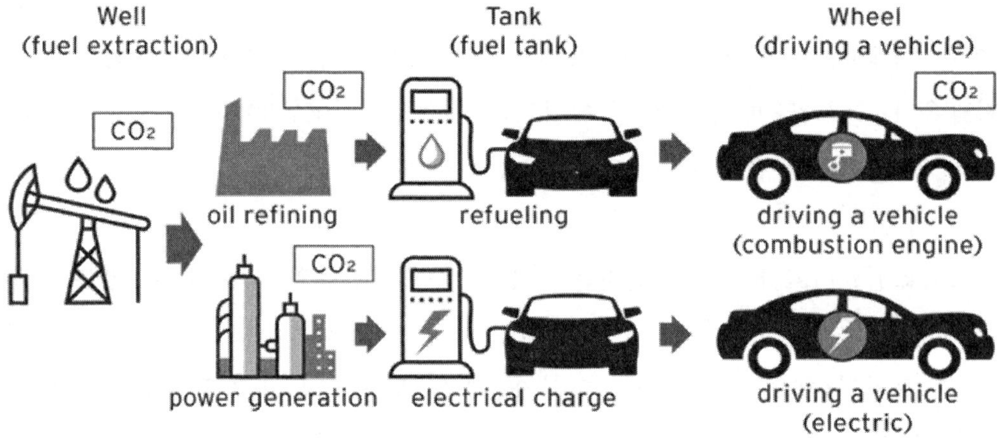

그림 37. Well-to-Wheel의 개념도

[표 3-9. 동력원에 따른 효율 비교]

구 분	Well to Tank	Tank to Wheel	Overall Efficiency
	연료생산효율(%)	차량효율(%)	총괄효율(%)
가솔린 내연기관	88	18	16
디젤 내연기관	89	22	20
하이브리드 자동차	88	30	24
전기자동차	42	80	31
연료전지 자동차	75	48	36

결국 내연기관의 경우는 석유 1리터 투입시 0.16리터가 바퀴의 구동력으로 나타난다는 것이다. 그렇다면 화력발전에 의한 전기기관의 효율은 어떻게 될까? 내연기관 에너지 효율과 동등한 기준을 위해서 등유로 발전이 가능한 발전시설을 통해 효율을 따진 것이다. 연료가 투입되어 발전, 송전하면서 나오는 에너지 변환효율은 58%가 사라지도 42%가 남는 것이다. 이런 전기에너지는 충전과 모터가 구동되면서 80% 정도 살아남는다. 결국 화력발전에 의한 전기기관은 석유 1리터 투입 시 0.31리터가 바퀴의 구동력으로 나온다.

결국 화석연료에 의한 전기라고 해도 내연기관보다 효율이 높은 것은 사실이다. 화력발전에 의한 내연기관과 전기자동차 에너지 효율을 비교다면 16% VS 31%, 즉 내연기관보다 전기자동차 에너지효율이 2배 가까이 좋다. 이러한 비교는 전기를 화력발전으로만 생산했을 때의 비교인데, 전기를 수력, 풍력, 원자력으로 생산하게 된다면 효율이 더 뛰어나다.

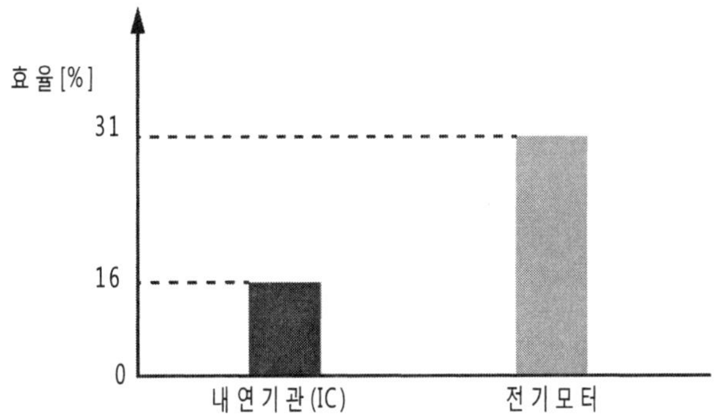

그림 38. 내연기관과 전기모터의 에너지효율 비교

전기자동차의 주요 구성부품은 전지, 모터, 인버터, 컨버터, 회생제동장치, 축전지시스템(BMS) 등이다. 축전지는 재충전이 가능한 2차 전지가 이용되며 전기자동차 품질에 가장 큰 영향을 미치며, 모터는 축전지를 통해 구동력을 발생시키며 인버터, 컨버터는 직류와 교류를 변환시키는 역할을 한다. 축전지시스템은 축전지의 충전, 방전을 조절하고 보호하는 역할을 하여 축전지의 품질을 향상 시킨다.

Chapter 04

전기자동차의 전지

01 전기의 개요
02 전지의 역할
03 전지의 역사
04 전기자동차 전지의 종류와 특성
05 전기자동차 전지의 충전방법
06 전기자동차 전지의 개발동향

1 전지의 개요

전기자동차의 각 부품 중에서 가장 중요한 역할을 하는 것 중의 하나는 전지이다. 기존의 내연기관에서 화석연료를 대체하는 근원적인 에너지원인 전기를 저장하는 장치이기 때문이다. 그러므로 전지기술이야 말로 성능 좋은 전기자동차를 만드는데 가장 핵심적인 사항이기도하다.

그림 1. 리튬이온전지

최근 들어 전자, 통신, 컴퓨터산업의 급속한 발전에 따라 캠코더, 휴대폰, 노트북 PC 등이 출현하였고, 이에 따라 가볍고 오래 사용할 수 있으며, 신뢰성이 높은 고성능의 소형 2차 전지개발이 절실히 요청되고 있다. 또한 환경 및 에너지문제의 해결 방안의 하나로 전기자동차의 실현과 심야 유휴전력의 효율적 활용을 위한 대형 2차 전지의 개발이 심각히 대두되고 있다.

2차 전지 중 Ni-Cd(Nickel-cadmium) 및 Ni-MH(Nickel-Metal Hydride) 전지는 메모리 효과와 유해한 Cd사용 등으로 인해 점차 시장에서 입지가 좁아지고 있으며 휴대용 IT 기기에는 리튬이온 전지가 가장 큰 시장 점유율을 가질 것으로 예상되며, 리튬폴리머 전지는 Ni-MH 시장을 잠식하며 꾸준히 성장할 것이다.

리튬 2차 전지는 전해질 형태에 따라 유기용매 전해질을 사용하는 리튬금속전지 및 리튬이온 전지와 고체고분자 전해질을 사용하는 리튬폴리머 전지로 나눌 수 있다.

리튬금속 전지는 리튬금속을 음극으로 사용하는 것으로 사이클 수명 및 안전성이 낮아 상용화에 어려움을 겪고 있으며, 이를 극복하기 위해 리튬금속 대신 카본을 음극으로 사용하는 리튬이온 전지가 개발되어 상용화되고 있다. 현재는 일본뿐만 아니라, 우리나라의 여러 전지회사에서 양산을 하고 있으며 특히, 국내의 몇몇 기업에서 리튬이온 전지에 대한 대량생산 체제를 갖추고 세계시장에서의 점유율을 높이고 있다.

리튬폴리머 전지인 경우는 음극으로 리튬금속을 사용하는 경우와 카본을 사용하는 경우가 있어 카본음극을 사용하는 경우는 구별하여 리튬이온폴리머 전지로 표기하는 경우가 있으나, 대부분의 경우 편의상 리튬폴리머 전지로 통용하고 있다.

리튬금속을 음극으로 사용하는 전지의 경우는 충·방전이 진행됨에 따라 리튬금속의 부피변화가 일어나고 리튬금속표면에서 국부적으로 침상리튬의 석출이 일어나며 이는 전지 단락의 원인이 된다. 그러나 카본을 음극으로 사용하는 전지에서는 충·방전시 리튬이온의 이동만 생길 뿐 전극활물질은 원형을 유지함으로써 전지수명 및 안전성이 향상된다.

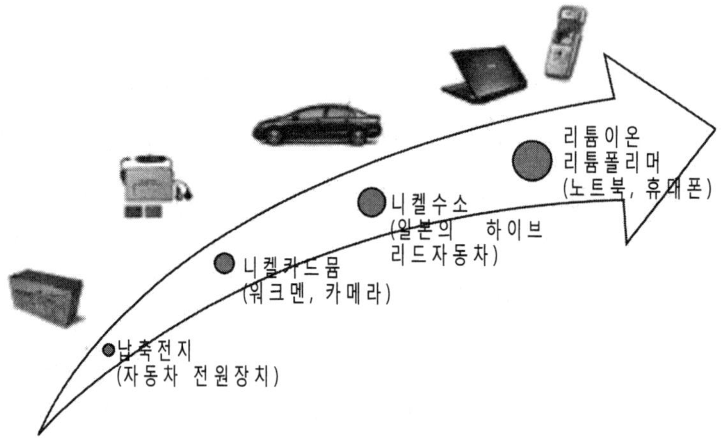

그림 2. 2차 전지의 발전

1.1. 전지의 발전 동향

충방전을 반복하면서 전기에너지를 전달하는 2차 전지는 이동통신 단말기, 노트북 컴퓨터, PDA 등 휴대용 정보기기의 발달과 함께 빠르게 성장하고 있다.

여러 번 재사용이 가능한 2차 전지는 한 번의 방전을 통해 전기에너지를 이용하게 되는 1차 전지에 비하여 환경보전, 자원절약 등 다양한 면에서 잇점을 가지고 있다. 대표적인 2차 전지로는 니켈카드뮴 전지(Ni-Cd), 니켈수소 전지(Ni-MH), 리튬이온(Li-Ion) 2차 전지, 리튬이온 폴리머 전지 등이 있다.

2차 전지 시장의 대부분을 차지하고 있는 이들 전지는 구성 재료와 전기 화학적 특성이 서로 다르다. 전동공구 등에 주로 쓰이는 니켈카드뮴 전지는 1990년대 중반까지 2차 전지 시장을 주도하였다. 그러나 니켈카드뮴 전지는 음극재로 쓰이는 중금속인 카드뮴이 인체에 해롭고 환경오염을 일으킬 우려가 있으며, 에너지 밀도가 낮다는 단점 때문에 시장이 빠르게 위축되고 있다.

1990년대 초 등장한 니켈수소 전지는 높은 에너지 밀도와 저렴한 가격을 바탕으로 기존의 니켈카드뮴전지를 대체하면서 안정적인 시장을 형성하고 있다. 아직까지는 Ni-MH의 가격이 리튬이온 전지에 비해 싸고, 품질이 안정적이며, 기기에 따른 전압특성으로 인해 Ni-MH를 계속 채용하는 경우가 있으나, 기기에 기능이 다양하게 추가되고 휴대용 기기의 개발이 활발하여 짐에 따라 사이즈 대비 고 용량화의 필요성이 절실하여 리튬 이온계 2차 전지의 개발이 더욱 가속화되는 실정이다.

전지의 발전방향을 요약하면 리튬이온전지의 고용량화, 슬림화와 형상을 자유자재로 바꿀 수 있는 리튬이온 폴리머 전지의 성능 개선으로 요약할 수 있다.

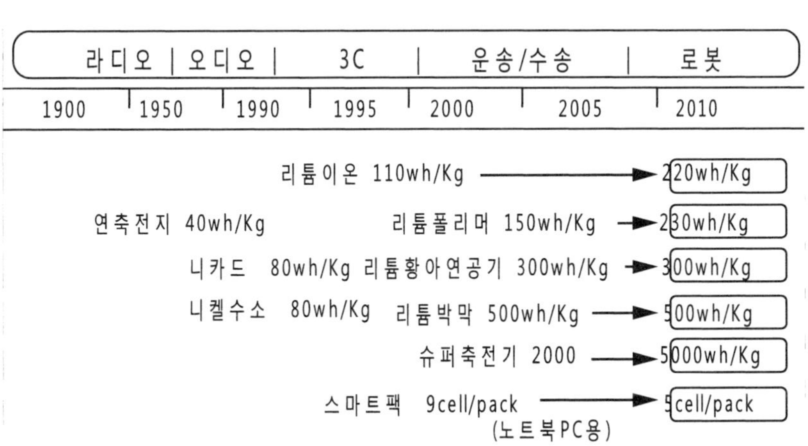

그림 3. 전지의 발전전망

더 나아가 차세대 전지로서 새로운 분야에 대한 연구개발이 활발히 진행 중이다 이에 대한 응용 기기로 현재는 휴대폰, 노트북 PC, 캠코더에 응용이 되고 있으나, 향후 고 출력전지로 설계하여 전기자전거, 전기자동차용으로 개발되어 떠오르는 시장에 대응하고 있다.

참고 전기자동차, 8년 뒤 휘발유 자동차보다 싸게 산다.

· 전기자동차가 휘발유를 태우며 달리는 일반 자동차보다 저렴해질 것이라는 전망이 나왔다. 전기자동차의 동력에 해당하는 배터리가격이 가파르게 떨어지면서 2025년이면 미국과 유럽에서 자동차 가격에 역전이 일어날 것이라는 관측이다.

· 배터리는 전기자동차 가격의 절반가량을 차지한다. 때문에 배터리 가격의 하락은 곧 차량 가격의 인하로 이어질 수밖에 없다.

· 블룸버그에 따르면 배터리 가격은 2016년과 2030년사이 77%에 달하는 하락을 기록할 전망이다. 테슬라부터 르노까지 관련 업체들이 전기자동차의 비용을 떨어뜨리기 위해 다각도의 연구와 투자를 단행하고 있고, 중장기적으로 커다란 결실이 나타날 것이라는 기대다.

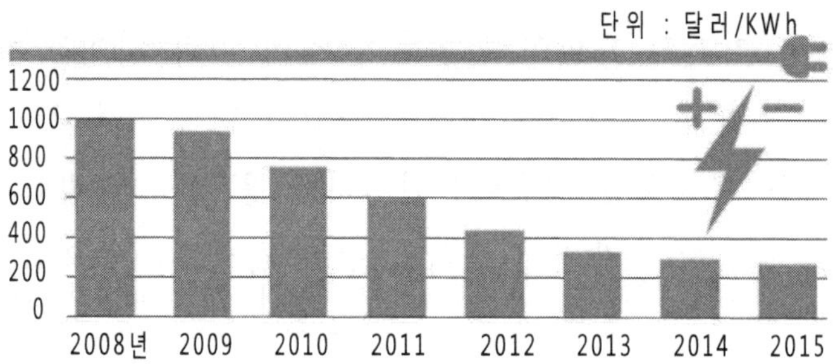

[전기자용 배터리가격]

· 배터리 가격이 지속적으로 떨어지면서 전기자동차의 가격이 점차 휘발유 자동차와 좁혀지다 역전될 것" 이라며 "소비자들의 전기자동차 선호도가 상승하면서 가격 경쟁력이 보다 높아질 것" 이라고 내다봤다.

· 전기자동차 조에(ZOE)를 개발한 르노는 2020년대 초반이면 전체 자동차 시장에서 전기자동차 비중이 휘발유 자동차와 같은 수준으로 상승할 것이라고 예상하고 있다.

· 기술적인 측면에서 차량 가격을 떨어뜨릴 수 있는 돌파구가 더욱 확대될 것으로 보이는 한편 전기자동차에 대해 더욱 엄격한 규제가 한층 완화되면서 소비자 층이 넓어질 것이라는 전망이다.

2 전지의 역할

전 세계의 자동차를 소유하고 있는 이들은 환경에 대한 관심의 증가와 교유가 때문에 자동차의 재구입시 하이브리드자동차, 전기자동차 등에 대한 구입의 유혹에 많은 관심을 보이고 있다. 전 세계 승용차와 트럭 99%가 휘발유로 움직인다. 기름 의존도를 낮추기 위해서는 전지 또는 전기자동차 등 대체 교통수단으로 전환하는 것이 필수적이다.

미래의 전기자동차 전지는 그 가격을 낮추고 에너지 축전용량 및 사용가능기간을 연장시키는 것이 필요하다. 축전용량의 경우 리튬이온 전지, 리튬폴리머 전지, 공기 아연 전지를 통해 증가된 용량을 확보할 수 있을 것이다.

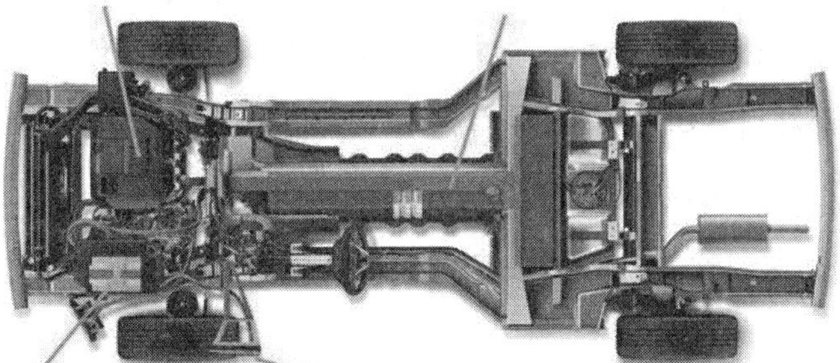

그림 4. 전기자동차의 구조

2.1. 전지의 역할

전기자동차가 실질적인 성공을 거두려면 전지기술이 발전해야 한다. 안전, 충전시간, 전력 전달, 극한 온도에서의 성능, 환경 친화성, 수명이 오늘날 전기자동차에 이용할 수 있는 충전식 전지기술의 문제이다.

전기자동차는 리튬이온 전지, 리튬폴리머 이온전지를 제품에 채용하는 추세이다. 예를 들어, 도요타 자동차의 프리우스, 캠리, 하이랜더는 밀폐형 Ni-MH 전지 팩을 사용하여 전기모터에 전기를 공급하였으나 리튬이온 전지와 비교할 때 Ni-MH의 전력 수준이 낮고 자가방전율이 높다.

그림 5. Li-ion 배터리

보관 수명이 3년에 불과한 Ni-MH는 EV에 적합하지 않다. 기존 리튬이온 전지는 특정한 높은 에너지를 제공하고 무게가 가볍다. 그러나 높은 가격, 극한 온도의 불용, 안전(리튬이온 전지의 가장 큰 장애 요인임)때문에 이 전지는 적합하지 않다.

도요타는 안전에 대한 염려 때문에 리튬이온 전지를 장착한 신형 장거리 주행 하이브리드의 출시를 연기한 경험이 있다. 기존 리튬이온 전지는 수명이 3~5년이고 충전 주기는 1,000사이클이다. 다른 문제는 적절한 전지 수명 범위를 보장할 수 있는 리튬이온 전지의 크기이다. 랩톱이나 휴대폰의 경우 사용하는 동안 전원연결이 가능하기에 매체를 통하여 선전한 작동 시간보다 짧아도 용인되지만 자동차에는 이러한 장치가 없다.

[표 4-1. 전지의 특징]

종 류	특 징	사용 예
Ni-MH 전지 (니켈메탈하이드라이드)	· 전력 수준이 낮다 · 자가 방전율이 높다. · 보관 수명이 3년에 불과하다 · 메모리 효과 갖음	도요타 프리우스, 캠리, 하이랜더
리튬이온 전지	· 특정한 높은 에너지를 제공 · 무게가 가볍다. · 높은 가격 · 극한 온도의 불용 · 안전에 문제 있음(가장 큰 장애 요인)	GM 볼트 현대기아차, 지엠, 포드, 장안기차

참고 메모리 효과란 ?

2차 전지로 흔히 사용되는 것이 니카드전지이다. Ni-Cd(니카드= 니켈카드뮴), Ni-MH(니켈메탈 하이드라이드)전지 등은 공통적으로 니켈이 포함된다. 이러한 전지는 메모리 효과를 가진다. 리튬이온 전지는 리튬산화물질로 (+)극을 만들고, 탄소로 (-)극을 만든다. 휴대폰을 사용하기 시작하면 (+)극의 리튬이온이 중간의 물질을 지나서 (-)극의 탄소격자 속으로 들어간다. 이때, 극판에 손실이 거의 없기 때문에 장수명 특성을 가진다.

메모리 효과란 ?

니켈로 만든 전지에서는 활물질로 사용된 NiOH에서 OH가 떨어졌다 붙었다 하면서 전하를 전달하는 현상이 바로 충전과 방전이라는 전기적 흐름으로 나타난다. 여기서 shallow charge-discharge를 반복을 하면, 즉 조금 사용하고 다시 충전하고, 조금 쓰고 또 충전하고 하면 NiOH는 고용체를 형성하게 되는데 이 고용체의 형성은 비가역적인 반응이므로 한번 고용체가 생성이 되면 다시는 되돌아가지 못하게 되어 남아있는 용량을 사용하지 못하게 된다. 이와 같이 전지가 마치 사용할 수 있는 용량의 한계를 기억하는 것과 같은 이러한 현상을 메모리효과라고 한다. 따라서 Ni(니켈)을 포함하고 있는 전지는 완전충전(100% 충전)하였다가 완전방전될 때까지 사용하는 것을 반복하는 것이 가장 좋은 사용방법이다.

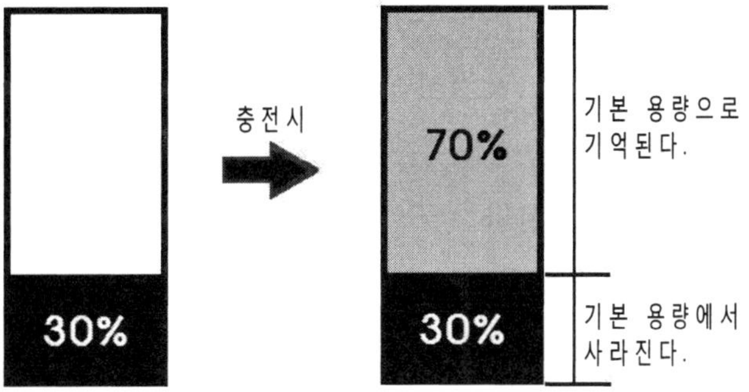

[메모리 효과(memory effect)]

그러나 리튬이온 전지는 메모리현상이 없으므로 사용자가 임의대로, 주변환경에 따라 수시로 충전하여 사용하여도 거의 수명에 영향을 미치지 않는다. 오히려 조금 쓰고 충전하고 조금 쓰고 또 충전하고 하면 Ni-계 전지와는 정반대로 수명이 길어지는 효과가 있다. 이러한 이유 때문에 리튬이온 전지가 Ni-계 전지보다 훨씬 비싼데도 수요가 늘어나고 사용자가 찾게 되는 것이다.

2.2. 전지가 갖춰야 할 조건

전지가 터무니없는 가격대를 형성하고 있다면 정부의 보조금이 나온다고 할지라도 쉽게 구할 수 없는 상황에 처하게 된다. 특히 전지는 수시로 교환해 주어야 하는 소모성 부품으로 가격이 비쌀 경우 그 부담감은 소비자들에게 무척 큰 짐으로 전락할 수밖에 없다. 따라서 전지가 갖춰야 할 조건은 다음과 같다.

첫째, 자동차 자체의 보조금은 물론 전지에 대한 보조금 또는 기술적 발전을 통한 생산성, 효율성 향상으로 전지 자체의 가격을 낮추는 것이 시급하다.

둘째, 안전성이다. 손안에 들어오는 작은 전지 폭발로 크고 작은 사건 사고가 발생하는 것을 볼 수 있었다. 그런데 그 보다 수십, 수백배 큰 자동차 전지가 폭발하는 사고가 발생한다고 했을 때 그 피해는 엄청날 것으로 예상된다. 또한, 교통사고 발생 시 충격으로 인한 전지 폭발 등이 발생하지 않도록 하기 위해 단단한 내구성과 충격 흡수율을 높이기 위한 방안 등을 마련해야 한다.

셋째, 수명이다. 차량을 교체하는 시기가 각기 다르겠지만 5~10년 정도 사용한다고 봤을 때 그 전지수명 역시 이와 비슷하거나 그 이상의 수명을 지니고 있어야 한다. 이는 가격과도 밀접한 연관이 있다. 전지수명이 짧다고 하더라도 그 전지 교환비용이 적절한 가격에 책정된다면 사실 수명은 기준 이상만 유지해주면 된다.

넷째, 마지막으로 집적화이다. 무게나 부피 등을 줄일 수 있는 기술력이 필요하다. 전지가 크고 무거울 경우 결국 전지 효율대비 사용시간은 턱없이 줄어들 수밖에 없다. 따라서 집적화된 기술력을 바탕으로 작고 가벼운 하지만 반비례하여 파워, 수명은 긴 전지를 완성해야 한다.

기타, 그 외에도 '전지 충전시간', '충전을 위한 인프라구축' 등 갖춰져야 할 부분이 많다. 이러한 점들만 보더라도 전지와 관련한 문제가 해결되는 시점이 바로 전기자동차의 대중화로 이어지는 시점일 것이다.

기존 리튬이온 전지의 충전 시에 리튬원자(분해된 리튬이온)는 양극 안쪽에 쌓이고 방전 시 떨어진다. 리튬이온이 양극에 붙거나 떨어질 때 양극의 흑연판이 이동하고 변형되어 흑연판이 10% 이상 분리되고 리튬이온 크기를 수용한다.

방전 시에는 이러한 과정이 반대로 진행된다. 전지 전 수명에 걸쳐 이러한 반복적 이동 및 변형은 흑연판을 피로하게 하고 흑연구조의 균열을 일으킨다. 이러한 균열 때문에 입자 간 전기접촉이 상실되고 따라서 전지의 기능, 용량, 수명이 떨어진다.

흑연 대신에 나노 크기의 리튬 티타늄 산화물을 사용할 경우 리튬 티타늄 산화물은 "변형이 0"인 재료이다. 따라서 이 재료는 리튬이온이 입자로 들어가고 나올 때 모양이 변형되지 않는다. 리튬 티타늄 산화물 재료는 3차원 결정구조이다. 이 구조에는 크기가 원자와 거의 같아 리튬이온이 들어갈 수 있는 장소가 있다. 따라서 충전과 방전과정에서 응력이나 변형이 일어나지 않는다. 그러므로 흑연과 같은 재료를 파괴하는 입자피로가 없기 때문에 기존 리튬이온 전지보다 자주 이 전지를 충전하고 방전할 수 있다.

기존 리튬이온 전지는 수명이 다할 때까지 약 1,000번 충전할 수 있으며 리튬 티타늄 산화물 재료를 사용하는 전지는 2만 5,000번 이상 충전과 방전을 할 수 있다.

2.3. 전지의 구성요소

전지에는 산화제인 양극 활물질과 환원제인 음극 활물질, 양 활물질간에 있어 이온 전도에 의해 산화반응과 환원반응을 중개하는 전해액, 양극과 음극이 직접 접촉하는 것을 방지하는 격리판이 필요하다. 또한 이것들을 넣는 용기(전지캔), 전지를 안전하게 작동시키기 위한 안전밸브나 안전장치 등이 필요하다.

고성능 전지란 다음과 같은 조건을 갖추어야 한다.

① 고전압

② 고용량

③ 고출력

④ 긴 사이클 수명

⑤ 적은 자기방전

⑥ 넓은 사용온도

⑦ 안전하고 높은 신뢰성

⑧ 쉬운 사용법

⑨ 낮은 가격 등이 요구된다.

이와 같은 것을 모두 만족시키는 이상적인 전지를 얻기는 어려우므로 가능한 이와 같은 조건을 만족시키는 용도에 따라 특징이 있는 전지가 제조되고 있다. 고성능 전지를 위해서는 그 구성요소가 우수한 특성을 나타내야 한다.

2.3.1. 양극, 음극 활물질

에너지 밀도가 큰 전지를 만들기 위해서는 기전력(electro motive force : EMF)이 크고 용량이 큰 활물질을 사용한다. 전지의 음극 활물질에는 아연이나 카드뮴, 납이 이용되어 왔지만 최근 개발되어 하이테크 전지로서 각광을 받고 있는 리튬 전지나 Ni-MH 전지는 리튬 또는 그것과 같은 정도의 환원력을 가진 리튬을 삽입한 탄소재료나 수소흡장 합금에 흡장시킨 수소가 음극 활물질로서 이용되고 있다.

리튬은 가장 환원력이 강한 재료이고 전기화학당량도 적어 음극재료로서는 가장 우수한 재료라고 할 수 있다. 리튬을 음극에 이용하는 전지는 리튬의 극히 강한 환원력을 이용하고 있기 때문에 이것과 조합시키는 재료는 상당히 다양성이 풍부하다. 따라서 리튬전지는 다양성이 대단히 크고 그 진보도 급속하다. 개발 중인 2차 전지에서는 금속 나트륨이나 아연 등의 금속과 더불어 철이나 바나듐 등의 산화환원계가 검토되고 있다.

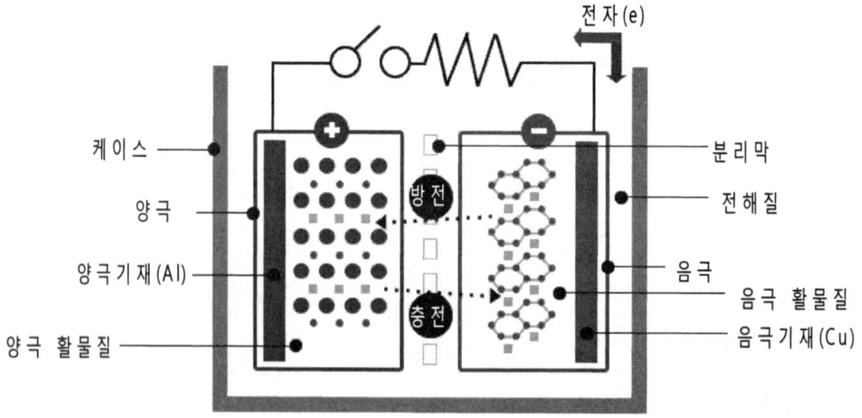

그림 6. 전지의 구성

2차 전지의 양극에는 수용액계에서는 납, 니켈, 은 등과 같은 산화물이나 수산화물이 이용되고 있다. 또한 산화수은도 우수한 양극 활물질로서 소형전지에 이용되어 왔지만 환경면에서 현재는 이용되고 있지 않다. 리튬 2차 전지에서는 비수용액이 이용되므로 망간이나 니켈, 코발트 등과 같은 산화물이 이용되고 있다. 그리고 또 바나듐 산화물이나 금속유화물 등도 검토되고 있다.

2차 전지는 몇 번이고 충방전을 반복할 수 있는 것이 요망된다. 이를 위해서는 충전하면 원래의 활물질 상태로 흔적을 남기지 않고 되돌릴 필요가 있다. 리튬이온 전지에는 음극에는 탄소재료가, 양극에는 코발트산 리튬 등이 이용되고 있다. 이 전지는 방전상태로 제조된 후, 양극에서 리튬 이온을 빼고 음극의 탄소 내에 리튬을 삽입하는 충전과정이 있다. 이 전지의 충방전에서는 양극, 음극의 반응은 모두 리튬의 삽입 탈피라고 하는 토포케미컬(Topochemical) 반응이 된다. 토포케미컬 반응이 진행할 때 호스트 재료의 구조변화가 완전히 가역이면 사이클 수명이 긴 전지가 된다.

리튬이온 전지에는 가역성이 높은 토포케미컬 반응을 하는 재료가 선택되고 있다. Ni-MH전지의 경우에도 충방전에 수소가 양극과 음극간에서 왕래하는 반응이 진행한다. 최근에 개발된 리튬이온 전지와 Ni-MH전지가 함께 토포케미컬 반응을 이용하고 있는 것은 흥미 있는 일이다. 이것과 연축전지를 비교해 보자. 연축전지에서는 다음과 같이 반응이 진행한다.

$$PbO_2 + 2H_2SO_4 + Pb = PbSO_4 + 2H_2O + PbSO_4$$

이와 같이 음극 활물질 Pb와 양극 활물질 PbO_2 이외에 유산과 물이 반응에 관여한다. 엄밀하게 말하면 유산과 물도 활물질이며 이것들은 전해질 용액으로서 존재한다. 전지반응이 진행하면 그것들의 농도가 변화한다. 따라서 일정량 이상의 전해액이 필요해진다. 한편, 리튬전지나 Ni-MH전지에는 전해질의 양이 극히 적어도 되게 된다.

참 고 **축전지의 구성**

◘ 전극(부극과 정극)활물질

· 음극(Negative Electrode) : 전자와 양이온이 빠져나오는 전극이다.
· 양극(Positive Electrode) : 전자와 양이온이 들어가는 전극이다.

◘ 전해질

양극과 음극사이에서 이온이 자유롭게 이동할 수 있는 통로 역할을 한다.

◘ 분리막

양극과 음극사이의 물리적으로 야기되는 전지 접촉을 방지하며, 이온의 이동은 자유롭다.

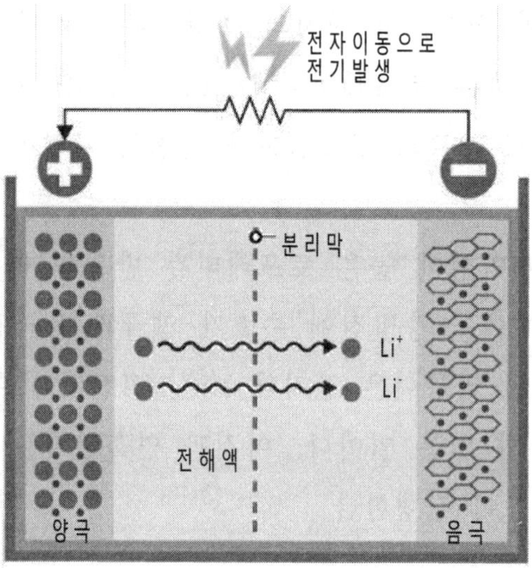

[리튬이온 배터리의 작용원리]

2.3.2. 전해액

이온 전도성 재료는 전지 내에서 전기화학 반응이 진행하는 장을 제공하는 한 쪽의 주역으로서 불가결한 구성요소이다. 그러나 전술한 연축전지의 경우와 같이 기전반응에 관여하는 물질이 공존하는 경우를 제외하고 원리적으로는 그 양은 적어도 된다. 이 이온 전도체는 유산수용액이나 알칼리수용액, 리튬전지에 사용되는 비수전해액 등과 같이 용액이 이용되는 일이 많지만 폴리머 전해질이나 무기고체 전해질, 이온 전도성 글라스 등도 검토되고 있다.

전해액은 이온 전도성이 높을 것이 요구되는 외에 충전시라고 해도 양극이나 음극과 반응하지 않을 것, 전지 작동범위에서 산화환원을 받지 않을 것, 열적으로 안정될 것, 독성이 낮으며 환경 친화적일 것, 염가일 것 등이 요구된다. 전지의 활물질은 분말로 만들어져 전해액에 점결제나 도전조제를 혼합해서 합제하여 이것을 집전체에 도포, 전지의 전극이 된다. 이 합제전극이 효율적으로 기능하기 위해서는 합제내의 이온 전도성이 높아야 한다.

2.3.3. 격리판

전지의 기전물질은 산화제와 환원제이다. 이것들이 직접 접촉되면 자기방전을 일으킬 뿐만이 아니라 반응이 급격히 진행되어 위험하다. 격리판은 양극과 음극사이에 있어 양자의 접촉을 방지하고 있다. 물론 격리판도 이온 전도성을 나타내지 않으면 안된다. 따라서 다공성 재료를 이용하여 그 구멍 속에 전해액이 침투하여 이온 전도성을 발현시킨다. 높은 이온 전도성을 나타내는 동시에 양극과 음극의 접촉을 방지하도록 다공재료가 연구되고 있다. 그리고 산화제인 양극과 환원제인 음극에 직접 접촉되므로 화학적으로 안정되어야 하는 것이 중요하다.

2차 전지의 격리판 재료로서 현재 연축전지에는 글라스 매트 등이, 알칼리 2차 전지나 리튬 전지에는 폴리머의 부직포나 다공성막이 이용되고 있다.

최근의 전지에 있어서는 그 전압이 높고 에너지 밀도가 높기 때문에 폭주하면 위험하다. 예를 들면 리튬이온 전지는 이상반응이 일어나기 시작하여 전지온도가상승하면 다공막이 반응되고 구멍이 막혀 그 이상의 반응이 진행하지 않게 되어 있다. 이와 같이 하이테크 전지에는 격리판이 극히 중요한 재료로 되어 있다.

2.4. 전지의 분류

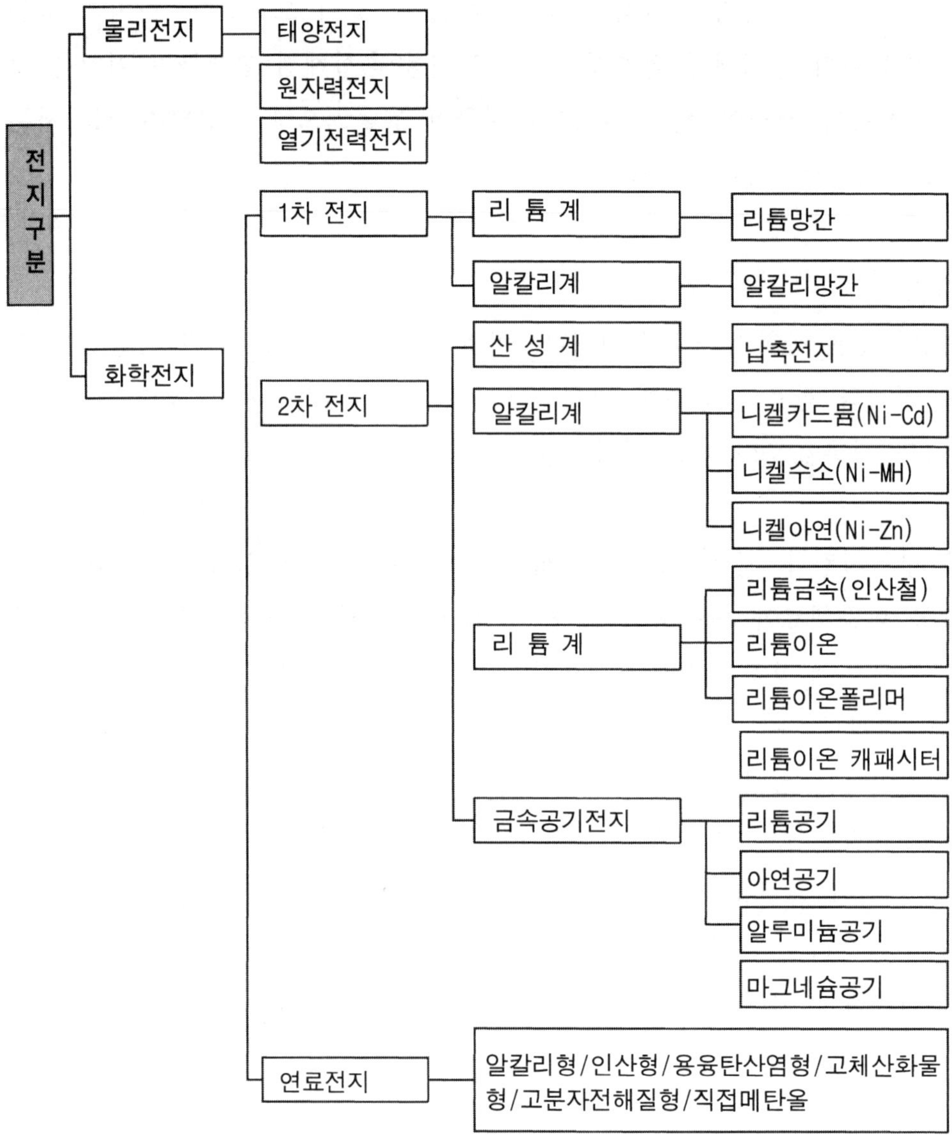

그림 7. 전지의 종류

[표 4-2. 원리별 분류]

구 분	종 류	특 징
물리전지	태양전지	반도체의 p-n접합을 이용하여 광전효과에 의해 태양광에너지를 직접 전기에너지로 변환하는 장치
	열기전력전지	반도체의 p-n접합을 이용하여 열에너지를 직접 전기에너지로 변환하는 장치
	원자력전지	방사성 동위원소의 에너지를 전기에너지로 변환
화학전지	1차 전지	화학에너지를 전기에너지로 변환시키는 전지로서, 화학변화 과정이 비가역적이거나 가역적이라도 충전이 용이하지 않음
	2차 전지	화학에너지와 전기에너지간의 상호변환이 가역적이어서 충전과 방전을 반복할 수 있는 전지
	연료전지	연료(천연GAS, 메탄올, 석탄)의 화학에너지를 전기에너지로 직접 변환하는 화학발전 장치로서, 외부에서 반응물이 연속 공급되어 발전이 가능한 전지

3 전지의 역사

정보시대가 개막되는 데 결정적인 역할을 하고 있는 것이 바로 전지다. 장난감에서부터 첨단제품에 이르기까지 모든 휴대형 전자제품에는 전지가 필요하다. 하지만 전지는 사용시간에 한계가 있다.

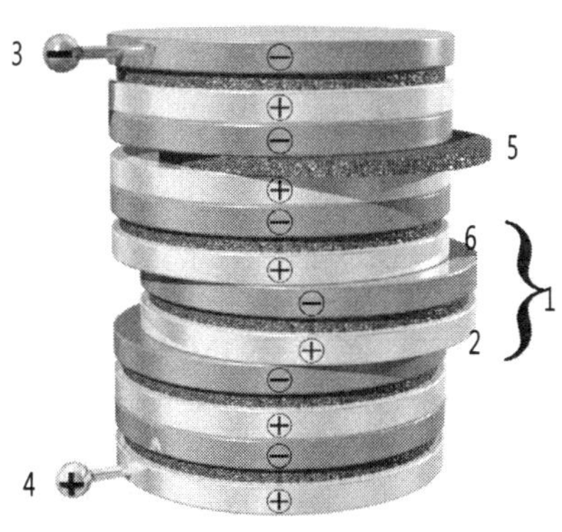

(a) 볼타의 전퇴

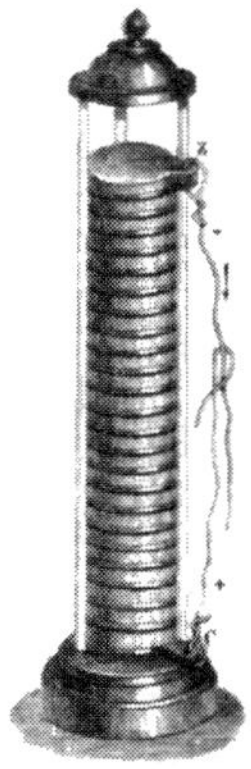

(b) 볼타 전지

그림 8. 볼타전지

휴대폰이나 노트북 PC, 휴대형 카세트 등 휴대형 제품을 사용하다가 전지가 떨어져 낭패를 보거나 사용을 중지하고 가방 속에 집어넣어야만 했던 경험이 누구에게나 한번쯤은 있을 것이다. 그렇다고 전지를 항상 휴대하면서 쓸 수도 없는 일이다. 휴대하기 편하도록 가볍고 부피도 작으면서 오래 사용할 수 있는 전지를 개발하기 위한 노력이 끊임없이 이어지고 있는 것은 바로 이런 이유에서다 전지의 역사는 상당히 길다.

[표 4-3. 전지의 역사]

년 도	특 징
1789	개구리 다리로 부터 전지현상 발견(Galbani(Italy))
1799	구리-아연 전지 발명(Cu/H_2SO_4/Zn, Volta(Italy))
1860	연축전지 발명(PbO_2/H_2SO_4/Pb, Plante(France))
1867	망간 건전지의 원형 발명(MnO_2/$NH_4ClZnCl_2$/Zn, Lechlanche(France))
1880	Faure, paste식 극판에 의한 연축전지 제조법 특허, 연축전지 산업생산 개시
1888	망간 건전지 발명(Gassener(Germany), 헤레센스(Denmark))
1899	니켈-카드뮴 전지 발명(NiOOH/KOH/Cd, Jungner(Sweden))
1899	니켈-아연 전지 발명(NiOOH/KOH/Zn)
1900	니켈-철 전지 발명(NiOOH/KOH/Fe, Edison(USA))
1909	알카리 망간전지 발명(MnO_2/KOH/Zn)
1917	아연공기 축전지 발명(O_2 in Air/KOH/Zn)
1942	수은전지 발명(HgO/KOH/Zn)
1947	밀폐형 니켈-카드뮴 전지 발명
1949	알카리 망간전지 실용화
1962	밀폐형 수소전지 발명
1970	리튬 1차 전지 실용화
1970	미국 GM Delco 칼슘 MF 연축전지 개발
1973	이산화망간-리튬 1차 전지 실용화(MnO_2/$LiClO_4$/Li)
1981	리튬 이온 2차 전지 발명
1990	리튬 이온 2차 전지 실용화, 생산개시(일본 SONY사)
	밀폐형 니켈-수소전지 실용화(NiOOH/KOH/MH)
	전기자동차용 전지 본격 개발착수
1995	수은전지 생산중지
2002	LIPB, ALB, Smart Battery, Li-Polymer, 초박형 리튬이온전지(파워셀) 개발

4 전기자동차 전지의 종류와 특성

가솔린자동차의 핵심기술에 해당되는 엔진기술과 함께 전지기술은 전기자동차의 핵심기술이라 할 수 있으며, 전기자동차의 특성으로는 가솔린자동차에 비해 유해가스가 나오지 않고, 소음이 적으며, 운전이 용이하고, 구조가 간단하여 고장률이 적으며, 운전경비가 적게 드는 장점이 있다.

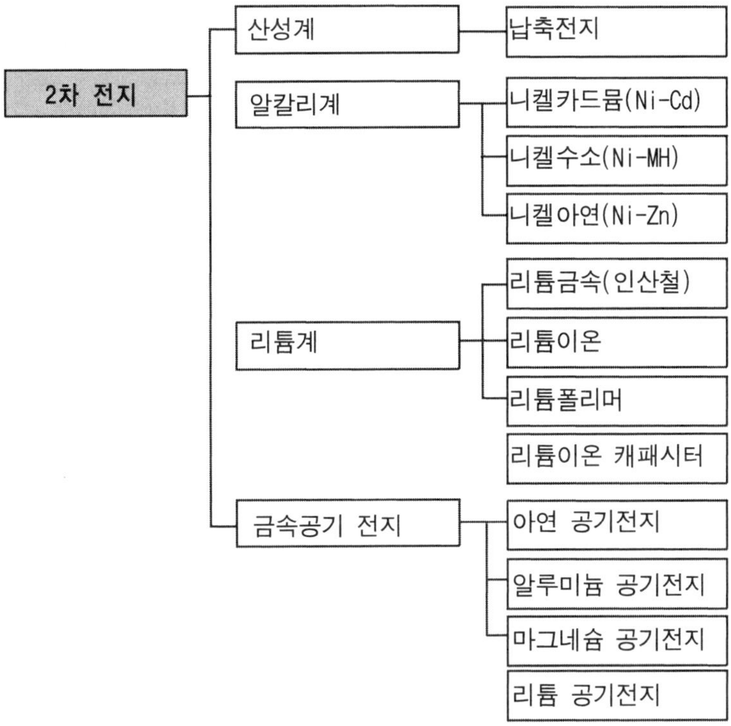

그림 9. 2차 전지의 종류

그러나 현재 탑재되고 있는 전지는 무겁고, 1충전 거리가 짧으며, 최고 속도와 가속력이 적은 결점이 있다. 따라서 전기자동차 전원으로서 갖추어야 할 전지의 조건으로는 가볍고, 에너지 밀도(Wh/Kg) 및 출력밀도(W/Kg)가 커야 한다. 재래형 전지를 전기자동차용 전원으로 사용하기에는 성능이 상당히 떨어지기 때문에 우수한 성능의 신형 전지를 개발하기 위해 선진 각국에서는 이의 연구개발에 적극적으로 나서고 있다.

전기자동차가 실용화되기 위한 전제로는 전지가격이 저렴하여야 하므로 우선 주재료인 전극재료가 자원적으로 풍부해야 하고, 폐전지로부터 금속의 회전 및 리사이클이 용이해야 하며, 경제성이 좋아야 한다. 아래의 표는 현재 전기자동차용으로 사용되는 주요 전지의 제특성을 나타낸 것이다. 재래형 전지로는 현재 널리 사용되고 있는 납축전지, Ni/Cd 전지 등이 있고, 신형 전지는 다양하다.

[표 4-4. 리튬계 전지의 종류와 특징]

전지종류	리튬이온 전지	리튬폴리머 전지	리튬금속폴리머 전지
음 극	탄소	탄소	리튬
전해질	액체전해질	고분자 전해질	고분자 전해질
양 극	금속산화물	금속산화물	금속산화물
	$LiCoO_2$, $LiNiO_2$, $LiMn_2O_4$	$LiCoO_2$, $LiNiO_2$, $LiMn_2O_4$	유기설퍼, 전도성고분자
평균전압	3.7V	3.7V	2.0~3.6V
에너지밀도	high	high	very high
저온특성	excellent	good	poor
안정성	poor	medium	good

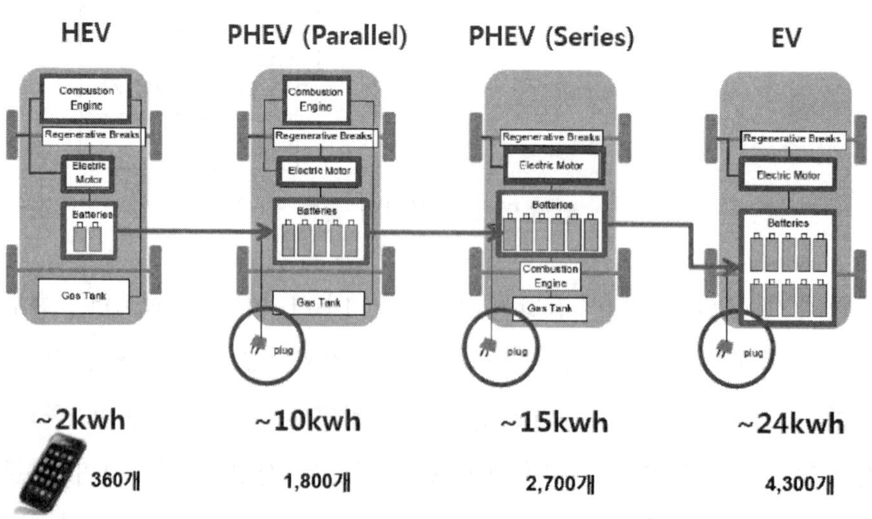

그림 10. 전기자동차 종류별 사용전지의 용량

[표 4-5. 2차 전지의 특징]

특 성	Ni/Cd전지	Ni/MH전지	Li-Ion전지	Li-Ion 폴리머전지
양극활물질	NiOOH	NiOOH	$LiMO_2$	$LiMO_2$
음극활물질	Cd	MH	Carbon	Carbon
전해액	KOH/H_2O	KOH/H_2O	LiX/유기용매	LiX/고분자전해질
평균전압(V)	1.2	1.2	3.7	3.7
에너지밀도(Wh/L)	160	240	300~350	250~300
수명(회)	1000	1000	1200	1000
자기방전율(%/월)		20~25	<10	<<10
환경친화도	Bad	Bad	Good	Good
저온특성	Good	Good	Good	Bad

[표 4-6. 전지별 특징]

구 분	종 류	특 징
1차 전지	망간전지	1868년 프랑스 르클량셰에 의해 발명된 역사가 오래된 전지로서, 고부하, 고용량화용에 적합한 전지 - 정극재료 : 이산화망간 - 부극재료 : 아연 - 전해액 : 물 - 전해질 : 염화암모늄, 염화아연 - 격리판 : 크라프트지
	알카리 망간전지	전지용량이 크고 내부저항이 적어서 부하가 큰 장시간 사용에 적합한 전지이며, 원통형과 코인형으로 분류 - 정극재료 : 이산화망간 - 부극재료 : 아연 - 전해액 : 수산화칼륨 수용액 - 전해질 : 수산화칼륨, 수산화나트륨 - 격리판 : 부직포(폴리오레핀, 폴리아미드계)
	리튬 1차 전지	리튬 1차 전지는 60년대 들어 미국의 NASA에서 우주개발용 전원으로 연구개발 된 고에너지 밀도의 전지로서, 오늘날 본격적으로 실용화 가 되고 있는 것은 플루오르화 흑연·리튬전지와 이산화망간·리튬전지 - 정극재료 : 플루오르화 흑연, 이산화망간에 탄소 결착 - 부극재료 : 리튬 - 전해액 : r-부칠락톤, 1, 2디메특시 에탄의 혼합 유기용매에 보론플루오 로와 리튬의 전해질을 용해시킨 액체 - 격리판 : 폴리프로필렌, 올레핀계 부직포

구 분	종 류	특 징
1차 전지	납축전지	1859년에 발명된 전지로서, 대부분의 자동차 기초 전원으로 이용되고 있으며, 싼값으로 제조가능하고 넓은 온도조건에서 고출력을 낼 수 있다. 납축전지는 안정된 성능을 발휘하나 비교적 무겁고 에너지 저장밀도가 높지 않다. - 정극재료 : PbO_2 - 부극재료 : Pb - 전해질 : H_2SO_4(수용액) $PbO_2 + 2H_2SO_4 + Pb \rightleftarrows PbSO_4 + 2H_2O + PbSO_4$
	니켈 카드뮴전지	• 납축전지와 가장 큰 차이점은 전해질 황산 대신 알칼리수용액 사용 • 1899년에 발명되고 1960년대에 밀폐형 니켈카드뮴전지 양산기술이 확립되어, 철도차량용, 비행기 엔진 시동용 등을 비롯하여 고출력이 요구되는 산업 및 군사용으로 널리 이용 • 밀폐형의 경우에는 전동공구 및 휴대용 전자기기의 전원으로 사용 • 메모리효과(memory effect)와 유해한 카드뮴 사용으로 인해 점차 사용을 기피하고 있는 추세 - 정극재료 : NiooH - 부극재료 : Cd - 전해질 : KOH(수용액) $2Ni(OH)_2 + Cd(OH)_2 \leftrightarrow 2NiOOH + Cd + 2H_2O$
2차 전지	니켈 수소전지	• '90년에 실용화하여 '92년에 대량 생산이 개시된 2차 전지 • 니켈-카드뮴전지에 비하여 에너지밀도가 크고 공해물질이 없어서 무공해 소형 고성능전지 • 전기자동차용 등의 무공해 대형 고성능전지로 개발이 가능한 새로운 2차 전지로서 주목을 받고 있다. • 니켈카드뮴전지와 동작전압이 같고 구조적으로도 비슷하지만 부극에 수소흡장합금을 채용하고 있어, 에너지밀도가 높다. • 단점은 메모리효과(memory effect)가 약간 있다. - 정극재료 : NiooH - 부극재료 : MH - 전해질 : KOH(수용액) $MH(s) + NiOOH(s) \rightarrow M + Ni(OH)_2(s)$
	리튬 이온전지	• 전압은 3.6V로 휴대폰, PCS, 캠코더, 디지털 카메라, 노트북, MD 등에 사용 • 양산 전지중 성능이 가장 우수하며 가볍다. • 일본 소니사가 가장 앞선 기술을 보유하고 있으며 가장 먼저 양산 • 리튬이온 전지는 폭발위험이 있기 때문에 일반 소비자들은 구입할 수 없으며 보호회로가 정착된 PACK 형태로 판매 • 위험성만 제거되면 가볍고 높은 전압을 갖고 있어 앞으로 가장 많이 사용될 전지 • 양극, 분리막, 음극, 전해액으로 구성되어 있고 리튬이온의 전달이 전해액을 통해 이루어짐

구 분	종 류	특 징
2차 전지	리튬 이온 전지	• 정상적인 조건하에서 500회 이상의 충전, 방전 수명 • 리튬이온 전지에는 메모리효과가 없다. • 전해액이 누수되어 리튬 전이금속이 공기중에 노출될 경우 전지가 폭발할 수 있고 과충전 시에도 화학반응으로 인해 전지 케이스내의 압력이 상승하여 폭발할 가능성이 있어 보호회로가 필수 • 되도록 완전충전, 완전방전을 하지 않고 조금 사용하고 충전하고 하는 것이 더 좋다. $LiCoO_2 + Cn \Leftrightarrow Li1 - xCoO_2 + CnLix$
	리튬폴리머 전지	• 전압은 3.6V로 폭발 위험이 없고 전해질이 젤타입이기 때문에 전지 모양을 다양하게 만들 수 있는 것이 장점 • 일부 휴대폰에 사용되고 있으며 리튬이온 전지를 이을 차세대 전지. 현재는 양산하는 곳이 적으며 국내에서도 많은 기업이 연구 개발 중 • 양극, 전해질, 음극으로 구성되어 있고 양극과 음극사이의 전해질이 양극과 음극을 분리하는 분리막과 리튬이온의 전달역할을 수행 • 고분자 겔 형태의 전해질을 사용함으로써 과충전과 과방전으로 인한 화학적 반응에 강하게 만들 수 있어 리튬이온전지에 필수적인 보호회로가 불필요 • 리튬이온 전지의 단점인 안전성 문제, 제조비용의 고가, 대형 전지 제조의 어려움, 고용량화의 어려움 등의 문제를 해결할 수 있는 전지 $LiCoO_2(s) + C(s) = LI_{1-n}CoO_2(s) + CLi_x$
	아연공기 전지	• 19세기말부터 20세기 초에 걸쳐 거치형 공기전지가 개발되어 항로표지용 전원이나 각종 통신기기에 사용 • 단추형으로는 의료기(보청기)용도로 사용하고 있으며, 고에너지 밀도와 큰 전기용량, 평탄 한 방전특성 - 정극재료 : 공기중의 산소 - 부극재료 : 아연 - 전해액 : 수산화칼륨 수용액 - 격리판 : 폴리오레핀, 폴리아미드계 부직포
	리튬공기 전지	• 양극 물질은 금속산화물 대신 공기(산소)사용하는 차세대 배터리. • 음극에서 리튬이 산화·환원 반응하고, 양극인 공기극에서는 외부로부터 유입되는 산소의 산화·환원 반응 • 리튬이온 전지에 비해 에너지 밀도를 크게 높일 수 있어 차세대 배터리로 큰 관심 • 금속을 쓰지 않아 제작비가 싸고 무게도 가볍다. • 상용화하면 한 번 충전으로 600Km 이상 달릴 수 있는 전기자동차 생산이 가능

참고 전기자동차 전지시장 주도권 한국으로

- 세계 전기자동차용 전지시장은 한국과 일본이 주도권 싸움을 하고 있다.
- 한국에는 삼성SDI(SB리모티브), LG화학, SK이노베이션 등 3개사가 전기자동차 전지사업에 주력하고 있다.
- 일본에는 산요, GM유아사, 히타치 등이 주력업체이고 미국에는 A123업체 등도 전기자동차용 전지 개발을 위해 노력하고 있다. 하이브리드자동차의 전지는 일본 업체가 주도하는 니켈수소 전지가 대부분 적용되어 왔다.
- 미국 GM의 전기자동차인 쉐보레 볼트에 LG화학이 리튬이온 전지를 공급하기로 하면서 세계 전기자동차용 전지시장의 판도가 바뀌기 시작했다. 리튬이온 전지는 니켈수소 전지에 비해 부피와 무게가 50% 줄어들면서도 같은 출력을 내며, 기술 발전이 거듭되면서 니켈수소 전지에 비해 월등히 비쌌던 제조가격이 현저히 떨어진 것도 전지시장의 판도변화에 큰 역할을 담당하였다.

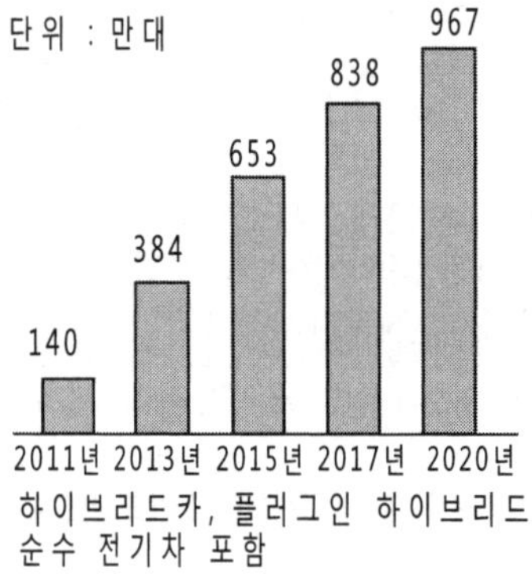

[전기자동차 글로벌 시장 전망]

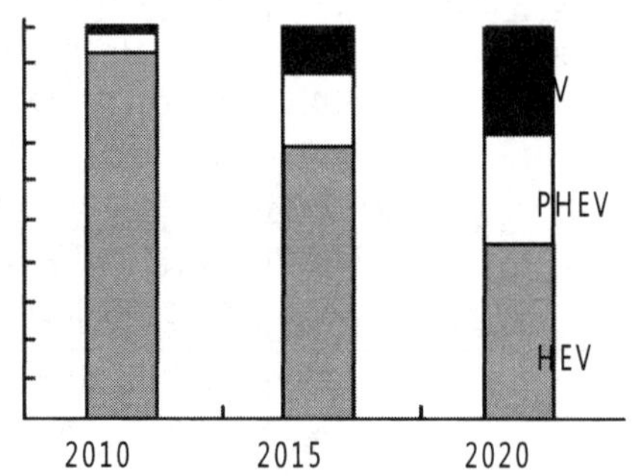

[전기차 유형별 비중 전망]

4.1. 니켈 카드뮴 전지(Ni/Cd전지)

대형의 Ni-Cd 전지는 2차 대전 중에 유럽에서 개발되었고 소형의 Ni-Cd 전지는 역시 유럽에서 1960년대 유럽에서 상용화되었다. $Ni(OH)_2$를 양극으로, Cd을 음극으로 사용하는 전지이며, 알카리 수용액을 전해질로 사용한다.

납축전지와 Ni-Cd 전지의 가장 큰 차별점은 전해질을 황산 대신 알카리 수용액을 사용한다는 점이다. 알카리 수용액은 황산과 같은 산성 수용액보다 전도성이 뛰어나다는 장점이 있다. 대형 Ni-Cd 전지는 철도, 차량용, 비행기 엔진 시동용 등을 비롯하여 고 출력이 요구되는 다양한 산업 및 군사용도로 널리 이용되고 있다. 방전 시에 일어나는 가스발생을 제어하는 기술이 개발되어 밀폐식으로 만들어진 것이 바로 소형 Ni-Cd 전지이다.

그림 11. Ni/Cd 전지

전지가 디지털기기의 키 컴포넌트의 하나로 주목받게 된지 10년 가까이 지났으며 그 동안에 니카드전지(원래 명칭은 니켈카드뮴전지)에서 니켈수소전지, 리튬이온전지로 화제의 중심이 이동하고 있다. 이런 상황에서 니켈카드뮴전지는 기술적으로 오래 되어 환경에 좋지 않다는 이미지를 가지게 되었다. 노트북, 휴대전화의 전원인 리튬이온전지도 원래는 니켈카드뮴전지에서부터 시작되었다.

4.1.1. 원리와 구조

일본의 삼양전기는 니켈카드뮴전지를「카드니카전지」의 명칭으로 상표등록하고 1964년부터 생산을 개시했다. 과거에 세계적으로 큰 경쟁사의 메이커와 장기간에 걸쳐 치열한 기술경쟁을 하고 그 결과 카드뮴전지의 품질과 신뢰성을 만들어낸 것이라 할 수 있다.

[1] 니켈카드뮴전지의 원리와 구조

일반적으로 니켈카드뮴전지의 반응식은 다음과 같다. 양극은 니켈 산화물, 음극은 카드뮴화합물을 활성물질로서 전해액은 주로 수산화칼륨 수용액을 사용하고 있다.

$$2Ni(OH)_2 + Cd(OH)_2 \leftrightarrow 2NiOOH + Cd + 2H_2O$$

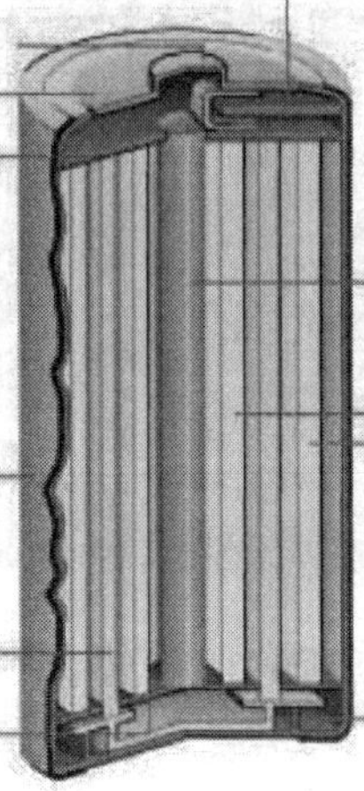

그림 12. 밀폐형 니켈카드뮴전지의 구조

원통형 니켈카드뮴전지의 내부는 얇은 시트 모양의 양·음극판을 나일론이나 폴리프로필렌을 소재로 한 부직포로 된 격리판를 통하여 말은 상태로, 강철제의 견고한 외장 캔에 수납되어 있다. 또, 과충전시에 양극에서 발생한 산소가스는 음극에서 흡수되어 전지내부에서 소비하는 메커니즘으로 되어 있지만 규정 이상의 내부 가스압 상승에 대비하여 복귀식 가스 배출밸브를 설치하고 있다.

(1) 충전특성

니켈카드뮴전지의 충전특성은 전지의 종류, 온도, 충전전류에 따라서 달라진다. 충전이 진행됨과 동시에 전지 전압은 상승하여 어느 정도 충전량에 도달하면 피크 전압을 나타낸 후에 강하된다. 이 전압강하는 충전말기에 발생하는 산소가스가 음극에 흡수될 때의 산화열로 전지온도가 상승하기 때문에 발생한다.

충전기를 설계할 때 이 음극에 흡수되는 속도 이상으로 산소가스를 발생시키지 않아야 한다는 것이 중요한 포인트이다. 충전에는 다음과 같은 3종류가 있다.

① **정전류충전** : 트리클(Trickle)충전이라고 하며, 전지의 수명에 나쁜 영향을 미치지 않을 정도의 작은 전류에 의해 전지를 계속 충전상태 유지하는 방법

② **보통충전** : 0.1C～0.2C[A]에서 150% 정도의 충전

③ **급속충전** : 1C～1.5C[A]에서 약 1시간의 충전이 가능. 만충전 제어가 필요

(2) 방전특성

니켈카드뮴전지의 방전 동작전압은 방전전류에 의해서 다소 변화되지만 방전기간의 약 90%가 1.2V 전후를 유지한다. 또 건전지나 연축전지에 비해 방전중인 전압 변화가 적어 안정된 방전전압을 나타낸다. 방전 종지전압은 기기의 설계상 1셀당 0.8~1.0V가 적합하다. 또한 내부저항이 작기 때문에 외부단락 시 대전류가 흐르기 때문에 위험하여 보호부품 등의 설치도 필요하다.

(3) 메모리 효과란 ?

방전 종지전압이 높게 설정되어 있는 기기나 매회 얕은 방전 레벨에서 사이클을 반복했을 경우, 그 후의 완전방전에서 방전 도중에 0.04~0.08V의 전압강하가 일어나는 경우가 있다. 최근에는 기기측의 방전 종지전압 설정을 1.1V/셀 이하로 하는 등 저전압 구동 IC의 사용과 적당한 세트 전지수의 선정으로 거의 문제가 되지 않는다. Ni-Cd 전지의 전압은 1.2V 인데, Ni-Cd 전지에서는 전지를 다 사용하기 전에 충전하면 메모리효과(memory effect) 때문에 다음 충·방전 시에 용량이 줄어드는 현상이 발생한다.

메모리 효과의 단적인 예는 전기면도기처럼 매일 일정시간 사용하고 곧 바로 충전하는 기기에서의 이상 동작현상을 들 수 있다. 본인이 면도하고 난 후 충전 후에, 다른 사람이 면도하려고 하였는데 면도기가 작동하지 않는 것이다. 메모리라고 말할 수 있는 이 현상은 이 전지를 강제 방전함으로써 메모리를 지울 수 있다. 메모리 효과는 Cd(카드뮴) 금속 고유의 특성이다.

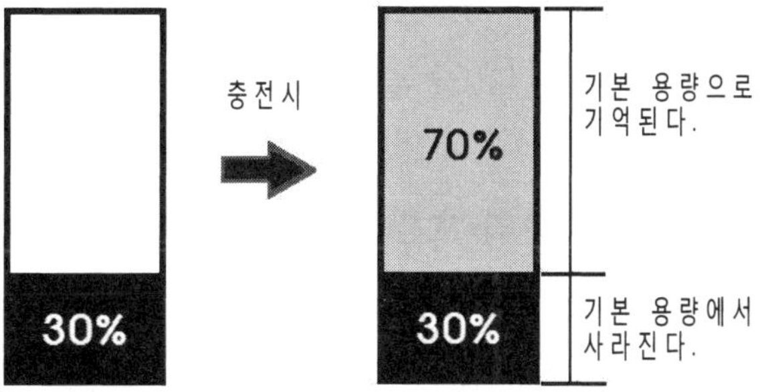

그림 13. 메모리 효과(memory effect)

카드뮴 금속은 수정과 같은 결정구조를 이루고 있는데 방전이 일어나면서, 반응이 일어난 부분은 결정구조가 흐트러져 비정형 구조로 변한다. 비정형구조와 결정구조사이의 경계는 충전과 방전을 거듭하면서 굵어지고, 이러한 경계가 메모리 효과의 원인이 된다.

(4) 수명특성

니켈카드뮴 전지의 수명은 보통 사용조건에서는 500회 이상 반복해서 사용할 수 있지만 수명에 영향을 주는 주된 요인으로 충전전류, 온도, 방전 심도, 빈도, 과충전기간이 있다. 수명의 모드로는 전지부품의 열화나 활물질의 기능저하에 의한 용량저하를 들 수 있다. 다른 계통의 전지에 비해 보다 안전하게 오래 사용하기 위해서는 특히 온도와 충전전류를 고려하기 바란다.

[2] 니켈카드뮴 전지의 특징

① 사용실적을 뒷받침하는 높은 신뢰성 : 35년 정도의 시장실적으로 신뢰성을 인정받는다.

② 장수명으로 경제성이 우수하다 : 1회의 방전용량은 기존의 건전지와 같지만, 일반적으로 500회 이상의 충방전이 가능하여 경제적이다. 최근에는 충전의 제어기술이 발달하여 1000~2000회 이상 사용할 수도 있다.

③ 전지 자체가 견고하여 다소 무리한 조건에서도 오래 사용되므로 기기를 복잡한 회로로 할 필요가 없다. 또 다른 2차 전지에 비해 과충전, 과방전에 강한 설계로 되어 있다. 또한 전지 내부에 흡수되지 않았던 가스를 방출하는 복귀식 가스 배출밸브가 있어 안전성이 뛰어나다 전동공구에서의 30A까지 미치는 방전특성 및 10분 이내의 충전 등 다른 2차 전지에서는 어려운 사용조건을 가능케 하고 있다.

④ 폭넓은 기종과 건전지와의 호환성 : 다양한 용도에 대응할 수 있도록 여러 종류(타입, 사이즈)의 전지와 기기 스페이스에 맞춘 세트 전지가 있다. 또 건전지와 호환성이 있는 카드뮴전지와 충전기도 충실한 라인업을 골고루 갖추고 있다.

⑤ **우수한 신뢰성과 넓은 사용온도·습도범위** : 온도에 의한 성능의 변화가 적고 밀폐구조이기 때문에 습도에 의한 영향도 거의 없다. 방전은 보통 -20~+60℃를 허용한다. 특히 저온에서 1C[A]를 초과하는 고부하 방전이 가능한 2차 전지는 아직 적어 니켈카드뮴전지의 용도를 확대시켜 왔다. 비상 조명기기나 자동 화재경보기 등의 방재기기의 백업 전원으로 전부터 활용되고 있어, 신뢰성이 매우 높다.

⑥ **보수가 용이하고 견고** : 밀폐구조이기 때문에 보충액이 필요없이 충방전 상태를 불문하고 보관할 수 있으므로 보수가 용이하다. 또 기기 내에 장착이 가능하며 취급이 간단하다. 구조는 견고하고 재질도 금속용기를 사용하고 있기 때문에 충격이나 진동에 대해서도 충분한 내구성을 지니고 있다.

4.2. 니켈수소 전지(Ni-MH)

니켈-금속수소화물전지(Ni-MH전지 : metal hydrogen battery)는 기존의 니켈카드뮴(Ni-Cd)전지에 카드뮴 음극을 수소저장 합금으로 대체한 전지이다. 최근 전자기기들의 소형·경량화 추세에 따라서 이들 전자기기의 전원으로 사용되는 전지에도 고에너지 밀도화, 소형 경량화, 장수명화 등이 강하게 요구되고 있으나, 기존의 니켈-카드뮴전지나 납축전지의 성능향상은 거의 한계에 도달해 있으며, 환경오염이 사회문제로 대두됨에 따라서 카드뮴과 같은 공해유발 물질의 사용이 규제되고 있다.

그림 14. Ni-MH전지

또한 자동차 배기가스에 의한 대기오염을 줄일 목적으로 무공해 자동차의 하나로 전기자동차의 개발이 활발히 진행되고 있는데, Ni-MH전지는 니켈-카드뮴전지에 비하여 에너지밀도가 크고 공해물질이 없어서 무공해 소형 고성능전지로 뿐만 아니라 전기자동차용 등의 무공해 대형 고성능전지로 개발이 가능한 새로운 2차 전지로서 주목을 받고 있다.

특히 최근에는 이동통신기기, 노트북 컴퓨터, 캠코더 등 휴대용 전자기기에 리튬이온 이차전지가 보급됨으로써 소형 Ni-MH전지의 시장점유율이 감소하고 있는 실정이다. 그러나 전기자동차용과 하이브리드 자동차에 사용되는 중대형 용량의 전지는 자동차의 동력원으로 사용되는 특수성 때문에 고에너지밀도와 고파워밀도 같은 전지의 기본적인 성능뿐 아니라 전지의 수명 및 신뢰성과 특히 안전성에 관한 요소가 중요한 결정요인이 된다. 즉 Li이차전지가 갖고 있는 근본적인 문제점인 리튬금속이 대기 중에 노출할 경우 리튬 고유의 활성으로 인한 화재의 발생문제가 있으므로 최근에 개발 중인 완전 고체형의 리튬-폴리머전지가 개발되기 이전까지는 전기자동차용으로는 안전성이 있는 Ni-MH전지를 사용하는 것이 바람직하며 최근 미국이나 일본에서 판매 또는 리스 중인 전기자동차 및 하이브리드자동차는 대부분 Ni-MH전지를 사용하고 있는 실정이다.

- 양극 : $MH(s) + OH^-(aq) \rightarrow M + H_2O(l) + e^-$
- 음극 : $N_iOOH(s) + H_2O(l) + 2e^- \rightarrow N_i(OH)_2(s) + OH^-(aq)$
- 전체 : $MH(s) + N_iOOH(s) \rightarrow M + N_i(OH)_2(s)$

이러한 새로운 알칼리 2차 전지로서 Ni-MH전지가 제안된 것은 1970년경이지만 연구개발이 활발하게 진행된 것은 1980년대 중반부터이다. Ni-MH전지의 고성능화를 위한 음극용 수소저장합금의 개발 결과 현재 상용화되어 있는 합금들은 주로 일본에서 소형전지로 상용화된 $LaNi_5$나 $MmNi_5$(Mm: misch metal, 희토류원소의 혼합물)를 기본으로 하는 AB5계합금과, 미국의 OBC(Ovonic Battery Company)사에 의하여 개발된 C14 또는 C15 Laves상을 주로 하는 AB2계 합금으로 나눌 수 있다.

소형 Ni-MH전지는 현재 AB5 Type의 전지가 상용화되고 있으며 AB5계보다 용량이 다소 큰 AB2계 전지는 홍콩의 GPI에서 최초로 상용화하였으나 대부분의 시장은 일본의 3사인 마쓰시타, 산요, 도시바에서 점유하고 있다. Ni-MH전지는 현재 소형전지의 경우 리튬이온전지에 시장을 잠식당하고 있는 실정이며 중대용량의 전지는 기술개발이 활발히 진행되고 있다.

4.2.1. Ni-MH전지의 구성과 반응

Ni-MH전지는 기존의 Ni-Cd전지에서 Cd극을 수소저장 합금으로 대체한 것으로서 음극에 수소저장합금(M), 양극에 수산화니켈($Ni(OH)_2/NiOOH$)이 사용되며, 분리막으로는 Ni-Cd전지와 같은 내알칼리성의 나일론 부직포, 폴리프로필렌 부직포 및 폴리아미드 부직포 등이 사용되고 있다. 또한 전해액은 이온전도성이 최대로 되는 5∼8M KOH 수용액이 사용되고 있다. 충전시 음극에서는 물이 전기분해되어 생기는 수소이온이 수소저장합금에 저장되는 환원반응이, 양극에서는 $Ni(OH)_2$가 NiOOH로 산화되는 반응이 일어난다. 방전시에는 역으로 음극에서는 수소화합물의 수소원자가 산화되어 물로 되고, 양극에서는 NiOOH가 $Ni(OH)_2$로 환원되는 반응이 일어난다. 니켈양극이 완전히 충전된 후에도 전류가 계속 흐르면, 즉 과충전이 되면, 양극에서는 산소가 발생된다.

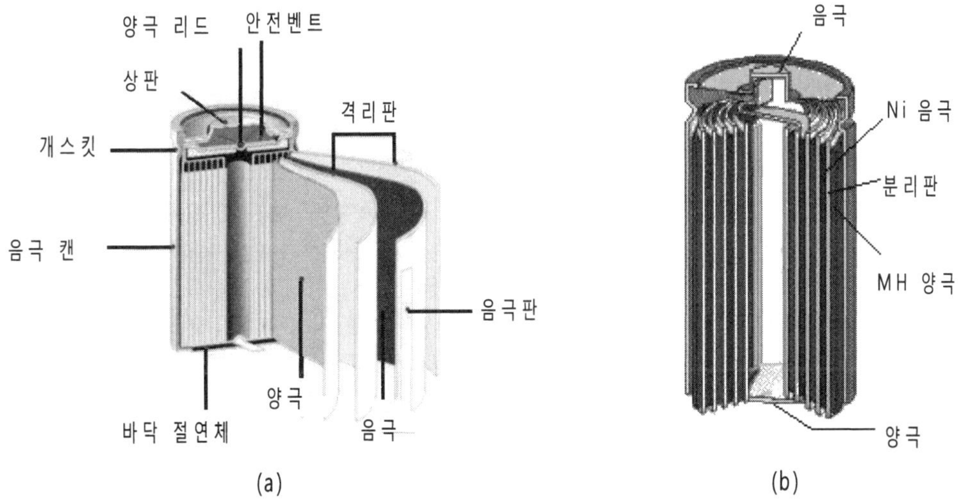

그림 15. Ni-MH전지의 구조

그러나 음극의 용량이 양극보다 크면, 발생된 산소가 음극표면으로 확산되어 산소재결합반응이 일어나게 된다. 음극에서는 산소를 소비시키기 위하여 수소가 감소하게 되어 동일한 전기량이 충전되므로 전체적으로는 변화가 없다. 역으로 과방전이 되면, 양극에서는 수소가 생성되고 이 수소는 음극에서 산화되므로 전체적으로 전지내압은 상승하지 않는다.

이와 같이 Ni-MH전지는 원리적으로는 과충전과 방전시 전지내압이 증가하지 않고, 전해액의 농도가 변하지 않는 신뢰성이 높은 전지이다. 그러나 실제적으로는 충전효율의 문제로 인하여 전지내압이 어느 정도 상승하게 된다.

[표 4-7. Ni-MH전지의 장·단점 구분]

장 점	단 점
① 전지전압이 1.2~1.3V로 Ni-Cd전지와 동일하여 호환성이 있다. ② 에너지밀도가 Ni-Cd전지의 1.5~2배이다. ③ 급속 충·방전이 가능하고 저온특성이 우수하다. ④ 밀폐화가 가능하여 과충전 및 과방전에 강하다. ⑤ 공해물질이 거의 없다. ⑥ 수지상(dendrite) 성장에 기인하는 단락이나 기억효과가 없다. ⑦ 수소이온 전도성의 고체전해질을 사용하면 고체형 전지로도 가능하다. ⑧ 충방전 싸이클 수명이 길다.	① Ni-Cd전지만큼 고율방전 특성이 좋지 못하다. ② 자기방전율이 크다. ③ 메모리효과(memory effect)가 약간 있다.

참 고 Ni-MH(니켈-수소) 전지

니켈-수소전지는 니켈-금속수소화물 전지(MH는 metal hydrogen의 약자임)의 약칭으로 기존의 니켈-카드뮴(Ni-Cd)전지에 카드뮴 음극을 수소저장합금으로 대체한 전지이다.

최근 전자기기들의 소형, 경량화 추세에 따라서 이들 전자기기의 전원으로 사용되는 전지에도 고에너지 밀도화, 소형경량화, 장수명화 등이 강하게 요구되고 있으나, 기존의 Ni-Cd전지나 납축전지로는 요구 수준에 도달하기 어려우며 유해 중금속 등에 의한 환경오염이 사회문제로 대두됨에 따라서 카드뮴과 같은 공해 유발물질의 사용이 규제되고 있다. 또한 자동차 배기가스에 의한 대기오염을 줄일 목적으로 무공해 자동차의 하나로 전기자동차의 개발이 활발히 진행되고 있는데, Ni-MH전지는 Ni-Cd 전지에 비해 에너지 밀도가 크고 공해물질이 없어서 하이브리드 자동차용과 전기자동차용 전원 그리고 전기스쿠터용과 장애자스쿠터용 등으로 개발되고 있다.

구 분	납축전지	니켈카드뮴	니켈수소	리튬이온	수퍼커패시터
작동전압(V)	1.2	1.2	1.2	3.7	2.8
에너지밀도(Wh/l)	90	170	300	500	13
출력밀도	300	250	1300	3000	2500
수명(회)	-	500	> 500	> 500	반영구

이와 같은 전극반응으로 나타나는 Ni-MH rechargeable battery의 특성은 다음과 같다.

① 에너지의 용량이 크다(Ni-Cd 전지 또는 lead-acid 전지의 약 1.5~2배).
② 독성물질(heavy metal)을 함유하고 있지 않다.
③ 충전, 방전속도가 빠르다.
④ 저온, 고충전 속도에서도 에너지 효율이 높다.
⑤ 충전, 방전시 전해질의 농도 변화가 없다.
⑥ 밀폐형 전지의 제조가 용이하다.
⑦ 원하는 특성에 따라 수소저장합금을 선택할 수 있다.

Ni-MH 전지에 대한 연구는 고용량의 전극개발과 전지 설계 및 제조기술의 최적화 방향으로 진행되고 있다.

수소저장합금 전극의 방전용량은 합금의 수소저장용량에 비례하기 때문에 이론적인 방전용량이 Ni양극처럼 제한되지 않고 개발의 여지가 충분히 있는 것으로 평가된다. 현 상태에서 음극의 내부저항이 전지에서 가장 큰 비중을 차지하고 있어 고출력을 요하는 전기자동차 용 Ni-MH 2차 전지의 성능개선은 MH 음극의 개발 여부에 좌우된다고 할 수 있다.

4.3. 리튬이온 전지(Lithium-ion battery, Li-ion battery)

4.3.1. 전지의 특성

리튬이온 전지는 2차 전지의 일종으로서, 방전과정에서 리튬이온이 음극에서 양극으로 이동하는 전지이다. 친환경 자동차용 2차 전지 시장은 어떤 종류의 차종이 시장을 주도하느냐에 따라 결정이 될텐데, 현재 상용화가 어느 정도 완료된 HEV에 주로 사용되는 니켈수소전지의 영향력이 크지만 PHEV, EV 등이 상용화되어 시장에 진출함에 따라 리튬이온전지가 대세를 이룰 것으로 전망이다.

HEV의 경우는 가솔린엔진을 주동력원으로 사용하지만 PHEV와 EV는 전기모터를 주동력으로 사용하기 때문에 에너지밀도가 크고 용량이 큰 리튬이온 2차 전지가 반드시 사용되어야 하기 때문이다. 리튬이온 전지는 충전시에는 리튬이온이 양극에서 음극으로 다시 이동하여 제자리를 찾게 된다.

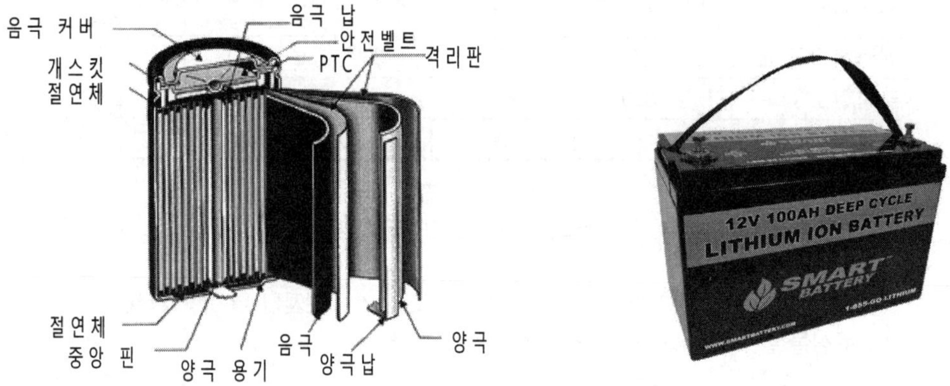

(a) 구조 (b) 외형

그림 16. 리튬이온 전지의 구조

리튬이온 전지는 충전 및 재사용이 불가능한 1차 전지인 리튬전지와는 다르며, 전해질로서 고체 폴리머를 이용하는 리튬이온 폴리머 전지와도 다르다. 리튬이온 전지는 에너지 밀도가 높고 기억효과가 없으며, 사용하지 않을 때에도 자연방전이 일어나는 정도가 작기 때문에 시중의 휴대용 전자 기기들에 많이 사용되고 있다. 이 외에도 에너지밀도가 높은 특성을 이용하여 방위산업이나 자동화시스템, 그리고 항공산업 분야에서도 점점 그 사용 빈도가 증가하는 추세이다.

그러나 일반적인 리튬이온 전지는 잘못 사용하게 되면 폭발할 염려가 있으므로 주의해야 한다. 리튬이온 전지는 크게 양극, 음극, 전해질의 세 부분으로 나눌 수 있는데, 다양한 종류의 물질들이 이용될 수 있다. 상업적으로 가장 많이 이용되는 음극재질은 흑연이다. 양극에는 층상의 리튬코발트산화물(lithium cobalt oxide)과 같은 산화물, 인산철리튬(lithium iron phosphate, $LiFePO_4$)과 같은 폴리음이온, 리튬망간 산화물, 스피넬 등이 쓰이며, 초기에는 이황화티탄(TiS_2)도 쓰였다.

음극, 양극과 전해질로 어떤 물질을 사용하느냐에 따라 전지의 전압과 수명, 용량, 안정성 등이 크게 바뀔 수 있다. 최근에는 나노기술을 응용한 제작으로 전지의 성능을 높이고 있다. 리튬은 가장 가벼운 금속원소(원소기호 Li, 번호 3)로서, 휴대용 단말기에 사용되는 리튬이온 전지는 니켈-카드뮴 전지에 비해 약 2배의 용량과 약 3배의 전압을 유지하며 자기방전이 적은 특징을 가지고 있다.

그리고 충·방전을 1,000회 이상 반복해도 메모리효과가 발생하지 않아 전지를 다 쓰지 않고 재충전해도 수명이 단축되지 않으며 내구성이 좋다.

리튬이온 전지는 현재 2차 전지시장의 대부분을 차지하고 있는 전지이다. 한번 쓰고 버리는 1차 전지(일반 건전지)와 달리 외부전원을 이용해 충전해서 반영구적으로 사용하는 전지를 2차 전지라고 한다. 양극과 음극사이에 유기전해질을 넣어 충전과 방전을 반복하게 하는 원리이다. 즉, 리튬산화물로 (+)극을 만들고, 탄소화합물로 (-)극을 만드는데, (+)극의 리튬이온이 중간의 전해액을 지나 (-)극 쪽으로 이동하면서 전기를 발생시킨다. 무게가 가벼운데다 고용량의 전지를 만드는 데 유리해 휴대폰, 노트북, 디지털 카메라 등에 많이 사용되고 있다.

그러나 리튬은 본래 불안정한 원소여서 공기 중의 수분과 급격히 반응해 폭발하기 쉬우며 전해액은 과열에 따른 화재 위험성이 있다. 이런 이유 때문에 리튬이온 전지에는 안전보호회로(PCM)가 들어가며, 내부를 단단한 플라스틱으로 둘러싸게 된다.

4.3.2. 리튬이온 전지의 원리

리튬이온 전지는 정극(양극, anode)으로 Lithium oxide계(예 : $LiCoO_2$)를 사용하고, 부극(음극, Cathode)으로 carbon계(예 : graphite)를 사용한다. 방전시 리튬이온은 부극인 graphite 격자구조 속에 있는 리튬이온이 빠져나와 분리막을 거쳐 정극의 결정구조 속으로 이동해 들어간다. 충전시에는 산화물 정극에서 리튬이온이 빠져나와 분리막을 거쳐 탄소부극의 결정 속으로 이동하여 들어간다. 따라서 충방전시 리튬이온의 이동에 따라 결정구조는 크게 변한다.

전해질로 수용액대신 유기용매를 사용한다.

$LiCoO_2 + Cn \Leftrightarrow Li1 - xCoO_2 + CnLix$

양극(산화) : $LiCoO_2 \rightarrow Li(1-X)CoO_2 + xLi^+ + xe^-$

음극(환원) : $xLi^+ + xe^- + 6C \rightarrow LiC_6$

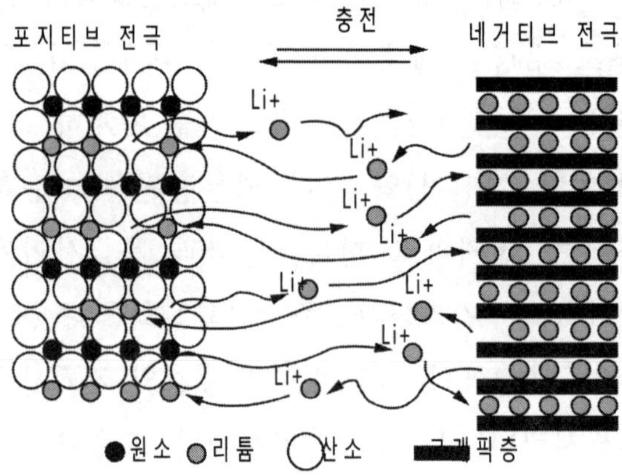

(a)

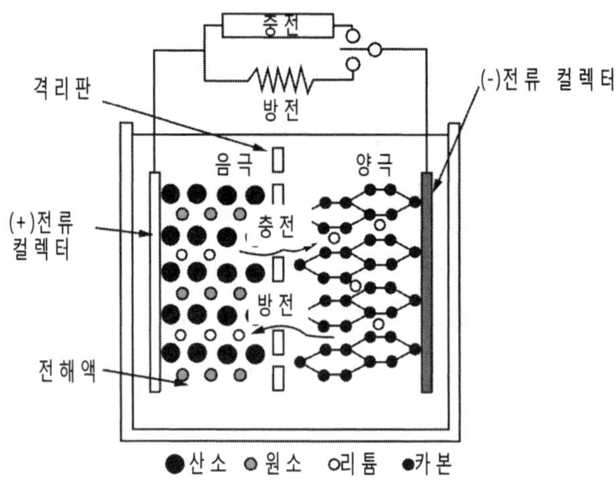

(b)

그림 17. 리튬이온 전지의 충·방전작용

따라서 전지작동은 충방전시 양쪽 전극의 전위차에 따라 전지 외부회로에서의 전자흐름과 전지내부에서의 이온흐름이 동시에 일어난다. 충전은 외부의 전기에너지를 전지내부의 전기화학반응을 통하여 화학에너지로 바꾸는 것이다. 외부에서 음극(탄소전극)으로 전자가 들어가면 전해염의 리튬이온은 전자를 받아 환원되어 음극에 붙게 된다. 이때, 양극에서는 전자가 외부회로로 흘러나가며 전극 활물질은 산화되고 리튬이온을 잃게 된다. 방전은 충전의 역반응으로 외부회로에 전기에너지를 공급한다.

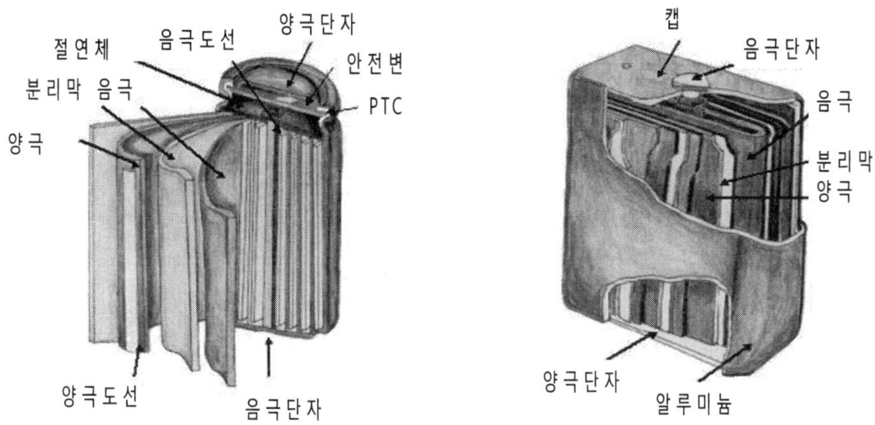

(a) 원통형 (b) 각형

그림 18. 리튬이온 전지의 구성도

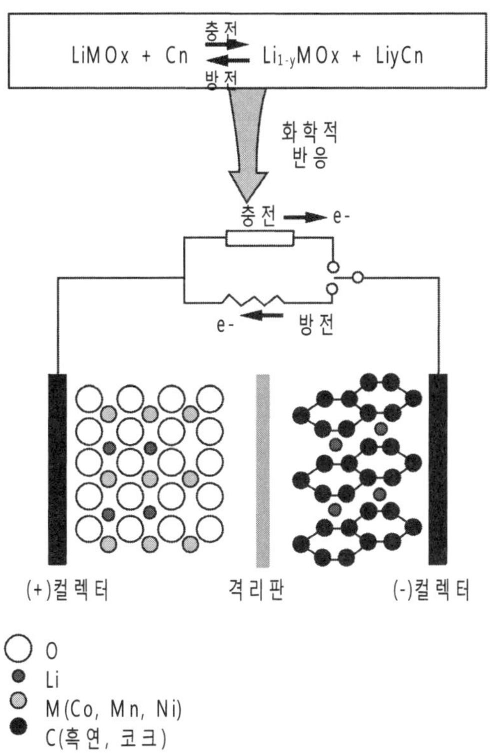

그림 19. 리튬이온 전지의 구조

$$LiCoO_2 + C \underset{\text{방전}}{\overset{\text{충전}}{\rightleftarrows}} Li_{1-x}CoCO_2 + LixC$$

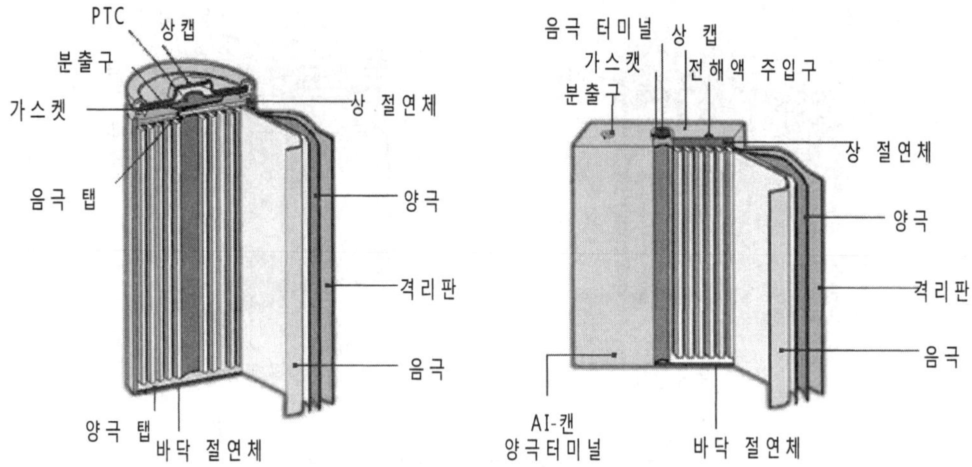

(a) 각형　　　　(b) 원통형

그림 20. 리튬이온 각형, 원통형의 구조

[표 4-8. 리튬-이온전지의 특성]

구 분	특 성
고에너지 밀도	・리튬이온 전지는 같은 용량의 니카드(Ni-Cd : 니켈카드늄), 혹은 니켈수소 전지에 비해 질량이 절반에 지나지 않는다. ・부피는 니카드 전지에 비해 40~50% 작을 뿐 아니라 니켈수소 전지에 비해서도 20~30% 작다
고전압	하나의 리튬이온 전지의 평균 전압은 3.7V로서 니카드나 니켈수소 전지 3개를 직렬로 연결해 놓은 것과 같은 전압이다.
고출력	리튬이온 전지는 1.5CmA까지 연속적으로 방전이 가능하다(1CmA란 전지의 용량을 1시간 동안 모두 충전 또는 방전하는 전류를 말한다).
무공해	리튬이온 전지는 카드뮴, 납 또는 수은과 같은 오염물질을 사용하지 않는다.
금속 리튬 아님	리튬이온 전지는 리튬 금속을 사용하지 않아 더욱 안전하다.
우수한 수명	정상적인 조건하에서 리튬이온 전지는 500회 이상의 충전 / 방전 수명을 지닌다.
메모리 효과 없음	・리튬이온 전지에는 메모리효과가 없다. ・반면에 니카드 전지는 불완전한 충전과 방전이 반복적으로 이루어질 때 전지의 용량이 감소하는 메모리 효과를 보인다.
고속 충전	리튬이온 전지는 정전류/정전압(CC/CV)방식의 전용 충전기를 이용하여 4.2V의 전압으로 1~2시간 안에 완전하게 충전할 수 있다.

참 고 리튬이온 전지의 수명

리튬이온은 장수명을 가질 수 있도록 설계되어 있지만 수명은 수천회 충방전이 가능하다.
무엇으로 리튬이온 전지를 만들었나에 따라, 아니면 제작업체의 기술력에 따라 달라진다. 세계에서 우수한 기술을 갖은 일본 소니의 경우 4000회의 충방전에도 원래 용량을 유지한다. 전지를 사용하는 온도도 중요하다. 리튬이온 전지는 열에 매우 약하다. 사회적 문제가 되었던 노트북의 전지 폭발사건도 모두 노트북의 온도가 너무 높게 올라가 전지에 작용하였기 때문이다.
리튬이온 전지는 열에 매우 약하기 때문에 온도가 높은 곳에서 사용을 하면 더욱 빨리 성능의 저하가 올 수 있다. 리튬이온 전지의 성능이 감소하는 주된 원인은 극재료로 사용되는 탄소분자의 구조가 변하면서 탄소와 결합하는 리튬이온의 양이 줄어들기 때문인데 여기에 열이 가해지면 그 변화되는 속도가 가속되기 때문에 성능이 급격히 떨어지게 된다.

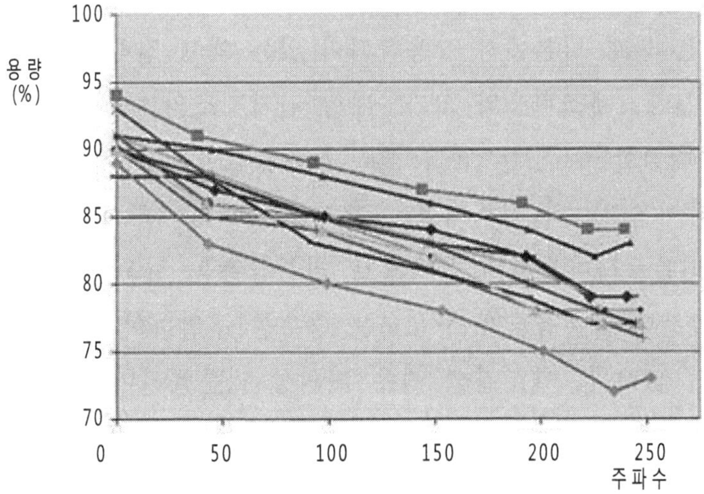

참 고 리튬이온 전지 오래 쓰는법

되도록 완전충전, 완전방전을 하지 않고 조금사용하고 충전하고 하는 것이 더 좋다. 보통 전지를 사용하다 보면 용량이 적어진 것을 느낄 수 있다. 이때 다시 완전충전, 완전방전을 하면 용량이 다시 살아나는 것을 알 수 있다. 이것하고 수명을 혼돈해서는 안된다. 즉, 용량과 수명은 선형적인 관계가 아니다는 것이다.
용량이 다시 살아나는 이유는 이온이 흘러가는 통로에서 여러 가지 이유로 이온중 여러 개가 극판까지 도달하지 못하게 되는 것이 많아지게 되는 것이다. 이때 완전충전, 완전방전을 해주면 다시 잘 흐르게 되는 것이다. 이것은 용량 문제이지 수명문제가 아니다. 리튬이온 셀은 일정 전압을 넘어서거나 낮아지면 셀이 손상된다. 즉, 과충전과 과방전은 수명에 치명적이라는 것이다.
결론적으로 장수의 비결은 "사용을 하고 자주자주 충전을 해주는 것" 이다.

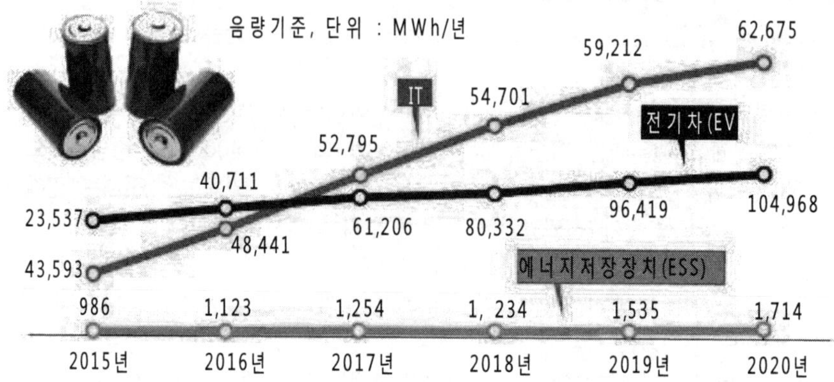

[글로벌 리튬이온 전지 시장전망]

4.4. 리튬폴리머 전지

리튬폴리머 전지는 현재 일본에서 상용화되어 있는 액체 전해질형 리튬이온 전지의 단점인 안전성 문제, 제조비용의 고가, 대형 전지제조의 어려움, 고용량화의 어려움 등의 문제를 해결할 수 있는 전지이다. 리튬폴리머전지인 경우는 리튬이온전지와 유사하나 리튬이온전지의 전해액을 고분자물질로 대체하여 안정성을 높인 것이 다르다. 또한 리튬폴리머전지는 음극으로 리튬금속을 사용하는 경우와 카본을 사용하는 경우가 있는데 카본음극을 사용하는 경우를 구별하여 리튬이온폴리머전지로 표기하는 경우가 있으나, 대부분의 경우 편의상 리튬폴리머전지로 통용하고 있다.

전해질이 고체이기 때문에 전해질의 누수염려가 없어 안전성이 확보되고, 또한 용도에 따라 다양한 크기와 모양으로 전지팩을 제조할 수 있어 기존의 리튬이온 전지에서 원통형 및 각형전지로 전지팩을 제작할 경우 전지와 전지 사이에 전지용량과 무관한 쓸데없는 공간이 생기는 문제를 해결함으로써 에너지밀도가 높은 전지를 제조할 수 있다. 또한 자기방전율 문제, 환경오염문제, 메모리효과 문제가 거의 없는 차세대 전지라 할 수 있다. 특히 전지제조공정이 리튬이온 전지에 비하여 비교적 용이할 것으로 예상되어 대량생산 및 대형전지 제조가 가능할 것으로 보이므로 전지제조비용의 저렴화 및 전기자동차 전지로의 활용 가능성이 매우 높은 전지라 할 수 있다.

그림 21. 리튬폴리머 전지

그러나 리튬폴리머 전지가 기술적으로 실현 가능하게 하기 위해서는 아래와 같은 문제가 선결되어야 한다.

① 전기화학적으로 안정해야 한다(과충방전에 견디기 위해 넓은 전압범위에서 안정).
② 전기전도도가 높아야 한다(상온에서 1mS/cm 이상).
③ 전극물질이나 전지내의 다른 조성들과 화학적, 전기화학 적 호환성이 요구된다.
④ 열안정성이 우수하여야 한다.

리튬폴리머 전지는 리튬이온 전지와 동작원리는 같으나 전해액에 유기 용매와 겔상의 고분자를 사용하는 것으로 누액의 위험이 적고 안전성이 뛰어나며 필름 형태의 재료를 중첩시켜 구성하므로 형상의 자유도가 높아 다양한 모양이 가능한 특징이 있는 반면에 리튬이온 전지에 비해 체적 에너지 밀도가 떨어지며 제조공정이 비교적 복잡하여 아직까지 가격이 높다.

현재 휴대기기용(디지털 카메라 등)으로 사용되고 있는 폴리머 전지는 폴리에틸렌글리콜(Polyethylene glycol)이나 폴리에틸렌 플로라이드(Polyethylene fluoride)으로 구성된 폴리머에 전기분해액을 포함시켜 교질화(겔화)한 것으로, 본질적으로는 리튬이온 전지와 큰 차이가 없다. 하지만 전해질이 준고체상태이기 때문에, 용액이 잘 새어나오지 않는다는 장점이 있다. 다른 방식의 2차전지에 비해 상당히 가볍고, 메모리 효과도 매우 적다. 모양도 비교적 자유롭게 만들 수 있기 때문에 이용이 증가하고 있다. 애플의 노트북인 맥북, 맥북프로에서 사용되기도 한다.

리튬폴리머 전지는 음극과 양극사이의 분리막이 리튬이온 전지에서의 전극의 분리역할 외에 이온전도의 매개체, 즉 전해질의 역할을 하는 전지이다. 리튬폴리머 전지는 전극재료 및 고분자 분리막의 종류에 따라 다음과 같이 구분할 수 있다.

[표 4-9. 리튬폴리머 전지의 분류]

	양 극	전해질	음 극	개발사
1	고분자	유기용매	리튬 or 고분자	Bridgeststone, Ricoh, Matsushida
2	고분자	고분자	리튬 or 고분자	Kanedo
3	무기재료	고분자	리튬 or 고분자	Yuasa, Hydro-Quedec, Ultralife
4	무기재료	겔형고분자	리튬 or 고분자	LG, Bellcore, Hitachi Maxell, Sony, Toshibe

4.4.1. 전기 화학적 원리

음극과 양극의 활물질(active material)이 리튬이온 전지와 유사하기 때문에 전기화학적 원리는 같다. 전지의 작동은 충·방전에 의해 리튬이온이 양극과 음극사이를 이동하며 사이에 끼움에 의해 이루어진다. 전지작동에 의한 전극의 변화는 없기 때문에 안정적인 충·방전이 가능하다.

•양극(anode): $LiCoO_2(s) = LI_{1-n}CoO_2(s) + ne^-$

•음극(cathode): $C(s) + nLi^+ + ne^- = CLi_x$

$$LiCoO_2(s) + C(s) = LI_{1-n}CoO_2(s) + CLi_x$$

LIPB는 리튬이온 전지(LIB)의 전극구성과 비슷하며, 단지 전해질만 고분자 전해질을 사용하는 것이 다르다. 전해질은 고체고분자전해질, 유기용매와 염을 고분자에 혼합한 하이브리드 겔(gel) 전해질이 있다.

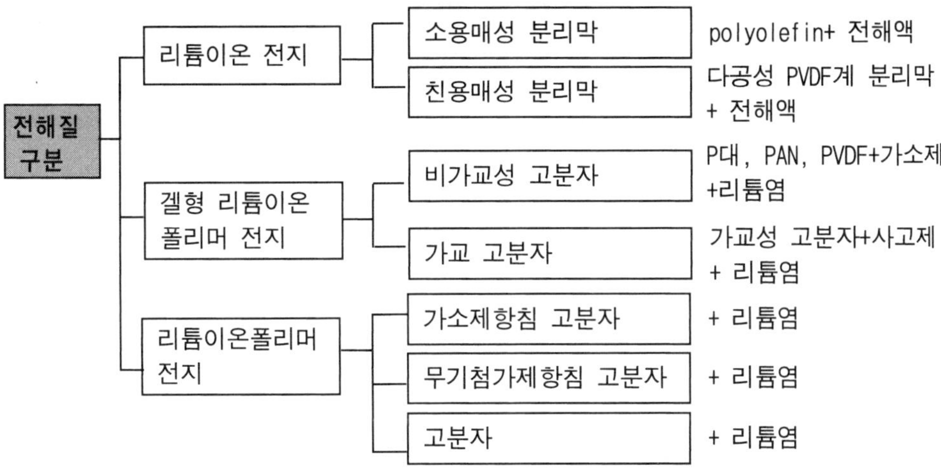

그림 22. 전해질에 의한 전지의 구분

4.4.2. 리튬이온 전지와 리튬폴리머 전지와의 차이점

① 구조상의 특징에서 판상구조이기 때문에 리튬이온전지의 공정에서 나오는 구불구불한 작업이 필요 없으며 각형의 구조에 매우 알맞은 형태를 얻을 수 있다.

② 전해액이 모두 일체화된 셀 내부에 주입되어 있기 때문에 외부에 노출되는 전해액은 존재하지 않는다.

③ 자체가 판상 구조로 되어 있기 때문에 각형을 만들 때 압력이 필요 없다. 그래서 캔(can)을 사용한 것보다 팩을 사용하는 것이 용이하다.

[표 4-10. 리튬폴리머 전지의 구성특징]

항 목	특 징	비 고
전극	양극재료의 다양성	전도성 고분자, 유기 황 화합물
	음극재료의 다양성	리튬 화합물, 리튬합금 또는 금속
형상	박막 가능	0.1mm 이하 가능
	성형성	-
	유연성	-
	포장 용이성	Can 사용 등에 의한 어려움 없음

항 목	특 징	비 고
물성	고전압	3~4V
	Bipolar 전지가능	2~3cell 연결가능
	고 에너지 밀도	100~400Wh/Kg
	긴수명	1000회 이상 충·방전 가능
안전성	잔기간 보관 가능	5~10년
	내열성	100℃ 이상
	누전해액 문제없음	-
	과충전 대응	-
	과방전 대응	-
환경문제	재료 공급 용이	-
	공해물질 사용 않음	유해금속 사용 않음
기타	저가	-
	생산 용이성	-

[표 4-11. 전지의 특징]

종 류	장 점	단 점
리튬이온 전지	·고용량/고에너지밀도 ·좋은 저온 성능 ·외장재의 견고함-기계적 충격 등에 강하다.	·폴리머전지보다 무겁다. ·금속 외장재의 특성상 일반적으로 4~5mm 이하의 박형 얇은 전지와 광면적 전지를 제조하기가 어렵다
리튬폴리머 전지	·고온에서의 안전성. ·얇은 외장재에 따른 무게의 경량화	·얇은 외장재 - 기계적 충격에 약한다. ·저온에서 성능저하 ·용량/에너지 밀도가 매우 낮다

앞으로 휴대폰과 휴대용 컴퓨터의 기능을 통합하고 화상정보까지 결합된 휴대용 정보기기를 위해서는 전자회로의 집적화 및 통신속도 증대가 필수적이다. 그에 따라 이들 휴대용 정보기기를 구동시키기 위한 전력도 증가될 것이다.

리튬폴리머전지는 이러한 휴대용 정보기기의 전력의 심장부로써 폭발위험성이 없고, 저렴한 가격의 폴리머를 사용하여 전지의 생산단가가 저렴할 뿐만 아니라 필름과 같은 박막형태로 제작이 가능하여 크기나 모양을 다양하게 조절할 수 있는 장점이 있기 때문에 앞으로 리튬폴리머전지의 쓰임새는 더욱 다양해질 것으로 예상된다.

4.5. 리튬공기 전지

가장 많이 사용되는 배터리인 리튬이온 배터리의 경우 가장 주목되는 문제점은 안전성이다. 그래서 이를 해결하기 위한 전지가 리튬 폴리머전지이다. 전해질을 기존에 사용한 액체와 달리 폴리머라고 하는 아주 큰 분자로 만들어서 전해질로 사용하는 방식이다. 액체처럼 흐르는 성질이 없고 잘 휘어지는 성질을 가지고 있어서 안정성을 높일 수 있다.

그러나 아직은 용량이 작고 수명이 짧다는 단점이 있어서 많은 연구가 필요한 분야이다. 기존의 배터리는 용량이 부족하다는 단점이 있다. 최근 많이 사용되는 스마트폰에서도 이러한 현상이 일어나고 있는데, 기존보다 더 큰 용량을 갖는 배터리가 연구되고 있다. 그 중 가장 주목을 받는 것이 금속공기전지이다.

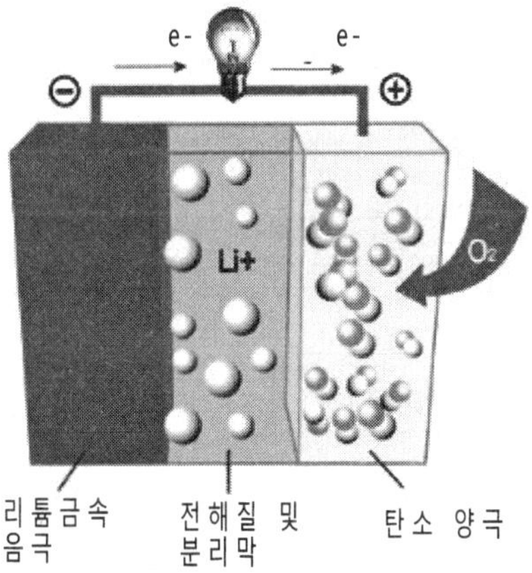

그림 23. 리튬공기전지의 구성도

금속과 공기의 조합으로 이뤄지는 금속공기전지 중 리튬공기전지는 가장 높은 에너지 밀도를 갖고 있다. 리튬공기전지의 부피당 에너지 보유량은 리튬이온배터리보다 10배 이상 우수하다. 전기자동차용 실제 배터리 팩(pack)으로 따지면 성능이 4~5배 이상 늘어나는 셈이다. 또한 리튬공기전지는 기존 리튬이온전지가 사용하던 니켈, 망간, 코발트 등의 금속을 사용하지 않고 탄소를 사용해 가격경쟁력과 친환경 측면에서 우수하다.

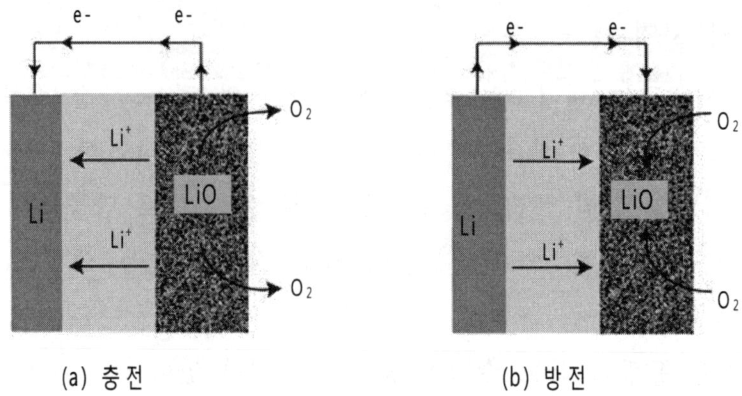

그림 24. 리튬공기전지의 충·방전

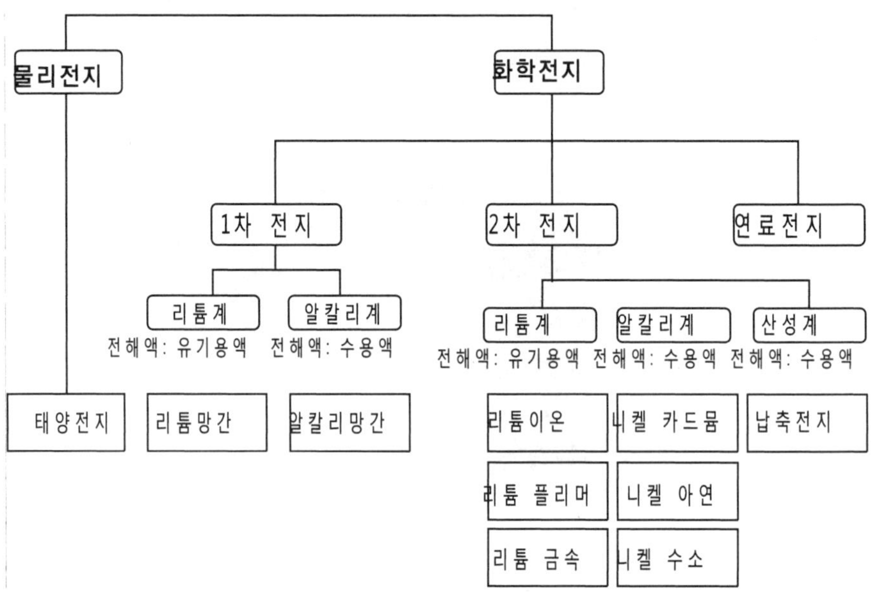

그림 25. 전지계통도

가솔린차량은 한번 주유로 최대 약 800Km(500마일) 정도 갈 수 있는 데 반해 전기자동차는 배터리의 용량 및 무게 때문에 약 160Km(100마일) 정도 갈 수 있는 것을 보면 아직도 우리가 전기자동차를 보편화시키기에는 여러가지로 어려운 점이 많다. 기존의 납(Pb)이나 리튬-이온(Li Ion) 배터리보다 더 가벼운 리튬공기(Li Air)를 활용한 배터리를 만드는 연구가 여러 연구기관을 통하여 이루어지고 있다.

리튬공기 배터리의 가장 큰 특징은 대기중에 있는 '산소'를 반응물질로 이용, 무게를 획기적으로 줄일 수 있다는 점이다.

현재의 리튬이온 배터리를 가지고 800Km를 가게 만들려면 완전 충전시 배터리의 무게만 약 1.5톤이 되어야 한다. 하지만 리튬에어 배터리의 경우 150~300Kg 정도면 충분하기 때문에 자동차를 멀리 가게 할 수 있는 전기자동차의 배터리 충전재로 가장 현실적인 대안인 셈이다. 더 지능화된 인공지능 기술을 '최적의 물질의 배합' 을 찾아내는 데 활용하고 있다. 이제까지 과학자들은 물질 배합을 위해 실제 실험을 해서 답을 찾아내는 시행착오를 겪을 수밖에 없었다.

하지만 인공지능을 활용하면 컴퓨터 시뮬레이션을 이용하여 적합한 배합을 찾아내 가상의 실험을 하기 때문에 기술 개발의 효율성도 높아질 것이라고 기대한다. 물론 아직 이 기술이 상용화되기에는 개선해야 할 문제가 많고 새로운 배터리 기술이 출시되려면 10년 이상 더 걸릴 지도 모른다.

그림 26. 전지 구성물질의 질량비교

그림 27. 리튬공기전지의 구조

하지만 이 또한 전세계 50여개의 유사한 노력들 중 하나로 세상을 더 깨끗하게, 편리하게, 똑똑하게 만들고 싶은 미국 IBM 연구소를 비롯 독일, 일본, 한국 등 전 세계의 많은 조력자들이 함께 참여하고 있다. 우리는 곧 휴대폰을 충전하듯이 자동차를 충전하며 도로를 누빌 날을 맞게 되리라 믿는다.

금속공기 전지를 2차 전지로 사용하기 위해서는 아직 해결해야 할 과제가 많이 있으며, 개발에 몇 년이나 걸릴지 그 햇수를 말하기도 어렵다. 그렇지만 도요타를 비롯한 기업이나 일본 국내외 대학, 연구기관이 연구에 전념하고 있는 것은 리튬이온 전지의 성능향상이 거의 한계에 다다르고 있는 가운데 실용적인 전기자동차의 에너지원으로서 금속공기 전지가 몇 안 되는 유망주 가운데 하나이기 때문이다.

참고 금속공기 전지

마그네슘, 알루미늄, 아연, 리튬 등의 금속을 공기(특히 산소)와 결합하여 전기를 발생시키는 2차 전지

- **아연공기전지** : 음극/아연, 양극/산소
- **알루미늄공기전지** : 음극/알루미늄, 양극/산소
- **마그네슘공기전지** : 음극/마그네슘, 양극/산소
- **리튬공기전지** : 음극/리튬, 양극/산소

- 금속과 산소의 반응을 이용한 금속공기전지는 장점이 많아서 많은 국가에서 개발하고 있다. 이 전지는 화학적으로 안정된 금속을 쓰기 때문에 여타 2차 전지보다 에너지 밀도가 월등한데 기존 2차 전지는 중량당 에너지가 30~140Wh/Kg이지만 금속 연료전지는 200~500Wh/Kg에 달해 훨씬 더 많은 전기를 생산할 수 있다.
- 전지내부에 화학산화제가 없어 폭발이나 화재의 염려도 없고 부피와 무게가 크게 줄어든다.
- 수소나 알코올을 사용하는 연료전지보다 훨씬 저렴하고 안전성과 낮은 온도에서의 작동능력도 우월하다.
- 금속판 자체로는 자가방전이 전혀 없기 때문에 수십년이 지나도 전해액만 섞으면 곧바로 작동하는 신뢰성을 갖는다.

5 전기자동차 전지의 충전방법

전기자동차의 동력원인 전지는 내연기관자동차의 연료에 해당된다. 전지의 성능은 전기자동차의 성능과 직접적인 관계가 있으면 전기자동차의 성능을 향상시키기 위해서는 당연히 전지의 성능이 우수해야 한다.

[1] 전기자동차용 전지의 요구조건

① 에너지밀도(Wh/Kg, Wh/ℓ)가 커야 한다.

② 출력밀도(W/Kg, W/ℓ)가 커야 한다(여기서, W: 전력량, h: 방전시간, Kg: 전지 무게, ℓ : 전지 부피).

③ 수명이 길고 가벼워야 한다.

④ 충전시간이 짧고 취급이 용이하며 위험성이 없어야 한다.

⑤ 값이 싸고 충방전시 전력손실이 적어야 한다.

5.1. 전기자동차의 충전

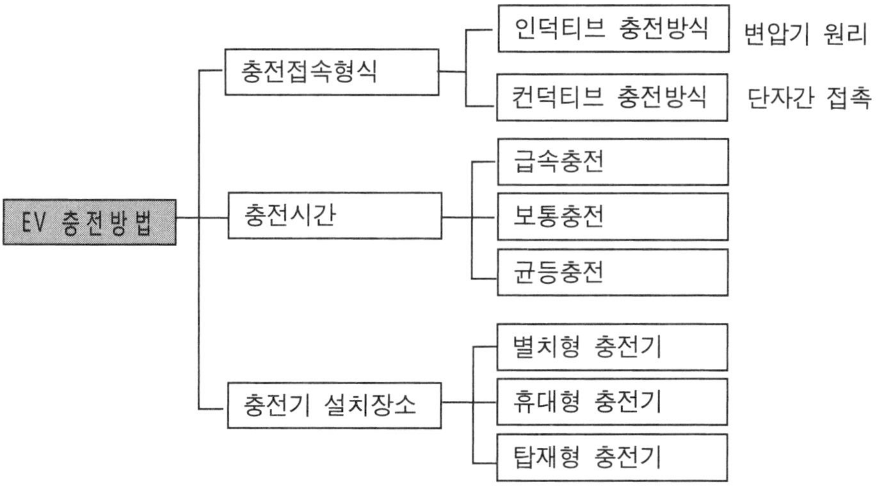

그림 28. 전기자동차의 충전방법의 구분

전기자동차는 자신의 집에서 충전하는 것이 일반적이고 밖에서 충전하기가 쉽지 않기 때문에 표준화가 더디고 인프라 정비가 어려운 상황에 있다. 현재 스테이션용 충전기와 차량 탑재형 충전기에 대해서 주로 미국과 일본에 의해 국제 표준화 움직임이 이루어지고 있는 실정이다.

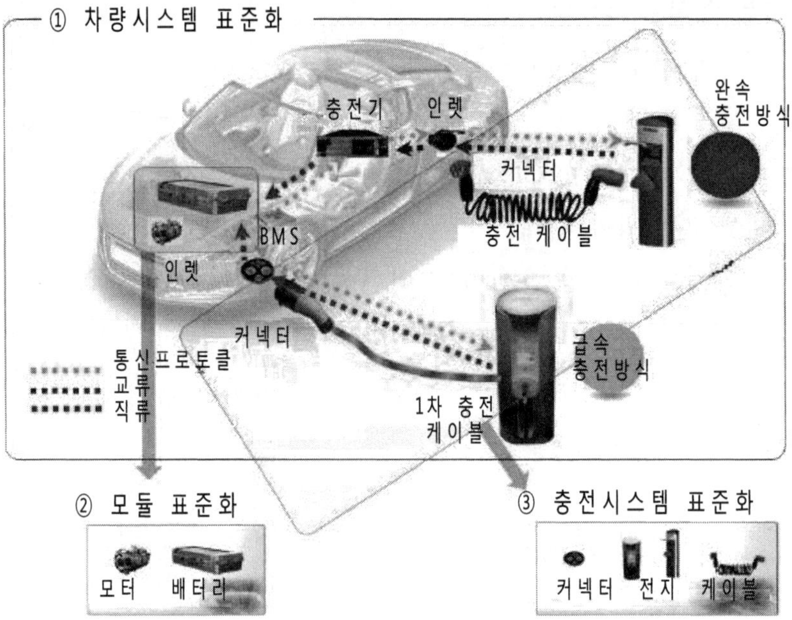

그림 29. 전기자동차의 충전방법

5.2. 충전 접속형식에 의한 분류

[표 4-12. 충전 접속형식에 의한 분류]

구 분	특 징
인덕티브 충전방식 (Inductive Charging)	변압기 원리를 응용한 전자유도에 의해 에너지를 전달하는 방법으로 미국의 GM과 일본의 닛산 및 토요다 등이 채택하고 있다.
컨덕티브 충전방식 (Conductive Charging)	일반적인 전기접속방법에 따라 단자간 접촉으로 에너지를 전달하는 방법으로 미국의 포드와 일본의 혼다 등이 채택하고 있다.

전기자동차의 충전방법은 여러 방법으로 분류된다. 우선, 단자 접촉에 의해 전원측에서 EV측으로 전류를 직접 유입하는 컨덕티브 방식과 변압기와 같이 전자유도에 의해 전기 에너지를 전달하는 인덕티브 방식이 있다.

인덕티브방식은 지금처럼 콘센트에 플러그를 꽂는 대신 전자기 유도방식을 사용한 비접촉 충전방식이다. 충전기 쪽에 붙은 코일에 교류전류가 흐르면 자동차 쪽에 붙은 코일에서 전류가 생성되는 원리를 응용한 것이다.

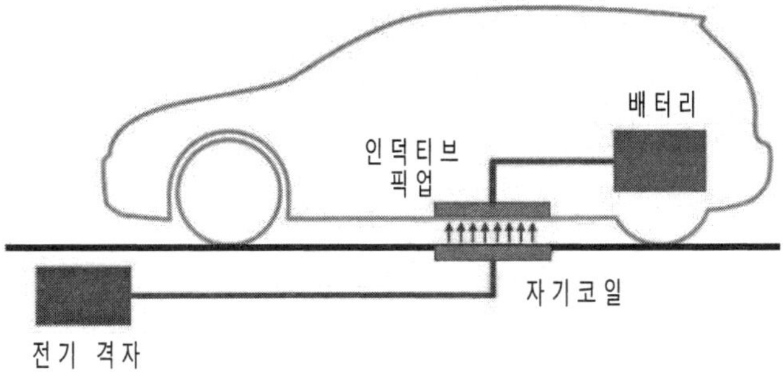

그림 30. 인덕티브 충전방식

지난 90년대 말, GM이 선보인 최초의 전기자동차 EV1은 코일이 삽입된 넙적한 플라스틱판을 자동차 헤드라이트사이에 집어넣는 방식을 택했다. 플러그를 직접 꽂지 않기 때문에 비교적 안전하다는 장점이 있지만, 설비가 복잡해서가격이 높고, 코일간 거리가 멀어질수록 효율이 낮아진다는 단점도 있다.

최근 닛산은 비접촉식 충전이 무선충전으로 진화할 가능성도 염두에 두고 있다. 충전기에 해당하는 코일을 지정된 주차장 바닥에 깔아두면, 바닥에 코일을 붙인 자동차가 그 위에 주차하는 방식이다. 이는 과거 비접촉식 충전처럼 코일을 사용한 전자기 유도 원리를 똑같이 응용하되, 기술혁신을 통해 보다 먼 거리에서 두 코일간 충전이 가능해지는 것이 관건이다. 과거 헤드라이트사이에 집어넣는 방식일 때 자동차와 충전 플라스틱판과의 거리가 5cm 내외였다면, 무선충전일 때는 코일간 거리가 주차장 바닥에서 자동차 밑판에 이를 정도로 늘어나야 하기 때문이다.

참고 전기자동차 충전 세계표준, 일본-미국 · 독일 기술경쟁

- 차세대 자동차로 관심을 모으고 있는 전기자동차(EV)의 충전방식을 놓고 미국 · 독일 연합군과 일본이 치열한 표준 경쟁을 벌이고 있다. 이미 1400곳에 충전소를 설치할 정도로 상용화를 선점한 일본에 미 · 독 연합세력이 기술적으로 진보된 충전방식을 개발해 도전하는 형국이다.
- 미국자동차규격을 관장하고 있는 자동차기술자협회(SAE인터내셔널)은 전기자동차의 급속충전기(Fast-Charging)규격으로 미국과 유럽의 제조업체가 추진하고 있는 '콤보방식(Combo Coupler)' 을 표준(SAE J1772™)으로 채택한다고 발표했다.
- 콤보방식은 최소 15분 안에 완전 충전되는 비상 급속충전이 가능하며 저렴한 야간전력을 이용하는 보통충전과 급속충전을 하나의 플러그로 할 수 있는 것도 장점이다.

반면 도요타 등 일본 자동차업계가 채택하고 있는 방식은 '차디모(CHAdeMO)' 방식으로 30분이 지나야 80% 수준의 충전이 가능하며 보통 충전과 급속충전을 위한 플러그가 분리돼 있다.

[IEC DC 충전장치]

	시스템 A 차데모(일본)	시스템 B GB/T(프랑스)	시스템 C	
			콤보 1(미국)	콤보 2(독일)
커넥터		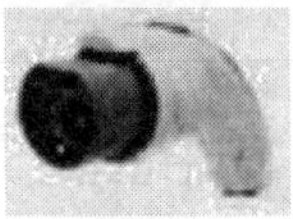	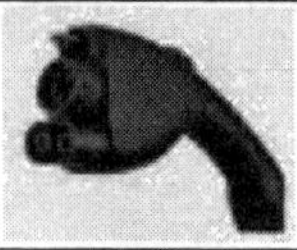	
vehicle inlet	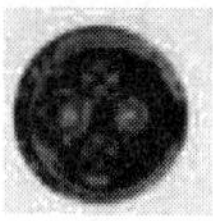	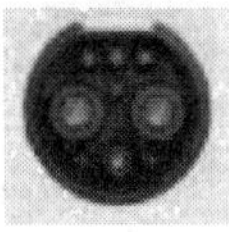		
통신	CAN		PLC	

- 충전방식과 관련, 일본의 경우 자체 개발해 국제표준화 작업을 하려한 '차데모(CHAdeMO)'방식과 중국이 역시 자체 개발한 독자규격을 내세우려 하고 있는 가운데 미국이 '콤보방식' 을 채택해 앞으로 이를 둘러싸고 치열한 선점 경쟁을 벌일 것으로 보인다.
- 콤보방식은 미국의 제너럴 모터스(GM) 등 미국과 독일의 폭스바겐(VW) 등의 제조업체가 연합해 추진한 것이다. 하나의 플러그(Plug)로 급속충전과 가정용 전원을 이용한 보통 충전에 둘 다 대응할 수 있다는 점이 특징이다. 일본의 '차데모' 의 경우 보통충전과 급속충전의 플러그의 콘센트가 별도로 나뉘어 있어 호환성이 없는 것이 단점으로 드러났다.

[전기자동차 충전방식 표준경쟁]

구 분	일본방식	미국 · 독일방식
명칭	차디모	콤보
충전특징	30분에 80% 충전	15분에 완전충전
	급속 및 보통충전 이원화	급속 및 보통충전 일체화
시장전개	1400여 곳에 충전소 설치	2013년부터 실용화 예정
참여기업	닛산, 도요타 등 일본자동차사	미국(GM, 포드, 크라이슬러)
	도코전력	독일(벤츠, BMW, 폭스바겐, 아우디, 포르쉐)

5.3. 충전시간에 의한 분류

충전시간의 장단에 의한 구분이 있다. 소전류로 장시간(8시간 정도)하는 보통충전과 대전류로 단시간 30분(정도) 충전하는 급속충전이 있으며 이 중간시간으로 충전하는 경우에는 중속충전이라고 한다. 이 충전전류를 크게 함으로써 충전시간이 단축되는데 충전기 용량이 커져 무거워지고 코스트도 높아진다. 또한 충전기의 부착장소나 이용형태에 따라서도 분류된다. 일반적으로 EV내에 내장되거나 부착되거나 하는 차재충전기, 차고 등에 두는 고정충전기 및 공공주차장이나 가솔린 보급스테이션에 병설되는 공공이용 충전기로 분류된다.

EV는 안전확보를 위해 충전 중에는 주행할 수 없도록 오발진 방지기능을 갖고 있으므로 충전용 배선이나 부품일부는 주행시의 전동기 제어회로와 공용이 가능하고 최근의 EV는 충전회로와 전동기 제어회로를 통합한 합리화가 도모되고 있다.

[표 4-13. 충전시간에 의한 분류]

구 분	특 징
급속충전	큰 전력으로 단시간에 충전하는 방식으로 30분에 약 80% 정도까지 충전한다. 단, 급속충전의 경우 만충전은 불가능하다.
보통충전	야간에 교류 220V를 사용하여 적은 전력으로 만충전시키는 방법으로 전기자동차의 기본이 되는 충전방식이다. 심야전력제도를 이용하면 경제적으로 충전할 수 있다.
균등충전	전지의 충전상태를 초기조건으로 되돌리기 위해 정기적으로 충전하는 방식이다.

시스템은 조작 패널에서 보통충전과 중속충전의 모드 전환이 가능하고 충전 컨트롤러에 의해 주전지의 보충전 균등충전이 자동적으로 제어된다. 또한 각종 제어신호를 상시 감시하여 이상이 있으면 경보 램프를 점등함과 동시에 시스템 동작을 안전한 상태로 이행시킨다.

EV의 충전은 자택 또는 본거지에서의 보통충전이 기본이지만 출장지에서의 주행거리를 연장시키기 위한 보충전도 필요하다 기존의 가솔린 스탠드에 EV용 급속 충전설비, 천연가스 자동차나 메탄올 자동차용 연료 공급설비를 병설하는 국가적 프로젝트의 에코 스테이션 2000계획이 추진되고 있다.

이 에코 스테이션 충전설비는 야간의 잉여전력을 전지에 저장해 두고 EV에 30분간 급속충전을 하는 것으로서, EV측에서 보내지는 충전에 관한 요구신호에 따라 충전제어가 행해진다.

이와 같은 공공이용 충전설비에 관해서는 장래의 혼란을 예방하기 위한 표준화가 중요하며 설치개시에 앞서서 규격이 제정되었다 이 규격(일본전동차량협회 규격 : JEVS)에서는 충전 스탠드와 EV를 접속하는 커넥터와 양자간의 통신 프로토콜 등을 규정하고 있다. 충전시스템의 국제표준화에 관해서는 IEC/TC69(전기자동차 분과회)/WG4(충전 시스템 워킹 그룹)에서 EV 충전기에 관한 규격 IEC 718 개정작업을 진행하고 있고 일본에서도 상시 참가하고 있다 또한 ' 8년부터 9의 캘리포니아 환경규제를 안고 있는 미국에서는 충전시스템의 신 SAE규격 제정작업을 진행하고 있는데 일본도 이 작업에 참가하고 있다. 인덕티브방식에 있어서는 이미 규격원안이 종합되었고 컨덕티브 방식도 곧 정리될 예정이다.

고정충전기는 앞으로 차재충전기로 순차 이행할 것으로 생각된다. 차재충전기에 있어서 이제부터 실현해 나갈 것으로 생각되는 기능은 심야전력 대응, 단전지의 개별 충전과 열화판정 원격조작 및 홈 오토메이션과의 링크, 충전상태의 외부 모니터 각종 전지 자동대응 고장진단 증강 등이다. 공공이용 충전기에 대해서는 각종 전지 자동대응 잔존용량의 산출표시 전기요금 과금, 장난방지, 셀프서비스 대응, EV 충전정보 관리, POS 대응 등의 기능이 실현되어 나갈 것으로 생각된다. 또한 전지소모로 움직이지 않게 된 EV의 구출용 출전식 이동전원차도 필요할 것이다.

세계적으로 전기자동차가 순차적으로 개발되면서 제조사별로 다른 충전방식을 적용하여 국제표준(IEC)에는 5가지 급속 충전방식이 규정되어 있으며, 국내에서는 이중 3가지(차데모, A.C. 3상, 콤보 1)방식이 사용되고 있고 중국의 9핀 방식, 테슬라의 슈퍼차저, 유럽의 콤보 2라는 방식의 전기자동차도 국내 진출을 모색하고 있다. 전기자동차 관계자들은 충전방식 통일화가 시급히 이루어지지 않으면 전기자동차 소비자들의 불편과 혼란이 가속화될 것으로 우려되어 전기자동차 보급이 많지 않은 지금이 충전방식 통일화의 적기라 보고 있다. 전기자동차의 충전방식은 입력전류의 파형에 따라 교류(AC)와 직류(DC)방식으로 구분하고, 충전시간에 따라 완속과 급속으로 나눌 수 있다.

참고 **급속충전보다 완속 충전방법이 유리 ?**

- 전기자동차의 가장 큰 걸림돌은 비싼 전지가격과 오랜 충전시간이다. 현재 전기자동차의 활성화를 위하여 충전소 건립이 민간업체 주도로 이뤄지는 만큼 투자비용이 비싼 급속충전보다는 비용이 적게 드는 완속 충전기를 적극 활용해 충전 인프라 보급률을 높이는 것이 중요하다. 이와 관련하여 국내 전기자동차 충전방식이 '급속'에서 '완속'으로 이동 중인 것으로 나타났다.
- 급속충전 인프라 부족 문제해결 방안을 위해 연구한 결과, 전기자동차 및 충전기 제조업체는 급속보다 완속충전으로 문제를 해결할 수 있다고 판단, 최근 완속충전을 위한 인프라 구축에 힘을 싣고 있다.
- 완속충전의 경우 초기 진입 비용을 낮출 수 있는 데다 충전 인프라 확충으로 전기자동차 보급에 한 걸음 접근해 정부와 해당 업체는 물론 소비자까지 모두가 윈-윈 할 수 있다고 보기 때문이다. 나아가 전기자동차 전지 자체를 교환하는 방식까지 고려하면서 전기자동차의 단점인 짧은 주행거리를 보완할 수 있다는 주장을 내놓고 있다. 완속 충전소는 수백만원 대인 반면 급속 충전소는 수천만원의 설치 비용이 드는점을 감안한다면 전기자동차 보급을 위해선 언제, 어디서든 충전할 수 있는 완속 충전 인프라를 구축이 타당하다고 관계자는 강조한다.
- 급속 충전기는 380V로 직류전류(DC)를 공급하여 직접 전지를 충전해야하나 완속충전기는 저렴한 가격 이외 충전 시 일반 가정용 전기를 사용할 수 있기 때문에 각광 받는 또 하나의 이유이다.
  완속 충전기는 220V의 교류전류(AC)를 전기자동차로 흘려보내 OBC (On-Board Charger)라는 장치를 통해 380V로 승압, 전지를 충전하게 된다.
- 전기자동차 관련 업계에서는 완속 충전기의 경우 시간이 오래 걸린다는 단점이 있지만 어디서든 충전할 수 있다는 장점이 있어 당장 실용화가 가능할 것으로 보고 있다. 전기자동차 관계자는 차에 직접 충전하는 것보다 전지 자체를 교환하는 방식에 집중, 충전문제를 해소할 수 있다는 입장이다. 이 경우 택시나 렌터카 등에 유용할 것으로 전망되고 있다. 전기자동차 관계자는 기존 내연기관차의 경우, '연료= 주유소' 이었으나 전기자동차의 경우는 '주차장= 충전' 이라는 개념으로 변화할 것"이라고 전한다.

5.4. 충전기의 설치장소에 따른 분류

[표 4-14. 충전기의 설치장소에 따른 분류]

구 분	특 징
별치형 충전기	충전기를 차량외부인 주차장이나 주유소 등에 설치하는 방식으로 인덕티브 충전과 급속충전 등이 이러한 방식에 해당된다.
휴대형 충전기	별치형을 개량하여 휴대할 수 있도록 사용 편의성을 높인 형태이다.
탑재형 충전기	충전기를 차량에 탑재하고 이동하다가도 교류전원이 있으면 충전이 가능한 형태로 충전기를 설치할 필요가 없이 전원만 있으면 충전이 가능하므로 편리하다.

참고 전기자동차용 급속충전방식의 국제표준화

- 지구온난화의 원인이 되고 있는 대기오염의 최소화를 위하여 자동차업계는 전기를 동력원으로 하는 전기자동차(EV)와 플러그인 하이브리드자동차(PHV)의 개발에 주력하고 있으며, 현실적인 문제로 충전방식의 해결이 가장 급선무로 부상되고 있어 각국 정부는 이를 지원하기 위한 각종지원책과 규제안을 수립하고 있다.
- 전기자동차의 충전은 급속충전(DC 충전)과 완속충전(AC 충전)의 두 가지 충전방식이 있다. 급속충전은 직류전류를 이용하여 30분 정도의 단 시간에 80%의 충전이 가능하며, 보통충전은 200V의 가정용 교류전류를 사용하여 7~14시간의 장시간에 걸쳐 완속충전하는 방식이다.
- 일본에서는 100V/200V의 완속 충전이외에 CHAdeMO 방식에 의한 DC 급속 충전방식을 제안하고 있다. CHAdeMO 충전방식은 일본 자동차연구소에서 SAE와 IEC에 제안한 안이며, 기술적 완성도가 높은 동시에 안전성 확보가 가능한 안으로 일본에서는 사실상 업계의 표준이 되고 있다. 일본에서 CHAdeMO 급속충전방식을 제안한 것을 계기로 DC 충전방식에 관한 국제 표준규격에 대한 논의가 활발하게 이루어지고 있다.

[1] 전기자동차 시대에 필요한 충전기는 어떤 모습일까?

화석연료 대신 전기를 이용한 전기자동차는 이미 상용화되어 판매되고 있다. 완전한 전기로 동작하는 자동차는 산업계에서도 사용 중이다. 골프카나 놀이공원의 유틸리티카, 산업용 지게차 등이 실제 전기로만 작동되는 차량들이다.

일반인들이 다목적용으로 사용하는 전기자동차는 가격과 제조사, 정책 등의 문제로 그렇게 일반화되어 있지는 않다. 미국과 일본을 비롯한 선진국들은 공해가 없는 전기자동차 상용화에 많이 앞서 있고, 실제 전기와 화석연료를 함께 사용하는 하이브리드자동차는 심심치 않게 볼 수 있다.

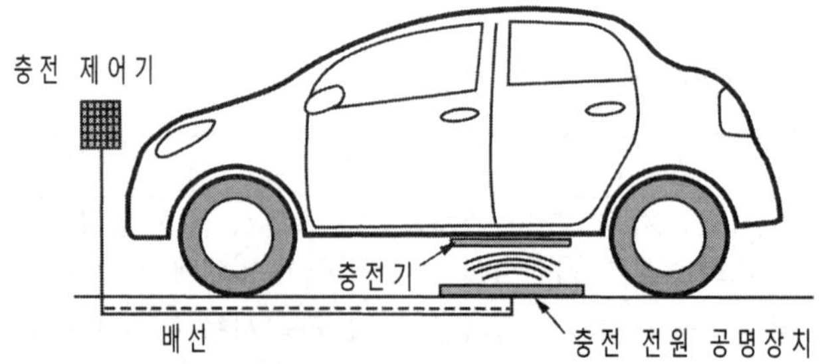

그림 31. 전기자동차 충전기

전기자동차가 많이 늘어나면 필수적으로 필요한 것은 전기충전소일 것이다. 휘발유, 경유를 주입하는 주유소처럼 전기자동차도 연료에 해당하는 전기를 충전하는 시설이 많이 갖춰져 있어야 할 것이다. 아직은 전기자동차가 많지 않지만, 조금씩 보급되고 있는 상황이고, 하이브리드 차량은 늘고 있기 때문에 충전장치의 보급도 조금씩 늘어나고 있다.

전기자동차용 충전기는 얼마나 안정적이고 빠르게 충전하느냐가 중요하다. 휘발유나 경유처럼 몇 분 안에 빠르게 주유하는 것과 달리 전기자동차는 전지에 충전을 하는 방식이어서 일정시간이 필요하다. 따라서 우리가 생각하는 충전소의 개념이 일반 주유소와는 다르다. 충전시간이라는 변수가 있기 때문이다. 빠르게 충전하는 것이 중요한 포인트이지만, 전지 손상없이 안정적으로 전기를 충전할 수 있는 노하우가 기술이다.

자동차용 유류는 표준화되어 있어 정유사간 차이가 거의 없는 편이지마, 충전제품은 다르다. 전지와 충전기의 품질에 따라 오래 사용할 수도 있고, 빠르게 안정적으로 충전할 수도 있다. 안정성과 품질은 바로 드러나는 것이 아니라 전지 교체 등의 시기에만 알 수 있어서 소비자들은 충전기와 전지의 성능을 금방 알 수 없다. 전기자동차 충전에 대한 수요는 아직 많지 않다. 당연히 전기자동차 보급이 가장 큰 원인인데, 선진국에 비해 시작단계이다 보니 아직 전기자동차에 대한 소비자의 인식부족도 원인 중의 하나이다.

전기자동차 및 하이브리드 자동차가 많이 보급되면 가정용 충전기 판매도 늘어날 것으로 보이는데, 일반 전기를 그대로 충전하기 보다는 차량 전지의 성능에 따라 충전방식이나 기술도 다르다는 점에서 충전소 설치에 대한 시장성은 매우 밝다. 아파트나 빌라 같은 집단 주택이 많은 우리나라의 경우 공동 충전시설이 필요하며, 다양한 차량과 다양한 서비스가 가능한 충전장비 개발이 필요하다.

전력수요를 효율적으로 관리하는 차세대 전력망인 스마트그리드에서도 전기자동차 충전소는 중요한 부분이다. 가정용 전기수요에서 전기자동차의 충전요구가 늘어날 것이기 때문이다. 따라서 가정내 전력공급을 원활하게 하는데 있어 전력 스마트그리드 연계는 필수적이다. 그러나 전기자동차 충전소 설치에도 난관은 있다. 우선 제조사별로 다른 자동차 충전 관련 표준의 난립에 있다.

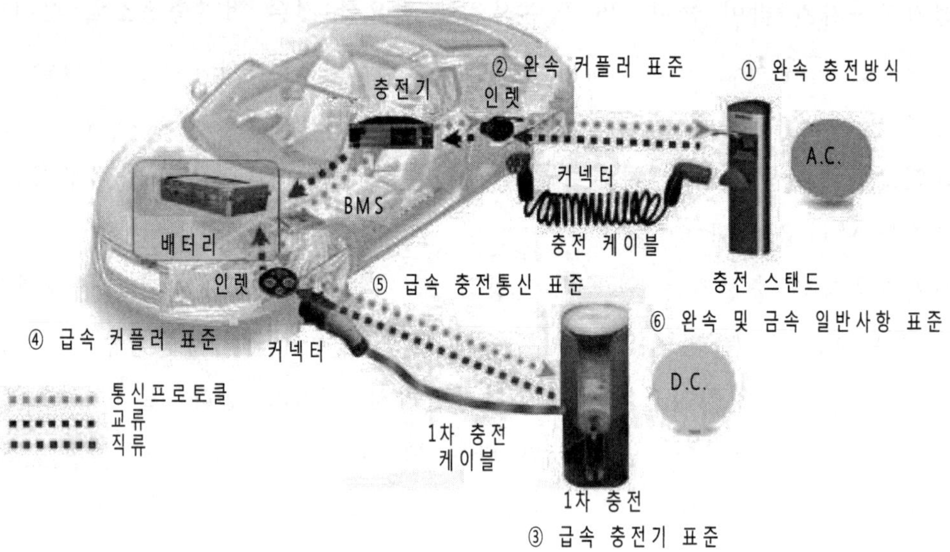

그림 32. 충전시스템

국제적인 표준의 합의가 되어 있지만, 국가별로는 플러그에서부터 각종 제원에 이르기까지 다양하다. 이를 모두 수용해야 하는 것은 앞으로 해결해야 할 숙제다. 이런 정책적인 문제보다 더 근본적인 문제는 기술력의 확보에 있다. 탄소배출을 줄이려는 노력이 한창이기 때문에 전기자동차의 수요는 급격하게 늘어날 전망인데 관련 산업의 기술은 선진국에 비해 아직 많이 뒤쳐져 있는 상황이다. 세계적인 자동차 제조사를 가진 우리인 만큼 이 부분은 긍정적으로 개선될 것이라고 보인다.

전기자동차의 보급과 함께 자동차용 전지와 충전소 관련 기술개발에도 많은 관심과 노력이 따라야 할 것이다.

6 전기자동차 전지의 개발동향

전기자동차 배터리 수요가 폭발적으로 증가하면서 한국은 물론 세계 각국이 배터리 개발 및 생산에 박차를 가하고 있다. 현재 전 세계 전기자동차용 배터리는 한·중·일 동북아 3국이 시장점유율 95% 이상을 차지하며 주도하고 있다. 판매량을 기준으로 하면 일본이 시장점유율 60% 이상을 차지하면서 앞서가는 모양새지만, 한국(30%)과 중국(8%)이 일본을 빠르게 쫓고 있다.

GM의 전기차 볼트에 탑재되는 LG화학 배터리

일본 닛산의 전기차 '리프'와 이 모델에 들어가는 AESC사의 배터리

중국 전기차 업체 BYD의 전기차, BYD가 자체 생산한 전기차용 배터리업체

(a) 한국 (b) 일본 (c) 중국

그림 33. 한중일의 주요 전기자동차 배터리의 특징

특히 한국은 배터리 관련 원천 기술력을 확보하고, 이를 기반으로 자동차 업체 수주를 많이 이끌어내 향후 3국 중 1위로 오를 가능성이 큰 것으로 분석되고 있다. 국내 배터리 업계는 "전기자동차 시장이 본격적으로 성장하는 내년 이후에는 점유율에서도 일본을 추월할 것"이라고 자신하고 있다.

6.1. 한국은 기술력으로 승부

시장조사업체는 전 세계 전기자동차 배터리 제조업체들의 경쟁력을 평가하면서 LG화학에 가장 높은 점수로 평가했다. 삼성SDI는 그 뒤에 올랐다.

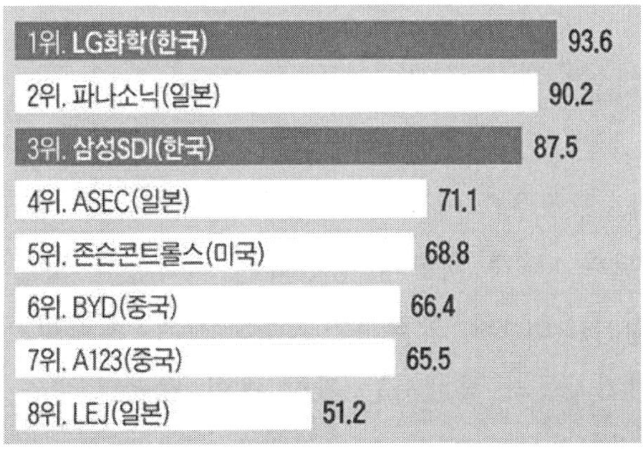

※ 각사 전략·파트너십·생산량·기술력·가격 등 12개 분야를 종합해서 100점 만점으로 산정했음

그림 34. 배터리업체 경쟁력 순위(2015년 말 기준)

이번 조사에선 순위에 없지만, 다른 조사업체는 SK이노베이션도 전 세계 수위 안에 드는 업체로 판단하고 있다. LG화학은 에너지 밀도가 높은 '주머니형 배터리'의 세계 선두주자다. 20여 곳의 완성차 업체를 고객으로 두고 있다.

삼성SDI는 한 번 충전으로 최대 600Km까지 주행할 수 있는 전기자동차 배터리 제조 기술을 갖고 있다. SK이노베이션은 배터리 폭발사고 위험성을 낮추는 세계 특허기술을 갖고 있다. 국내 업체들은 생산능력에서도 업계 상위에 들고 있다. LG화학은 세계 최대 규모의 배터리 생산공장인 충북 오창공장을 비롯, 미국 홀랜드공장과 중국 남경공장 등을 운영하고 있다.

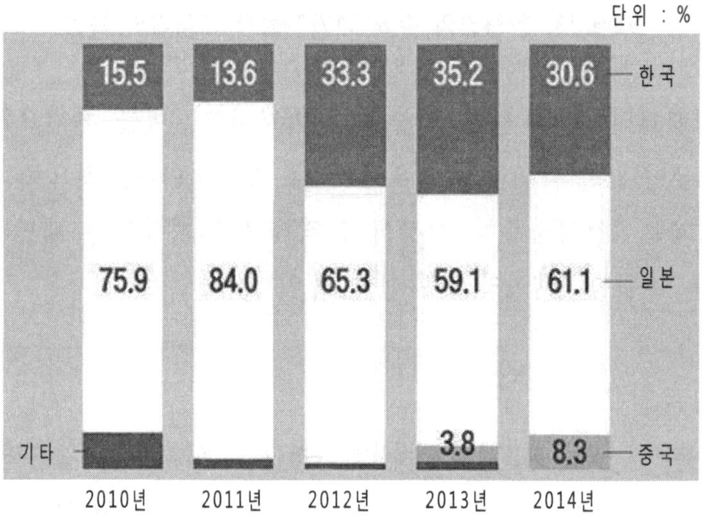

※ 기타에는 미국·유럽 등 포함

그림 35. 국가별 전기차 배터리업체 시장점유율

6.2. 일본은 시장 선점효과로 선방

일본은 2000년대 초반 전기자동차 배터리시장이 태동할 때 시장을 선점했다. 도요타의 하이브리드차 '프리우스'에는 도요타와 파나소닉의 배터리 합작사인 PEVE사의 배터리가 탑재된다. 세계 최초의 양산형 전기자동차 닛산 '리프' 모델에는 닛산과 일본전기주식회사(NEC)의 합작사인 AESC사의 배터리가 장착된다. 리프는 2010년 출시 이후 전기자동차 중에서는 가장 많이 팔렸다.

파나소닉은 미국 전기자동차 업체 테슬라와도 2003년부터 관계를 맺어왔다. 테슬라의 전기자동차는 지난해까지 전 세계 10여만대 이상 팔렸다.

현재 전 세계 배터리 시장에서 일본 업체들이 가장 큰 점유율을 쥐고 있는 이유다. 다만 이것이 일본 업체들의 한계이기도 하다. PEVE와 AESC는 모기업이 일본자동차업체들인 만큼, 모기업 자동차에 우선적으로 납품을 할 수밖에 없다. 다른 자동차업체와는 계약을 맺기 어려운 것이다. 벤츠, BMW, GM, 포드 등 글로벌 자동차업체들이 한국 3사와 공급계약을 맺는 이유다.

6.3. 중국은 막강한 내수시장과 정부의 지원

중국의 전기자동차 업체 BYD는 테슬라와 닛산을 제치고 글로벌 전기자동차 판매 1위에 올랐다. 고속성장의 배경엔 중국 정부의 전폭적인 지원이 있다. 중국 정부는 심각한 대기오염 문제를 해결하고 글로벌 자동차산업에서 주도권을 쥐기 위해 2020년까지 전기자동차 500만대를 보급하겠다는 목표를 세우고 보조금을 지급하는 등 전기자동차 업계를 지원하고 나섰다. 이 때문에 중국의 전기자동차 내수시장은 지난해 이미 미국·유럽을 제쳤다.

자동차업계 관계자는 중국은 내연기관 엔진 기술 개발이 늦어 상대적으로 글로벌 경쟁력이 떨어지는 상황이라며 정부차원에서 내연기관차를 뛰어넘어 바로 전기자동차를 지원한다는 전략이라고 말했다. BYD는 정부지원을 등에 업고 핵심부품인 배터리와 모터, 전기 제어기술을 자체 개발하는 데 성공했다. 다만 기술력에선 한국·일본에 미치지 못한다. BYD의 배터리는 리튬인산철 배터리로 한국의 리튬이온배터리보다는 한 단계 낮은 기술로 평가받는다. 리튬인산철 배터리는 에너지 밀도가 낮아 주행가능 거리가 짧다. 그러나 중국 배터리업체의 성장속도는 3국 중 가장 빠르다. 포스코 경영연구원 수석연구원은 2020년까지 중국의 전기자동차용 배터리 시장은 연평균 57%씩 성장에 달할 전망이라며 특히 IT 기기용 소형 전지 배터리사업이 활성화되면서 기술적으로 국내 업체를 빠르게 추격할 것이라고 내다봤다.

6.4. 전기자동차 1회 충전으로 1000Km주행시대 열리나

전기자동차용 전지 개발을 위해 세계적 관련업체들이 각축전에 나서고 있다. 전기자동차(EV) 충전 인프라가 부족한 현실을 감안하면 1회 충전 시 운행거리를 최대한 늘리는 것이 전기자동차 개발의 핵심이다.

관련업계에 따르면 일본 도요타자동차와 대학, 연구기관 공동 연구로 자동차 연속 주행거리를 현재 200Km에서 1,000Km까지 늘릴 수 있는 전기자동차용 전지 시제품을 선보였다. 이 전지는 현재 출시된 전기자동차에 주로 사용하는 리튬-이온 전지와 전혀 다른 방식이다. 불에 타기 쉬운 액체를 사용하지 않는 전체를 고체형식으로 발화방지재 등이 불필요하고 내부 구조도 간단하다. 이를 통해 발화、폭발 위험이 있고 구조가 복잡해 주행거리를 늘리기에 한계가 있는 기존 리튬-이온전지의 단점을 상당부분 개선하였다. 또 전기자동차 가속에 필요한 고압의 전류를 낼 수 있고 주행거리도 현재보다 4~5배나 늘릴 수 있다.

도요타는 이 전지의 성능을 더욱 향상시켜 2015~2020년 실용화할 계획이다. 도요타는 현재 전지와 내연기관을 같이 사용하는 하이브리드 차량 개발에 주력하고 있다. 이들 차량은 1회 주유로 1,000Km 이상 주행이 가능하다. 도요타 외에 마쓰다자동차는 전지의 용량을 2배로 늘리는 전극재료를 개발했다. 또 NEC는 수명이 20년 정도로 긴 주택용 리튬-이온 전지를 개발했다.

전기자동차 전지를 미래 성장동력으로 키우고 있는 삼성과 LG는 전지의 주행거리 확대를 위하여 박차를 가하고 있다. 현재 두 회사가 개발한 전기자동차용 전지 주행거리는 한 번 충전에 160~200Km 수준이다.

삼성 SB리모티브는 한 번 충전에 160Km를 달릴 수 있지만 3년 이내에 최대 300Km를 달릴 수 있는 전기자동차 전지를 생산할 계획이다. 관계자는 미국 전기자동차 개발 컨소시엄과 공동개발하고 있는 차세대 전기자동차용 전지용량은 40 KWh급으로 미쓰비시 아이-미브(16KWh)와 닛산 리프 EV(24KWh)의 2배 수준이며, 1회 충전으로 300Km 이상 주행이 가능하다. 문제는 전지의 경제성이다. 기존 가솔린、디젤자동차와 비교했을 때 가격경쟁력을 갖춰야 전기자동차 대중화 시대를 열 수 있기 때문이다.

전지 때문에 하이브리드 자동차의 경우 일반 모델에 비해 가격이 비싸고 순수 전기자동차로 가면 최소 1000만~2000만원 가격이 오르는 상황이다. 현재 플러그인 하이브리드로 불리는 GM 볼트에 들어가는 LG화학 전지팩은 300여 개의 전지로 구성돼 한 번 충전하면 40~80Km 갈 수 있다. 여기에 볼트의 가솔린엔진이 충전 역할을 하면서 최대 610Km까지 연속 주행거리가 늘어나게 된다.

6.5. 전기자동차 배터리 시장 전망

2020년 전기자동차 배터리 출하량은 95.7GWh로 증가할 전망이다. 전기자동차 배터리 시장의 폭발적인 성장의 배경은 다음과 같다.

(1) 전기자동차 판매대수가 증가한다.

배터리 가격 하락과 각 국의 정책 목표를 감안하면 2020년 이후 성장 속도는 더욱 빨라질 수 있다.

(2) 배터리의 대용량화다.

HEV에 채택되는 배터리의 용량은 1~2KWh에 불과하다. 반면 PHEV에는 10~20KWh의 배터리가 적용되고 순수 전기자동차의 배터리 용량은 20KWh를 상회한다. 환경기준이 엄격해지면서 HEV는 더 이상 친환경차로 인식되지 않고 보조금 혜택도 사라진다. 완성차 업체 입장에서는 HEV보다 PHEV나 BEV에 주력할 수밖에 없다. 주행거리를 늘리기 위해 동일 모델이라도 연식이 바뀌면서 대용량의 배터리가 채택된다. 2015년형 Nissan LEAF의 배터리는 24KWh였지만 2016년 신형 모델의 경우 30KWh다.

(3) 잠재적인 시장이 크다.

전기버스와 마일드 하이브리드시스템이다. 전기버스의 배터리 용량은 200KWh를 상회한다. 전기버스 1대에 적용되는 배터리 용량이 전기승용차 20대 이상과 맞먹는다. 각 국 정부가 전기버스 보급에 열을 올리면 배터리 시장은 예상보다 더욱 빠르게 커질 수 있다. Micro Hybrid System의 확산도 주목해야 한다.

그림 136. 세계 전기자동차 배터리 시장규모

자동차가 사실상 전자기기화 되면서 기존 12V 납축전지로는 대응하기 어려워졌다. 추가적인 연비 절감 등의 이유로 48V 리튬배터리의 채택 비중이 높아질 전망이다.

[1] 전기배터리를 지배하는 자가 4차 혁명을 이끈다.

인공지능(AI), 사물인터넷(IoT), 전기자동차, 자율주행차, 드론 등 4차 산업혁명의 기반 기술로 수렴되는 최근 기술경쟁의 핵심 경쟁력은 어디에서 나오는 것일까? 더 작고 더 강력한 마이크로칩, 더 빠르고 더 저렴한 통신 네트워크 등 여러 기술들이 있지만 전기배터리를 4차 산업혁명의 핵심기술로 보는 전문가들이 적지 않다. 제 아무리 똑똑하고 뛰어난 인공지능, 사물인터넷 기기, 자율주행차, 전기자동차, 드론이라 해도 빨리 충전되면서 안정적으로 전기를 공급하는 배터리가 없으면 무용지물이기 때문이다. 특히 최근 불붙은 전기자동차 개발 전쟁에서 전기 배터리는 산업의 주도권을 좌우할 핵심기술로 꼽힌다.

전기 배터리가 완성차 가격의 30~40%를 차지하는 핵심 부품인데다 짧은 주행거리, 오랜 충전시간 등 전기자동차 보급을 가로 막는 기술적 난관으로 남아 있기 때문이다. 전기자동차에 사용되고 있는 리튬이온 배터리는 1990년대 상용화된 제품으로 충전 효율과 지속성, 안전성 등에서 한계가 많다. 글로벌 기업들은 더 빨리 충전되면서도 더 강력하고 더 오래가는 전기배터리를 개발하기 위해 전력을 다하고 있다. 이런 가운데 삼성전자는 리튬이온 배터리보다 충전용량을 45% 향상시키면서 충전속도를 5배 이상 빠르게 할 수 있는 새로운 배터리 소재인 ‘그래핀 볼’ 개발에 성공했다고 밝혀 주목을 끌었다.

흑연에서 벗겨낸 얇은 탄소 원자막인 그래핀은 구리보다 100배 이상 전기가 잘 흐르고 실리콘보다 140배 이상 전자를 빠르게 이동시킬 수 있어 급속충전에 이상적 소재로 꼽히는 물질이다. 팝콘 형태의 그래핀 볼을 전지의 음극소재와 양극 보호막으로 활용하면 충전용량은 늘면서도 충전시간은 단축되고 고온 안전성까지 만족시키는 결과가 나왔다고 연구팀은 설명했다.

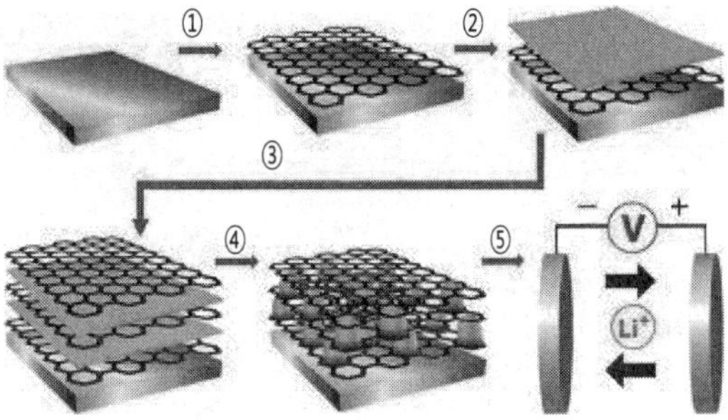

그림 37. 그래핀 볼 전지

삼성전자는 '그래핀 볼'을 리튬이온 배터리의 음극과 양극에 적용하면 현재 1시간 가까이 걸리는 충전속도를 12분 수준으로 단축시킬 수 있고, 전기자동차용 배터리에 요구되는 온도기준인 60도까지 안정성을 유지할 수 있다고 밝혔다. 몇 시간 걸려 배터리를 충전해도 하루를 가지 못하는 스마트폰이나 주행거리와 충전시간에 한계를 보이는 전기자동차 성능을 획기적으로 개선할 기술이 될 수 있다는 기대를 모으고 있다.

전기자동차의 아이콘기업으로 부상한 테슬라는 원래 노트북용 배터리로 쓰이던 원통형 전기배터리를 전기자동차에 채택하는 발상의 전환을 통해 대세로 뜬 기업이다. 노트북용 원통형 배터리는 가격은 비싸지만 셀의 밀도를 높일 수 있어 테슬라가 만든 전기자동차는 한 때 마의 주행거리로 간주되던 200마일(320Km)을 주파할 수 있었다. 원통형 전기배터리는 최근 전기자동차 배터리의 대세로 자리 잡았다. 테슬라는 최근 원통형 배터리 대량생산을 통한 단가 낮추기에 전력을 다하고 있다. 일본 파나소닉과 함께 미국 네바다주에 기가(Giga) 팩토리를 건설하였으며, 35 GWh의 전기자동차 배터리 셀을 생산한다.

현재 전 세계의 모든 배터리 생산량과 맞먹는 수준이다. 테슬라는 기가 팩토리가 완성되면 모델 3에 들어갈 배터리생산 비용을 30% 가량 절감할 수 있다고 밝혔다.

일본의 글로벌 자동차 기업인 도요타는 최근 2021년 미국에서 생산되는 자동차에 전고체 배터리를 넣겠다고 선언했다. 액체·겔 형태의 기존 전해질 대신 고체 전해질을 쓰는 전고체 배터리는 차세대 전기배터리 방식으로 주목받은 기술이다. 양극재와 음극재가 고정돼 있어 합선이나 발화 위험이 적어 안전성이 높지만 액체·겔 배터리에 비해 강한 출력을 얻기 어려워 상용화의 어려움을 겪었다.

그림 38. 테슬라와 파나소닉이 미국 네바다주 사막 위에 건설한 기가 팩토리 전지공장

도시바가 기술적인 난관을 어떻게 극복할 지 관심이다. 일본 도시바는 6분 충전해 325Km를 달리는 전기자동차 배터리를 개발했다며, 2019년부터 양산 예정이라고 밝혔다. 도시바가 개발한 EV용 리튬이온 배터리는 부극 재료에 티타늄과 니오븀 산화물을 사용해 체적 당 용량을 두 배로 높여 6분 만에 배터리 전체 용량의 90%를 충전할 수 있다. 이전 제품은 30분 충전으로 전체 용량의 80%를 충전할 수 있다.

10여년 전 한국, 일본, 미국의 반도체 메모리 회사들은 조 단위 투자계획을 앞서거니 뒤서거니 발표하며 죽기 아니면 살기식의 치킨게임을 벌였다. 지금 패자는 사라졌고 승자는 유례없는 호황이란 단맛을 즐기고 있다. 갈수록 치킨 게임 양상으로 전개될 전기자동차 배터리 전쟁결과에 따라 4차 산업혁명의 승패가 정해지고 그에 따라 국민들의 미래도 상당부분 좌우될 가능성이 높다.

전기자동차의 각 부품 중에서 가장 중요한 역할을 하는 것 중의 하나는 전지이다. 기존의 내연기관에서 화석연료를 대체하는 근원적인 에너지원인 전기를 저장하는 장치이기 때문이다. 미래의 전기자동차 전지는 그 가격을 낮추고 에너지 축전용량 및 사용가능기간을 연장시키는 것이 필요하다.

Chapter 05

전기자동차의 개발현황

1 전기자동차 개발현황의 개요

친환경 전기자동차의 확산이 거스를 수 없는 대세로 자리잡고 있다. 세계 각국 정부의 자동차연비 및 배기가스 규제가 갈수록 강화되면서 전기자동차의 입지는 갈수록 확고해질 전망이다. 당분간 하이브리드형의 전기자동차가 주류를 이루겠지만, 향후 10년 후면 전기로만 가는 자동차의 비중이 이에 못지않게 높아질 것이다. 이러한 전기자동차의 확산과 진화는 자동차산업은 물론 관련 산업에 적잖은 변화의 물결을 예고하고 있다.

전기자동차의 핵심부품의 하나인 전지를 둘러싼 공급 사슬구조가 기술발전과 충전인프라의 영향을 받아 재편될 것이다. 전력산업의 경우 충전인프라는 전력판매의 새로운 수익원이 될 것이며, 이를 지능적으로 관리 운영하는 것과 관련된 산업들이 성장할 것이다. 전기자동차 확산으로 인해 명암이 나뉘는 분야도 있을 것이고, 정유산업처럼 사업모델이 새로운 형태로 진화할 수 있는 영역도 있을 것이다.

기업들로서는 이러한 변화의 흐름을 잘 간파하고 기술개발이나 인프라 구축, 사업모델 개발 등 다각적인 측면에서 미리 대응하는 노력이 필요하다. 애플은 아이폰을 개발하면서 축적된 배터리와 센서, 하드웨어와 소프트웨어의 통합기술을 전기자동차에 적용한 타이탄(Titan) 프로젝트에 착수하여 수년 내에 출시를 목표로 자동차산업에 본격 진출할 기회를 만들고 있다. 이제 자동차와 정보기술(IT)의 경계는 없어지고 자동차는 움직이는 IT기기로 변신하고 있다.

검색엔진을 개발하는 정도로 세상에 알려졌던 구글이 무인자동차를 개발하여 시연을 하면서 자동차분야는 더 이상 자동차 완성업체의 영역에 머무르지 않고 IT 기술 업체가 연구개발에 참여하는 무한경쟁의 장으로 변모하였다. 구글이 도요타의 프리우스를 개조해 만든 무인자동차가 일반도로 주행실험에 성공한 것은 자동차 분야에 지각변동을 일으켰다. 세계는 인간의 운전조작 없이 목적지까지 자율 주행하는 차량에 열광하였다.

자율주행 기술에 대한 사회적 기대와 요구가 점점 커짐에 따라 전기자동차를 생산하던 완성업체는 자연스럽게 자율주행 기능이 탑재된 전기자동차를 선보이고 있다.

실제로 테슬러는 레이더와 보행자를 인식할 수 있는 카메라, 360도 영역을 탐지하는 울트라 소닉 음파탐지기, GPS와 실시간 교통정보 등 데이터 통합시스템 기능이 탑재된 전기자동차 Model D를 선보였으며, 테슬라의 모델 3를 비롯한 모든 차량에 완전 자율주행(Full self-driving)을 위한 필수 하드웨어들이 탑재된다. 이는 자율주행 업계에서 흔히 통용되는 5단계(완전 자율주행 가능)기술을 현실화하겠다는 의미로 풀이된다. 앞으로 몇 년 내에 자율주행 전기자동차가 시장에 등장할 것으로 기대된다.

그림 1. LeSee 자율주행 전기자동차 컨셉

참고 스마트 카

스마트 카는 자동차산업에 대한 정보기술의 도전이라고 말할 수 있다. 자동차업계의 대표 기업들은 CES, 즉, 국제 소비자 가전 전시회에 참가하는 한편 애플과 같은 기업이 모터쇼에 참석하고 있다. 이 말은 자동차산업에서 전기 가전 기술의 비중이 증가하고 있으며, IT기업들이 자동차 산업에 뛰어들고 있다는 것을 의미한다. 특히 애플은 차량용 운영체제인 카플레이의 상용화를 선언하기도 하였다.

[스마트 카의 정의]

스마트 카에 대해 정의를 내려 보면, 자동차 브랜드 또는 차세대 전기전자, 정보통신, 지능제어 기술 접목하여 자동차의 내부나 외부 상황을 실시간 인식하는 자동차라고 말할 수 있다. 스마트 카는 자동차 자체의 성능 향상뿐 아니라, 주변상황 감지용 센서를 이용한 첨단안전기능과 차량 간(V2V), 차량-인프라 간(V2I)의 정보를 융합한 통합안전기능을 포함하는 개념이다. 이를 위해 차량 간(V2V) 통신과 차량-인프라 간(V2I) 통신 등 다양한 네트워크기술이 개발되고 있다.

주로 자동차의 안전에 관련된 사항을 다루는 것, 운전자 지원정보, 인터넷접속의 서비스가 고려되고 있다. 스마트 카는 이런 여러 종류의 네트워크에 연결된 것이다. 그래서 스마트카를 커넥티드 카(Connected Car)라고도 부른다.

현재의 스마트 카는 카메라, 레이더, 초음파 등 차량용 센서를 기반으로 한 안전기술에 중점을 둔 첨단의 자동차를 말하며, 여기에 V2X 안전기술이 더해지게 될 것이다. 이것은 차량 간, 혹은 차량과 노변 간의 인프라를 연계하여 교통정보를 통합해 준다. 즉, 최첨단의 자동차와 네트워크로 연결된 도로가 만나 미래에는 V2X 통합안전기술이 실현될 것이며, 이 모든 개념을 포괄하여 '스마트카' 라고 볼 수 있다.

2 전기자동차 확산 및 시장전망

요즘 모든 국제 모터쇼에서 단연 주목을 받은 것은 전기자동차이다. 미국의 빅 3는 물론 도요타, 혼다, VW, BMW 등 많은 자동차 기업들이 앞 다투어 자신들의 전기자동차 모델을 발표하고 있다. 디트로이트 모터쇼에서 프랑크푸르트, 도쿄 모터쇼에 이르기까지 그 동안 전기자동차에 미온적인 입장을 보인 기업들이 너나 할 것 없이 신규 전기자동차 모델을 들고 나온다. 세련된 디자인에 성능도 일반 가솔린차량에 뒤지지 않을 정도이다. 일각에서는 엔진 모터쇼가 아니라 전기 모터쇼가 아닌가 하는 착각을 일으키게 할 정도라는 평이다. 마치 모든 자동차 기업들이 전기자동차에 올인 하는 모습이라는 것이다.

연료전지 자동차의 최대 매력중의 하나는 높은 연료전지의 효율에 있다. 연료전지는 낮은 온도에서 작동하면서도 최적 조건에서는 60% 이상의 효율을 가지고 있다. 이는 우리가 열역학에서 일반적으로 배워 온 이상적인 내연기관 사이클의 효율을 훨씬 뛰어넘는 것이다. 요즘 대부분의 연료전지 자동차는 하이브리드기능을 가지도록 고전압배터리나 슈퍼 커패시터를 동시에 장착한 형태로 개발되기 때문에 일반적으로 연료전지 자동차(FCEV)라 하면 연료전지 하이브리드 자동차를 의미한다.

연료전지는 수소와 공기만 공급하면 전기에너지를 끊임없이 만들어내는 반면, 물 이외에는 전혀 공해물질을 배출하지 않기 때문에 친환경성과 대체에너지의 조건을 완벽하게 만족시킨다. 세계 각국이 수소 연료전지 자동차를 환경친화적 미래형자동차의 최종적인 목표로 삼고 있는 것도 이런 까닭이다.

2.1. 각국 정부, 배기가스 규제 및 전기자동차 지원 강화

수년 이후에도 이러한 자동차 기업들의 전기자동차에 대한 개발 및 출시 추세가 쉽게 꺾이지는 않을 것이라는 게 일반적 견해이다. 그렇다면 왜 이러한 현상이 나타나고 있는 것일까 ? 우선, 미국, 일본, 유럽 등 각국이 자동차 배기가스 기준을 더욱 강화하고 있는 것에서 그 이유를 찾을 수 있다.

IEA자료에 따르면 온실가스 배출의 23%를 수송부문이 차지하고 있는 것으로 나타났다. 수송부문은 향후 실질적인 변화를 수반하지 않는다면 지구 온난화 억제 목표를 달성하는 데 큰 부담으로 작용할 전망이다. 각국 정부들이 수송부문의 규제를 보다 강도 높고 일관되게 추진할 수밖에 없을 것으로 보인다.

선진 각국 정부들이 내놓은 2020년 온실가스 배출기준은 현재의 내연기관 자동차의 효율 증대로는 도저히 달성할 수 없는 목표로 평가되고 있다. 배기가스가 전혀 없는 자동차를 라인업에 추가시켜 생산, 판매해야만 도달할 수 있는 목표라는 이야기다.

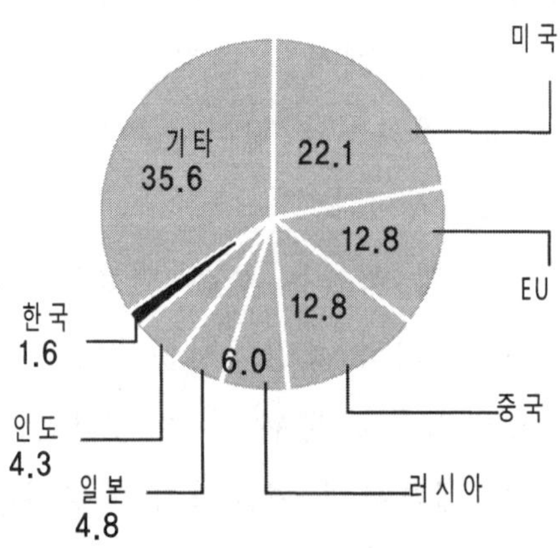

그림 2. 국가별 이산화탄소 배출현황

일본 정부는 그 동안 2020년 전기자동차의 비중이 40% 정도되면 배기가스 규제 목표를 제시하여 왔지만, 최근 50% 이상이 되어야만 하는 목표를 내놓았다. 미국의 경우 국가 연비기준을 2016년 당초 목표보다 상향 조정하기로 하였다. 흥미로운 점은 미국 내에서도 가장 엄격하기로 소문난 캘리포니아의 규제 기준이 미국 내 표준으로 선정될 움직임을 보이고 있다. 미국 연방정부는 캘리포니아의 자동차 배기가스 규제기준을 채택하기로 원칙적으로 합의하였다.

CARB(California Air Resources Board)의 계획만 놓고 본다면 매우 도전적인 목표가 아닐 수 없다. 2017년경 온실가스 40% 가량을 감축하려면 HEV의 비중이 30% 수준으로 높아져야 하는 것으로 분석된다. 게다가 미국 도로교통안전관리청(NHTSA)이 좌우하던 자동차 관련 규제에 대하여 환경청(EPA)의 영향력이 높아진 것도 앞으로의 미국의 정책방향을 가늠할 수 있는 대목이다. 과거 UN기후변화 협약에 미온적인 반응으로 일관 해왔던 미국의 태도 변화는 단순히 기후 온난화 대응의 차원에서 이루어지는 온실가스 배출 감축이 아니라 산업 자체의 패러다임 변화를 요구하고 있는 것으로도 풀이된다.

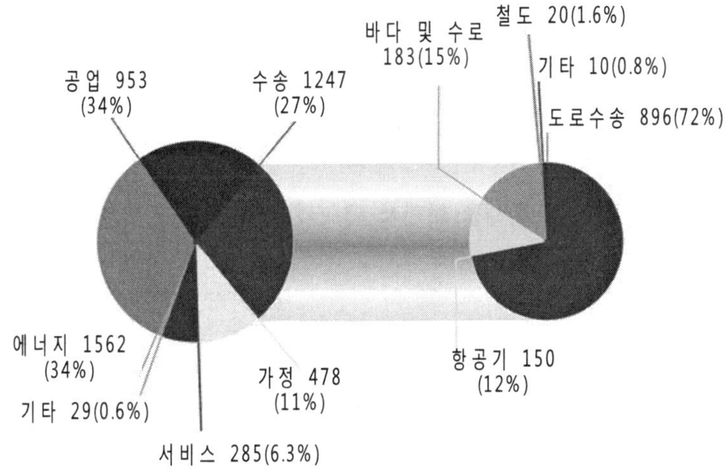

그림 3. EU 27개국의 부문별 및 교통수단별 CO_2배출량

2.2. 전기자동차 확산은 불가피

결국, 공급 측면에서 전기자동차의 확산은 거스를 수 없는 대세로 보인다. 정부 정책 환경이 자동차 기업들로 하여금 전기자동차 개발과 출시에 압력을 넣고 있으며, 자동차 기업들도 이를 따를 수밖에 없는 입장이다. 미국에서는 2016년까지 적용될 연비기준과 배기가스 배출량 정책을 확정 발표하였다. 여기서 미국 정부는 캘리포니아 주정부, 환경보호단체, 자동차기업 등 연비 및 온실가스 규제와 관련한 이해관계자들의 합의를 통해 결정된 사항이라는 것을 강조하였다. 향후 일관된 정책 추진을 예상할 수 있다.

자동차 배기가스 규제가 강화되면서 자동차기업들이 선택할 수 있는 대안은 기존 내연기관의 효율을 대폭 향상시키던가, 클린 디젤이나 전기자동차의 생산 비중을 높이던가 하는 것으로 좁혀진다. 내연기관 자동차의 이산화탄소 배출을 현재보다 30%~40% 만큼 줄이기 위해서는 소형경량화, 파워트레인 개선, 혁신적 직접 연료 분사 기술 등과 함께 하이브리드 기술이 꼭 필요하다. 전기모터와 내연기관 엔진의 작동 특성을 살펴보면 저속에서는 전기모터가 내연기관보다 훨씬 출력이 좋다.

고속에서는 상황이 역전된다. 현 내연기관 연비의 대부분은 저속주행 시 잃어버린다. 그렇기 때문에 전기모터와 내연기관 엔진을 조합할 경우 출력과 연료 효율을 동시에 높일 수 있게 되는 것이다.

참고 완성차업체는 손해를 보면서 왜 친환경차에 목을 매는가 ?

2010년 이후 전세계 모터쇼는 친환경차의 경연장이 되었다. 단순히 고유가 탓은 아니다. 유가급락 이후 열린 모터쇼도 마찬가지였다. 사실 완성차 입장에서 전기자동차와 같은 친환경차 판매는 돈이 되지 않는다. 오히려 팔수록 손해다. 가장 성공한 친환경차인 Toyota Prius도 출시 10년 만에 흑자 전환했을 정도다. 그럼에도 완성차들이 기를 쓰고 친환경차를 출시하는 이유는 각 국 정부의 환경규제 강화 때문이다.

환경 규제 강화는 2가지 방식으로 진행되고 있다. 연비 개선과 배기가스 저감이다. 미국 자동차업체들은 연비 측면에서 2020년까지 평균 41.7MPG(mile per gallon)을 달성해야 하고 1마일주행 시 이산화탄소 배출량을 213g으로 낮춰야 한다.
기존 내연기관의 성능 개선만으로는 한계가 있다. 디젤차는 더욱 그렇다. 특성상 NOx(아산화질소), PM(미세먼지) 등 오염물질 배출이 많아 더욱 강력한 규제를 받기 때문이다. 클린 디젤(디젤차가 EU의 엄격한 배기가스 규제를 만족시킨다는 의미)은 VW 사태로 허구임이 드러났다.

2.3. 전기자동차 내부문제

전기자동차의 확산에 영향을 미치는 많은 요인들이 있겠지만, 충전 인프라와 전지가 가장 대표적이라 할 수 있다. 먼저 전기자동차의 연료탱크라 할 수 있는 전지의 가격과 신뢰성 문제이다. 많은 전문가들은 재료혁신, 규모의 경제 실현, 최적 전지 솔루션 확보 등으로 10년 뒤 절반 이하로 전지가격이 하락하리라는 예측을 내놓고 있다. 다소 낙관적인 측면이 없지 않다.

[표 5-1. 전지 에너지 밀도개선과 주행거리 개선 수준 비교]

	GM스파크(2014)	GM Bolt(2016)
전지(팩) 에너지밀도	84Wh/Kg	138Wh/Kg
용량	21.4KWh	60KWh
전지(팩) 무게	254Kg	435Kg
주행거리	135Km	385Km

전기자동차의 전지유형으로 리튬이온 기술이 가장 적합한 솔루션으로 평가를 받고 있다. 상기의 가격예측은 과거 1990년대 말부터 현재까지 이루어진 모바일 IT 기기에서 리튬이온 전지가 경험한 가격하락 속도를 고려한 것이다. 하지만 1990년대 말의 전지기술은 초보적인 수준이었으나, 현재는 단위 셀 기술측면에서 만큼은 상당한 수준에 올랐다고 할 수 있어 향후 기술발전 속도가 예전보다는 더딜 가능성을 배제할 수 없다.

[표 5-2. GM볼트 배터리가격(1KWh당)]

모델명	배터리가격
2010 쉐보레 볼트(Volt)	300~350달러
2016 쉐보레 볼트(Bolt)	145달러
2022년 GM전망(모델명 미정)	100달러

현재의 HEV는 용량 1KWh 내외의 전지를 장착한다. PHEV나 BEV는 HEV보다 적게는 5배 많게는 20배만큼 많은 용량의 전지를 사용해야 하기 때문에 가격은 그 만큼 더 중요해지게 된다. 현재의 일반 소비자들은 전기자동차로서는 몇 안되는 HEV모델에서 골라야 하는 상황이다. 기존 차량보다 훨씬 비싼 가격이 붙은 차량을 소비자들이 선뜻 받아들일 수 있을까? 게다가 안전성이나 신뢰성이 아직은 확실하게 검증되지 않은 상황이라 연비가 아무리 뛰어나다 하더라도 쉽게 결정을 내리기가 어려운 게 사실이다.

[표 5-3. 모델별 배터리가격(1KWh당)]

모델명	배터리가격
테슬라 모델 3	140~130
테슬라 모델 S	210
GM Volt	350
GM Bolt	145
BMW i3	400
닛산 리프	370

전기자동차 유형 측면에서 볼 때도 당분간 HEV가 주류를 이룰 것이라는 예측이다. BEV나 PHEV는 가정이건 도로이건 간에 충전 인프라가 갖추어지지 않으면 성장을 기대하기 어렵다. 그리고 고용량 전지의 높은 가격이 수년 안에 급격하게 떨어지기는 어렵다는 측면이 고려되었다. 2020년경에야 BEV와 PHEV가 전기자동차의 절반을 넘어설 수 있을 것으로 보인다. 실제 많은 전문가들이 인프라 측면이나 시장 동향을 볼 때 하이브리드 기술을 통해 BEV로의 가교를 마련해야 하는 것이 아니냐는 조심스런 충고도 던지고 있다.

2.4. 미래자동차의 스마트한 변화

글로벌 자동차 시장의 성장 정체에도 불구하고 기술의 진보와 정부의 규제는 스마트카, 친환경차 시장의 고속성장을 이끌 전망이다. 우리가 그리는 미래자동차의 핵심은 '기술과 환경' 이다. 기술측면에서 스마트카의 궁극적인 모습은 자율주행이며 환경측면에서는 전기자동차로의 변화가 핵심이다.

2.4.1. 스마트차 – 자율주행차

자율주행 기술개발을 위한 완성차 업체들과 ICT업체들의 경쟁과 협업이 확산되고 있다. 센서가 주변 환경을 인식해 주행경로를 자체적으로 결정하며 자체 동력을 이용해 독립적으로 주행하고, 운전자는 도로상황을 신경 쓰지 않아도 되며, 갑자기 튀어나온 장애물도 스스로 피해가고, 자동차는 앞뒤 차 간격을 맞춰 주행한다.

① 기계 중심의 기술에서 센서융합, 정보통신, 첨단교통, 지능제어, 필드로봇 등의 신기술을 융합한 미래형 이동수단. 일반 자동차와의 차이점은 자율주행차는 운전자의 눈 역할을 담당하는 센싱 장비들을 갖추고 있고, 각종 센서와 프로그램으로 운전자 역할을 대신한다.

② 센서들에 모인 정보는 컴퓨터로 가공돼 실시간으로 상황을 파악하고 방향 전환, 가속 및 브레이킹 등 운전명령을 내리며, 자동차뿐만 아니라 전자, 전산, 항공 등 다양한 분야의 전문가들이 필요하다.

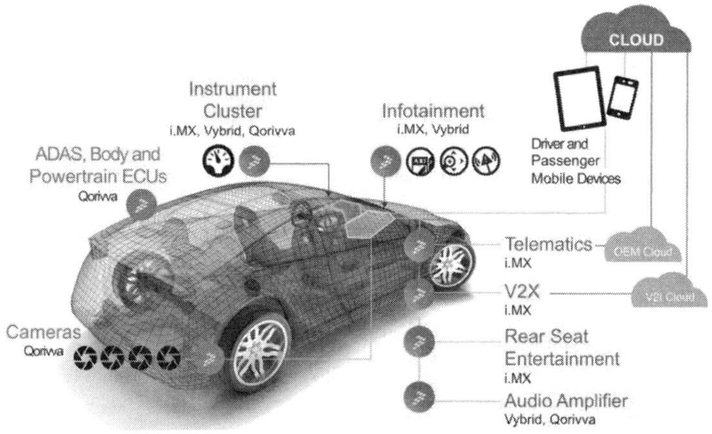

그림 4. 스마트 카의 구조

현재의 속도라면 향후 10년 이내에 관련 기술의 상용화가 본격화될 전망으로 관련 시장은 연평균 50% 정도의 고성장이 예상되고 있다. 완성차 업체에는 위협이 될 수 있으나 자율주행/친환경 부품의 핵심기술을 갖춘 업체들에게는 기회가 될 전망이다.

참 고 인공지능의 발전

인간과 체스 대결에서 승리하거나, 퀴즈 대결에서 승리하며 TV쇼에서만 존재해 왔던 인공지능은 이제 인간을 대신해서 운전을 하거나(Google : 자율주행 자동차), 월스트리트의 금융전문가보다 월등한 수익을 내며 투자를 하기도 하고, 전문의 보다 더욱 정확한 진단을 내리기까지 한다. 즉 '인공지능' 이라는 단어가 처음 사용된 1956년부터 약 60년의 시간에 걸쳐 제대로 된 구현방법을 모색해 오던 인공지능이 이제 그 방법을 깨닫기 시작하면서 엄청난 속도로 발전할 수 있는 토대를 마련하게 된 것이다.

딥러닝으로 인한 인공지능의 발전은 인지, 학습, 추론, 행동과 같은 인간 지능 영역의 전 과정에 걸쳐 혁신적인 진화를 만들어 내고 있다. 시각, 청각과 같은 감각기관에 해당하는 인지지능에서부터 인공지능이 스스로 지능을 발전시키는 학습, 새로운 상황을 추론하고 행동하는 단계에 이르기까지 다양한 분야의 연구가 동시 다발적으로 빠르게 발전되고 있다.

[인공지능 발전분야]

※ 딥러닝[[deep learning] : 컴퓨터가 여러 데이터를 이용해 마치 사람처럼 스스로 학습할 수 있게 하기 위해 인공 신경망(ANN: artificial neural network)을 기반으로 구축한 한 기계 학습 기술.

딥마인드의 연구로 본격화된 강화학습 알고리즘의 연구는 약 2년만에 엄청난 발전을 이루고 있다. 간단한 2차원 게임 환경을 넘어서 3차원, 물리 환경에 기반한 연구들이 빠르게 진행되며 현실 세계에 강화학습 기반의 인공지능 구현을 앞당기고 있다. 실제로 주요 기업들의 연구소에서는 강화학습을 실제 제품, 서비스에 적용하려는 연구, 개발이 활발히 진행 중이다.
실제 주요 자동차 제조사의 선행연구 기관에서는 강화학습을 적용한 지능형, 자율주행기능을 시도하고 있다. 아래 그림과 같이 자동차가 램프에 진입할 때 옆 차선에서 진행 중인 다른 차들의 속도, 거리 등을 고려해 진입 위치를 결정해야 한다. 사람의 경우에도 초보 운전 시 매우 어려운 과정이지만 수많은 반복 경험을 통해 직관적으로 판단하여 진입 위치를 결정하고 속도를 조절해진입하는 것과 마찬가지로 강화학습을 통해 인공지능이 스스로 상황을 판단해 매 순간 최적의 결정을 내릴 수 있도록 한다.

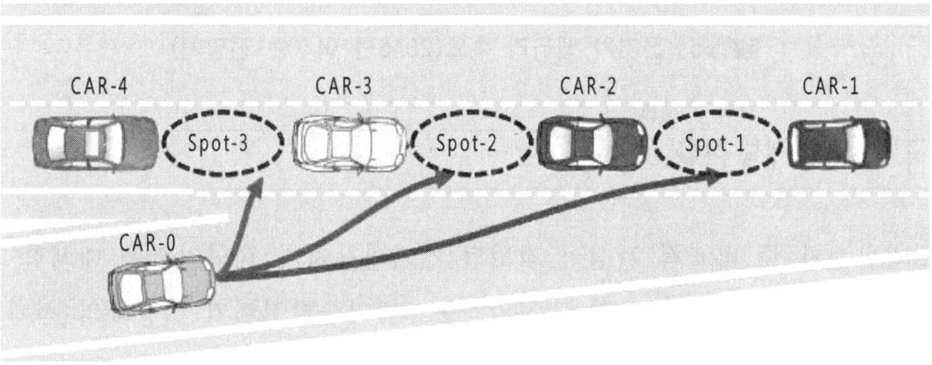

[강화학습기반의 지능형, 자율주행 기능 구현]

2.4.2. 배터리(EV) - 전기자동차의 핵심

휘발유나 디젤차에서 가장 중요한 것이 엔진계통이듯, 전기자동차에서 가장 중요한 것은 사실상 엔진과 연료 역할을 하는 고성능 배터리다. 현재 전기자동차에 쓰이는 배터리 중 가장 효율이 높은 종류는 리튬계열 배터리다. 지금까지는 안전성이 떨어져 휴대전화 등 소형 전자제품에 주로 쓰였지만 최근 수년 사이엔 자동차용으로도 쓰기 시작했다. 하지만 이런 리튬이온 배터리도 용량에 따라 다르지만 일반적으로 급속충전에 30분~1시간이 걸린다.

글로벌 차원의 환경규제는 전기자동차 시장의 확산을 촉진할 전망이다. 향후 5년간 글로벌 전기자동차 시장은 고성장이 예상되며 배터리시장은 이 보다 빠른 성장이 예상된다.

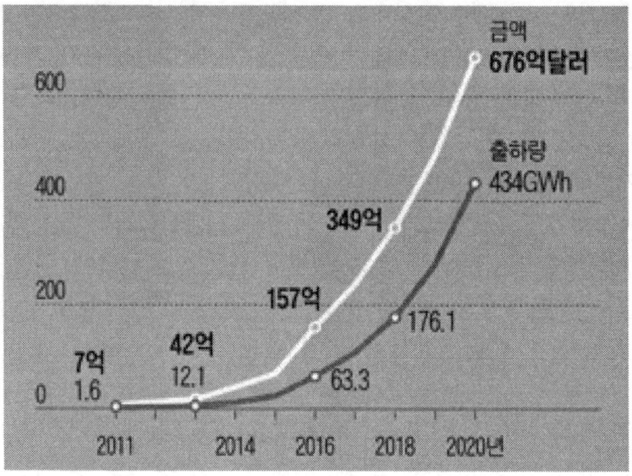

※ 시장선점 일본, 점유율 60%로 1위 : 도요타 프리우스, 닛산 리프 등 모기업의 전기차에 우선 납품. 다른 업체와 전기차에 우선 납품, 다른 업체와 계약 맺는데 한계

그림 5. 전기차 배터리 수요(2016년 이후는 전망치)

3 국내·외 개발현황

최근 친환경차 중 비교적 관심이 적었던 전기자동차가 내연기관을 대체할 차량으로 주목을 받게 된 가장 큰 요인은 전지성능 및 기술발전이지만 중국의 전기자동차 개발의지도 중요한 요인 중 하나라고 할 수 있다.

현재 세계 1위의 자동차 수요시장인 중국에서 전기자동차를 중심으로 친환경차 시장이 형성된다면 선진국을 중심으로 시장이 형성되고 있는 하이브리드자동차나 클린디젤차에 비해 시장 확대가 더욱 클 것이다. 특히 자동차 수요가 신흥국 위주로 증가하고 경소형차 수요비중이 높아지는 상황에서 경소형차를 중심으로 개발되고 있는 전기자동차는 친환경차 산업에서 시장형성이 빠를 것으로 예측된다.

따라서 전기자동차 개발에 소극적이던 주요 완성차업체들은 최근 전기자동차 시장선점을 위한 전기자동차 개발에 박차를 가하고 있으며 잇달아 전기자동차 출시계획을 발표하고 있다. 300Km 이상 주행이 가능한 전기자동차 모델이 잇달아 출시된다. 가격 면에서는 아직 내연기관차보다 비싼 편이지만, 주행거리 면에서는 내연기관차 수준에 근접하고 있다.

[표 5-4. 자동차별 주행거리 비교]

구 분	배터리 용량(KWh)	주행거리(Km)	완충시간(예상)	배터리 공급사
BMW i3	21	132	3~5시간	삼성SDI
닛산 리프	24	132	4~5시간	AESC
현대 아이오닉	28	191	4~5시간	LG화학
BMW 뉴 i3S	33	300	4~5시간	삼성SDI
테슬라 모델3(표준)	55	354	6~8시간	파나소닉
기아 니로 EV	60	380	8~9시간	SK이노베이션
GM 볼트(Bolt)	60	383	8~9시간	LG화학
현대 코나 EV	60	390	8~9시간	LG화학
닛산 리프 2세대	60	400	8~9시간	AESC
르노 조에(ZOE)	41	400	8~9시간	LG화학
테슬라 모델3(장거리)	75	450	9~10시간	파나소닉
테슬라 모델s 90D	90	512	10~12시간	파나소닉
테슬라 모델s P100D	100	594	11~12시간	파나소닉
루시드 에어	130	643	11~12시간	삼성SDI

평균 *30KWh/200Km *60KWh/400Km *90KWh/500Km/주행거리는 국가별 인정기준이 다름

전기자동차에 대한 자동차 기업의 적극 행보의 배경에는 엄격해지는 환경규제가 있다. 각 국은 자동차 기업들의 평균 CO_2 배출량 제한 강도를 높이고 있다. 유럽은 2015년 기준 평균 CO_2 배출량 기준이 130g/Km 수준이었으나 2021년부터는 95g/Km로 줄여야 한다. 디젤차량의 경우 연비를 21.2Km/l에서 27.8Km/l로, 가솔린은 18.7Km/l에서 25Km/l로 높여야 한다.

최대 자동차 시장인 중국은 물론이고 연방 보조금의 지속여부가 불투명한 미국도 규제 강도는 계속 높이고 있다. 이미 신차 비중의 절반이 전기자동차인 노르웨이는 2025년부터는 내연기관차 판매를 금지한다. 네덜란드도 2030년부터는 내연기관차 판매가 금지될 예정이다. 그 외에도 영국과 프랑스가 2040년부터는 내연기관차 판매를 중단할 예정이고 인도와 중국에서도 비슷한 논의를 진행 중이다. 자동차 기업으로서는 규제 강화 대응을 위해서 기존 내연기관의 연비 개선뿐 아니라 전기자동차와 같은 친환경차의 비중을 고려하지 않을 수 없게 된 것이다. 다수의 조사기관은 2025년 즈음이 전기자동차 시장의 또 다른 변곡점이 될 것으로 전망하고 있다.

2025년 (a) 노르웨이 2025년 (b) 네덜란드 2025년 (c) 영국 2030년 (d) 독일 2040년. (e) 프랑스

그림 6. 주요국이 밝힌 내연기관 차 생산 중단 시점

전기자동차 시장이 소비자 주도 시장으로 탈바꿈할 시점이라는 기대 때문이다. 전기자동차는 규모의 경제에 힘입어 가격이 지속해서 하락할 것이기 때문에 머지않아 내연기관차보다 비용 면에서 우위인 시점이 온다. 3년간의 총소유비용(TCO : Total Cost of Ownership) 관점에서 보면 2020년대 중반에는 전기자동차가 내연기관차보다 저렴해지게 될 전망이다.

전기자동차를 타는 것이 내연기관차를 타는 것보다 비용 면에서 더 유리할 수도 있으니, 소비자들이 전기자동차를 구매하게 될 가능성이 커진다. 자율주행 기술의 확대도 전기자동차 시장 성장을 견인할 전망이다. 전동화 기술과 함께 자동차산업의 변화를 이끄는 자율주행 기술은 2025년경 기술과 가격 면에서 한층 성숙할 것이다. 폭스바겐, 포드, GM 등은 기술면에서는 2025년 이전에 완전자율주행을 구현한다는 목표를 밝히고 있다.

자율주행 기술은 내연기관차보다 전기자동차에서 제어가 쉽다. 자율주행 기술에 필요한 많은 전력소모량은 전기자동차에서 보다 용이하게 공급해 줄 수 있다. 그리고 자율주행이 적용된 차는 일반 차보다 평균 주행거리가 길어 연료비 측면에서도 전기자동차로 대체하는 것이 유리하다. 자율주행 기술의 보급은 전기자동차 수요에도 긍정적인 영향을 줄 것으로 예상된다.

친환경차 시대의 예상보다 빠른 개막은 전기자동차의 기술발전 속도와 밀접한 연관이 있다. 과거 테슬라와 르노닛산 등 일부 차 메이커가 주도했던 전기자동차 개발은 글로벌 자동차업계 전반으로 확산되고 있다. 투자가 늘면서 브랜드별 기술경쟁이 붙고 세단, SUV는 물론 트럭, 버스 등 전 차종의 전기자동차 개발이 진행중이다. 전기자동차 대중화의 관건인 주행거리도 500Km의 벽을 넘어 600Km의 고지를 바라보고 있다.

[표 5-5. 주행거리 경쟁 불붙는 전기차]

회 사	모델명	양산시기(목표)	주행거리
현대자동차	아이오닉 후속 모델	2020년	390Km
테슬라	모델 3	2017년 말	354Km
GM	볼트	2016년 말	383Km
아우디	e트론콰트로	2018년	500Km
BMW	i3	2017년	300Km

※ 1회 충전시 주행거리(독일, 미국, 한국 국가별 인증기준은 차이가 있음)

[1] 주행거리 500Km, 테슬라의 도전

현 시점에서 주행거리가 가장 긴 전기자동차는 테슬라의 모델 S로 1회 충전에 594Km을 갈 수 있다. 모델 S의 최상위급 모델인 P100D는 기존 주행거리 478Km에서 82Km 연장됐다. 90KWh의 배터리팩 대신 에너지 밀도를 높인 100KWh 배터리를 장착하며 주행거리를 늘렸다. 가속능력도 스포츠카 못지않다. 96Km까지 도달하는데 2.5초 걸린다. 일론 머스크 테슬라 CEO는 지금까지 생산된 전기자동차 가운데 가장 빠른 차라고 강조했다. 다만 이 차의 가격은 최소 1억5000만원 정도로 대중적인 전기자동차로 보기엔 무리가 있다.

대중적인 가격대의 전기자동차로는 다임러-BYD와 르노가 400Km의 장벽을 넘었다. 독일의 메르세데스-벤츠 모기업인 다임러는 중국 전기자동차업체 비야디(BYD)와 합작벤처를 통해 새로운 전기자동차 덴자(DENZA)400을 공개했다. 이 차의 최대 주행거리는 400Km으로, 메르세데스-벤츠 B클래스의 플랫폼을 활용했다.

프랑스의 르노는 2017 파리모터쇼에서 전기자동차 조에(ZOE)의 신 모델을 공개했다. 이 모델은 배터리 용량을 기존 22KWh에서 41KWh로 늘려 400Km의 주행거리를 확보했다. 르노사는 일반차 가운데 400Km의 주행거리는 세계 최고기록이라고 밝혔다.

[2] 300Km 전기자동차 시대 개막

차 메이커들의 전기자동차 개발에 속도가 붙으면서, 새로이 출시되는 전기자동차는 대부분 300Km의 주행거리를 넘어섰다.

그림 7. 르노 조에

그림 8. 쉐보레 볼트EV

그림 9. 테슬러 모델 s

그중 볼트 EV와 모델3의 치열한 경쟁이 예상된다. 쉐보레 볼트 EV는 미국 환경청에서 383Km의 주행거리를 인증 받았다. 전기자동차 대중화에 한몫할 것이라는 전망이 나온다. 테슬라가 양산하는 모델 3도 1회 충전시 354Km를 달릴 수 있으며, 고가 브랜드인 테슬라의 대중화를 이끌 모델이다.

BMW가 출시하는 전기자동차 신형 i3는 주행가능 거리가 300Km(유럽기준)로 확장됐다. 기존 모델이 최고 132Km(국내기준)였던 것과 비교하면 2배 이상 주행거리를 늘렸다. 세계 누적 판매 1위 모델인 닛산 리프도 업그레이드된다. 주행거리 130Km대에서 대폭 개선해 400Km 이상 주행거리를 확보할 계획이다. 주행거리가 300Km 이상으로 늘면 기존 내연기관차의 세컨드카 개념이 아닌 대체품으로도 전기자동차가 기능할 수 있을 것으로 보인다. 전기자동차의 대중화는 주행거리 300Km를 기점으로 이뤄질 수 있다는 전망이다. LG경제연구원 책임연구원은 전기자동차 주행거리가 300Km 이상으로 늘어나고 가격도 3만달러대의 2세대 전기자동차가 시장에 등장할 것이라며, 2세대 전기자동차는 내연기관 자동차와 본격적인 경쟁을 시작할 것이라고 밝혔다.

그림 10. 닛산 리프

그림 11. BYD다임러 덴자400

[3] 600Km 장벽 넘겠다. 청사진 제시

글로벌 차 메이커들은 너도나도 전기자동차 주행거리 연장을 목표로 청사진을 제시하고 있다. 그중 디젤 게이트의 오명을 쓴 폴크스바겐은 전기자동차 개발에 가장 적극적이다. 폴크스바겐 그룹은 2025년까지 총 30종 이상의 전기자동차를 개발, 연간 100만대의 전기자동차를 판매하겠다는 계획을 발표했다.

이와 함께 1회 충전으로 600Km 달리는 전기자동차 I.D를 공개, 2020년 상용화하겠다고 밝혔다. 아우디는 2020년까지 3종의 순수 전기자동차를 출시, 500Km 이상 주행거리를 확보하겠다는 목표다. 메르세데스-벤츠는 파리모터쇼에서 500Km 주행가능한 전기자동차(콘셉트카) 비전 메르세데스-마이바흐6를 공개했으며, BMW의 'i' 와 같은 전기자동차 브랜드 'EQ' 를 론칭 했다. EQ 브랜드는 2020년 세단 2종과 SUV 2종을 출시할 계획이다. 첫 모델인 제너레이션 EQ는 1회 충전시 500Km를 확보하겠다는 목표다.

그림 12. 폴크스바겐 I.D. 컨셉카

재규어는 스포츠카 콘셉트의 전기자동차로 기술력을 과시했다. I-TYPE은 순수하게 전기로 구동되는 레이싱카로, 정지상태에서 100Km/h까지 2.9초만에 주파할 수 있다. 재규어는 모터스포츠에서 담금질한 기술을 향후 상용차 개발에 사용할 계획이라고 밝혔다.

국내 브랜드의 전기자동차 개발속도는 더딘 편이다. 현대차는 2018년 390Km 주행거리의 전기자동차를 출시한다. 르노삼성은 1번 충전으로 최대 250Km 달리는 1톤 전기상용차 개발중이라고 밝혔다. 전기자동차의 기술력은 주행거리 확보와 충전시간 축소 등이 최대 관건이다. 주행거리는 차체 경량화와 배터리기술 등 다양한 요인의 영향을 받는다. 전문가는 경량화로 프레임의 무게를 최소화해 배터리를 최대로 실을 수 있는 기술과 배터리의 밀도를 높이는 기술이 동시에 발전해야 한다고 설명한다.

그림 13. 현대자동차 아이오닉 EV

3.1. 테슬라 모델 3

미국 전기자동차 업체 테슬라모터스가 모델 3를 출시한다. 가장 큰 특징은 주행성능이다. 정지상태에서 시속 100Km를 내기까지 6초밖에 걸리지 않는다. 1회 충전으로 354Km 주행이 가능하며, 배터리 용량은 55KWh이다. 기존의 전기자동차보다 두세 배 큰 용량이다. 이 때문에 주행거리도 두 배 이상 늘었다. 모델3는 경쟁 전기자동차 가운데 유일하게 자율주행이 가능한 모델이기도 하다. 테슬라 오토파일럿 시스템을 갖춰 레벨 3에 해당하는 부분 자율주행이 가능하다.

그림 14. 테슬라 모델3

중형세단 수준의 실내공간과 높은 안전도를 확보할 것이라는 게 테슬라의 설명이다. 전기자동차는 새로운 아이디어가 아니다. 1970년대 오일쇼크 때는 물론이고 제너럴모터스(GM) 같은 굴지의 회사도 90년대 전기자동차를 선보였다. 하지만 모두 실패했다. 기름차와 맞붙을 때마다 짧은 주행거리가 발목을 잡았다. 하지만 테슬라가 전기자동차에 뛰어든 타이밍이 좋았다. 전기자동차는 결국 배터리 싸움인데 기술 발전 덕분에 시중에 과거보다 강력하면서도 가벼운 배터리가 있었다.

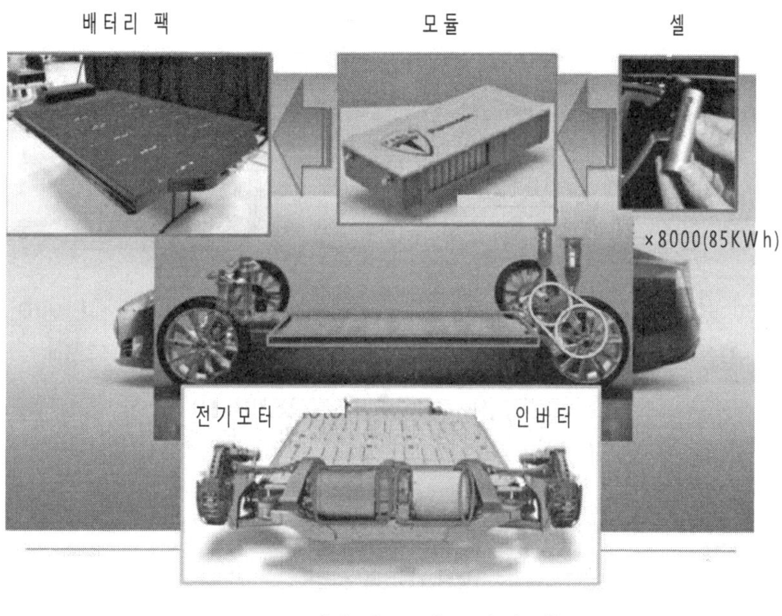

그림 15. 테슬라 모델S 전지 팩

무엇보다 큰 경쟁력은 소형 리튬이온 배터리에서 나온다. 머스크는 파나소닉이 만든 리튬이온 배터리를 고집하는 이유에 대해 양산 배터리 중 에너지 밀도가 가장 높은 데다 내구성이 강하다. 게다가 값도 싸다고 설명한다. 노트북 컴퓨터나 휴대전화 등에서 쓰는 이 배터리는 오랫동안 검증된 옛날방식이다. 하지만 테슬라는 그 덕분에 배터리 공급에 어려움을 겪지 않았다. 대부분 전기자동차가 고도로 전문화한 대형 배터리를 쓰는 것과 대조적이다.

기존 전기자동차가 보통 뒷좌석 밑에 넣는 배터리 때문에 탑승공간, 짐칸이 좁다는 문제도 해결했다. 배터리를 바닥에 깔아 실내 공간을 넓히고 무게중심을 낮춰 승차감·안전성을 높였다. 게다가 가볍다. 납작한 수천 개 배터리를 용접해 붙이는 대신 접착제로 붙인 덕분이다. 물론 리튬이온 배터리는 치명적인 약점을 갖고 있다. 손상·과열될 경우 불이 나거나 심지어 폭발할 수 있다. 이에 테슬라는 화재예방을 위한 여러 안전장치를 설치한다. 또한 충전, 방전을 거듭하면 다른 배터리에 비해 성능이 급속히 떨어지는 단점도 있다. 테슬라를 제외한 다른 자동차 회사가 이 배터리를 쓰지 않는 이유이기도 하다. 배터리 충전문제 해결을 위해 테슬라측은 배터리 교체서비스를 구상 중이다.

그림 16. 테슬라 전기자동차의 모델별 주행거리

[1] 90초 만에 배터리 교체하는 테슬라

테슬라는 '스왑 스테이션(Swap Station)'이라는 기술을 발표했다. 전기자동차의 배터리 교체기술로 휴대전화 배터리를 교체하듯 자동차의 배터리를 쉽게 교체할 수 있는 것이 특징이다.

배터리수명이 다 돼서 교체하는 게 아니다. 테슬라는 긴 시간 배터리를 충전하는 대신 아예 교체하는 방법을 내놓은 것이다. 테슬라의 배터리교체는 슈퍼차저 스테이션(Supercharger Station)에서 90초 만에 이뤄진다. 전기자동차 시장에서 스왑스테이션이 가지는 의의는 생각보다 크다. 우선, 기본 2시간 이상 소요되는 재충전을 할 필요가 없어지고 90초만 투자하면 배터리 완충상태가 된다.

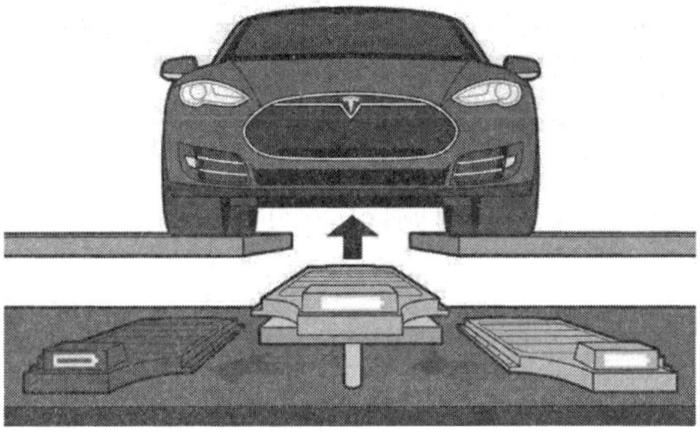

그림 17. 테슬라 '스왑 스테이션(Swap Station)'

3.2. 현대차 아이오닉과 코나

현대자동차는 1회 충전으로 390Km를 달릴 수 있는 소형 SUV 코나 기반의 2세대 전기자동차(EV)를 출시한다. 2세대 전기자동차는 기존 1세대 전기자동차의 단점인 짧은 주행거리와 높은 가격을 내연기관차와 경쟁할 수 있는 수준으로 개선한 모델이다. 현재까지 시판된 1세대 전기자동차는 높은 배터리가격과 낮은 에너지 밀도로 주행거리가 내연기관차의 25~35% 수준인 150~200Km에 그쳤지만, 2세대 전기자동차는 1세대보다 두 배 가까이 증가한 300Km를 넘어선다.

현대차가 제시한 1회 충전 주행거리 390Km는 테슬라가 내놓은 보급형 전기자동차 모델3의 주행거리 354Km보다 40Km 정도 높은 수준이다. 기아차도 출시 예정인 니로 EV의 주행거리를 380Km로 잡았다. BMW가 선보일 전기차 i3s의 주행거리는 280Km에 달할 것으로 알려졌다. 현대차의 차세대 수소연료전지차는 580Km 이상 주행하는 것이 목표다. 이는 지금까지 출시된 전기차 주행거리의 2~3배 수준이다. 올해 대부분 전기차의 1회 충전시 주행가능거리는 100Km대에 머물렀다.

그림 18. 현대차의 전기자동차 코나

현대차의 아이오닉 일렉트릭과 르노삼성의 SM3 Z.E. 주행거리는 각각 191Km, 135Km이다. 지금까지 현대·기아차, 르노삼성 등 국산 전기자동차와 비교해 배터리용량은 불과 1~3KWh 늘었지만, 주행성능은 30%가량 향상됐다. 전용 플랫폼에 따른 차량 경량화나 구동 효율을 높였고 배터리 충전성능이 높아졌다. 이용자 주행거리 불만이 해소될 전망이다. 현대자동차가 최근 열린 모터쇼에서 아이오닉 전기 자율주행차를 공개했다.

아이오닉 전기 자율주행차는 전기자동차 기반의 완전 자율주행 콘셉트카로 미국 자동차공학회(SAE)의 자율주행 기준 레벨 가운데 완전 자율주행 수준을 의미하는 레벨4를 만족시킴으로써 시선을 모았다.

그림 19. 현대차의 전기자동차 아이오닉

현대·기아차는 국내 자동차 업체 최초로 미국 네바다주 고속도로 자율주행 면허를 획득하기도 했다. 현대·기아차는 투싼 수소연료전지차와 쏘울 전기자동차 등 미래형 친환경차에 자율주행 기술을 탑재하는 등 자동차의 완벽한 변신을 꾀하고 있다. 현대·기아차는 2020년까지 고도 자율주행차를 상용한다는 목표다.

(a) 아이오닉 전기차 (b) 테슬라 모델 3

그림 20. 현대자동차와 테슬라의 전기자동차 개발 전략

3.3. 닛산 LEAF

닛산 리프는 배기가스가 전혀 없는 제로 에미션(Zero Emission)의 순수한 전기자동차를 개발한다는 전략하에 개발된 미래형 친환경 순수 전기자동차이다.

리튬 이온 전지를 동력원으로 100% 전기로만 움직이며, 기존 내연엔진과 달리 시동 순간부터 최대 토크를 전달해 부드럽고 균일한 가속을 가능하게 하는 것이 특징이다. 리프는 용량 24KW의 리튬이온 배터리와 최대 토크 280Nm짜리 전기모터를 탑재한 전륜구동 차량이며, 탑승인원은 4~5명인 준중형차이다.

전지의 충전시간은 가정용 200V전압으로 완속 충전할 경우 4~5시간 정도 소요되며, 급속 충전할 경우에는 30분 내에 최대 용량의 80%까지 충전할 수 있다. 한 번 충전으로 주행할 수 있는 최대 주행거리는 132Km, 최고속도는 시속 140Km 이상이다. 정지상태에서 시속 100Km에 도달할 때까지 걸리는 시간(제로백)은 10~11초이다. 리프가 미쓰비시의 아이미브 등 여러 경쟁차와 다른 점은 차량의 곳곳에 최첨단 정보기술(IT)을 적극 활용했다는 점이다.

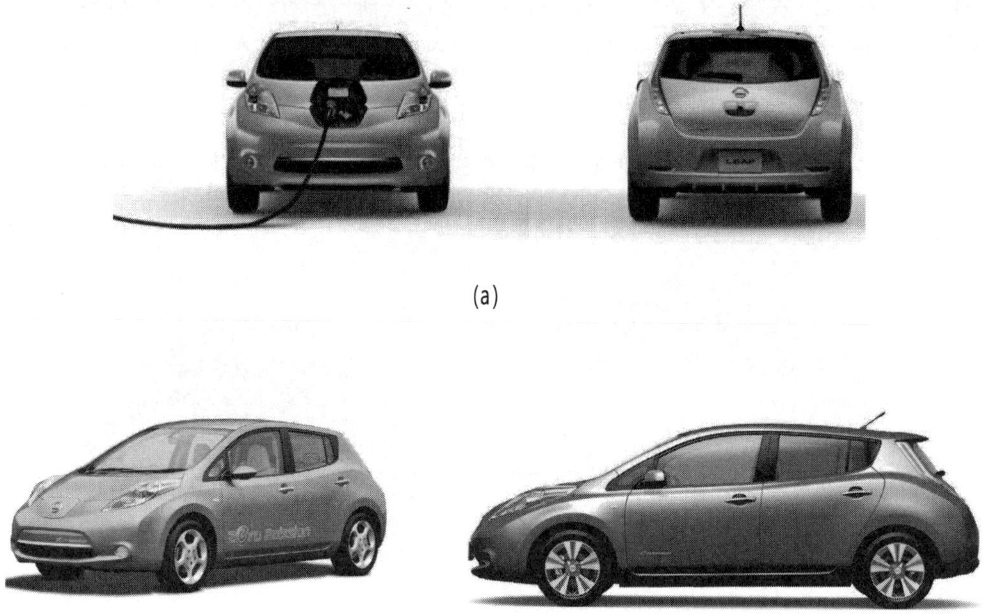

(a) (b) (c)

그림 21. 닛산의 전기자동차 '리프(LEAF)'

특정 시간대에 충전되도록 시간을 정할 수 있고, 배터리가 완전히 충전되면 휴대전화로 알려주는 기능 등 우리가 예견치 못한 여러 기능들이 적용되고 있다. 리프는 지난 2010년 첫 출시 이후 7년 만에 완전 변경을 거친 2세대 모델을 공개하였다. 신형 리프는 60KW 용량의 리튬이온 배터리팩을 탑재하고 1회 충전에 400Km 이상 주행할 수 있는 것으로 알려졌다. 기존 리프는 24KWh 배터리를 탑재하고 1회 충전으로 최대 132Km까지 주행할 수 있다.

국내에는 미출시된 30KWh 배터리를 장착하면 최대 172Km까지 주행가능하다. 또한 신형 리프는 프로파일럿이라고 불리는 닛산의 반자율주행 기술을 탑재한다. 단일 차선 고속도로 주행이 가능한 프로파일럿 기술은 닛산의 미니밴 세레나에 최초 적용됐다.

3.4. BYD e6

전 세계 전기자동차시장의 1위 업체는 중국의 BYD이다. 지난해 전기자동차 시장 점유율로 따지면 BYD가 테슬라를 앞선다. BYD와 테슬라의 뒤를 일본의 미쓰비시와 닛산, 독일의 폭스바겐과 BMW가 줄줄이 따르는 구조다.

BYD를 앞세운 전기자동차를 포함한 중국의 친환경차 생산량과 판매량에서 모두 세계 1위 친환경차시장이다. BYD의 주력 모델 중 하나인 전기자동차 e6는 1회 충전에 400Km를 달릴 수 있다. BYD e6의 초기 모델의 주행거리는 300Km였다. 이렇게 주행거리가 늘어 난 것은 배터리 용량이 60KWh에서 82KWh로 늘어났기 때문이다.

독일의 메르세데스-벤츠 모기업인 다임러는 중국 전기자동차업체 비야디(BYD)와 합작벤처를 통해 새로운 전기자동차 덴자(DENZA) 400을 공개했다. 덴자 400은 이름 그대로 1회 충전으로 400Km를 달릴 수 있는 5도어 해치백 전기자동차다. 메르데세드-벤츠 B-클래스의 플랫폼을 활용했고, 배터리 용량을 기존 47.5KWh에서 62KWh로 향상했다. 벤츠는 최근 BMW의 'i'와 마찬가지로 전기자동차 서브 브랜드를 출범할 계획을 밝힌 바 있어 비야디와 합작해 제품을 선보일 것으로 보인다.

참고 중국 BYD, 전기자동차 대세가 된 3가지 이유

- 중국 전기자동차업체 비야디(BYD)가 중국 정부의 전폭적 지원과 광활하고 탄탄한 내수시장, 내부혁신 등을 통해 중국 친환경자동차 시장을 호령하고 중국 뿐만 아니라, 전 세계 전기자동차 시장에서 선두를 질주하고 있다.

- 후발주자인 BYD의 첫번째 성공요인은 정부지원이다. 중국의 전기자동차 보조금은 차량 가격의 40% 이상으로 전 세계 평균인 10~15%보다 훨씬 높다. 중국은 또한 '13.5 규획'과 '중국제조 2025' 등에서 전기자동차 육성계획을 포함시켰다.
- 급성장하는 내수시장은 BYD 성장의 밑거름이다. 중국 내 전기자동차 생산량은 큰 폭으로 증가했다. 올해부터 중국 전기자동차 시장의 성장세는 더욱 가팔라질 것으로 전망된다.

- BYD의 주요 성공요인이 정부의 막대한 지원에 있는 것은 사실이다. 하지만 많은 전기자동차업체 가운데 BYD가 성공한 것은 관련 시장의 수요를 제대로 파악하고 그것을 충족시킬 수 있는 배터리 부문에서의 강점이 있었기 때문이다.
  BYD는 회사 설립 때부터 배터리 제조업체였으며, 해당 업계에서 1위였음에도 안주하지 않고 전기자동차 시장으로 뛰어들었다.
- 세계 전기자동차 배터리 시장점유율 1위는 일본의 AESC(점유율 23.5%), 2위는 한국의 LG화학(점유율 16.6%)이며 중국의 BYD가 3위(15.1%)를 차지했다. BYD는 중국의 전기자동차 배터리 시장에서 1위(점유율 기준)를 달리고 있다.
- BYD는 배터리 관련 브랜딩과 고객 확보 역량을 가지고 전기자동차 시장을 빠르고 효율적으로 잠식하고 있다. 현재 배터리 시장에서의 점유율은 17%인데, 전기자동차시장에서는 30%에 육박하는 시장점유율을 확보함으로써 그 시너지 효과를 입증하고 있다.

3.5. 전기자동차 '세기의 전쟁' 시작 된다

[1] 테슬라 모델3 vs GM 볼트 vs BMW i3 vs 닛산 리프

테슬라가 1회 충전으로 354Km 달리는 전기자동차 모델3를 소개하면서 GM, BMW, 닛산 등 경쟁업체들이 바짝 긴장했다. 모델3는 플래그십 세단 모델S, 대형 SUV 모델X에 적용된 기술을 그대로 담으면서 가격은 절반 이하로 낮췄다.

테슬라 모델3의 가장 큰 특징은 주행성능이다. 정지 상태에서 시속 100Km를 내기까지 6초밖에 걸리지 않는다. 동급 내연기관 차량인 BMW 320d(7.4초)보다 가속력이 뛰어나다. 배터리 용량은 기존의 전기자동차보다 두세 배 큰 용량이다. 이 때문에 주행거리도 두 배 이상 늘었다. 모델3는 테슬라 오토파일럿시스템을 갖춰 경쟁 전기자동차 가운데 유일하게 자율주행이 가능한 모델이다. 가장 큰 경쟁 상대는 GM 쉐보레 볼트(Bolt)다. 1회 충전으로 383Km 주행이 가능하다. BMW 신형 i3는 주행성능과 친환경 면에서 모델3와 비교된다. 신형 i3는 한번 충전으로 주행할 수 있는 거리를 기존보다 약 50% 이상 개선시켜 주행거리가 최대 300Km로 늘어났다. 특히 에어컨과 히터를 켜놓는 일상적인 조건에서도 최대 220Km를 달릴 수 있다.

현재 글로벌 전기자동차 시장의 왕좌는 닛산 리프가 보유하고 있다. 지난 5년 동안 누적 판매량이 20만대 이상이다. 하지만 모델3는 공개 후 나흘 만에 닛산 리프의 기록을 잠재적으로 깼다.

신형 리프는 60KW 용량의 리튬 이온 배터리팩을 탑재하고 1회 충전에 400Km 이상 주행할 수 있는 것으로 알려졌다.

[표 5-6. 주요 전기자동차 비교]

	테슬라	GM	BMW	닛산

모델명	모델3	볼트	I3	리프
주행거리	354Km	383Km	300Km	400Km
배터리용량	55KWh	60KWh	33KWh	60KWh

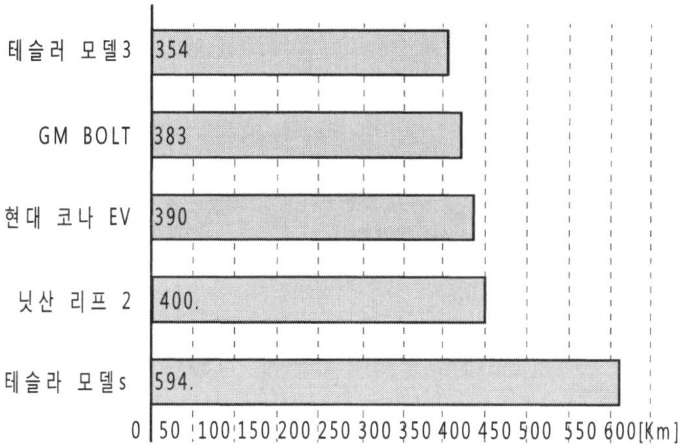

그림 22. 차량 주행거리 비교(단위 : Km)

참고 테슬라처럼 달리고 충전은 더 빨리

- 테슬라 모델3와 제너럴모터스(GM) 볼트 EV 등의 등장으로 본격화하는 글로벌 전기자동차 시장에 현대자동차가 도전장을 내밀었다. 기존보다 항속거리(1회 충전 시 주행거리)를 두 배 이상 늘리면서도 충전시간을 10시간 이내로 줄이는 기술을 확보한 것이다.
- 현대차 관계자는 "2020년 양산을 목표로 하고 있는 항속거리 400Km인 전기자동차는 완속 충전기를 활용해 완전 충전을 할 때 걸리는 시간이 10시간 이내"라고 밝혔다. 2018년 양산될 항속거리 320Km 전기자동차는 이보다 더 짧은 시간을 들이고도 100% 충전이 가능하다.

· 전기자동차의 핵심요소로 긴 항속거리와 짧은 충전시간이 꼽히지만 이 두 가지는 상충관계에 있다. 항속거리를 늘리기 위해서는 충전시간이 길어지고, 반대로 충전시간을 줄이려면 항속거리가 짧아지는 것이다.

· 현대자동차는 전기자동차 아이오닉 일렉트릭을 출시했지만 항속거리가 떨어진다는 지적을 받았다.

기존 국산 전기자동차와 비교해서는 두 배가량 이를 늘렸지만 테슬라나 GM, BYD 등 글로벌 선도업체에 비해서는 여전히 절반수준에 불과하기 때문이다. 업계에서는 1회 항속거리가 서울에서 부산까지의 거리(400Km) 정도는 돼야 운전자가 별다른 불편함 없이 전기자동차를 탈 수 있다고 보고 있다.

반면 항속거리가 400Km를 넘나드는 중국 BYD의 e6, 테슬라의 모델S 등은 완전충전까지 걸리는 시간이 길다는 게 단점이다. 항속거리를 늘리기 위해 배터리 용량을 대폭 키웠기 때문이다.

[현대차 차세대 전기차, 테슬라 · BYD 제친다]

구 분	1회 충전 주행거리	완충시간	보조금 지급
현대차 아이오닉 EV	191Km	4시간25분	가능
테슬라 모델S 900	473Km(EPA)	12시간30분	불가
BYD e6	300~400Km	11시간24분	불가
한국 GM 볼트(Bolt)	383Km(EPA)	9시간30분	가능
현대차 차세대 전기차	320~400Km	10시간 미만	가능

참고 전기자동차 300Km 이상 주행시대 돌입

· 2018 국내에 출시되는 신형 전기자동차 14종 가운데 10종의 전기자동차가 국산 배터리를 채택한다. 닛산과 테슬라만 빠졌다. 국내 배터리 업계는 내년을 기점으로 주행거리 300Km 이상 배터리를 자동차 업계에 공급할 계획이다.

· 전기자동차 업계에 따르면 출시 예정인 현대차 '코나EV'와 기아차 '니로EV'가 각각 LG화학, SK이노베이션 배터리를 채용한다. 이들 모델은 배터리 용량에 따라 장거리형(60KWh), 일반형(40KWh)으로 구분해 나온다. 현대・기아차는 한국 시장 처음으로 소비자가 주행거리 성능(배터리 용량)을 선택하도록 모델을 세분화했다.
· 국내 출시되는 재규어・랜드로버 '아이 페이스(I-PACE)'는 LG화학의 90㎾h급 대용량 배터리를 장착한다. BMW 2세대 i3인 '뉴 i3s'는 삼성SDI 33KWh급 배터리를 쓴다. 반면에 테슬라 '모델X'와 '모델3'만 일본 파나소닉 제품을 탑재한다.
· 르노 '조에'는 LG화학(41KWh), 닛산 신형 2세대 '리프'는 일본 AESC(40㎾h) 제품을 각각 채용한다.
· 구형 전기자동차 기반의 2018년형 부분 변경 모델도 모두 8종이 시장에 판매된다. 보급형 차량으로 383Km를 주행하는 제너럴모터스(GM) '볼트(Bolt)'를 포함해 르노 'SM3 Z.E.' 배터리 확장(22KWh→35.9KWh) 모델은 LG화학 배터리를 채용했다.
기아차 '쏘울EV' 배터리 확장(28KWh→30KWh) 모델은 SK이노베이션 배터리, BMW 'i3 94Ah' 확장(22KWh→33KWh) 모델은 삼성SDI 제품을 각각 쓴다.
· 신형 전기자동차 6~7종과 부분 변경 모델 7종 등 내년에 국내 판매되는 배터리 전기자동차(BEV)는 13~14개 모델로, 4종을 제외하고 전부 국산 배터리를 채용하게 된다.
· 전기자동차 전문가는 '1회 충전 주행거리가 300Km 이상인 '장거리 배터리 전기자동차' 등장은 완성차 업체의 전기자동차 전략이 구체화됐다는 것' 이라면서 "NCM811 기반의 중대형 리튬이온 배터리나 21700 원통형 이차전지 등 이전보다 고도화된 제품이 출시되면서 전기자동차의 물리 형태 배터리 의존도는 점차 낮아질 것" 이라고 말했다.

[2] 세계 전기자동차 시장 현황

세계에서 팔린 전기자동차가 누적 100만대 고지를 넘었다. 중국은 전기자동차 판매 대수에서 미국을 처음으로 꺾고 세계 1위로 부상했다.

경제협력개발기구(OECD)와 국제에너지기구(IEA)가 최근 내놓은 '글로벌 전기자동차 전망 보고서에 따르면 글로벌 전기자동차(EV) 누적 판매량은 100만대를 훨씬 넘는 것으로 집계됐다. 보고서는 100만대 돌파에 대해 상징적인 성과라고 평가했다. 이는 순수 전기자동차(BEV)와 플러그인하이브리드차량(PHEV)을 합친 것이다. PHEV는 충전 후 일정 거리를 순수 전기자동차처럼 달리다 전력을 다 쓰면 하이브리드 차량처럼 엔진과 모터를 이용해 주행한다.

전 세계의 전기자동차는 2010년부터 본격적으로 늘고 있다. 갈수록 차량가격은 싸지고 주행 가능거리는 연장되며 충전시설은 늘어나는 추세에 힘입은 것이다. 중국은 미국을 처음으로 따돌리고 세계 최대의 전기자동차 시장으로 떠올랐다. 전기자동차 붐이 일어난 중국에서는 판매량이 1년 만에 3배로 늘었지만, 미국에서는 신규 등록이 감소한 결과다.

중국에서는 전체 자동차 시장의 성장세가 둔화했지만, 전기자동차의 인기는 급증했다. 정부 보조금과 세제 혜택, 저렴한 유지비 등의 장점이 있는데다, 전기자동차 소유자는 베이징 같은 대도시에서 번호판을 받기도 쉽다.

현재 세계 전기자동차 시장에서 중국과 미국의 몫은 50%가 넘었다. 글로벌 시장의 90%를 이들 나라와 네덜란드, 노르웨이, 영국, 일본, 독일, 프랑스 등 8개 주요국이 차지했다. 세계 자동차시장에서 EV의 비중은 100대에 1대꼴에 달했지만 아직 미미하다.

자동차와 정보기술(IT)의 경계는 없어지고 자동차는 움직이는 IT기기로 변신하고 있다. 자율주행 기술에 대한 사회적 기대와 요구가 점점 커짐에 따라 전기자동차를 생산하던 완성업체는 자연스럽게 자율주행 기능이 탑재된 전기자동차의 연구개발에 주력하고 있으며, 앞으로 몇 년 내에 자율주행 전기자동차가 시장에 등장할 것으로 기대된다.

Chapter

06

연료전기자동차의 개요

60

한국의 자동차산업 또한 생존을 위해서는 현재 북미의 배기가스 규제, 캘리포니아주의 무공해 자동차(ZEV) 의무판매 및 유럽연합의 이산화탄소 규제 등에 대응할 수 있는 환경친화적 자동차 개발이 필수이며 그 중 연료전지자동차의 개발은 친환경자동차 개발의 핵심적 요소라 할 수 있다.

연료전지자동차 개발은 기존 자동차 부품 산업계에 큰 변화를 야기할 것으로 예상되며 연료전지자동차와 관련된 핵심부품 및 기술을 조기 개발해 기술 경쟁력 강화와 해외 의존도를 탈피함으로써 핵심기술의 선점에 따른 새로운 산업수요를 창출할 수 있다.

연료전지자동차는 수소를 연료로 사용하며 이를 공기 중의 산소와 전기화학반응을 시켜 발생하는 전기를 이용해 구동용 모터를 작동시킴으로써 운전되는 자동차를 말한다.

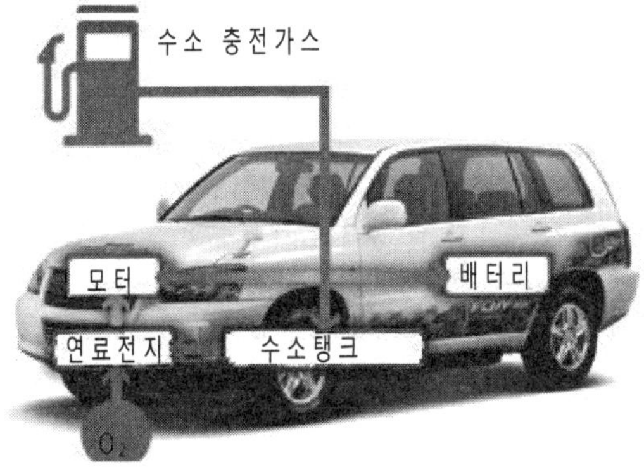

그림 1. 연료 전지자동차의 개념도

전기자동차에 전기를 공급하는 방법은 무엇이 있을까? 방법은 연료전지와 배터리 두 가지이다.

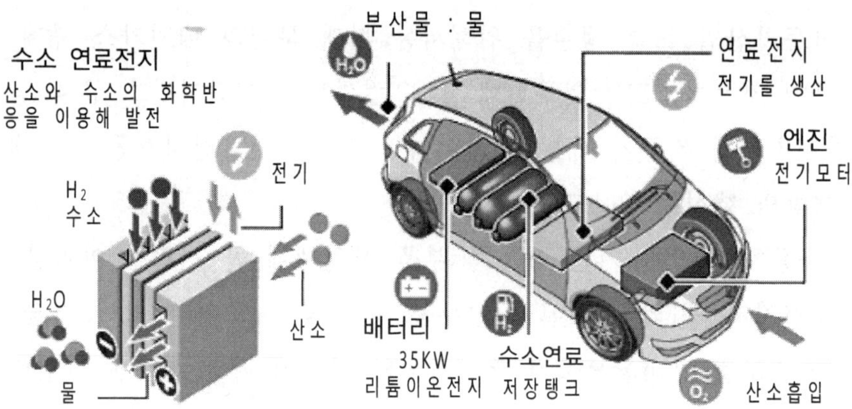

그림 2. 수소연료 전지자동차의 구조

참고 전기자동차와 수소 연료전지자동차 비교

수소 연료전지자동차 개발에 적극적인 곳은 현대차와 일본 도요타・혼다 등이 꼽힌다. 현대차는 2013년 세계 최초로 '투싼ix' 수소 연료전지자동차 양산에 성공했다. 도요타는 '미라이', 혼다는 '클래리티'를 내놨다. BMW와 닛산・GM・포드 등도 2020년 수소 연료전지자동차 출시를 앞두고 있다.

하지만 수소 연료전지자동차는 제조비용 많이 든다는 치명적인 단점이 있다. 연료전지에 들어가는 50~70g의 백금 때문이다. 다른 부분은 기술이 올라가면서 가격을 낮출 수 있지만, 연료전지의 가격은 낮추기가 쉽지 않다. 인프라 구축도 만만찮다. 충전시설 설치비용이 한 곳당 수십억 원이나 든다.

당분간 전기자동차와 연료전지자동차는 경쟁 관계가 아니라 동반자 관계로 발전할 것이라는 게 전문가들의 시각이다. 지금 내연기관 자동차가 가솔린・디젤엔진으로 시장이 나뉜 것과 비슷하다.

[전기차와 수소차의 비교]

비교항목(연료)	수소차(수소)	전기차(전기)
한번 완충 때 주행거리	580Km(현대차 투싼ix)	350Km(테슬라 모델3)
충전시간	5분	15분 이상
배기가스	없음	없음
장점	·대기중 미세먼지 제거 ·짧은 충전시간, 긴 주행거리	·가격 저렴, 생산과정 단순 ·기존 전기 인프라 활용
단점	·비싼 충전소 건설비용 및 연료가격 ·백금 연료전지 등 부품이 비싸 높은 생산비용	·짧은 주행거리, 긴 충전시간 ·배터리에 리튬・코발트 등 고자 소재사용

참 고 **현대차 수소차 넥쏘, 1회 충전거리 609Km 달성**

현대차의 미래형 SUV '넥쏘'의 항속거리가 공개됐다. 공개된 넥쏘의 1회 충전 주행거리는 609Km로, 기존에 목표로 했던 580Km를 뛰어넘을 뿐만 아니라 현재까지 글로벌 시장에 출시된 수소전기자동차 중 가장 먼 거리를 주행할 수 있다. 넥쏘의 복합연비는 96.2Km/Kg(17인치 타이어기준)이며, 한 번에 총 6.33Kg의 수소를 충전할 수 있다.

현대차는 최대의 주행거리를 위해 고효율 차세대 수소연료전지시스템을 개발했다. 특히 수소탱크의 수소 저장밀도와 저장용량을 증대시켜 기존보다 더 많은 수소량을 사용할 수 있도록 했다.

1 연료전기자동차의 개요

최근 내연기관자동차는 배출가스 저감기술의 발전으로 배기가스가 거의 존재하지 않는 자동차를 개발하고 있으나, 화석연료의 특성상 지구온난화의 주범인 이산화탄소 배출문제를 안고 있다. 이에 비해 연료전지자동차는 이산화탄소의 배출이 전혀 없는 완전 무공해 자동차이다.

연료전지자동차는 화학에너지를 전기화학 반응에 의해서 직접전력으로 변환하기 때문에 연소 시 발생하는 유해한 배기가스가 없는 자동차이며, 차세대 에너지원으로 주목받고 있는 연료전지(Fuel Cell)는 수소, 메탄올, 천연가스, 석유 등이 연료전지용의 연료로써 검토되고 있다. 수소 연료전지자동차의 개요는 다음과 같다. 물을 전기분해하면 수소와 산소가 나온다. 이러한 과정을 역으로 수소와 산소를 결합시키면 물과 전기가 발생하는데, 이 때 발생한 전기를 이용해 모터를 구동하는 방식의 차량이 바로 수소 연료전지자동차이다.

① 연료극에서 수소가 수소이온과 전자로 분해된다.

② 수소이온은 전해질을 거쳐 공기극으로 이동한다.

③ 전자는 외부회로를 거쳐 전류를 발생한다.

④ 공기극에서 수소이온과 전자, 그리고 산소가 결합하여 물이 된다.

연료전지자동차의 최대 매력중의 하나는 높은 연료전지의 효율에 있다. 연료전지는 낮은 온도에서 작동하면서도 최적 조건에서는 60% 이상의 효율을 가지고 있다. 이는 우리가 열역학에서 일반적으로 배워 온 이상적인 내연기관 사이클의 효율을 훨씬 뛰어넘는 것이다. 요즘 대부분의 연료전지자동차는 하이브리드기능을 가지도록 고전압 배터리나 슈퍼 커패시터를 동시에 장착한 형태로 개발되기 때문에 일반적으로 연료전지자동차(FCEV)라 하면 연료전지 하이브리드 자동차를 의미한다.

[표 6-1. 동력원에 따른 효율 비교]

구 분	Well to Tank 연료생산효율(%)	Tank to Wheel 차량효율(%)	Overall Efficiency 총괄효율(%)
가솔린 내연기관	88	18	16
디젤	89	22	20
HEV	88	30	26
EV	42	80	31
FCEV	75	48	36
FCEV(목표치)	70	60	42

연료전지는 수소와 공기만 공급하면 전기에너지를 끊임없이 만들어내는 반면, 물 이외에는 전혀 공해물질을 배출하지 않기 때문에 친환경성과 대체에너지의 조건을 완벽하게 만족시킨다. 세계 각국이 수소 연료전지자동차를 환경친화적 미래형자동차의 최종적인 목표로 삼고 있는 것도 이런 까닭이다. 그러나 연료전지자동차는 수소연료 공급기반이 구축되지 않아 지금은 당장 실용화를 기대하기는 어렵다.

고출력 연료전지 스택(Stack), 수소저장탱크 등에 대한 기술적 문제도 있지만, 수소를 원활하게 생산, 보급, 판매하기 위한 수소 인프라 구축이 아직은 필요하다.

수소 연료전지자동차 실용화에 박차를 가하고 있는 유럽연합(EU)의 경우에는 유럽 내 수소 파이프라인의 설치가 완료되는 2030년 이후에 수소 연료전지자동차의 보급이 가능할 것으로 예상한다. 연료전지 이외에 혁신적인 자동차를 만드는데 필요한 기술은 연료전지와 전자제어 운전기술의 통합이다. 수소 연료전지자동차는 실내 공간이 넓을 뿐만 아니라 기존의 동력전달 장치가 없어지므로 구조와 형상 면에서 설계의 제약이 사라진다.

연료전지자동차의 실용화에 큰 장애 요소는 높은 차량 가격이었다. 연료전지자동차의 가격이 비싼 이유는 연료전지의 가격 때문이며, 연료전지의 화학반응에 필요한 촉매로 사용되는 백금이 상대적으로 비싸며, 차량 대당 많은 양의 백금이 사용되기 때문이다. 따라서 수소 연료전지 분야의 기술개발은 백금을 사용하지 않거나 적게 사용하지 않는 방법에 집중되고 있다.

현재의 천연가스 공급망을 이용해서 가정이나 직장에서 수소를 공급하는 방법을 사용하면 수소 연료전지자동차로의 전환은 급격히 이루어질 수 있다. 많은 지역에서 가솔린 주유기와 함께 천연가스 파이프라인이 설치되어 있으므로 천연가스를 개질하여 수소를 생산하면 자동차에 수소를 공급할 수 있다.

연료전지자동차용으로 사용하려는 연료전지는 80℃ 정도의 저온에서 작동하는 장점을 갖고 있는 고체고분자형 연료전지(PEMFC : Proton Exchange Membrane Fuel Cell)이며, 연구되고 있는 여러 유형의 연료전지 중 가장 먼저 실용화 단계에 다가서고 있다.

그러나 PEMFC는 고순도의 수소를 연료로 해야 하기 때문에 연료개질장치(Fuel Reformer)가 반드시 필요하며, 저온에서는 활성화가 잘 되지 않기 때문에 고가의 백금촉매를 사용해야 한다는 단점을 가지고 있다. 또한 활성을 유지하기 위해 연료는 반드시 순수한 수소를 사용해야 하며, CO의 농도를 수십 ppm 이하로 억제해야 하는 어려움이 있다.

[표 6-2. 연료전지의 특징]

고효율	연료전지는 연료의 연소과정과 열에너지를 기계적 에너지로 변환시키는 과정이 없어 기존에너지원보다 효율이 10~20% 정도 높아진다.
무공해	연료전지는 연료로써 화석연료를 사용하므로 개질기에 의한 조작이 반드시 필요하다. 이 경우 탈황, 분진제거를 충분히 할 수 있어서 SOx와 분진의 방출은 거의 없다. 또, 종합 효율이 높기 때문에 이산화탄소(CO_2)의 발생도 적게 된다.
열의 유효이용	반응의 과정에서 발생하는 열을 유효하게 이용하는 것이 가능하고, 전기와 열을 동시에 발생하는 시스템에 최적이다. 투입한 도시 가스의 에너지의 약 40%가 전기로, 약 40%가 온수나 증기로 되고, 종합적으로는 약 80%가 유효하게 이용할 수 있는 유효에너지 효율이 뛰어난 장치이다.
설치의 간편성	
연료의 다양성	신뢰도가 중요시 되는 특수목적용으로 순수소가 사용되나 일반전력 공급용으로는 비교적 가격이 저렴한 탄화수소계열의 연료가 모두 사용이 가능하다.
부지선정의 용이성	연료전지를 이용해 발전을 할 경우 공해요인이 없으므로 도심지 속에서의 건설이 가능하고, 다른 발전방식에 비해 소요면적이 적으며 지속적인 냉각수 공급이 불필요하기 때문에 발전소용 부지의 선정이 용이하다.
저소음, 저진동	연료전지는 기계적 구동부분이 없고, 가스공급기 등에 약간의 소음, 진동 등이 있을 뿐이므로 기계식의 발전기와는 비교도 안될 정도로 적다.

[표 6-3. 연료전지자동차의 특징]

장 점	단 점
• 높은 효율 • 조용 • 차량의 레이아웃 설계용이 • 공해물질 배출 없음 • 부품교체 비용이 상대적 저렴 • 단 시간에 연료보급, 충전가능	• 높은 차량 가격 • 수소연료 공급기반이 구축되지 않아 지금은 당장 실용화를 기대하기는 어려움 • 보급의 최대 장애는 안전하면서 효율이 좋은 수소 저장기술의 미흡

1.1. 수소 자동차의 구분

먼저 수소 자동차의 분류는 수소를 직접 연소하느냐 수소를 간접적인 에너지원으로 사용하느냐의 차이를 두고 구분 분류한다. 수소에너지는 수소를 직접 연료로 사용하는 방법과 연료전지에 사용하는 방법이 있다.

연료전지는 연료에 산화제를 섞고 촉매를 통해 전기화학반응을 일으켜 전기를 생산하는 장치이다. 이때 연료로 수소를 사용하면 수소연료전지가 되는 것이며, 이 전기로 자동차를 굴리면 수소연료전지자동차(FCEV)가 된다. 그러니까 FCEV도 전기자동차(EV)의 일종이다.

현재 수소에너지를 사용하는 자동차로는 BMW가 1979년에 최초로 개발한 액체수소와 휘발유의 연료겸용 방식에 의해 수소를 직접 연료로 사용하는 수소엔진자동차가 있다. 또 벤츠가 1994년 NECAR1(New Electric Car)이라고 하는 이름으로 처음 주행시키면서부터 널리 알려졌다.

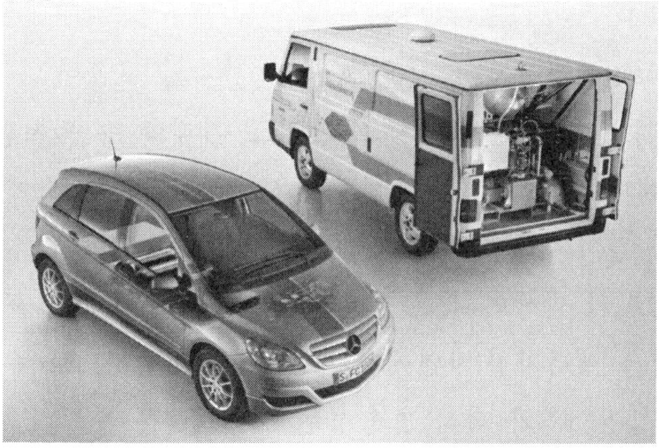

그림 3. 1994년 NECAR1(New Electric Car)

FCEV는 EV의 배터리가 갖는 문제점을 극복하는 과정에서 나온 것이다. 사실 EV는 배터리문제만 극복되면 세상에서 가장 완벽한 자동차이다. 배터리문제란 가볍고, 부피가 작고, 반영구적이며 값이 싼 배터리를 만들어야 한다는 것이다. 여기에 무엇보다 충전시간이 짧아야 한다. FCEV는 EV의 배터리 충전문제를 해결하기 위해 수소만 공급해 주면 계속 전기가 생산되는 연료전지를 사용한다. 말은 간단하지만 이렇게 바꾸기 위해서는 많은 부분이 달라져야 한다.

EV에는 필요 없는 연료저장용기, 연료공급 및 제어장치, 연료전지스택 제어 및 조절장치 등이 추가로 필요하다. 결국 EV와 달리 현재의 내연기관 자동차처럼 복잡한 장치에 연료전지까지 추가되는 매우 비효율적인 시스템이 되어 버린다.

그래서 현재는 버스나 SUV에만 적용하고 있는 것이다. 그런데 수소경제라는 용어의 의미는 현재의 문명이 상당부분 석유에 기반을 두고 있는데, 이를 수소로 대체하여 수소기반의 문명을 건설하자는 것이라고 이해할 수 있다.

그러나 천연수소는 천연가스에 조금 포함되어 있을 뿐 자연에는 대체에너지 자원으로 사용할 만큼 존재하지 않는다. 물론 물을 전기분해하면 필요한 양만큼 얻을 수 있지만 그 때 얻은 수소의 에너지는 물을 만드는데 필요한 전력보다 적다. 또 전력을 얻는 과정에 CO_2를 발생시킨다. 따라서 천연가스나 나프타로부터 제조하는 게 현재까지의 현실이다. 그런데 천연가스에서 수소를 제조하면 수소연료 1kcal당 0.4g 정도의 CO_2를 발생시킨다. 천연가스를 직접 태웠을 때의 CO_2발생량 0.23g/kcal보다 오히려 많다.

물론 수소를 연료전지자동차에 사용할 경우 전지의 효율이 높아 주행거리당 총 CO_2발생량은 천연가스자동차보다 낮아질 것으로 기대할 수 있지만 CO_2발생이 크게 줄어드는 것은 아니다. 수소를 직접 연료로 사용하면 배기가스에 NOx가 포함되고 효율이 휘발유차와 같아지기 때문에 합리적이지 않다. 따라서 수소가 확실한 대체에너지가 되려면 CO_2의 발생이 적은 바이오매스 가스로부터 추출하거나 CO_2발생이나 다른 문제가 적은 에너지원(자연에너지)을 사용한 물분해로 수소를 제조해야 할 것이다. 물분해 방법은 EV와 다시 효율성문제로 경쟁해야 한다. 그래서 현 단계에서 수소연료전지자동차나 수소엔진 자동차는 그 자체의 어려움 보다 오히려 합리적인 가격으로 대량의 수소를 얻는 기술의 장벽이 더 큰 문제로 보인다.

수소 생산의 경제성이 해결되어도 수소보급을 위한 충전소 설치가 또 문제이다. 수소는 지구상에서 가장 가볍고 끓는 점이 영하 260도일 정도로 불안정한 기체이다. 따라서 매우 안전한 수송시스템을 만들어야 하며, 일단 충전소에 공급된 수소를 저장하는데도 높은 비용과 위험을 동반하게 된다. 충전소에서 개별적으로 유휴전력으로 수소를 생산하면 수송의 문제는 생기지 않으나 저장과 자동차 충전을 위해 가압장치가 필요한데 가압비용만으로도 상상할 수 없는 비용이 발생한다.

따라서 FCEV는 여전히 가능성을 탐색하는 수준에 머물러 있는 아주 장기적인 과제이다. 얼마나 오래 기다려야할까? 정답은 '모른다' 이다.

석유의 고갈 혹은 환경오염으로 지구가 종말을 고하는 시점이 오기 전에 해결해야 하는 여러 가지 대안 중에 하나일 뿐이다. 그런 대안 중에는 EV가 있다. 어차피 전기를 사용해야 한다면 환경에 부하를 주지 않는 태양광발전이나 풍력발전 등으로 전기를 생산하고 생산된 전기를 충전해서 사용하는 방법 말이다. 이를 위해서는 빠른 속도로 충전이 가능하게 만드는 것이 가장 큰 과제인데, 이 문제 하나를 해결하는 것과 FCEV의 보급을 위해 해결해야 할 여러 가지 난제를 해결하는 것 중에서 어느 것이 먼저 해결될지는 아무도 장담할 수 없지만 EV쪽이 훨씬 가능성이 큰 것 같다.

수소연료전지자동차는 에너지효율이 높고 에너지 전환과정이 안정적이어서 상용화에 있어서 매우 유리한다. 수소연료전지자동차는 내연기관이 연료전지로 대체된 자동차이며, 바퀴를 구동하는 방법은 전기모터의 회전으로 구동되는 경우이며, 승용차와 버스 모두 고가여서 가격을 낮추기 위한 연구가 계속되고 있다.

[표 6-4. 수소자동차의 구분]

구 분	비 고
수소연료 자동차 (Hydrogen Fueled Car)	・수소내연기관 자동차 ・수소를 연료로 이용하는 자동차 ・휘발유, 경유가 아닌 수소가스의 폭발력으로 움직이는 자동차
수소연료전지자동차 (Fuel Cell Vehicle)	・수소연료전지자동차는 수소를 산소와 반응시켜 전기를 생성하는 연료전지를 동력원으로 하는 전기자동차 ・연료전지가 엔진을 대체하는 전기자동차 ・연료전기 자동차

1.1.1. 수소연료 자동차(Hydrogen Fueled Car)

수소자동차는 수소를 연료로 이용하는 자동차이다. 수소를 직접 엔진에서 연소하는 자동차로서 이 차량은 지금의 휘발유나 경유 대신 수소를 연료탱크에 넣어서 차량을 움직이는 것이다. 물론 엔진의 각 부나 연료저장 및 공급 장치는 수소에 적합화된 장치가 장착되어 있다. 수소가 에너지원으로서 가지는 장점은 연소하면 매우 적은 양의 질소산화물만을 발생할 뿐 다른 공해물질이 생기지 않는다는 점이다.

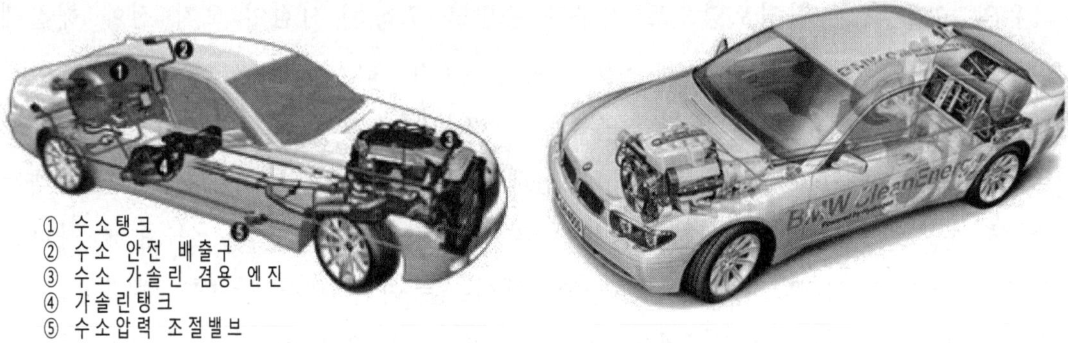

(a) (b)

그림 4. 수소연료자동차의 구조

또한, 수소는 지구상에 존재하는 거의 무한한 양의 물을 원료로 만들어내며, 사용 후에는 다시 물로 재순환되기 때문에 고갈될 걱정이 없는 무한 에너지원이다. 따라서 수소는 저공해자동차의 필요성이 대두되는 현대사회에서 자동차의 연료로서 환영받고 있다. 이외에도 수소는 산업용 기초 소재, 일반 연료, 수소비행기 등 넓은 범위에서 에너지원으로 사용되고 있다.

그림 5. 1924년 제작된 수소자동차 포드 모델T

수소자동차는 일반 가솔린자동차와 달리 가솔린 대신에 수소를 연료로 하므로 배기가스의 주성분은 물이며, 질소산화물이 약간 배출되는 것 외에는 공해물질이 거의 배출되지 않는다. 수소자동차를 실용화하는 데 가장 중요한 문제는 수소의 저장 방법이다.

액체수소 저장탱크와 금속수소화물을 이용한 수소저장탱크 등 두 가지 방법이 쓰인다. 액체수소를 이용하는 경우, 수소를 액화시키는 것이 어렵고 저장 도중에 수소가 손실될 수 있으며 저장탱크를 만드는 것 또한 쉽지 않다.

수소저장탱크에 금속수소화물을 이용하는 경우, 수소저장합금이 무거운 금속이므로 이를 이용한 수소저장탱크가 너무 무거워 어려움을 겪고 있다. 만일 현재의 연료통 정도되는 40L짜리 연료통을 부착한다면 수소저장합금의 무게만 300Kg이 넘게 된다. 따라서 이를 움직이는 데에만 엄청난 에너지가 필요하고, 다른 목적으로 저장합금을 수송하는 데에도 여간 어렵지 않다.

수소자동차는 미국・일본・독일 등의 선진국에서 오랫동안 연구되어 많은 실험차량들이 제작되고 있으며, 한국에서는 1993년 5월 최초의 수소자동차 '성균1호'를 개발하였다.

1.1.2. 수소연료전지자동차(Fuel Cell Vehicle)

수소연료전지자동차는 수소를 산소와 반응시켜 전기를 생성하는 연료전지를 동력원으로 하는 전기자동차이다. 연료전기자동차라고도 한다. 수소연료전지자동차는 연료전지 안에서 수소와 산소가 화학반응이 일어나는 것에서 전기를 얻어 차를 움직이게 하는 것으로 연료전지가 엔진을 대체하는 것이다.

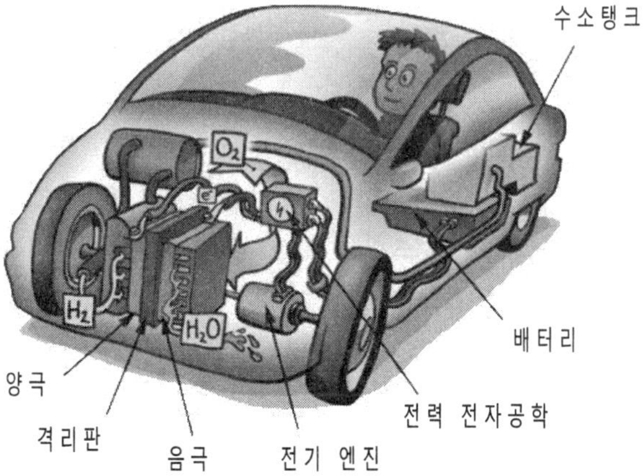

그림 6. 수소연료 전지자동차의 구조

수소전지의 양극인 니켈전극과 수소흡장(음극)전극이 일으키는 물의 전기적 분해 작용에 의해 전기가 발생되고 그 전기가 동력원이 되어 모터를 회전시켜 자동차를 움직이게 하는 것이다. 엔진이 없기 때문에 배기가스가 나오지 않는 친환경 자동차이다.

1980년대 후반에 캐나다의 벤처기업인 '밸러드 파워 시스템즈'사가 연료전지를 작고 가볍게 만드는 데 성공하여 실용화 가능성이 높아졌다. 그 뒤 2002년 7월 일본의 혼다기연공업이 미국 캘리포니아주에서 세계 최초로 판매 인가를 얻어 상용화에 성공했고, 2003년에는 독일의 다임러크라이슬러가 연료전지 버스를, 2004년에는 미국의 포드자동차가 충전지 겸용 하이브리드 자동차를 생산했다.

그림 7. BMW, 수소연료 경주차량

그림 8. GM 수소연료 전지자동차

그림 9. 현대기아 수소연료 전지자동차

그림 10. 현대기아 수소연료전지 버스

참고 연료전지 상식 11가지

1. 배터리와 비슷하게, 연료전지도 전기화학적 반응으로 전기를 만든다. 하지만, 배터리와는 달리, 연료가 공급되는 한, 작동이 멈추거나 충전할 일은 없다.
2. 1839년 윌리엄 로버트 그로브(William Robert Grove)가 고안해낸 이래, 1960년대까지는 상업화 이용되지 못했다.

1962~1966년 나사(NASA)의 제미니 우주 프로젝트로 우주선에서 사용되어 전기와 물을 공급해 주었다.

3. 수소가 연료전지 연료로 일반적으로 쓰이기는 하지만, 유일한 것은 아니다. 연료전지는 수소를 많이 함유한 물질, 즉 바이오가스, 천연가스, 메탄올, 디젤 등으로도 전기를 만들어 낼 수 있다.
4. 연료전지는 국가에 혁신적으로 동력을 공급해주는 가능성을 가지고 있다. 수소를 연료로 하는 연료전지는 공해물질을 만들지 않을 뿐 아니라, 전통적인 내연기관보다 효율도 두배 이상 높다.
5. 2012년, 미국은 1천개의 연료전지 특허를 가지고 있는데, 이는 어느 청정에너지 관련 특허보다 많은 양이다. 미국 에너지부가 지원하는 수소연료전지 프로그램으로 413개의 특허, 39개의 상용화 기술, 3~5년 이후 상용화 가능한 65개 이상의 기술이 개발되었다.
6. 단일 셀은 1V를 내며, 전기량을 늘리려면 각 단일 셀을 연결하여 스택으로 만든다. 용도에 따라 몇개에서 수백개(자동차용)까지 적층할 수 있다.
7. 2002년 이후 미국 에너지부는 연료전지자동차 가격을 80% 이상 인하하였으며, 내연기관과 가격경쟁이 가능한 수준으로 가는 성과이다.
8. 연료전지는 적용범위가 넓으며, 수송용뿐만 아니라 화물취급용(지게차 등), 백업 파워용으로 미국 내 여러 곳에서 사용 중이다.
9. 연료전지는 군용 이동형 전원이나 해군 잠수함에서도 사용 중이다.
10. 전기뿐만 아니라 열을 만들어 내기 때문에 가정용, 상업용 열병합 발전용으로 쓰인다.
11. 미국 에너지부는 공항에서 운용되는 지원차량이나 대형 컨테이너선박의 보조동력으로 사용하는 것을 시험해 왔다.

1.2. 연료전지자동차의 특징

1.2.1. 높은 효율

연료전지는 전해질(electrolyte)의 종류에 따라 구분되고 이온 전도성에 대응하는 작동온도가 결정되는데 저온에서 작동하는 PEMFC의 경우 80℃ 정도이다. 이는 연료전지가 내연기관보다 상대적으로 저온에서 작동하는 이유를 잘 보여준다. 연료전지의 가장 큰 특징이자 장점은 높은 효율이다.

연료전지는 전기화학반응을 통해서 비교적 낮은 온도와 압력에서 화학에너지를 직접 전기로 변환한다. 따라서 화학에너지를 고온에서 역학적 에너지로 변환한 뒤 다시 전기에너지로 변환하는 발전시스템에 비해 비가역성이 적기 때문에 보다 높은 효율이 가능하다.

순수한 수소를 직접 연료전지에 사용하지 않더라도 기존 화석연료를 개질(Fuel Processing)해 생성된 수소를 연료전지로 사용할 경우 전체시스템 효율 또한 석유를 내연기관에서 사용했을 때보다 더 높을 수 있기 때문에, 비단 미래의 수소에너지 체계에서뿐만 아니라 과도기에서도 연료전지 연구는 충분히 가치가 있다.

연료전지는 현재의 내연기관을 대체하는 고효율의 친환경적인 에너지 변환기구로 여겨지고 있다. 공해문제와 석유자원의 효율적 사용을 위해, 근본적으로는 미래의 수소에너지 체계를 대비하기 위해 연료전지를 이용해 고효율의 전기자동차를 개발하려는 국가적, 기업적 노력이 선진국을 중심으로 이루어지고 있다.

① 연료전지는 연료의 화학에너지를 전기에너지로 직접 발전하므로, 현재의 발전설비(내연기관, 증기터빈, 가스터빈)보다 일반적으로 효율이 높다.

② 현재의 발전 설비는 대형일수록 에너지 변환 효율이 높지만, 연료전지는 소형에서도 높은 효율을 얻을 수 있다.

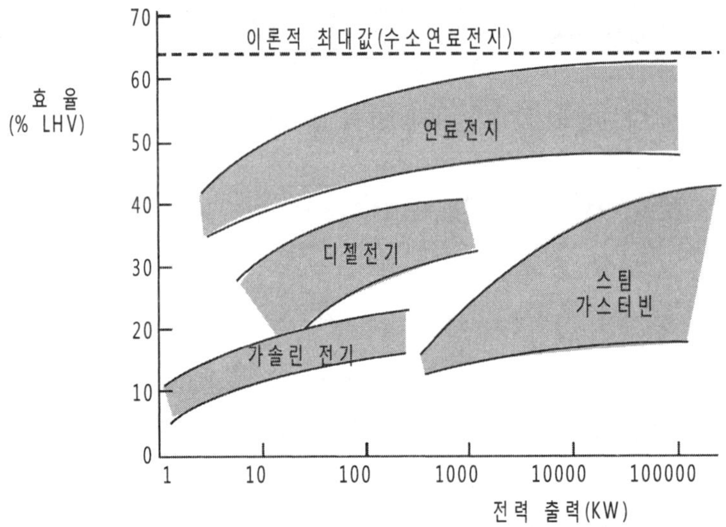

그림 11. 다양한 발전시스템의 전력 변환 효율 비교

1.2.2. 친환경성

① 연료전지는 대기중에 유황산화물을 배출하지 않는다.

② 발전이 연소과정에 의존하지 않기 때문에 질소화합물이 거의 발생하지 않는다.

③ 대기오염물질, 수질오염물질의 방출이 거의 없다.

④ 지구온난화물질인 이산화탄소의 배출의 저감이 가능하다.

⑤ 발전이 회전 및 왕복운동이 아닌 정지 상태에서 전기화학반응에 의해서 일어나기 때문에 저소음이다.

1.2.3. 분산전원으로서의 적응성

① 연료전지는 발전효율이 높고 친환경적이어서 전기의 최종 수요자 근처에 발전설비의 설치가 가능하다.

② 현재의 발전설비는 대형일수록 효율이 높고 비용의 저감도 가능하기 때문에, 대형의 발전설비에서 집중적으로 발전하여 송전, 변환설비를 경유하기 때문에 송・변전설비 건설, 유지관리가 필요하여 비용의 증가 및 송・변전과정에서의 손실과 발생열의 유효한 이용에 한계가 있지만 연료전지는 이러한 한계를 극복 할 수 있다.

1.2.4. 수소 저장기술 개발이 관건

연료전지에 공급되는 연료는 순수한 수소를 저장해 직접 사용하거나 차내 개질기(on-board fuel processor)를 통해 저장된 가솔린이나 메탄올을 개질해 생성된 수소를 연료전지에 공급할 수 있다. 순수한 수소를 저장하는 방법으로는 액체나 기체형태로 탱크에 넣는 방법, 금속 내부에 넣어 메탈하이드라이드(Metal Hydride) 형태로 저장하는 방법, 화학반응을 이용해 하이드라이드 형태를 만드는 방법이 있다. 최근에는 탄소나노튜브를 이용해 수소를 저장하는 방법을 연구하기도 한다.

그러나 현재 수소저장기술의 한계로 저장할 수 있는 수소용량이 크게 제한되어 있어 기존 차내 개질기를 장착해 탄화수소연료인 가솔린, 메탄올, 디젤, 천연가스 등을 개질하는 연구가 활발히 이루어지고 있다. 아래 그림은 연료전지 엔진을 구성하는 요소들을 나타낸 것이다.

① 전지스택(Fuel cell stack)은 연료수소와 산화제인 공기가 공급되어 전기를 생산하는 부분이다.

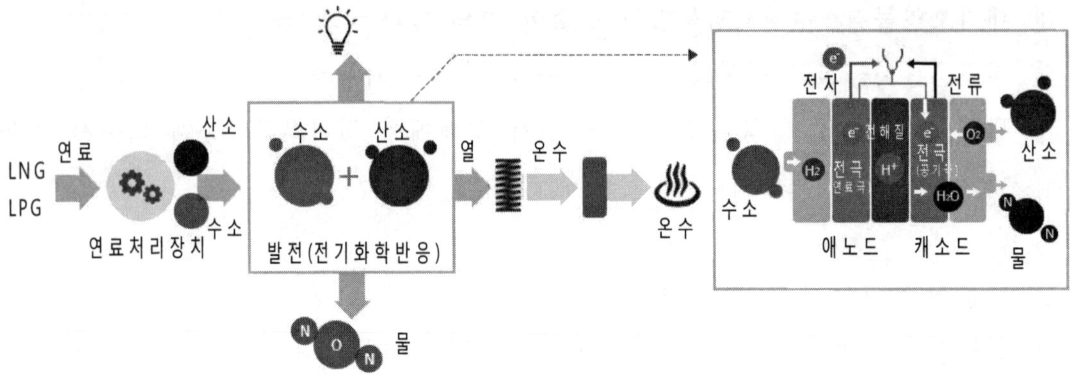

그림 12. 연료전지의 구동순서

PEMFC는 높은 에너지 밀도를 가지고 저온 작동으로 시동이 빠르며 내충격성이 좋기 때문에 자동차 및 휴대용 전원 등 이동용 전원에 알맞은 것으로 알려져 있다.

② 연료개질부는 연료를 개질해 연료전지에 공급될 수소를 생성하기 위한 연료개질기와 개질기의 생성물에서 PEMFC전극의 귀금속 촉매를 피독시키는 CO를 제거하기 위한 공정으로 이루어진다.

③ Compressor-expander는 연료전지와 연료개질부에 필요한 공기를 공급하기 위한 장치이다.

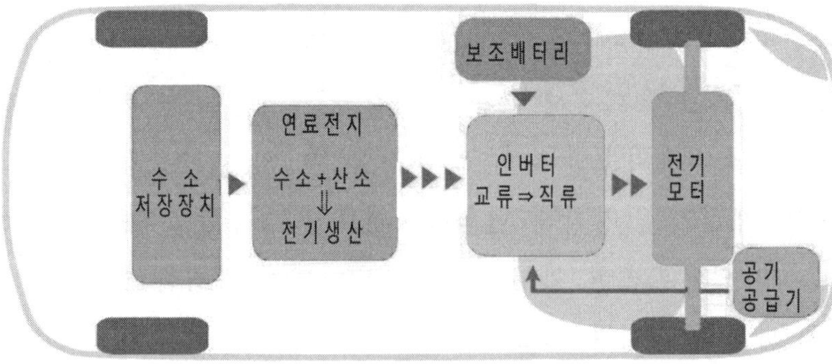

그림 13. 연료전지 엔진의 구성

현재의 내연기관을 대체해 연료전지자동차를 보급하는 것이 기술적, 경제적으로 결코 쉬운 일은 아니다. 그러나 전 세계적으로 절대다수의 비율을 차지하는 가솔린 엔진의 연료효율이 불과 12~15%에 불과하며 이보다 높은 효율을 자랑하는 디젤엔진도 질소산화물이나 분진 등의 공해배출문제를 효과적으로 해결하지 못하고 있는 실정에서 연료전지의 가능성이 주목받고 있다.

연료전지자동차는 단순히 엔진을 연료전지와 모터로 교체한 것이 아닌 전혀 새로운 개념을 바탕으로 디자인될 것이다. 일례로 미국 GM의 연료전지를 탑재한 컨셉트카인 오토노미의 자동차 구동부분에 해당하는 부분은 스케이트보드와 같은 하체부분에 전부 설치되며 윗부분의 탑승자 공간은 하체부분과 전기적인 연결로 이루어지게 된다. 냉각을 위한 컴프레서나 펌프 등에서만 소음이 발생하므로 내연기관보다 훨씬 정숙한 승차감을 제공할 수 있다.

그림 14. GM 오토노미 컨셉카

1.3. 연료전지의 발전원리

전류가 물속을 흐르면 물이 전기분해되어 수소와 산소가 발생한다. 연료전지의 발전원리는 전기분해의 역반응으로 수소와 산소가 흐르면서 반응하여 물을 생성하며, 그 과정에서 전기와 열을 발생한다.

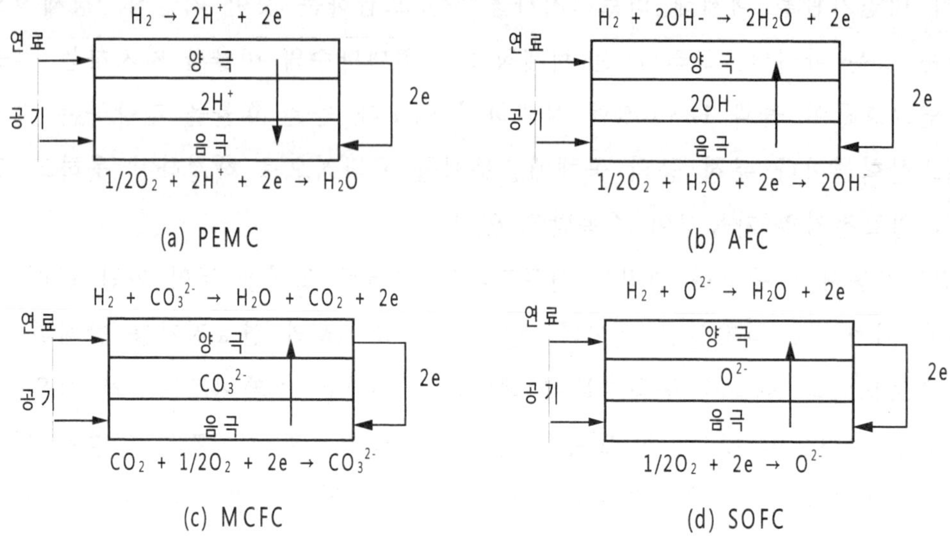

그림 15. 연료전지의 발전원리

2 연료전지자동차의 역사

수소연료전지자동차는 연료가 수소이온이다. 수소와 산소가 만나면 물이 되는데 이 과정에서 전기가 발생한다. 이 원리를 적용한 기술인데 전기자동차의 단점인 짧은 순항거리를 보안한 기술이다. 그리고 매연을 전혀 발생안하는 환경에도 좋은 기술이지만 치명적인 단점이 있다. 수소연료 확보이다. 지구상에는 수소가스는 거의 존재 안한다. 하지만 물은 풍부하다. 물에서 수소를 추출하려면 전기분해가 필요한데 역시나 에너지가 든다.

우리나라의 경우 절반이상이 화석에너지로 발전을 하기 때문에 파급효과가 미흡하다. 하지만 원자력 발전이나 수력발전으로 모든 전기를 생산한다면 쓸만한 기술이라고 본다. 하지만 원전건설 비용도 많이 들고 당장 대체하기엔 매우 힘들다. 그래서 최근에 미생물을 이용한 수소 생산연구를 하고 있지만 그 생산량은 채산성이 아직까진 미흡하다. 그리고 인프라 구축에도 많은 자금이 들어가서 당장에는 실용화되기 힘든 기술이다. 2차 오일쇼크 이후 세계 각국의 자동차 회사들은 각국 정부의 전폭적인 지원으로 전기자동차에 대한 연구를 활발히 하였다. 그러나 최초의 전기자동차는 1830년 경 내연기관차보다 먼저 발명되었다.

그러나 내연기관의 높은 파워밀도와 장시간의 충전이 필요 없는 편리함에 밀려났던 것이다. 그러나 이제 배터리의 기술이 많이 발달 되었다는 판단아래 1990년부터 세계적으로 전기자동차 개발에 박차가 가해졌다. 그러나 계속되는 저유가에 전기자동차의 필요성이 힘을 잃었고, 예상과는 달리 짧은 시간에 충전이 될 수 있는 배터리도 개발되지 않았다. 결국 GM이 개발 판매한 전기자동차를 모두 회수해 폐기처분하면서 전기자동차 개발을 포기하자 전기자동차는 세계적으로 조명을 잃게 된다. 그럼 왜 전기자동차가 실패를 했을 지 생각해볼 필요가 있다.

전기자동차의 가장 큰 단점은 불편하다는 것이다. 내연기관차의 경우, 주유소에 가면 3분이면 주유를 할 수 있다. 그리고 한번 주행으로 약 500Km 이상을 주행할 수 있다. 그러나 전기자동차는 몇 시간을 충전하여 약 300Km 정도 밖에 가지 못한다. 비록 우리가 하루 평균 2시간 미만으로 자동차를 운전하긴 하지만 1년에 1-2회 이상은 하루에 5시간에서 10시간은 운전을 할 필요가 있는데 전기자동차의 경우에는 현재로서는 도저히 장거리 주행이 불가능하다. 이렇게 전기자동차가 조명을 잃어 갈 때 세계에서 가장 좋은 배터리 기술을 획득한 도요타는 외부 충전이 필요없이 엔진으로 충전하고 필요하면 배터리만으로 주행을 하여 공해도 줄이고 연료소모비율도 낮춘 하이브리드차를 1997년 개발하였다. 그리고 현재까지 세계 각국에서 높은 판매량의 보이며 절찬리에 판매중이다. 사실 하이브리드 자동차의 가장 큰 기술적인 걸림돌은 배터리이다.

그러나 하이브리드 자동차가 기존의 내연기관만을 사용하는 차에 비해서 연료소모비율이 적기는 하지만 그래도 휘발유나 디젤유가 있어야만 운행을 할 수 있다. 궁극적으로 전기자동차의 단점도 극복하고 화석연료 의존도도 낮출 수 있는 기술이 수소를 연료로 사용하는 연료전지자동차의 개발이다.

수소연료전지자동차는 일반 가솔린차처럼 3분이면 연료인 수소를 충전을 할 수 있다. 그리고 요즘 친환경이 큰 이슈인데 연료전지자동차의 배기가스는 수증기와 물뿐이다. 이와 같은 장점으로 1990년대 후반부터 연료전지자동차의 개발이 자동차사간 경쟁뿐아니라 나라별 경쟁이 되어 각광을 받게 된다.

2.1. 1800년대

21세기에 큰 역할이 기대되는 연료전지. 그러나 그 메커니즘의 발견은 의외로 오래되었다. 1839년 초에 윌리엄 그로브(William Grove:1811~1896)는 수소와 산소로부터 전기를 만들어내기 위해서 물의 전기분해를 반대로 뒤집음으로서 연료전지의 기본적인 작동원리를 발견하였다. 그가 발견한 이 원리는 아직까지도 변하지 않고 있다. 연료전지는 연료와 산화제가 공급되는 동안 화학적 에너지를 전기적인 에너지(및 약간의 열)로 연속적으로 변환시키는 전기화학적인 ' 장치 ' 이다.

그림 16. William Grove

연료전지 발견의 계기가 된 것은 '물의 전기분해'이다. 물의 전기분해란 물에 백금 전극을 넣고 전기를 통하면 물이 분해되어 수소가스와 산소가스가 발생하는 것이다. 지금은 중학교 수준에서도 하는 유명한 실험이다. 전기분해는 1800년에 영국의 물리학자 니콜슨(1753~1815) 등에 의해 발견된 이래 연구의 대상이 되고 있었다. 어느 날 물의 전기분해 실험을 하던 그로브는 기묘한 일을 깨닫게 되었다. 실험 장치의 전원을 끄면 전류가 역류하는 것이었다. 그는 이것을 보고 생각했다. ' 물에 전기를 흐르게 하면 수소와 산소로 분해된다. 그렇다면 수소와 산소를 합하면 전기를 발생시킬 수 있는 것이 아닌가 ?

그로브는 곧바로 물의 전기분해를 끝낸 상태의 실험장치(연료전지의 원형)를 4개 준비해서 그것들을 직렬로 이었다. 그리고 이들이 만들어 내는 전기를 써서 다른 장치에 들어 있는 물을 전기분해해 보였다. 이것이 인류 최초의 연료전지의 실증 실험이다.

그는 이 결과를 논문으로 정리하고 전통 있는 영국의 과학잡지 '필로소피컬 매거진' 1839년 2월호에 발표했다. 그러나 그로브의 대발명도 증기기관에 가려 별로 빛을 보지 못하고 100년 이상이나 파묻히고 말았다. 1980년대 후반에 캐나다의 벤처기업인 '밸러드 파워 시스템즈'사가 연료전지를 작고 가볍게 만드는데 성공하여 실용화 가능성이 높아졌다.

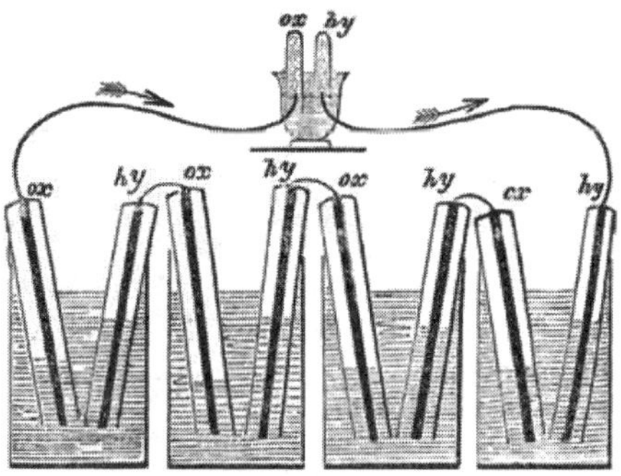

그림 17. 그로브(1842)-4전지 기체 배터리

참고 기체 동전기 배터리

' 연료전지 ' 라는 이름(Rideal and Evans, 1922)을 얻기 전인, 처음에는 ' 기체 동전기 배터리 ' 라고 알려져(Grove, 1842) 있었다. 그로브의 기체 동전기 배터리는 수소 및 산소를 반응물질로 사용하며, 백금 전극과 황산 전해질을 사용했었다. 이 시대에도 백금은 이미 산소와 수소사이의 반응을 위한 촉매로 알려져 있었으며, 이 원리에 대한 그로브의 실험결과가 최초로 출간된 것은 ' 중요한 실례"였다(Grove, 1839). Schoenbein은 1838년에 백금전극을 사용한 실험에서 측정된 전류에 대해서 설명하면서 이 원리에 대해 언급하였지만, 그에게 있어서 그로브의 배터리 전지에 대한 논증은 과학협회의 주의를 끌기 위해 필요했을 뿐이었다(Schoenbein, 1843). 연구자들이 선행작업에 대해서 언급한 사례로는 Mond와 Langer(1889)의 기체 배터리에 대한 것으로, 이것은 훨씬 더 실제적이었다; Alder Wright과 Thompson (1889)은 그들의 ' 급기판(aeration plate)" 전극이 전해질을 수용하는 수용체(matrix)로서의 역할도 수행한다는 점에 관심을 두었다.

그 외에, 기체 배터리의 개선과 관련되어 조금 덜 중요하지만, Lord Rayleigh(1882)의 논문에서는 표면적을 넓히기 위해서 백금 망사천을 사용한 것을 보고하였다. 또한 레일레이와, 나중에 Mond 및 Langer는 석탄으로부터 추출한 순수하지 않은 수소를 연료로 사용했는데, 이는 ' 석탄으로부터 직접 추출 ' 방식 연료전지 개발 노력을 선도하였다.

2.2. 1900년대

그로브의 발명으로부터 약 100년 뒤 마침내 연료전지의 실용화에 뛰어든 인물이 나타났다. 영국 케임브리지 대학교의 베이컨(1904~1992)이다. 1930년에 연구를 시작한 베이컨은 1932년 고가의 백금대신 저렴한 니켈을 촉매로 사용한 산화수소 연료전지를 개발하고 1952년에 특허를 얻었다. 이 유형의 연료전지는 '알칼리형 연료전지'라고 불린다. 1959년에는 2톤 용량의 지게차를 움직일 수 있는 5KW의 연료전지를 만들어 직접 시운전하기도 했다.

그림 18. 1959년 6KW 연료전지 적층-Bacon

한편 미국의 GE사도 1950년대에 연료전지를 개발했다. 전해질에 수지(고분자)로 만든 막을 쓴 GE사의 연료전지는 '고체 고분자형 연료전지(PEFC)'라 불리는 유형이다. 출력은 1KW이면서 알칼리형 연료전지보다 작았다.

연료전지의 실용화는 우주에서 시작되었다. 1965년 NASA의 유인 우주선 제미니 5호에 통신기기나 컴퓨터의 전원으로 GE사의 연료전지가 실린 것이다. 우주라는 한정된 공간에서는 더욱 작고 고출력의 전원장치가 요구된다. 태양전지 등 여러 후보 가운데 NASA가 선택한 것은 연료전지였다. 부피당 발전량이 크고 연료전지의 부산물로 생기는 물을 승무원의 음료수로 이용할 수 있기 때문이었다.

1969년에 인류 최초의 달에 착륙한 아폴로 11호도 연료전지를 싣고 있었다. 아폴로 우주선에 실린 것은 GE사의 것보다 출력이 높은 알칼리형 연료전지였다.

영화 [아폴로 13호]에서도 묘사된 것처럼 1970년에 아폴로 13호가 운항 중에 가스 누출 사고로 전력을 절약해야 할 위기에 몰린 것도 수소와 산소로 발전하는 연료전지를 쓰고 있었기 때문이다.

그림 19. 조립중인 아폴로 연료전지 시스템

알칼리형 연료전지는 우주왕복선에도 실려 선내의 전기와 음료수는 공급하는 원천으로 활용된다. 단 알칼리형 연료전지는 수소와 산소 모두 고 순도의 것을 사용할 필요가 있다는 점 등에서 우주개발 이외의 분야에서는 거의 실용화되지 않고 있다. 우주개발 분야에서 성능과 '깨끗함'을 증명한 연료전지에 세계 기술자들의 시선이 집중되기 시작했다. 현재까지 많은 연구개발 작업이 이루어지고 다양한 연료전지가 등장했다.

초기 연구를 통해 꾸준한 발전이 이루어져 1952년 5KW급의 연료전지 발전소가 세워지게 되었고, 때마침 불어 닥친 우주개발 붐에 힘입어 우주선의 에너지원으로 개발되어 1960년대 초 Gemini 우주선에 탑재됨으로 상업적인 이용을 목표로 한 연구가 시작되었다.

1970년대의 유류파동을 겪으면서, 그 동안 특수 상황에서 사용할 목적으로 개발, 연구되어 왔던 경우에서 벗어나 화력발전을 대체할 대체 에너지원으로까지 주목받게 되었다. 지상에서의 연료전지 실용화는 1970년대에 미국에서 시작되어 호텔이나 병원의 발전기로 도입되기 시작했다. 1994년에는 다임러 벤츠(현재 다임러 크라이슬러)사가 연료전지자동차를 발표했다.

2.3. 2000년대

2002년 7월 일본의 혼다기연공업이 미국 캘리포니아주에서 세계 최초로 판매인가를 얻어 상용화에 성공했고, 2003년에는 독일의 다임러크라이슬러가 연료전지 버스를 2004년에는 미국의 포드자동차가 충전지겸용 하이브리드 자동차를 생산했다. 독일의 다이뮬러 벤츠사는 계속해서 개발하고 있는데 모두 고압수소 봄베(bombe)에 수소를 충전하는 타입으로 차량도 대형차에 국한되어 있다. 때문에 벤츠에서는 캐나다의 발라드 파워시스템과 공동으로 신형 연료전지를 개발하여 이것을 내장한 소형자동차의 실험차를 공개하였다. 실험자동차에는 새로 개발한 메탄올에서 수소를 만드는 전환시스템도 도입하여 수소보다도 취급이 용이한 메탄올을 충전함으로써 편리성을 향상시키고 있다.

도요타 자동차가 개발한 연료전지자동차의 수소저장에는 새로 개발된 수소흡장합금을 채용하고 있으며 100Kg의 합금으로 2Kg(약 2만 5000리터)의 수소를 저장할 수 있게 되어 있다. 96년에 발매한 니켈수소전지 탑재 전기자동차에 탑재한 시험제작 자동차는 정격출력 20KW, 최고시속 100Km 이상, 1회 충전 주행거리는 약 250Km를 달성하고 있다. 지금은 대규모 및 소규모 발전시스템, 그리고 전기자동차용 동력, 휴대용 전원으로까지 다양한 분야로 연구가 확장되고 있다.

[표 6-5. 연료전지의 개발과정]

년 도	특 징
1839년	William R. Grove(영국) - 연료전지의 개념 발명
1932년	F.T. Bacon(영국) - 산화수소 연료전지 개발
1959년	F.T. Bacon(영국) - 5KW 수소, 산소 연료전지 실증시험
1965년	NASA의 유인 우주선 제미니 5호-컴퓨터 전원으로 GE사의 연료전지 사용
1969년	인류 최초의 달에 착륙한 아폴로 11호-연료전지
1970년대	PAFC(Phosphoric Acid Fuel Cell) 개발
1980년대	PEMFC(Proton Exchange Membrane Fuel Cell) 개발
1994년	다임러 벤츠 연료전지자동차 발표
1984년 이후	미국의 DOE(Department of Energy)에서 연료전지에 대한 연구자금 적극적 지원
2002.07	일본 혼다기연공업 - 캘리포니아주에서 세계 최초로 판매 인가/상용화 성공

년 도	특 징
2002.12	연료전지 하이브리드 차량 출시(Toyota, Honda - 리스형태 판매 개시)
2003년	독일 다임러크라이슬러 연료전지 버스 생산
2004년	미국 포드자동차 - 충전지 겸용 하이브리드 자동차 생산
2004~2005년	휴대용 연료전지(PDA, Laptop, Cellular phone etc) 출시 예정
2005년	가정용 연료전지 출시
2012년 이후	연료전지자동차 본격 보급 시작

[표 6-6. 연료전지 발전현황]

구 분	특 성
알칼리형 (AFC ; Alkaline Fuel Cell)	・1960년대 군사용(우주선 : 아폴로 11호)으로 개발 ・순 수소 및 순 산소를 사용
인산형 (PAFC ; Phosphoric Acid Fuel Cell)	・1970년대 민간차원에서 처음으로 기술개발 된 1세대 연료전지로 병원, 호텔, 건물 등 분산형 ・전원으로 이용 ・현재 가장 앞선 기술로 미국, 일본에서 실용화 단계에 있음
용융탄산염형 (MCFC ; Molten Carbonate Fuel Cell)	・1980년대에 기술개발된 2세대 연료전지로 대형발전소, 아파트단지, 대형건물의 분산형 ・전원으로 이용 ・미국, 일본에서 기술개발을 완료하고 성능평가 진행 중 (250KW 상용화, 2MW 실증)
고체산화물형 (SOFC ; Solid Oxide Fuel Cell)	・1980년대에 본격적으로 기술개발 된 3세대로서, MCFC보다 효율이 우수한 연료전지 ・대형발전소, 아파트단지 및 대형건물의 분산형 전원으로 이용 ・최근 선진국에서는 가정용, 자동차용 등으로도 연구를 진행
고분자 전해질형 (PEMFC ; Polymer Electrolyte Membrane)	・1990년대에 기술개발된 4세대 연료전지로 가정용, 자동차용, 이동용 전원으로 이용 ・가장 활발하게 연구되는 분야이며, 실용화 및 상용화도 타 연료전지보다 빠르게 진행되고 있음
직접메탄올형 (DMFC ; Direct Methanol Fuel Cell)	・1990년대 말부터 기술개발된 연료전지로 이동용(핸드폰, 노트북 등) 전원으로 이용 ・고분자전해질형 연료전지와 함께 가장 활발하게 연구되는 분야

요즘 차세대 자동차에 대한 관심도 높지만 차세대 자동차와 연관된 사업이 각 기업의 새로운 성장동력으로 자리 잡을 가능성이 높아 이에 주목하고 있다.

현재 내연기관(가솔린、디젤) 자동차 대안으로 하이브리드 자동차, 전기자동차, 수소연료전지자동차 등이 거론되고 있다. 이 가운데 상당수 관련 업체들의 관심은 효율이 높고 오염물질 배출이 없는 수소연료전지자동차에 집중되는 분위기다.

BMW는 전기자동차 개발과 함께 2007년 수소연료전지자동차 하이드로겐7을 선보인 바 있다. 업계 관계자는 '친환경차의 궁극적 목표가 수소자동차라는 데는 이견이 없다'며, 다만 폭발 위험성이나 충전 인프라 부족 등이 현실적 문제로 대두되면서 그 중간 단계로 하이브리드 자동차와 전기자동차가 나오고 있는 것이라고 말했다. 한 번 충전으로 주행할 수 있는 거리를 비교해도 수소연료전지자동차가 하이브리드 자동차와 전기자동차를 압도한다. BMW 하이드로겐7이 수소 1회 충전으로 200Km를 달리고 현대차 투싼ix는 650Km를 주행할 수 있다. 이에 비해 현재 미국에서 팔리는 전기자동차 볼트는 한 번 충전해 고작 64Km를 주행할 수 있다. 수소 폭발력이 차량 효율성을 높이기 때문이다.

수소연료전지자동차는 차내 수소탱크에서 수소를, 공기공급기에서 산소를 받아 이를 연료전지에 보내고 전기를 발생시켜 모터를 돌리는 원리다. 부산물로 물이 나올 뿐 유해 물질은 나오지 않는 등 친환경적 면에서도 다른 그린자동차보다 우수하다.

하이브리드 자동차는 고속에선 내연기관(엔진) 힘을 빌리고 저속에서 전기모터를 돌리기 때문에 오염물질을 일정 수준 배출한다. 게다가 배터리 무게와 부피 때문에 일반 가솔린자동차보다 출력이 떨어진다. 전기자동차도 배터리 제작과정에서 오염요인이 있고 배터리가 수명을 다하면 폐전지는 또다시 환경오염을 유발할 수 있는 구조다.

수소연료전지자동차의 연료전지는 명칭만 전지(배터리)일 뿐 기본적 구조가 달라 이러한 오염요인에서 자유롭다. 수소연료전지자동차 연료전지의 양극과 음극 소재는 백금을 코팅한 흑연이 주요 소재다. 여기에 전해질로 된 얇은 막이 추가된다.

그러나 수소연료전지자동차도 결정적 약점을 갖고 있다. 수소탱크, 연료전지, 인버터, 모터로 이어지는 시스템을 갖추다 보니 가격이 가장 비싸다.

하이브리드자동차가 가솔린차보다 두 배가량 비싼 데 비해 수소연료전지자동차는 5~6배 비싸다. 특히 핵심원료를 저장하는 수소탱크는 안전성에 대한 논란이 계속되고 있다. 또 충전소 설치에 대해선 지역 주민의 님비현상도 넘어야 한다.

수소연료전지자동차 가격을 낮춰도 차량충돌 시 수소탱크가 안전한지에 대한 질문은 남는다며 수소는 상온에서 반응이 워낙 격렬하기 때문에 저장탱크에 대한 이중、삼중 안전장치가 선결돼야 할 것이라고 말했다. 수소연료전지자동차 개발 분야에서 BMW 혼다 등 글로벌 메이커보다 후발 주자인 현대차도 이러한 문제 해결을 위해 고심해왔다.

[표 6-7. 수소연료전지자동차 대 전기자동차(PHEV)]

기 준	수소연료전지자동차 투싼ix	전기자동차(PHEV) 볼트
주행원리	물 전기분해 역반응으로 전기생성	전지로 전기발생
주행거리(1회충전)	588Km	64Km
가 격	10만 달러	4만 달러
공해유발	없음	전지 생산, 폐기 시 발생

참고 세계가 놀란 차, 수소연료전지자동차 투싼ix

- 현대자동차에서 생산된 '투싼ix 수소연료전지자동차(ix35 Fuel Cell)' 가 벤츠를 제치고 벨기에에서 미래자동차상을 수상했다.
- 투싼ix는 벨기에에서 열린 브뤼셀 모터쇼에서 '2013 퓨처오토(FuturAuto) 어워드' 1위에 퓨처오토 어워드는 벨기에에서 가장 혁신적인 기술로 만들어진 자동차를 자동차 기자단(UJBA)이 매년 자동차분야의 선정해 시상하는 기술상이다.
- 투싼ix 수소연료전지자동차는 후보에 오른 16개 기술 중에서 메르세데스-벤츠와, 볼보, 보쉬 등을 제치고 1위를 차지했다.

· 현대차의 투싼ix 수소연료전지자동차는 영하 20도 이하에서의 시동성을 확보해 추운 날씨에도 문제없이 달릴 수도 있고 유럽 연비 시험 기준으로 100Km를 주행할 수 있다.
· 투싼ix 수소연료전지자동차 양산형 모델은 순수한 물만 배출하는 무공해 차량으로 1회 수소 주입으로 최대 588Km를 주행할 수 있으며 최고 속도는 시속 160Km.

3 연료전지자동차의 구조

기존의 가솔린 내연기관이 석유(가솔린) 등 혼합연료를 폭발시킨 힘으로 구동축을 돌리는 데 비해, 연료전지는 전기모터가 구동축을 돌리게 되어 있다. 이 때 전기모터를 돌리는 에너지를 생산해 내는 것이 바로 연료전지이다.

수소연료전지자동차는 연료전지로부터 생산된 전기로 구동되는 전기자동차의 일종이다. 모터에서부터 바퀴에 이르는 구조는 기존의 전기자동차와 같은데, 기존의 전기자동차와는 달리 저장된 전기를 사용하는 것이 아니라 전기를 만들면서 모터를 돌려 차량을 달리게 하는 것이다. 그렇지만 연료전지만으로는 전기를 만들 수는 없고 연료전지 주위에 운전에 필요한 주변장치(Balance of Plant, BOP)들을 장착해서 이 장치들이 자동차의 운전상황에 따라 연료전지에 필요한 양의 연료와 공기를 공급해 주고, 적절한 온도를 유지하기 위해 냉각수도 돌려주게 된다. 이렇듯 연료전지와 연료전지를 구동시키는데 필요한 주변장치들을 합쳐서 연료전지 시스템이라고 말한다.

그림 20. 연료 전지자동차의 구조

수송용 연료전지 중에 자동차의 주동력으로 사용되는 연료전지는 대표적으로 프로톤 교환막 연료전지(Polymer Electrolyte Membrain Fuel Cell, PEMFC)이며 기본이 되는 연료는 수소이다. 수소 이외에 메탄올, 가솔린, 디젤, 천연가스와 같은 연료를 사용할 경우에는 이들 연료로부터 수소를 생산하기 위해 별도의 연료변환기를 장착해야 한다.

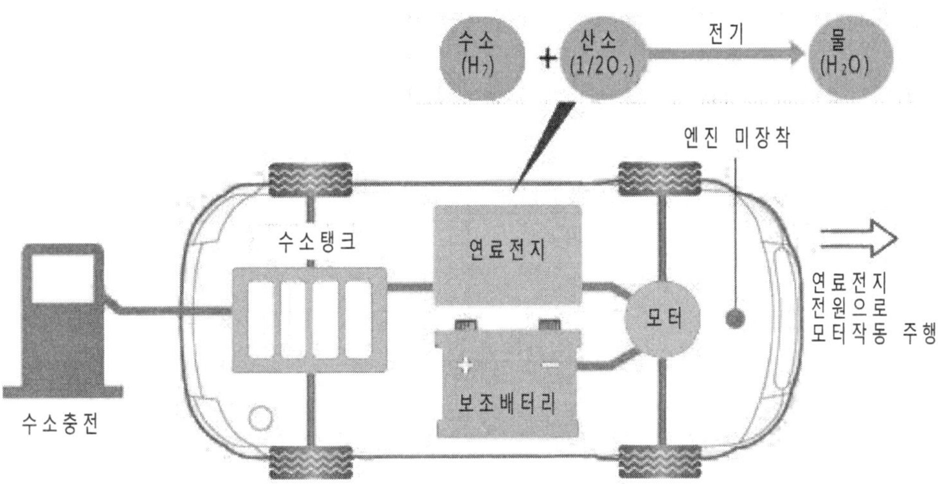

그림 21. 수소연료전지자동차의 구조

연료전지자동차 개발 초기에는 연료 변환기가 장착된 시스템의 연구가 활발하였으나 시간이 지나면서 연료 변환장치를 자동차에 장착하지 않고 수소 충전소에서 연료 변환을 통해 생산된 수소를 충전하는 방식으로 연료공급의 개념이 바뀌고 있다. 현재는 고압 수소탱크를 사용하여 연료변환장치 없이 직접 가압된 수소를 연료로 사용하는 것이 일반적인 추세이다.

수소 연료전지자동차를 연료에서 구동에 이르기까지의 에너지 흐름의 관점에서 보면 연료저장시스템, 연료전지발전시스템, 전기 동력시스템으로 나눌 수 있다. 고압수소탱크에서 연료전지로 연료인 수소가 공급되며 전기화학 반응에 필요한 산소는 대기 중의 공기로부터 공급된다.

한번 연료전지 스택에 공급된 수소는 대기 중으로 방출되는 것이 아니라 수소 이용률을 높이기 위해 수소탱크의 수소와 혼합되어 다시 연료전지 스택에 공급된다. 이런 방법을 통해 연료의 소비를 줄일 수 있을 뿐만 아니라 대량의 수소가 공기 중으로 방출되어 발생할 수 있는 위험을 줄일 수 있다. 공기와 수소의 반응에 의해 연료전지 스택에서 생성된 직류전기는 인버터를 통해 바뀐 뒤 전기 구동모터에 공급된다. 구동모터에서 발생되는 회전운동 에너지는 감속기를 통해 적절한 회전수로 감속되어 바퀴에 전달된다.

[표 6-8. 동력원에 따른 효율 비교]

구 분	Well to Tank 연료생산효율(%)	Tank to Wheel 차량효율(%)	Overall Efficiency 총괄효율(%)
가솔린 내연기관	88	18	16
디젤	89	22	20
HEV	88	30	26
EV	40	80	31
FCEV	75	48	36
FCEV(목표치)	70	60	42

연료전지시스템을 좀 더 상세히 살펴보면 자동차의 엔진역할을 하는 연료전지 발전모듈에 연료인 수소를 공급하기 위한 연료공급계, 산화제인 공기를 공급하기 위한 공기 공급계 및 연료전지 발전모듈과 연료전지시스템의 열, 물 관리를 위한 열 및 물 관리계, 연료전지시스템의 운전/제어를 위한 연료전지 제어기 및 제어기술부로 구분할 수 있다. 연료전지자동차의 동력발생은 연료전지가 전기에너지 외의 별도의 기계적인 구동력을 발생시키지 않기 때문에 회전력을 필요로 하는 모든 섀시 부품들이 전기로 구동된다.

워터펌프, 에어콘 컴프레셔 등은 전기모터로 구동되며 진공을 형성하기 위해 별도의 진공펌프가 필요하다. 이러한 전기 구동모터 및 장치들을 운전하기 위해서는 각 부품들의 전압 사양을 맞추어 주어야 한다.

3.1. 연료전지의 기본 원리

수소연료전지의 기본구조는 고분자전해질 막을 중심으로 양쪽에 다공질의 연료극(anode)과 공기극(cathode)이 부착되어 있는 형태로 되어 있다. 재료만 다를 뿐 보통의 전지 구조와 흡사하다. 양극에선 수소가 이온화되며 전자를 내놓는데, 이 전자는 중간의 전해질을 통해 음극으로 이동하고 그곳에서 공기와 반응해 물을 만듭니다. 이 때 전자가 이동하는 과정에서 우리가 얻고자 하는 전기에너지가 발생하는 것이다.

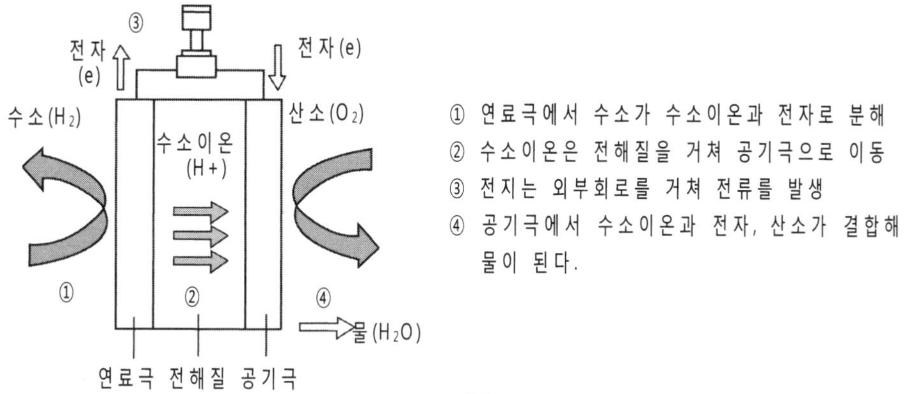

(a)

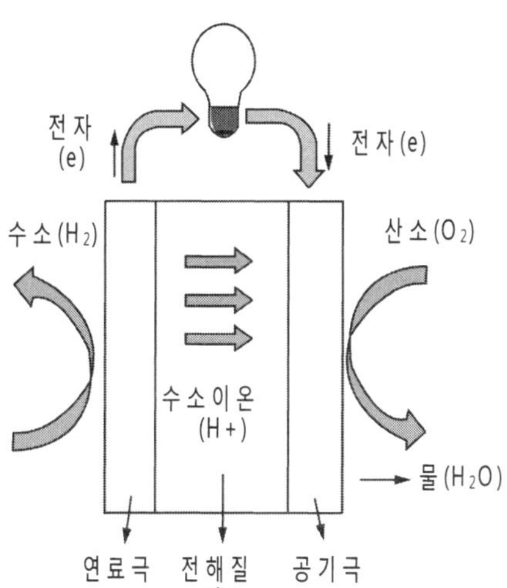

(b)

그림 22. 연료전지의 원리

우리가 사용하는 수소연료전지는 양극, 음극, 전해질로 구성된 하나의 단위전지가 여러 개 겹쳐진 적층구조를 이루고 있다. 전류는 단위전지 면적에 따라 전압은 저장을 하고 단위전지 개수에 따라 조절되므로 수소연료전지는 전력을 자유자재로 결정할 수 있다는 장점도 있다.

3.2. 수소연료전지자동차의 구조

연료전지자동차는 연료전지 스택, 연료전지 주변장치(공기압축기, 열교환기 등), 연료공급장치, 보조동력원, 그리고 모터 및 모터 제어기로 구성되어 있다. 연료전지자동차는 연료전지 스택, 연료전지 주변장치(공기압축기, 열교환기 등), 연료 공급장치, 보조동력원 그리고 모터 및 모터 제어기로 구성되어 있다.

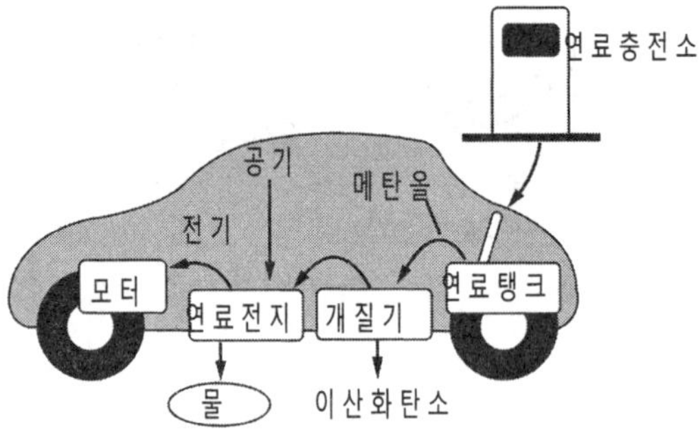

그림 23. 연료 전지자동차의 구조

[표 6-9. 연료전지자동차의 주요 구성품]

주요 구성품	특 징
연료전지 스택	• 원하는 전기출력을 얻기 위해 단위전지를 수십장, 수백장 직렬로 쌓아 올린 본체 • 단위전지 제조, 단위전지 적층 및 밀봉, 수소공급과 열회수를 위한 분리판 설계 • 제작 등이 핵심기술임
주변보조기기 (Balance of Plant) BOP	• 연료, 공기, 열회수 등을 위한 펌프류, Blower, 센서 등을 말한다. • 내연기관에는 연료 및 공기공급, 냉각, 배기를 위한 장치로 구성된 엔진 운전 장치가 있듯이, 연료전지 발전시스템에도 같은 기능을 하는 연료전지 운전 장치가 있는데, 열 및 물질 수지 개념을 중요시하는 화학 공정에서는 이를 BOP라 한다.

주요 구성품	특 징
수소저장탱크	수소를 자동차에 탑재하기 위한 방법으로는 크게 고압수소가스 저장, 액체수소저장, 수소흡장물질에 의한 저장, 탄소나노기술에 의한 저장 등 네 가지 방법이 있다.
개질기 (Reformer)	화석연료(천연가스, 메탄올, 석유 등)로 부터 수소를 발생시키는 장치이다. 이는 시스템에 악영향을 주는 황(10ppb 이하), 일산화탄소(10ppm 이하) 제어 및 시스템 효율향상을 위한 compact가 핵심기술
전력변환기 (Inverter)	・연료전지에서 나오는 직류전기(DC)를 우리가 사용하는 교류(AC)로 변환시키는 장치 ・직류를 교류로 만들기 위해 변조기가 사용 ・인버터는 컨버터에 비해 구조가 복잡

3.2.1. 연료전지 스택(고체 고분자 전해질막(PEFC))

연료전지의 스택은 수소원료의 화학적 에너지를 전기에너지로 직접 변환시켜 직류 전류를 생성하는 발전장치로 차량주행에 필요한 전원을 공급하는 역할을 한다. 원하는 전기출력을 얻기 위해 단위전지를 수십장, 수백장 직렬로 쌓아 올린 본체이며, 단위전지 제조, 단위전지 적층 및 밀봉, 수소공급과 열 회수를 위한 분리판 설계・제작 등이 핵심기술이다.

연료전지 스택의 구성요소는 다음과 같다.

① 분리판 : 반응가스의 유로제공, 전기적인 연결

② 개스킷 : 반응가스의 누출방지

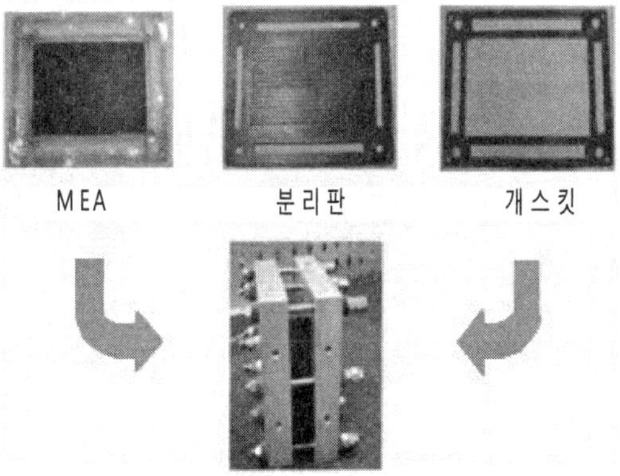

그림 24. 연료전지의 구성요소

③ 극판군(MEA) : 전해질과 백금촉매의 접합체, 전기화학반응 일어남.

④ 스택 : 다수의 셀을 쌓은 것, 한 셀의 음극판(Cathode)은 인접 셀의 양극판(Anode)와 전기적으로 연결됨

2매의 백금 전극과 거기에 끼워진 전해질로 이루어지는 연료전지의 1단위를 단셀이라 부른다. 1개의 단셀이 발생시키는 전압은 연료나 전해질의 종류에 따라 결정되는데 단셀의 크기에 무관하게 약 1볼트이다. 건전지와 같은 정도이다. 이 전압에서는 자동차가 움직이지 않는다. 더욱 큰 전압을 발생시키려면 많은 단셀을 직렬로 이으면 된다. 복수의 단셀을 직렬로 이은 것은 스택(stack)이라 부른다. 스택을 만들려면 단셀을 구성하는 부품 외에 단셀과 단셀 사이를 갈라놓는 부품인 분리판(separator)이 새로 필요하게 된다.

분리판은 ① 각 단셀사이를 막고 가스의 혼합을 막고 ② 각 단셀에 수소가스나 공기를 공급하는 통로가 되며 ③ 단셀사이를 잇는 도선(전자의 통로)으로 작용한다. 일반적으로 분리판과 전극사이에는 가스를 균일하게 확산시키기 위한 가스 확산층이 끼워진다.

연료전지 스택은 반응기체가 흐를 수 있도록 가공된 2개의 분리판과 그 사이에서 전기화학반응을 일으키는 막-전극 어셈블리(MEA, Membrane Electrode Assembly), 분리판과 MEA사이에서 기체의 흐름을 관장하는 가스 확산층과 밀봉을 위한 개스킷으로 구성되어 있다. 스택의 전압은 적층된 단위전지의 개수에 비례하며, 전류는 MEA의 면적에 비례한다.

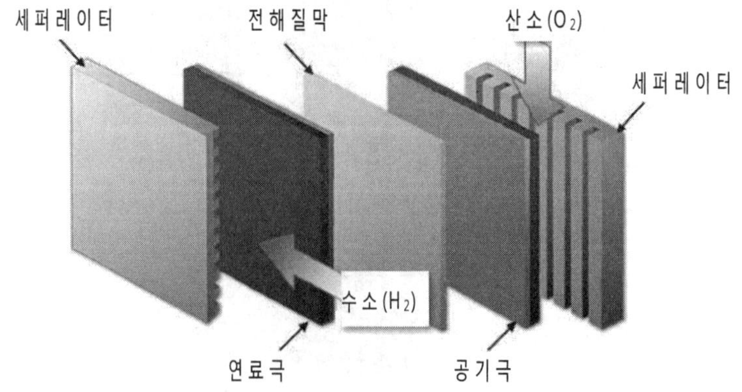

그림 25. 연료전지 셀의 구조

스택기술은 연료전지 기술가운데 가장 핵심사항이다. 스택의 설계는 개선의 여지가 많으며, 향후 컴퓨터를 이용한 스택 설계 프로그램이 개발될 것이다. 또한 전류집진기술, 밀봉기술, 가압시스템 기술, 매니폴드 설계기술 등 여러 분야의 기술이 개발될 전망이다. 또한 스택의 규모가 커짐에 따라 시뮬레이션을 통한 설계 기술과 스택의 정상운전에 필수적인 운전 온도 제어기술, 스택설계 개선, 구조 단순화, 효율 개선, 운전 간소화 등의 기술개발이 이루어질 전망이다.

3.2.2. 주변보조기기(BOP : Balance of Plant)

연료, 공기, 열회수 등을 위한 펌프류, Blower, 센서 등을 말한다. 내연기관에는 연료 및 공기 공급, 냉각, 배기를 위한 장치로 구성된 엔진 운전 장치가 있듯이, 연료전지 발전 시스템에도 같은 기능을 하는 연료전지 운전 장치가 있는데, 열 및 물질 수지 개념을 중요시하는 화학 공정에서는 이를 BOP라 한다.

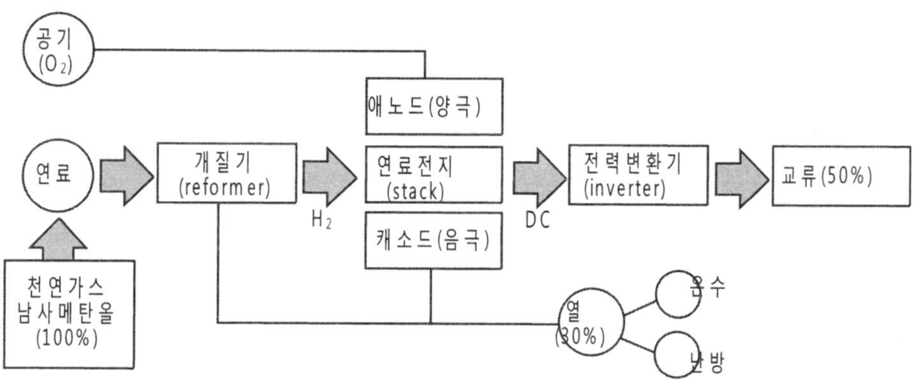

그림 26. 연료전지 발전시스템의 구성도

[1] 공기공급계(APS : Air Process System)

연료전지 스택에 수소와 반응을 할 공기(산소)를 공급하는 시스템으로 에어클리너, 공기공급기(Air Blower 또는 Air compressor) 등으로 구성 되어 있다.

[2] 열 및 물 관리계(TMS : Thermal Management System)

전체 시스템에서 필요로 하는 물 균형을 유지하는 기능이 있으며, 또한 반응 시스택은 열을 발생하게 되는데 이를 적절한 온도로 유지하는 기능을 한다. 구성부품으로는 라디에이터, 물펌프, 이온제거기, 물탱크 등이 있다.

[3] 수소공급계(FPS : Fuel Process System)

스택에 수소를 공급하는 시스템으로 여기에는 수소탱크, 압력조절기, 수소재순환기 등으로 구성되어 있다.

3.2.3. 수소저장탱크

수소를 운전자가 큰 어려움 없이 경제적으로 활용하기 위해서는 수소저장이 꼭 필요하다. 하지만, 아직까지는 수소자동차에 탑재하는 경우 기존 자동차가 갖는 1회 주입 후 주행 가능한 거리인 500Km를 주행할 수 있고, 탑승인원의 감소나 불편함이 없도록 승차공간도 유지시켜주어야 한다는 점을 만족시키는 저장방법은 개발되지 못한 상태이다.

압축저장은 수소 저장기술 중 가장 보편적인 방법으로서, 수소기체를 고압으로 압축하여 제한된 체적의 용기에 저장하는 방식이다. 압력용기내의 수소 저장 밀도를 높이기 위해 높은 압력으로 가압하는데, 저장 압력이 높아질수록 용기의 두께가 두꺼워져 무게가 증가하게 되므로 다른 연료에 비해 질량 효율(용기를 포함한 질량당 수소의 질량비율)이 떨어지게 된다. 그럼에도 불구하고, 압축 수소저장 방법은 여러 가지 수소저장방법 중 가장 실용화에 근접한 방법인데, 저장장치의 구성이 단순하고 중량면에서 이점이 많기 때문에 수소연료전지자동차나 기타 탑재용 수소연료 저장방법으로 가장 많이 사용되고 있다. 고압 수소기체를 저장하기 위한 압력용기는 사용 재료와 복합재료 강화방법에 따라 네 가지로 구분하는데,

Type 1 : 강 또는 알루미늄으로 만들어진 금속제 용기로 복합재료에 의한 구조적 강화 없이 금속 재료만으로 압력하중을 견디도록 만든 용기

Type 2 : 강 또는 알루미늄으로 만들어진 금속제 라이너 위에 수지를 함침시킨 탄소섬유나 유리섬유를 원주방향으로 감아서 만든 용기이다.

Type 3 : 강 또는 알루미늄으로 만들어진 얇은 금속제 라이너 위에 수지를 함침시킨 탄소섬유나 유리섬유를 원주방향과 길이방향으로 감아서 만든 용기로 금속제 라이너는 하중을 부담하지 않거나 극히 일부분만을 부담한다.

Type 4 : 용기의 경량화를 목적으로 비금속 재료로 만들어진 라이너 위에 수지를 함침시킨 탄소섬유나 유리섬유를 원주방향과 길이방향으로 감아서 만든 용기로 비금속 재료로 만들어진 라이너는 하중을 거의 부담하지 않고, 가스가 새지 않도록 하는 역할만을 한다.

연료전지자동차에 사용되는 수소 저장 용기는 경량화를 위해 주로 Type 3나 Type 4가 사용되고 있다. 복합재 압력용기는 알루미늄 또는 플라스틱 소재의 라이너에 가볍고 강도와 강성이 뛰어난 탄소섬유를 에폭시 수지에 함침하여 감은 후 수지를 경화시켜 만들어진다. 탄소섬유 복합재 층이 내압하중의 대부분을 견디며 라이너는 기밀 유지와 복합재 층을 감기 위한 기본형상을 제공한다. 이러한 재료의 조합은 초경량 압축가스저장시스템으로서 안전성과 성능 면에서 가장 이상적인 형태이다.

복합재 압력용기는 기존의 금속재질의 압력용기에 비해 매우 가볍고 더 높은 압력에 견딜 수 있으며, 반복 사용수명이 매우 길고, 부식에 강한 우수한 특성을 갖는다. 특히 금속재질 압력용기는 결함이 발생되면 폭발의 위험이 있으나 복합재 압력용기는 폭발 전에 압력이 누출되어 폭발이 일어나지 않는 안전한 특성을 갖는다.

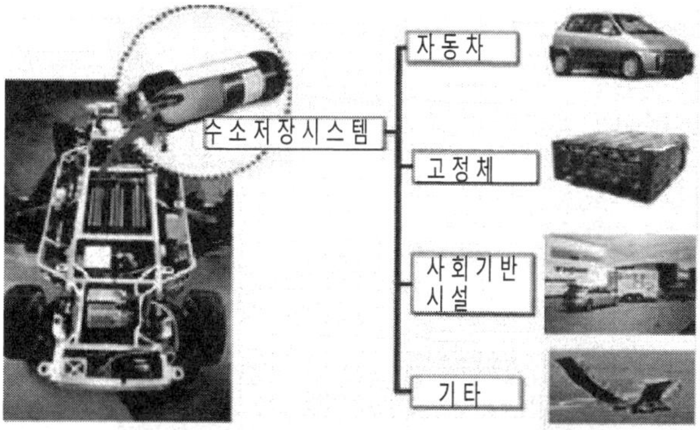

그림 27. 복합재 압력용기 적용사례

복합재 압력용기는 본래 우주용 발사체의 각종 고압가스를 저장하는 경량 고성능의 압력용기로 개발되었으나, 근래에는 압축천연가스자동차용 연료저장 탱크로 널리 사용되고 있으며, 최근 수소연료전지자동차용 연료 탱크로 개발되면서 크게 주목받고 있다.

연료전지자동차의 수소저장 용기로는 가볍고, 부피가 작으며, 보다 안전한 고성능의 압력용기가 필요하기 때문에 탄소섬유 복합재료로 만들어진 복합재 압력용기가 가장 적절한 수단으로 인정되고 있다.

현대자동차에서는 지난 2001년 6월 세계 최초로 350기압 수소저장시스템을 개발하여 싼타페 연료전지자동차에 장착하고 시험운전을 성공적으로 완료하였는데, 이후 대부분의 자동차 회사들이 350기압급의 복합재 압력용기를 탑재하고 있다.

고압 수소기체 저장방식은 물리적인 압력차로 수소를 충전하고 방전하게 되므로 다른 수소 저장방식에 비해 저장방법이 간단하고, 응답성도 빨라 연료전지자동차에 적용하기 용이하다. 또한 천연가스의 보급에 의해 고압가스 저장탱크가 이미 산재되어 있으므로 별도의 비용 없이도 기존의 인프라를 이용할 수 있는 장점이 있다. 하지만 압력용기를 자동차에 적용시 체적이 크고, 형상의 변경이 용이하지 않아 공간 제약을 받으며, 수소기체의 저장 밀도를 높일수록 압력용기가 무거워지는 단점도 가지고 있다.

따라서 연료전지자동차가 기존의 휘발유나 경유 자동차와 동등한 성능을 내기위해서는 높은 수소 저장 밀도를 갖는 경량 고압 수소기체 저장용기를 사용하여야만 한다. 또한, 수소를 고압으로 급속 충전하면, 압축효과에 의한 열로 고압용기의 온도가 올라가기 때문에 이를 보완하지 않으면 밀도가 줄게 되어 주행거리가 짧아지는 경과를 낳게 된다. 독일, 미국, 일본 등 선진외국에서는 수소의 충전방법에 대한 연구도 수행되고 있으며 이를 충전기의 개발과 표준화 자료로 활용하고 있다.

그림 28. 복합재 수소탱크

[1] 액체수소 저장탱크

액체수소 저장에서는 수소를 액화온도인 -253℃까지 냉각시켜 저장탱크에 저장하는데, 냉각시키는데 수소가 가지고 있는 에너지의 약 43%를 소비해 공급시의 손실이 크고, 10~20%가 증발해 버리고, 증발하지 않도록 단열시켜도 하루에 2~3% 정도의 액체수소가 증발하는 문제점이 있다.

3.2.4. 연료변환기(개질기 : Reformer)

연료변환기는 천연가스나 메탄올, 가솔린 등 탄화수소 연료를 진한 수소가스로 변환시켜주는 장치다. 이렇게 변환된 수소가스와 공기중의 산소는 전류를 얻기 위해 연료전지스택으로 공급된다. 이는 시스템에 악영향을 주는 황(10ppb 이하), 일산화탄소(10ppm 이하) 제어 및 시스템 효율향상을 위한 핵심기술이다.

연료전지에 적합한 최적의 연료는 수소이나, 수소는 탄화수소 연료에 비해 생산량이 적으며 수송 및 보관이 어렵다. 따라서 수송 및 저장이 간편한 가솔린, 메탄올 등을 원료원으로 사용하는 시도들이 많이 이루어지고 있는데, 이를 위해서는 차량 및 기기 내에서 수소 연료를 직접 만들어 낼 수 있는 고효율의 연료개질기의 개발이 필수적이다. 수송용 연료전지의 연료개질기는 연료전환효율이 높아야 하고, 가벼워야 하며, 특히 운행 중 발생하는 급격한 부하변동에 즉각적으로 대응할 수 있어야 한다.

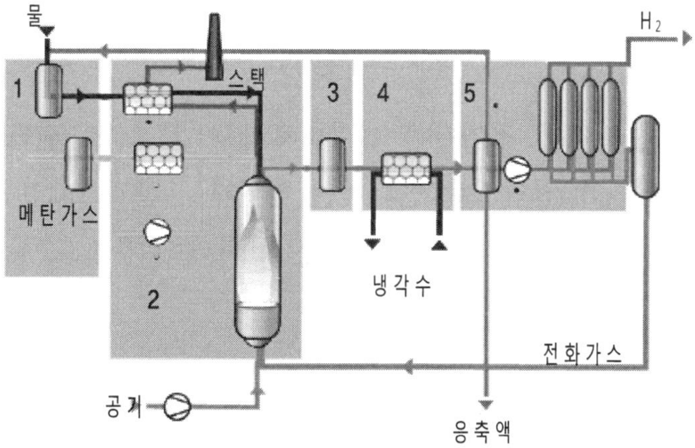

그림 30. 수증기 개질의 흐름도

연료개질 기술은 가솔린, 메탄 이외에 다양한 연료의 발굴과 항산화 촉매개발 및 수증기 개질(Steam Reforming), 부분 산화 개질(Partial Oxidation Reforming), 자동발열 개질(Autothermal Reforming) 등의 새로운 공정기술 개발이 주요 연구 개발 과제이다. 이외에도 수소 생산을 위한 연료개질 기술로는 물의 전기분해 및 광전기분해, 바이오매스 기체화 및 열분해 기술 등이 있다.

기술의 종류에 관계없이 연료개질 기술이 갖추어야 할 요건은 아래와 같다.

① 연료개질기의 콤팩트화 및 저중량화

② 다중 연료 개질 능력(가솔린/디젤, 메탄올, 에탄올, 천연가스)

③ 높은 연료전환 효율(고순도의 수소 생산 및 저 오염물질 방출) : 연료개질기에서 연료를 수소로 개질하고 연료 내의 일산화탄소와 황 등의 불순물을 제거하기 위해서는 여러 단계의 촉매공정을 거치게 된다. 따라서 연료개질에 있어서 가장 중요한 사항은 최적의 촉매선정이라 할 수 있다.

④ 급 시동에 대한 즉각적인 대응 : 개질기에서의 촉매공정은 자동차의 촉매변환기와 같은 방식으로 운행되어야 한다. 이들은 시동 및 운전조건, 급격한 대기환경의 변화도 견딜 수 있어야하며, 요구부하를 일정하게 유지할 수 있어야 한다.

⑤ 제조 가격 저하 : 지난 몇 년간 개발자들은 새로운 재료를 선정하고 연료 조절기내에서 Pt 촉매의 함량을 최소화함으로써 작동성능을 떨어뜨리지 않고도 연료

3.2.5. 변환기(인버터)

연료전지 스택에서 발생한 전기는 DC 형태로서 이를 AC로 변환하기 위한장치가 변환기이다. AC전원을 DC전원으로 변환하는 컨버터 부분과 DC전원을 재단하여 전압 및 주파수가 변화된 AC전원으로 변환하는 인버터 부분으로 복잡하게 형성되어 있으나 간단히 인버터라 호칭하고 있다.

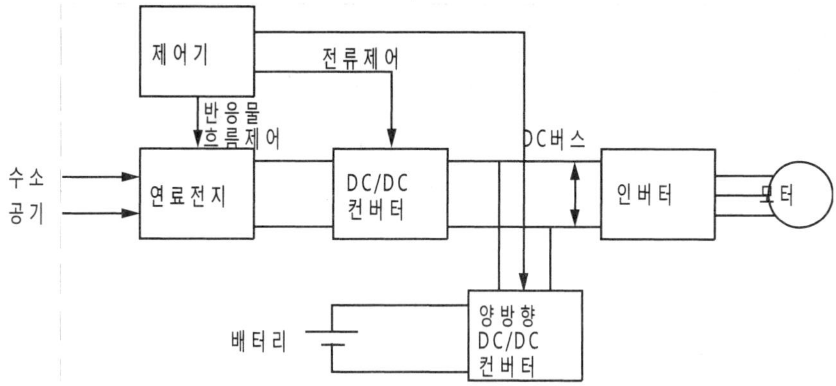

그림 31. 변환기(인버터)의 구조

3.2.6. 보조전원

연료전지자동차에서 연료전지 스택의 내구수명을 증대시키고, 주행거리와 연비향상을 위하여 보조전원으로 이차전지나 슈퍼 캐퍼시터 등이 사용된다.

[1] 2차 전지

2차 전지는 소형기기와 모바일 단말기를 중심으로 사용되고 있으나 자동차용으로는 최근 하이브리드자동차에 채용되는 대용량 이차전지가 있다. 연료전지시스템에서의 2차 전지는 연료전지와 하이브리드시스템의 구성기기로서 중요하여 연료전지 출력의 안정화와 비상시 예비전력으로서 중요한 역할을 담당한다. 연료전지시스템과의 이용에 있어서는 현재 이용되고 있는 Ni-MH, Li-폴리머 등 있다.

[2] 전기 축전장치(Capacitor)

혼다사에서는 전지 축전장치로 슈퍼 캐퍼시터를 채용하고 있다. 캐퍼시터는 축전지와 마찬가지로 전력을 저장하는 부재로서 특성은 순간적인 충전과 방전이 가능하고 거의 무한하게 충전과 방전이 가능하다는데 있다. 2002년 6월에 일본 Nissan 디젤이 출시한 슈퍼 캐퍼시터 하이브리드 트럭은 캐퍼시터를 자동차용으로 탑재한 상품 세계 제1호가 되어 화제를 모으고 있다.

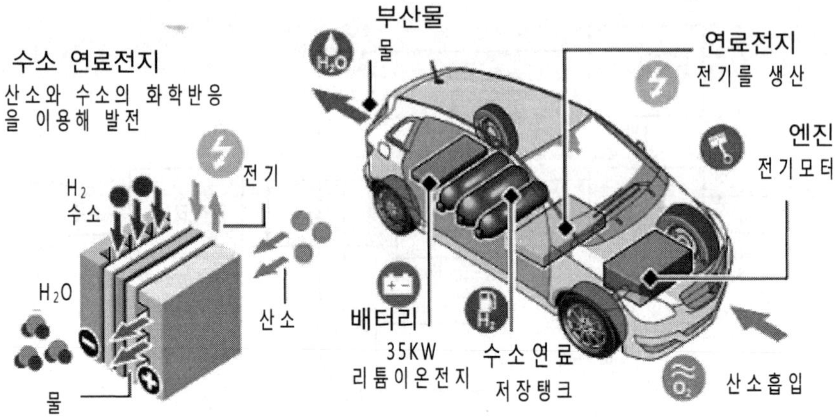

그림 32. 수소연료 전지자동차 구조

연료전지시스템에서 캐퍼시터는 주로 자동차용으로 사용되는 것으로 생각되고 있고, 캐퍼시터의 순간방전 특성을 살려 연료전지의 출력부족을 보완하고 시동시와 가속시 등의 고출력보조로서 사용되고 있다. 그러나 캐퍼시터는 이차전지에 비하여 에너지 밀도가 작아 같은 급의 전력용량을 확보하기 위해서는 대형화가 불가피하여 이에 대한 극복이 과제로 남아있다.

연료전지는 수소와 공기만 공급하면 전기에너지를 끊임없이 만들어내는 반면, 물 이외에는 전혀 공해물질을 배출하지 않기 때문에 친환경성과 대체에너지의 조건을 완벽하게 만족시킨다. 세계 각국이 수소 연료전지자동차를 환경친화적 미래형자동차의 최종적인 목표로 삼고 있는 것도 이런 까닭이다.

Chapter 07

연료전지자동차의 종류 및 개발현황

화석에너지 자원의 고갈, 지구 온난화와 환경오염은 현 세기 인류가 직면하고 있는 심각한 문제로써 다각적인 방법으로 해결책 모색이 불가피하다. 과학기술의 측면에서는 에너지 이용 효율을 혁신적으로 향상시키면서 동시에 공해문제를 해결할 수 있는 새로운 에너지 기술의 개발과 이용이 필연적 과제로 인식되고 있다.

전기자동차에 전기를 공급하는 방법은 무엇이 있을까? 방법은 연료전지와 배터리 두 가지이다.

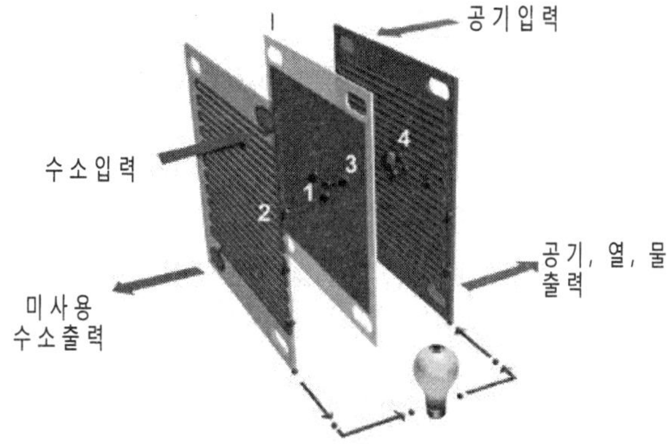

그림 1. 연료전지의 구동

최근 들어 미래의 에너지 문제와 공해문제를 해결할 수 있는 하나의 대안으로 연료전지가 손꼽히고 있다. 실제로 요즘 매스컴에 자주 등장하는 연료전지자동차는 미래의 무공해자동차로 주목받는 제품이다. 충전 없이 장시간 수명을 유지하는 휴대폰용 연료전지 배터리도 마찬가지. 과연 연료전지가 무엇이기에 미래의 신에너지로 각광받는 것일까?

외부로부터 전기를 충전, 저장해야 하는 배터리방식은 수백 파운드의 무거운 배터리팩이 필요한데다 운행거리에 제한이 따르고 3~6년에 한 번씩 배터리를 교환해야 하며, 교환할 때 많은 돈이 든다. 그래서 자동차 업계에서는 연료전지 방식에 더 주목하고 있다. 특히 수소연료전지는 배터리에 비해 작고 가벼우며 빠른 시간에 재충전된다는 것이 장점이다. 또 수증기만을 방출하기 때문에 가장 깨끗한 미래형 동력원이 될 것으로 여겨진다.

연료전지자동차의 경쟁자인 전기자동차는 엄밀한 의미에서 무공해차로 분류하기는 어렵다. 왜냐하면, 주행 시 배기가스를 배출하지는 않지만 화력발전으로 전기를 생산한다면 화석연료를 사용하기 때문이다. 따라서 도시의 공기는 깨끗해지지만 지구 전체로 볼 때는 오염원의 위치가 달라질 뿐이기 때문이다. 기존의 화력발전 시스템은 연료를 연소시켜 발생한 열로 스팀을 만든 후, 그 스팀으로 터빈을 돌려 전기를 생산한다.

그러나 연료전지는 연료의 화학에너지를 전기에너지로 직접 바꾸기 때문에 에너지 변환 단계가 줄어 효율이 높다. 따라서 자동차용 외에 선박용, 가정용 및 발전용으로 그 적용범위가 확대되고 있다. 연료전지자동차와 전기자동차는 어떻게 다를까? 바로 전기를 자동차에 저장하는가, 아니면 자동차에서 만들어내는가에 따라 구분된다. 전기자동차는 우리가 사용하는 충전이 가능한 소형카세트와 동일하다. 전기를 발생시키기 위해서 필요한 반응물이 들어있는 전지를 장착해 사용한다. 그러다가 반응물의 활성이 소멸됐을 경우 다시 전기를 충전해 사용하다가, 또다시 방전되면 재충전해 사용하는 것이다. 만약 전기를 발생시킬 수 있는 반응물의 활성이 완전히 소멸됐을 경우에는 당연히 새로운 전지를 사용해야 한다.

그러나 수소연료전지자동차는 연료탱크에 수소를 갖고 다니면서 연료전지로부터 전기를 발생시키고, 이렇게 발생된 전기가 모터를 돌리고 결국 축에 달려있는 바퀴를 돌리면서 움직인다. 하지만 연료전지자동차는 내연기관 자동차처럼 연료탱크가 필요하고 공기로부터 산소공급을 받아야 한다. 즉 연료전지자동차는 연료탱크에 수소나 수소를 발생시킬 수 있는 연료가 필요하기 때문에 내연기관자동차와 같이 연료가 떨어졌을 때, 다시 연료를 공급받아야 할 필요가 있다.

1 연료전지의 개요

연료전지자동차는 수소를 연료로 사용하는데 아직은 수소 저장 및 운반기술이 미흡하고, 충전소도 많지 않아서 상용화되지 못하고 있다. 그러나 연구는 활발하게 이루어지고 있다.

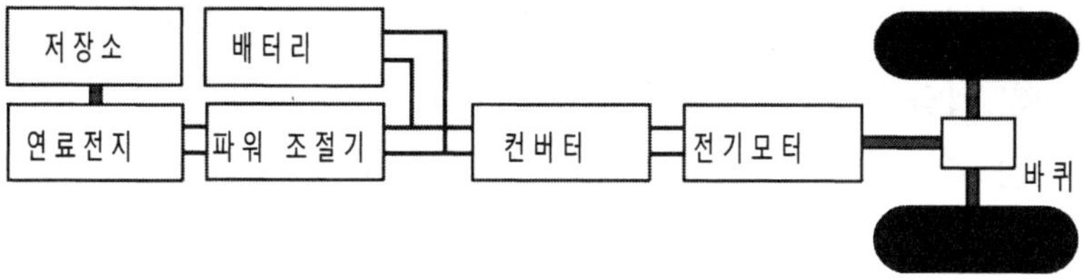

그림 2. 연료전지 전기자동차의 구조

연료전지자동차는 화학적 배터리 대신 작은 발전소에 비유할 수 있는 연료전지를 싣고 다닌다. 원래 연료전지는 우주선에 동력을 공급하기 위해 개발됐다. 수소와 산소는 로켓의 연료와 산화제로, 연료전지에서 생기는 물은 승무원의 음료수로 고안된 것이다.

환경 친화적 특성을 가지면서 소용량에서도 발전효율이 높고 배열의 유효이용에 의해 종합에너지 효율의 향상이 도모되는 연료전지는 새로운 에너지의 하나로 위치할 수 있으나 결국 천연가스를 연료로 사용하기 때문에 마지막에는 에너지 제로 하우스의 적용은 고려 대상이다.

연료전지는 수소와 산소의 화학반응 에너지에서 발생한다. 이는 전기분해의 역반응을 이용하는 것이다. 물을 전기분해할 때는 전도성을 높인 수용액에 전압을 가해 수소와 산소로 만든다.

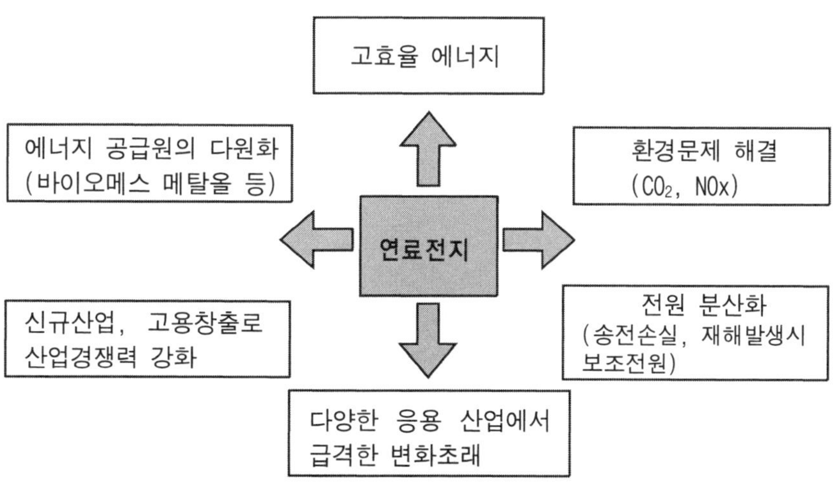

그림 3. 연료전지의 영향

반대로 연료전지에서는 수소와 산소를 화합해 물을 만들어내는 과정에서 전력을 얻게 된다. 이때 백금촉매로 도포된 전해질막으로 수소와 산소를 격리해야 한다. 수소는 촉매의 작용으로 이온화하고, 수소에서 분리된 전자는 배선을 통과해 산소 쪽으로 흐른다. 배선의 중간에 모터를 놓으면 전력으로 이용할 수 있게 된다. 수소와 산소가 결합할 때는 저온을 유지하게 되고 60% 이상의 높은 효율을 얻을 수 있다. 최신 화력발전소 효율이 50% 정도라는 것을 감안하면 연료전지는 상당히 경제적인 동력원이다. 전해질에 따라 연료전지는 몇 가지 종류로 나뉘는데 전기자동차에는 주로 고분자막의 전해질이 사용될 가능성이 높다.

1.1. 연료전지의 개요와 발생원리

앞으로 우리는 출퇴근길에 연료전지 발전소의 전력으로 움직이는 전철을 이용하게 될 것이며, 가정에 있는 가정용 연료전지에서 나오는 전력으로 생활하게 될 것이다. 자주충전을 요하는 휴대폰 배터리는 한 달간 지속되는 연료전지 배터리로 바꾸면 된다.

연료전지란 무엇인가? 화학에너지가 전기에너지로 직접 변환되어 전기를 생산하는 능력을 갖는 전지(Cell)이다. 종래의 전지와는 달리 외부에서 연료와 공기를 공급하여 연속적으로 전기를 생산한다. 간단하게 말하면, 연료전지는 연료를 전지에 투입하면 전기나 열, 물을 생산하는 전지이다.

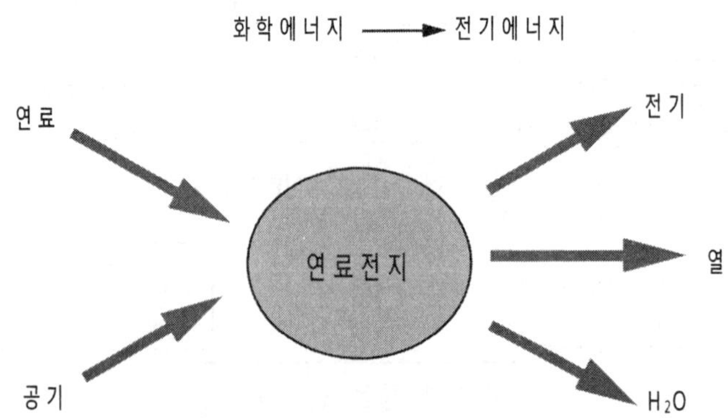

그림 4. 연료전지의 반응작용

연료전지란 수소와 산소로 물을 만들고 그 과정에서 전기를 생산하는 새로운 발전장치다. 이 원리는 중·고등학교에서 배우는 '물의 전기분해'의 역반응이다. 연료전지가 보급되면 유한한 화석연료에 의존하는 현대사회에서 무한한 수소를 이용하는 새로운 사회로의 변혁이 일어난다. 산업혁명 이후의 새로운 대변혁이 마침내 일어날지도 모른다.

연료전지는 우리의 생활을 크게 바꾼다. 그 미래의 모습은 이렇다. 휴대전화나 노트북 컴퓨터의 배터리가 연료전지로 바뀐다. 생활에 필요한 모든 전력을 한 집에 1대씩 놓인 연료전지가 공급한다. 모든 자동차가 연료전지를 싣고 가격이 폭등하는 화석연료가 아닌 자연 에너지를 이용해 만들어지는 저가의 수소로 달린다. 세상의 모든 원동기와 전원이 연료전지로 바뀔지도 모른다.

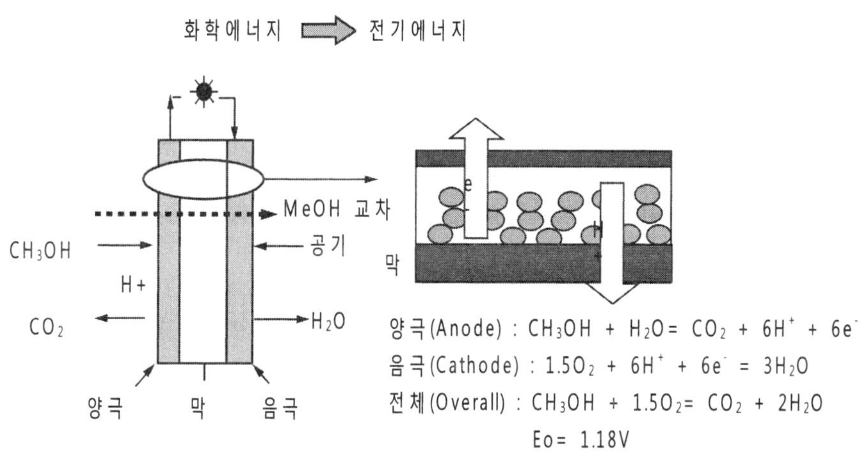

그림 5. 연료전지의 반응작용

참고 수소를 산소와 반응시켜 열과 전기 얻는다.

연료전지는 가장 주목을 받고 있는 대체에너지 기술 중 하나로, 환경오염 문제를 해결하고 전력수요 및 에너지 수요에 효율적으로 대비할 수 있는 일종의 전기화학 장치이다. 연료전지는 원료인 수소를 산소와 반응시켜 열과 전기를 얻는다. 물을 전기분해해 수소와 산소를 만들어내는 원리를 반대로 생각하면 쉽다.

연료전지는 연료극(anode), 공기극(cathode), 그리고 이온전도성 전해액으로 구성된다. 연료극에서 수소가 이온화되어 수소이온의 형태로 전해액을 통해 공기극으로 이동하고, 이온화시 발생한 전자는 외부회로를 통하여 공기극으로 흘러가게 된다.

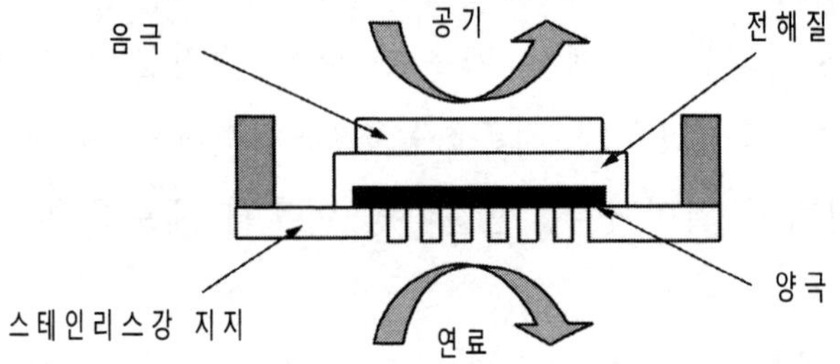

공기극에서 만난 산소, 수소이온 그리고 전자가 반응하여 물을 생성한다. 즉, 연료전지는 수소와 산소를 전기 화학적 방법으로 반응시켜서 전기를 생산하는 장치이다. 이때 생성물은 물이며, 부수적으로 반응열도 생성된다.

연료전지는 다양한 장점을 갖고 있다. 가정용의 경우 발전 뿐 아니라 발전과정에서 나오는 열을 난방에 활용할 수 있다. 발전효율만 해도 35%에 달해 기존 발전시스템보다 높다. 여기에 난방효율까지 더하면 전체 효율은 80%에 달해 압도적인 우위를 자랑한다. 효율이 높으면 높을수록 연료사용이 줄어든다. 화석연료를 이용한 기존의 방식에 비하여 훨씬 더 효율적으로 사용할 수 있는 것이다.

연료전지는 LNG, 메탄올, 석탄가스 등 연료선택 폭이 크며, 다양한 용량으로 이용이 가능하여 전력 수요지 내에 설치가 용이한 것이 큰 장점이다. 또한, 연소과정이 없어서 공해물질의 배출이 아주 적다는 점도 특기할 만하다. 즉, 연료에서 수소를 제조하는데 소량의 이산화탄소가 나오는 것을 제외하면 발전 과정에서 이산화탄소가 나오지 않고, 황·질소산화물 등 오염물질을 거의 배출하지 않아 환경 친화적이다. 소음이 없고 천연가스나 도시가스, 나프타 등 다양한 연료로부터 수소를 뽑아내 발전할 수 있다는 점도 매력적이다.

부존자원이 극히 부족한 우리나라의 기술 요구에 부응되며, 고효율을 통해 21세기 에너지 기술자립에도 크게 기여할 수 있다는 점에서 연료전지 기술은 신에너지 기술로서 그 가치가 높다.

참 고 연료전지의 효율 비교

연료전지는 환경 친화적이라는 장점이외에도 고효율이라는 장점을 자랑한다. 그렇다면 연료전지의 효율은 기존의 화력발전에 비해 얼마나 높을까.

예를 들어 생각해보자. 25℃에서 수소-산소 연료전지로 수소 2g(1몰)와 산소 16g(1/2몰)를 반응시키면 18g(1몰)의 물이 생기면서 이상적으로는 1.229V(볼트)의 전압이 발생한다. 이것은 약 56.9kcal의 열량에 해당하는데, 수소-산소의 원래 반응열은 68.6kcal이므로 연료전지를 통하면서 56.9kcal은 전기에너지로 나머지 11.7kcal은 폐열로 방출되는 셈이다. 따라서 전기에너지로 활용될 수 있는 효율은 이상적으로는 약 89%나 된다.

그러나 실제로 연료전지에서 전류가 흐르기 시작하면 연료가 공급되는 속도만큼 전기화학반응이 빠르지 않고 구성요소간의 저항이 있을 뿐 아니라 전극에서 연료나 산소의 농도차이가 생기는 등 여러 요인에 의해 얻을 수 있는 전압이 이상적인 값보다는 낮다. 그래서 현 수준에서 실제효율이 40~50% 정도다.

그러나 이 효율도 화력발전이나 내연기관의 효율보다는 높은 값이다. 결국 연료전지는 기존의 화력발전보다 효율이 높고 질소화합물, 황화합물, 매연 등을 배출하지 않는다. 또한 회전부위가 없어 소음이 적고 모듈화가 가능해 다양한 용량으로의 건설과 증설이 쉽다. 이밖에 수소, 석탄가스, 천연가스, 매립지가스, 메탄올, 휘발유 등을 연료로 사용할 수 있으며, 전기에너지와 동시에 열이 발생하므로 폐열을 회수해 지역난방과 온수로 열병합발전도 가능한 그야말로 "효자전지"라고 말할 수 있다.

1.1.1. 전기의 발생원리

연료전지의 원리를 따져 보기 전에 전기의 발생원리부터 생각해보자.

생활에 필요한 전기는 어떻게 얻어지는 것일까. 현재 대부분의 전기는 석탄, 석유, 천연가스 등의 화석연료를 연소시켜 발전하는 화력발전 방식으로 얻어진다. 이러한 화력발전은 연료의 화학에너지가 열에너지에서 기계적 에너지로, 여기에서 다시 전기에너지로 변화하는 3단계의 과정을 거쳐 전기를 발생시키는 발전방식이다. 즉 연료의 화학에너지를 연소를 통해 열로 변화시키고, 이를 다시 기계적 터빈 회전력을 통해 전기에너지를 발생시키는 변환과정인 것이다.

하지만 연료전지는 중간과정 없이 화학에너지에서 바로 전기에너지로 직접 변환된다. 천연가스나 메탄올 등의 연료에서 얻어낸 수소와 공기 중의 산소를 반응시키면 전기에너지를 직접 얻을 수 있다는 말이다. 이러한 원리는 물을 전기분해하면 수소와 산소가 발생된다는 것을 역으로 이용한 것이다. 수소와 산소를 반응시키면 연소반응에 의해 열이 발생하면서 물이 되는데 이때 수소와 산소를 직접 반응시키는 대신 연료전지를 통해 전기화학반응이 일어나게 하면 물과 열 이외에도 전기를 발생시킬 수 있다. 즉 연료전지란 수소 등의 연료가 갖고 있는 화학에너지로부터 전기에너지를 연속적으로 직접 발생시키는 발전장치이다.

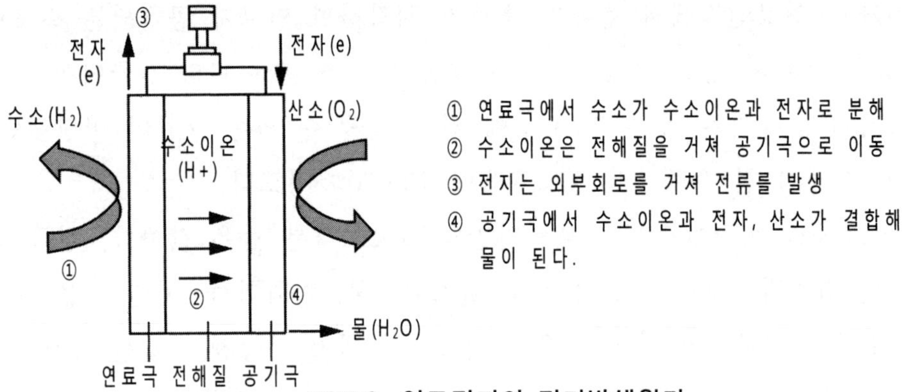

그림 6. 연료전지의 전기발생원리

연료를 계속 공급하는 한 전기를 계속 발생시킬 수 있기 때문에 일회용인 건전지 사용 후 재충전이 필요한 2차 전지와는 달리 연속적인 발전기 또는 에너지 변환기의 역할을 수행한다. 또한 연료전지는 발생되는 생성물이 물밖에 없어 무공해 산물의 대표주자로 손꼽힌다. 기계적 에너지 변환단계가 생략되었기 때문에 소음이 없음은 물론이다. 연료전지가 환경 친화적이라고 불리는 이유다.

연료전지는 공기극과 연료극의 전극, 두극사이에 위치하는 전해질로 구성되어 있다. 연료전지의 구성요소 중 전극은 전기화학반응을 진행시킬 수 있는 일종의 촉매 역할을 하고, 전해질은 생성된 이온을 상대극으로 전달시켜주는 매개체 역할을 한다. 연료극에는 수소, 공기극에는 공기(또는 산소)가 공급되어 각 전극에서 전기화학반응이 진행된다. 이렇게 구성된 연료전지 한 쌍을 단전지(Single Cell)이라 하며 연료극과 공기극간의 전압은 약 1V 내외가 된다. 이러한 단전지를 직렬로 연결하면 원하는 만큼의 전압을 얻을 수 있다.

1.1.2. 연료전지 화학반응

연료전지(Fuel Cell)는 수소와 산소의 화학반응으로 생기는 화학에너지를 직접 전기에너지로 변환시키는 기술을 이용한 전지이다. 즉 연료와 산화제를 전기화학적으로 반응시켜 전기에너지를 발생시키는 장치이다. 이 반응은 전해질 내에서 이루어지며 일반적으로 전해질이 남아있는 한 지속적으로 발전이 가능하다.

$$H_2 + \frac{1}{2}O_2 = H_2O + \text{전기}$$

양극(anode) : $H_2 \rightarrow 2H^+ + 2e^-$

음극(cathode) : $1/2O_2 + 2H^+ + 2e^- \rightarrow H_2O$

전체(overall) : $H_2 + 1/2O_2 \rightarrow H_2O$ + 전류 + 열

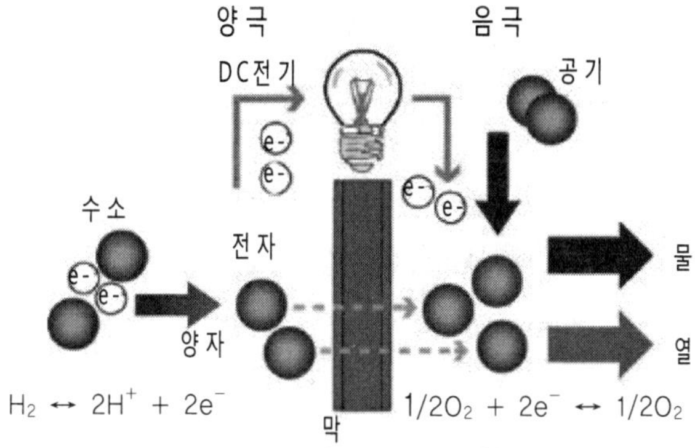

그림 7. 연료전지의 원리

연료전지의 구조는 전해질을 사이에 두고 두 전극이 샌드위치의 형태로 위치하며 두 전극을 통하여 수소이온과 산소이온이 지나가면서 전류를 발생시키고 부산물로서 열과 물을 생성한다.

① 연료극(Hydrogen from Tank, 양극)으로부터 공급된 수소는 수소이온과 전자로 분리

② 수소이온은 전해질층을 통해 공기극으로 이동하고 전자는 외부회로를 통해 공기극으로 이동하며 전기생성

③ 공기극(Oxygen from Air, 음극)쪽에서 산소이온과 수소이온이 만나 반응생성물(물)을 생성

최종적인 반응은 수소와 산소가 결합하여 전기, 물 및 열 생성한다. 연료전지는 '전지'라는 말이 붙어있기는 하지만 일반적인 전지와는 다르다.

전지는 닫힌계에 화학적으로 전기에너지를 저장하는 반면, 연료전지는 연료를 소모하여 전력을 생산한다. 또한 전지의 전극은 반응을 하여 충전·방전 상태에 따라 바뀌지만, 연료전지의 전극은 촉매작용을 하므로 상대적으로 안정하다. 생성물이 전기와 순수인 발전효율 30~40%, 열효율 40% 이상으로 총 70~80%의 효율을 갖는 신기술이라고 할 수 있다.

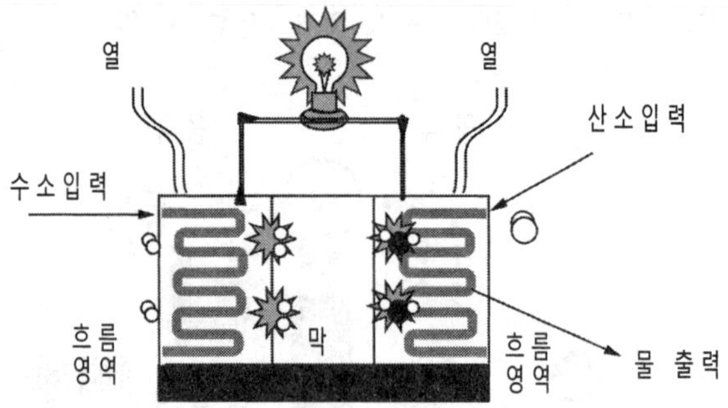

그림 8. 연료전지의 전기발생원리

1.2. 연료전지의 특징

환경친화적 특성을 가진 연료전지의 특성은 다음과 같다.

[1] 장점

① 발전효율이 40~60%이며, 열병합 발전시 80% 이상 가능

② 천연가스, 메탄올, 석탄가스 등 다양한 연료사용 가능

③ 환경공해 감소 : 배기가스 중 NOx, SOx 및 분진이 거의 없으며, CO_2 발생량에 있어서도 미분탄 화력발전에 비하여 20~40% 감소

④ 회전부위가 없어 소음이 없으며, 기존 화력발전과 같은 다량의 냉각수 불필요

⑤ 도심부근 설치 가능하여 송배전시의 설비 및 전력 손실적음

⑥ 부하변동에 따라 신속히 반응하며, 설치형태에 따라서 현지 설치용, 분산 배치형, 중앙집중형 등의 다양한 용도 사용 가능

[2] 단점

① 초기 설치비용이 고가

② 수소공급, 저장 등 인프라 구축 어려움

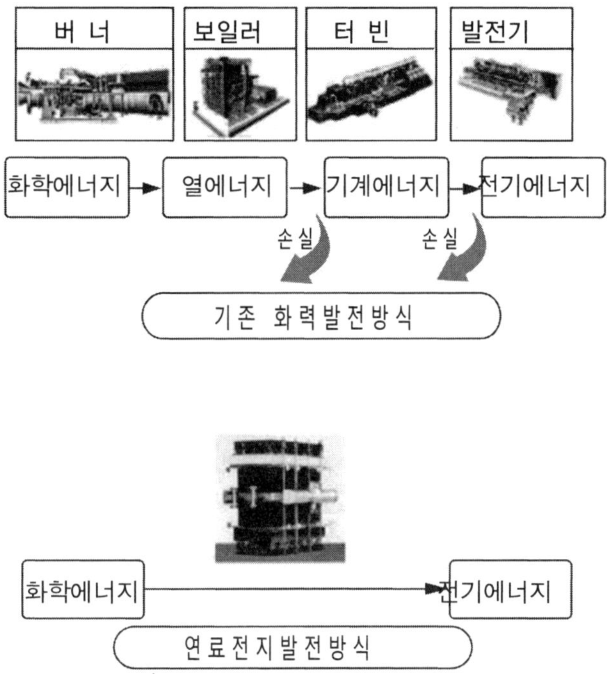

그림 9. 화력방식과 연료전지 발전방식의 비교

1.2.1. 연료전지 발전원리(단위전지)

기존의 가솔린 내연기관이 석유(가솔린) 등 혼합연료를 폭발시킨 힘으로 구동축을 돌리는 데 비해, 연료전지는 전기모터가 구동축을 돌리게 되어 있다. 이 때 전기모터를 돌리는 에너지를 생산해 내는 것이 바로 연료전지이다.

연료전지의 구조는 전해질을 사이에 두고 두 전극이 샌드위치의 형태로 위치하며 두 전극을 통하여 수소이온과 산소이온이 지나가면서 전류를 발생시키고 부산물로서 열과 물을 생성한다. 연료전지의 음극(Cathode)을 통하여 수소가 공급되고 양극(Anode)을 통하여 산소가 공급되면 음극을 통해서 들어온 수소분자는 촉매(Catalyst)에 의해 양자(H+)와 전자로 나누어진다.

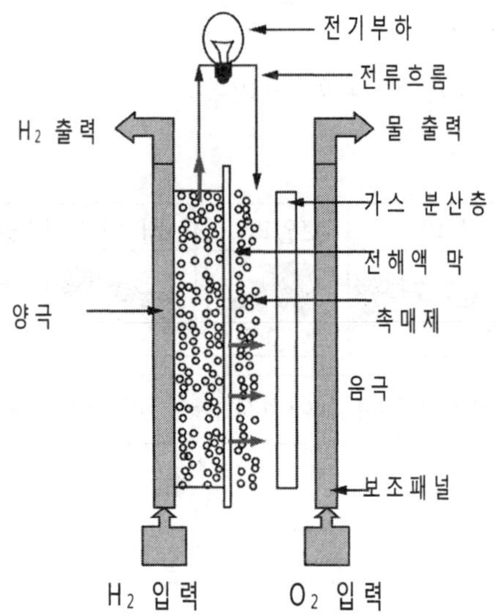

그림 10. 연료전지 발전원리

나누어진 양자와 전자는 서로 다른 경로를 통해 양극에 도달하게 되는데, 양자는 연료전지의 중심에 있는 전해질(Electrolyte)을 통해 흘러가고 전자는 외부회로를 통해 이동하면서 전류를 흐르게 하며 양극에서는 다시 산소와 결합하여 물이 된다.

연료중 수소와 공기중 산소가 전기 화학반응에 의해 직접 발전한다.

① 연료극에 공급된 수소는 수소이온과 전자로 분리한다.

② 수소이온은 전해질층을 통해 공기극으로 이동하고 전자는 외부회로를 통해 공기극으로 이동한다.

③ 공기극 쪽에서 산소이온과 수소이온이 만나 반응생성물(물)을 생성하며, 최종적인 반응은 수소와 산소가 결합하여 전기, 물 및 열생성한다.

연료와 산화제로는 여러 가지를 이용할 수 있다. 수소 연료전지는 수소를 연료로, 산소를 산화제로 이용하며, 그 외에 탄화수소, 알코올 등을 연료로, 공기, 염소, 이산화 염소 등을 산화제로 이용할 수 있다. 연료전지의 발전 효율은 40~60% 정도로 대단히 높으며, 반응과정에서 나오는 배출열을 이용하면 전체 연료의 최대 80%까지 에너지로 바꿀 수 있다.

게다가 천연가스와 메탄올, LPG(액화석유가스, propane gas), 나프타, 등유, 가스화된 석탄 등의 다양한 연료를 사용할 수 있기 때문에 에너지자원을 확보하기 쉽다. 또한 연료를 태우지 않기 때문에 지구 환경보호에도 기여할 수 있다. 또한 질소산화물(NOx)과 이산화탄소의 배출량이 석탄 화력발전의 각각 1/38과 1/3 정도이며, 소음도 화력발전 방식에 비해 매우 적다는 장점이 있다.

이와 더불어 모듈화에 의한 건설기간의 단축, 설비용량의 증감이 가능하고, 화력발전 방식에 비해 훨씬 적은 토지 면적을 필요로 하기 때문에 입지 선정이 용이하다. 따라서 도심지역 또는 건물 내에 설치하는 것이 가능하여 경제적으로 에너지를 공급할 수 있다. 연료전지는 기존의 화력발전을 대체할 수 있으며, 분산 전원용 발전소, 열병합 발전소, 더 나아가서는 무공해 자동차의 전원 등에 적용될 수 있다.

2 연료전지의 종류

연료전지는 작동온도, 연료의 종류에 따라 그리고 사용하는 전해질의 종류에 따라 각각 구분 가능하다. 그러나 이온이 전해질을 통과하고 교환으로 전극 사이에 전기가 흐른다는 근본 원리는 모두 같다.

2.1. 작동 온도에 따른 구분

연료전지는 고온형과 저온형으로 나누어지고 이들은 다시 두 가지 유형으로 나눌 수 있다.

2.1.1. 저온

저온형은 일상생활 현장에서 활용된다. 저온형은 고온형 연료전지에 비해 훨씬 저온(섭씨 200도 이하)에서 작동된다. 저온형의 공통 장점은 시동이 단시간에 된다는 것과 크기를 작게 할 수 있다는 점이다. 그러나 고가의 백금전극이 필요해서 장비 비용이 높은 것이 단점이다.

인산형 연료전지(PAFC)는 섭씨 200도 정도에서 작동한다. 전해질에는 인산 수용액을 쓴다.

1967년에 개발이 시작되고 1980년대부터 미국과 일본을 중심으로 호텔이나 병원 등에 도입되었다. 연료전지의 네 가지 유형 중에서 가장 먼저 상품화되었다. 고체 고분자형 연료전지(PEFC)는 섭씨 100도 미만이라는 상온에 가까운 온도에서 작동한다. 전해질에는 수용액이 아니라 수지로 만든 얇은 막을 사용한다.

그 결과 장비 전체를 얇게 할 수 있기 때문에 소형에 적합하다. 제미니 우주선에 실린 것도 이 유형의 연료전지다. 자동차에서 가정용, 휴대전화 등의 이동기기에 이르기까지 용도가 넓어 가장 활발히 연구되고 있다.

2.1.2. 고온

고온형의 연료전지에는 용융 탄산염형 연료전지(MCFC)와 고체 산화물형 연료전지(SOFC)의 두 가지 유형이 있다. 고온형의 연료전지는 섭씨 500~1,000도라는 고온에서 작동한다. 고온이 되면 화학반응의 속도가 빨라지고 특히 촉매가 필요 없게 된다. 그래서 고가인 백금을 사용하지 않아도 되는 것이 장점의 하나이다. 고온의 배출열도 활용할 수 있다. 또 고온인 연료전지의 내부에서 천연가스 등의 연료가 수소로 전환되는 과정(개질)이 진행되므로 이들 연료를 수소 대신 쓸 수도 있다. 발전효율이 높고 고출력이 가능하므로 대형 건물의 발전장치나 대규모 발전소 등에 알맞다. 그러나 워밍업을 위한 시동에 시간이 걸리는 단점이 있다.

용융 탄산염형 연료전지(MCFC)는 섭씨 650도 전후의 고온에서 작동한다. 전해질에는 탄산염을 녹인 액체(용융 탄산염)를 쓴다. 수소 이외에 천연 가스나 석탄 가스 등을 연료로 쓰는 일도 있다. 대규모 발전소 등에서의 이용이 기대된다.

고체 산화물형 연료전지(SOFC)는 섭씨 1,000도 부근의 고온에서 작동한다. 전해질에는 고체인 세라믹을 쓴다. MCFC와 마찬가지로 대규모 발전소 등에서의 이용이 기대된다. 더욱이 작동 온도를 내리는 기술 개발이 이루어지면 가정용 전원으로도 쓸 수 있는 것으로 전망되어 크게 주목된다.

2.2. 연료의 종류에 따른 구분

2.2.1. 기체연료

연료전지의 보편적인 연료로써 사용되며 수소, 탄화수소, CO(석탄가스화) 등이 있다.

2.2.2. 액체연료

부산물이 생성되어 이에 대한 부산물의 처리 문제가 발생하지만 환경오염율은 고체연료에 비해 거의 없다. Alcohol, Aldehyde, 히드라진(N_2H_4), 석유계 탄화수소가 사용된다.

2.2.3. 고체연료

고체연료는 화학 연소반응이 환경오염에 심각한 영향을 미치는 부산물을 생성하여 이에 대한 처리문제가 발생하지만 연료전지 구현이 비교적 간단한 편이어서 비용 절감을 기대할 수 있다. 석탄, 목탄, 코크스 등이 쓰인다.

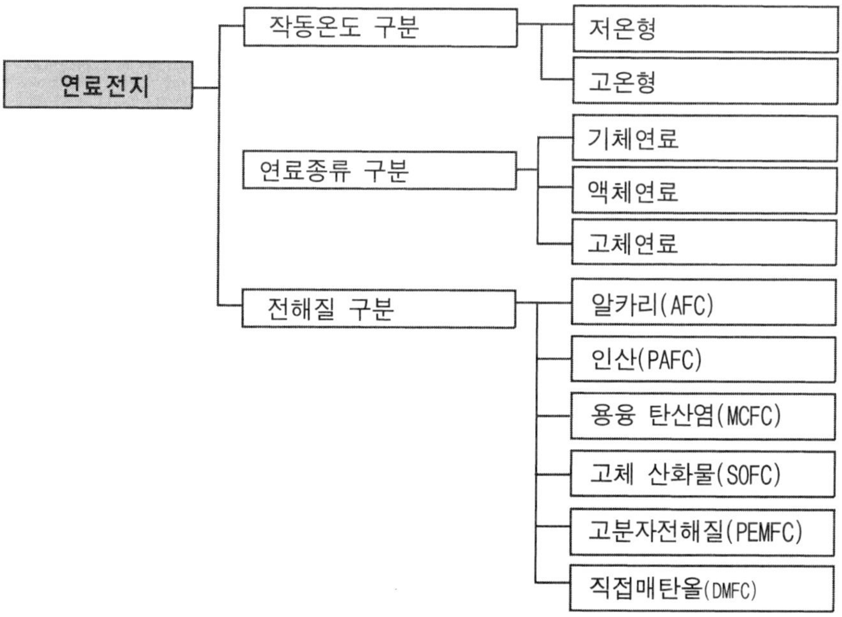

그림 11. 연료전지의 종류

2.3. 전해액에 따른 구분

연료전지의 가장 보편적인 구분방법으로 연료전지에 사용되는 전해액에 따른 구분이다. 알칼리 연료전지(AFC), 인산 연료전지(PAFC), 용융 탄산염 연료전지(MCFC), 고체 산화물 연료전지(SOFC), 고분자 전해절 연료전지(PEMFC), 직접메탄올 연료전지(DMFC) 등이 있으며 이들 전해액에 연료전지 구분은 표와 같다.

[표 7-1. 연료전지의 전해액에 따른 구분]

	알칼리 (AFC)	인산형 (PAFC)	용융 탄산염형 (MCFC)	고체 산화물형 (SOFC)	고분자 전해질형 (PEMFC)	직접 매탄올 (DMFC)
전해질	알칼리	인산염	탄산염	세라믹	이온교환막	이온교환막
동작온도 (℃)	100 이하	220 이하	650 이하	1,200 이하	80 이하	80 이하
효율(%)	85	70	80	85	75	40
용 도	특수용	중형건물 (200KW)	중. 대형건물 (100KW~MW)	소. 중. 대용량 발전(1KW~MW)	가정. 상업용(1~10KW)	소형이동 (1KW 이하)
	우주선, 잠수함	분산형 열병합 수송용	열병합, 대형발전소	열병합, 대형발전소	수송용, 분산형	수송용, 분산형
특 징	-	CO 내구성 큼, 열병합 대응 가능	발전효율 높음, 내부개질 가능, 열병합대응 가능	발전효율 높음, 내부개질 가능, 복합발전 가능	저온작동 고출력밀도	저온작동 고출력밀도
선진수준	우주선	200KW	MW 이상	MW 이상	1~10KW 보급중	500W
국내수준	-	50KW	250KW	1KW	3KW	50W

*AFtC(alkaline fuel cell), PAFC(phosphoric acid FC), MCFC(molten carbonate), SOFC(solid oxide), PEMFC(polymer electrolyte membrane), DMFC(direct methanol) → 순서대로 기술발전 단계임

참 고 석유이후의 연료는 ?

과학자들은 40년쯤 후에는 석유자원은 완전히 고갈될 것이라고 전망하고 있다. 비록 일반인들에게 널리 알려져 있지는 않지만, 현실적으로 가장 광범위하게 사용될 수 있는 대체 에너지 중 하나가 바로 '연료전지'이다. 연료전지를 만드는 원리는 그 역반응을 이용해 수소와 산소를 반응시켜 물을 만들고 이 과정에서 전기를 얻는 것이다. 우주에 가장 많이 존재하는 두 가지 원소를 활용하기 때문에 자원고갈에 대한 걱정은 전혀 할 필요가 없다.

연료전지를 '환경 친화적 에너지'라고 부르는 이유는 기존의 다른 화학 에너지와는 달리 부산물로 배출되는 것이 오직 물(H_2O) 뿐이므로 전혀 공해가 없고 반응도 간단해 소음이 거의 없기 때문이다. 그럼에도 불구하고 열효율은 최고 65~70%나 되어서 기존 내연기관보다 2~3배나 월등하다.

고분자 전해질(PEMFC), 인산형(PAFC), 용융탄산염(MCFC), 고체산화물 전해질(SOFC) 등으로 나누어진다.

PEMFC는 수소이온(proton)의 전달체인 고분자 전해질이 핵심소재이며, 다음과 같은 물성을 지녀야 한다.

① 이온 전도성이 커야 한다.
② 전자 전도성이 없어야 한다.
③ 가스 투과가 되지 않아야 한다.
④ 건조 상태에서도 유연성을 유지하고 있어야 한다.
⑤ 적절한 두께, 편평도를 유지해야 한다.
⑥ 형상 안정성과 기계적 강도가 있어야 한다.
⑦ 열과 가수분해, 산화환원 반응에 대한 안정성이 있어야 한다.

그림 12. 연료전지의 전해액에 따른 구분

[표 7-2. 연료전지 구성물질]

구 분	특 성	촉 매	운전온도
알칼리형(AFC)	수산화칼륨(액체)	platinum on carbon	80℃
인산형(PAFC)	인산(액체)	platinum on PTFE/ carbon	200℃
용융탄산염형(MCFC)	Lithium or potassium carbonate(액체)	니켈 또는 니켈 화합물	650℃
고체산화물형(SOFC)	Yttria-stabilized zirconia(고체)	니켈/Zirconia cermet	1000℃
고분자전해질형 (PEMFC)	나피온 Dow 폴리머	platinum on carbon	85~100℃
직접메탄올형(DMFC)	Polymer Membrane	Pt-Ru or Pt/C	25~130℃

[표 7-3. 연료전지]

종 류	발전온도	전해질	주연료	기술수준	적용대상
알칼리형(AFC)	상온- 100℃		수소	사용중	특수목적
인산형(PAFC)	150~200℃	인산(H_3PO_4)	천연가스 메탄올	상용화단계	분산전원
용융탄산염(MCFC)	600~700℃	용융탄산염 (Li_2CO_3-K_2CO_3)	천연가스 석탄가스	개발단계	복합발전 열병합발전
고체산화물(SOFC)	700~1000℃	고체산화물 Yttria-stabilized zirconia	천연가스 석탄가스	개발단계	복합발전 열병합발전
고분자전해질형 (PEMFC)	상온-100℃	이온(H+)전도성 고분자 막	수소 메탄올	개발 및 실증 단계	소형전원 자동차

[표 7-4. 연료전지 발전 현황]

구 분	특 성
알칼리형(AFC) (Alkaline Fuel Cell)	・1960년대 군사용(우주선 : 아폴로 11호)으로 개발 ・순 수소 및 순 산소를 사용
인산형((PAFC) (Phosphoric Acid Fuel Cell)	・1970년대 민간차원에서 처음으로 기술개발 된 1세대 연료전지로 병원, 호텔, 건물 등 분산형 ・전원으로 이용 ・현재 가장 앞선 기술로 미국, 일본에서 실용화 단계에 있음
용융탄산염형(MCFC) (Molten Carbonate Fuel Cell)	・1980년대에 기술개발된 2세대 연료전지로 대형발전소, 아파트단지, 대형건물의 분산형 ・전원으로 이용 ・미국, 일본에서 기술개발을 완료하고 성능평가 진행 중(250kW 상용화, 2MW 실증)
고체산화물형(SOFC) (Solid Oxide Fuel Cell)	・1980년대에 본격적으로 기술개발 된 3세대로서, MCFC보다 효율이 우수한 연료전지 ・대형발전소, 아파트단지 및 대형건물의 분산형 전원으로 이용 ・최근 선진국에서는 가정용, 자동차용 등으로도 연구를 진행
고분자 전해질형(PEMFC) (Polymer Electrolyte Membrane)	・1990년대에 기술개발된 4세대 연료전지로 가정용, 자동차용, 이동용 전원으로 이용 ・가장 활발하게 연구되는 분야이며, 실용화 및 상용화도 타 연료전지보다 빠르게 진행되고 있음
직접메탄올형(DMFC) (Direct Methanol Fuel Cell)	・1990년대 말부터 기술개발된 연료전지로 이동용(핸드폰, 노트북 등) 전원으로 이용 ・고분자 전해질형 연료전지와 함께 가장 활발하게 연구되는 분야

2.3.1. 알칼리형 연료전지(AFC : Alkaline Fuel Cell)

알칼리 연료전지는 전해질로써 수산화칼륨과 같은 알칼리를 사용한다. 연료로서 순수 수소를 쓰며, 산화제로써는 순수 산소를 쓴다. 운전온도는 대기압에서 60~120℃이다. 양극(Anode)의 촉매는 니켈망에 은을 입힌 것 위에 백금-납을 사용하고, 음극(Cathode)는 니켈망에 금을 입힌 것 위에 금-백금을 쓴다. 알칼리 연료전지의 고효율화의 기본적인 목적은 자동차산업의 전원 공급용이다. 알칼리 연료전지는 알칼리가 이산화탄소에 민감하기 때문에 인산형 연료전지의 개발보다 늦게 개발되었다.

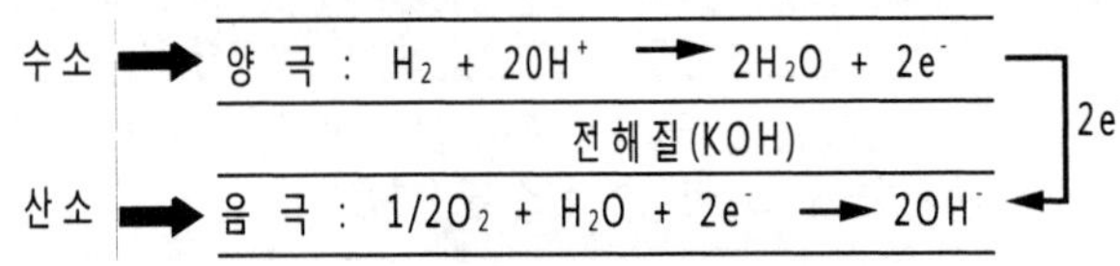

(a) 기본원리

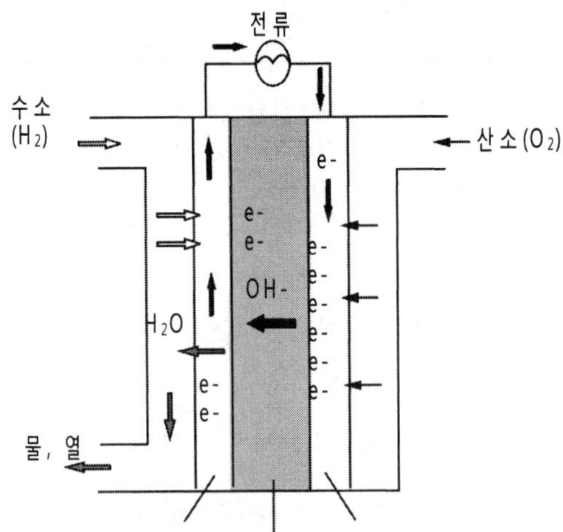

(b) 화학반응

그림 13. 알칼리 연료전지의 화학반응

알칼리 연료전지시스템에서 수소의 저장과 이산화탄소의 경제적인 제거는 알칼리 연료전지의 상업화에 가장 중요한 요소이다. 자동차의 경우에 알칼리 연료전지가 확보할 수 있는 시장 비율은 경쟁성 기술에 의하여 영향을 받을 것이다.

알칼리 연료전지 기술전망은 수소저장과 대규모 상업화를 시작하기 전에 유통망의 개량을 필요로 한다. 과학자들에 의하여 오랫동안 주장되어 온 수소를 기초한 미래 자동차의 경제성은 알칼리 연료전지의 상업화를 선호하게 될 것이다

알칼리형 연료전지는 일반 민생용은 아니지만 순수소, 순산소를 원료로 발전하는 우주선의 전원용으로 사용된다. 1962년에는 우주 및 군사용으로 연구 시작되어 이용되었고, 현재는 인산형 연료전지(Acid Fuel Cell)의 개발로 인하여 특수분야에서만 연구수행 중이며 국내의 경우 기초 연구가 수행중에 있다.

[1] 특징

① 전해질로 진한(85%) KOH을 사용하는 고온용(205도)과 묽은(35~50%) KOH를 사용하는 저온용(120도)가 있다.

② 전해질은 매트릭스(주로 석면)안에 체류시켜 사용

③ CO_2에 취약하므로 순수한 수소와 산소를 사용해야 된다.

④ 반응속도를 촉진시키기 위해 주로 고압에서 운전

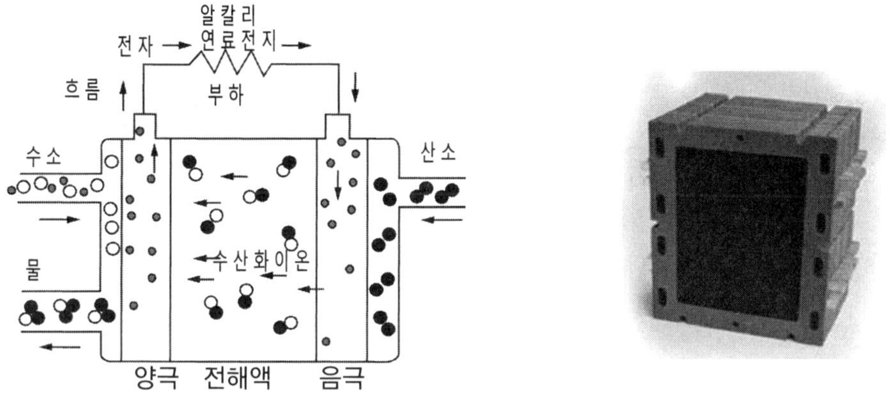

(a) (b)

그림 14. AFC Stack

참고 화학전지와 연료전지의 차이는 ?

화학전지나 연료전지는 모두 화학반응을 이용한 전지, 즉 화학적 에너지를 전기적 에너지로 바꾸는 장치이다. 그러나 화학전지는 산화하는 금속과 환원하는 금속의 산화-환원 전위의 차를 이용하는 것이고, 연료전지는 연료의 산화에 의해서 생기는 화학에너지를 이용하는 전지이다.

우선 화학전지의 원리를 살펴보면 다음과 같다. 비커에 황산구리의 수용액을 담고 환원되기 쉬운 금속인 구리를 세운다. 따로 비커에 황산아연 수용액을 담고 산화되기 쉬운 금속인 아연을 세우고 염다리로 두개의 비커를 연결한 후 구리와 아연을 도선으로 연결하면 전류가 흐르는 것을 알 수 있다. 이때의 반응은 다음과 같다.

Zn ---> Zn++ + 2e-

Cu++ + 2e ---> Cu

이들 반응을 전지의 반쪽 반응이라고 하고, 각각의 전위 즉 아연의 산화 전위와 구리의 환원 전위를 합한 값이 이 전지의 기전력으로 1.10V이다.

한편 연료전지는 산화-환원반응을 이용한 점 등 기본적으로는 보통의 화학전지와 같지만, 닫힌 계내에서 전지반응을 하는 화학전지와는 달리 반응물이 외부에서 연속적으로 공급되고, 반응생성물이 연속적으로 계외로 제거된다. 가장 전형적인 것으로는 수소-산소 연료전지가 있다.

$$2H_2 + O_2 \text{ ---} \rangle \; 2H_2O$$

위에서 보는 산화-환원반응에서 나타나는 전위차를 이용하는 것이다.
연료전지에 사용되는 연료로는 수소 이외에 메탄, 천연가스 등의 기체 화석 연료, 메탄올 같은 액체연료 등이 사용된다.
오늘날 수소가 에너지의 저장수단으로 각광을 받는 것은 저장 자체도 중요하지만 에너지의 이용면에서 편의에 원인이 있다. 예를 들어 남아도는 전력을 이용하여 물을 분해시켜 에너지를 저장한다고 가정하고 그 에너지의 이용면에서 연료로는 직접 기체연료로, 발전장치로는 연료전지를 이용함으로써 에너지의 효율을 거의 100%에 가깝게 이용할 수 있기 때문이다.

2.3.2. 인산형 연료전지(PAFC : Phosphoric Acid Fuel Cell)

인산형 연료전지(PAFC)는 액체 인산을 전해질로 이용하는 연료전지이다. 인산형 연료전지 기술은 20년 이상 개발되고 개선되어 왔고, 전기생산에 비교적 순수한 수소(70% 이상)를 요구한다. 인산형 연료전지 내의 전극은 탄소 지지체의 표면적 위에 촉매로써 백금이나 백금 혼합물을 포함한다. 전극은 카본지(carbon paper)로 이루어지는데, 백금 촉매를 이용하기 때문에 제작 단가가 비싸다.

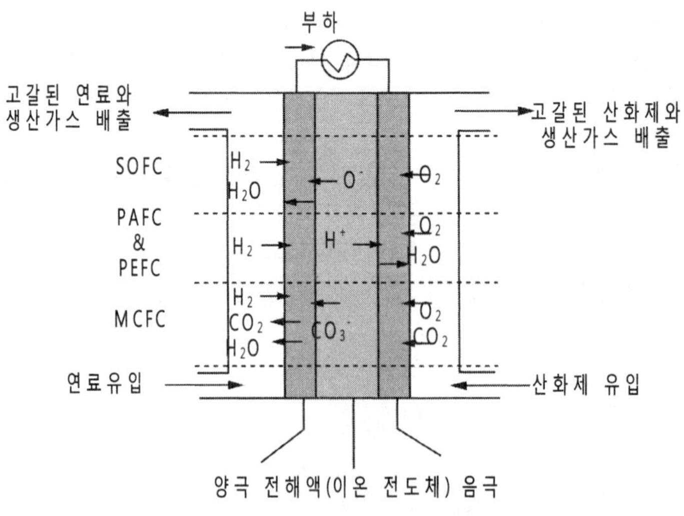

그림 15. 인산형 연료전지(PAFC)

그러나 카본지의 백금은 연료로서 공급되는 수소가스 내에 포함되는 일산화탄소에 의해 손상되지 않는다. 수소와 산소의 반응이 일어나는 양극(anode)와 음극(cathode) 및 전해질인 인산을 함유하고 있는 매트릭스로 구성된다. 양극, 음극은 기체 확산층과 촉매층으로 구성되며 기체 확산층은 반응기체를 촉매층의 전 면적에 고르게 분산시키고 촉매층은 활성 site에 분포한다. 다른 형태의 연료전지보다 상용화에 가장 근접해 있으며 발전효율이 비교적 높은 편이다.

그러나 고가의 백금촉매를 대신할 새로운 촉매개발문제가 시급하며 신뢰도 및 수명과 성능향상을 위한 개발도 필요하다. 인산형 연료전지의 운전온도는 약 200℃이다. 이것은 인산 전해질의 안정도를 위하여 허용하는 최대값이다. 이 기술로 현재까지 순수한 발전효율은 40~50% 정도이다. 이 수준보다 높은 효율을 갖기 위해서는 전지와 스택 구성품의 지속적인 개발에 의한 종합시스템제어에 의존하여야 한다.

일례로 인산형 연료전지의 반응이 발열반응이므로 연료전지가 반응온도인 200℃로 유지함이 최적의 운전조건이 된다. 따라서 연료전지 반응 시 반응열을 냉각시켜야 하며 이때 생성되는 반응열을 이용하면 효율을 70% 이상 높일 수 있다. 인산은 저온 연료전지를 위한 전해질로써 필요한 수명을 가진 그런 유일한 물질로 알려져 있다. 이것이 낮은 이온 도전율을 가지고 있다 할지라도 이것의 안정도는 전류 상태를 증진시키는 전지 개발에 기여하였다. 인산형 연료전지 응용은 휴대용, 자동차용 및 고정용 전원을 포함한다.

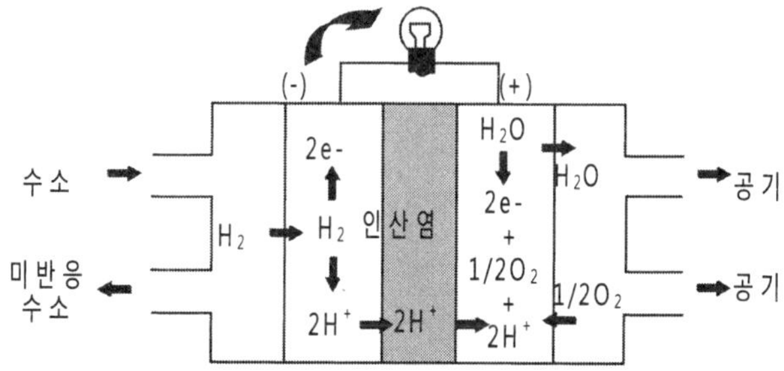

그림 16. 인산형 연료전지(PAFC)의 작동원리

한편, 액체 인산은 40℃에서 응고되어 버리기 때문에 시동이 어려우며, 지속적인 운전 또한 제약이 따른다. 그러나 150~200℃의 운전 온도에 이르게 되면 반응 결과물로 생성되는 물을 증기로 바꾸어 공기나 물의 가열에 이용할 수 있게 된다. 이렇게 발생되는 열과 전력을 합했을 때 전체 효율은 80%에 이르며, 고정형 연료전지 시장에서 그 입지를 넓혀 가는 중이다.

2.3.3. 용융탄산염 연료전지(MCFC : Molten Carbonate Fuel Cell)

통상 제2세대 연료전지로 불리는 용융탄산염 연료전지(MCFC)는 다른 형태의 연료전지와 마찬가지로 높은 열효율, 높은 환경친화성, 모듈화 특성 및 작은 설치공간이라는 장점을 갖는다. 한편, 650℃의 고온에서 운전되기 때문에 인산형 연료전지(PAFC) 또는 고분자 전해질 연료전지(PEMFC)와 같은 저온형 연료전지에서 기대할 수 없는 추가적인 장점들을 갖고 있다.

전해질은 용융탄산염이 사용되고, 고온에서 운전되기 때문에 백금 대신 저렴한 니켈촉매가 사용되며 백금 전극에서 피독물질로 작용하는 CO를 수성가스 전환 반응을 통해 연료로 이용한다. 니켈촉매의 사용으로 비용절감의 장점이 있지만 고온에서의 부식성이 높은 용융탄산염을 사용하기 때문에 내식성 재료의 개발이 필요하며 장기 운전시에는 성능이 저하되기 때문에 단기 운전에 적합하다.

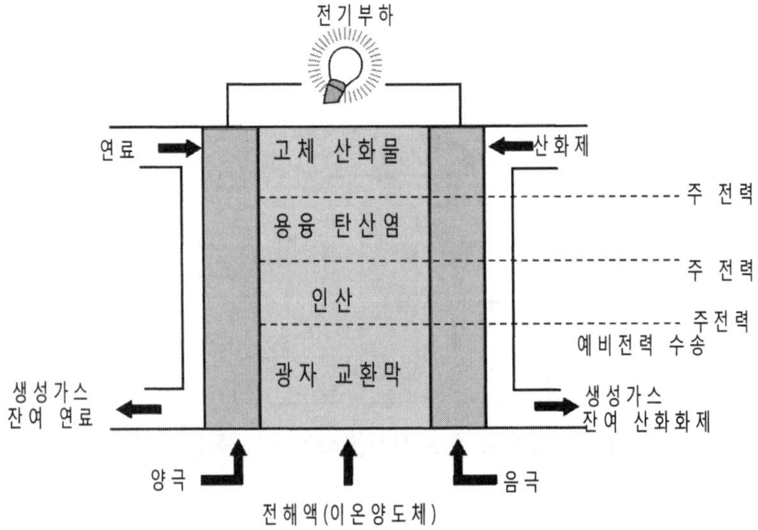

그림 17. 용융 탄산염 연료전지(MCFC)의 작동원리

고온에서의 빠른 전기화학반응은 전극재료에 쓰이는 촉매로써 백금대신 저렴한 니켈의 사용을 가능케 하여 경제적인 생산이 가능해진다. 그리고 백금전극을 이용할 경우 백금 성분에 독성물질로 작용하는 일산화탄소마저도, 니켈 전극을 이용할 경우 수성가스 전환반응을 통하여 연료로 이용할 수 있게 된다.

따라서 일산화탄소를 발생시킬 우려가 있어 백금을 이용하는 저온형 연료전지에는 사용하기 힘든 석탄가스, 천연가스, 메탄올, 바이오매스 등 다양한 연료를 용융탄산염 연료전지에는 이용할 수 있다. 또한, 용융탄산염 연료전지의 높은 작동 온도는 연료전지 스택 내부에서 전기화학반응과 연료개질반응이 동시에 진행될 수 있게 하는 내부개질 형태를 허용한다. 이러한 내부개질형 용융탄산염 연료전지는 전기화학반응의 발열량을 별도의 외부 열교환기 없이 직접 흡열반응인 개질반응에 이용하므로 외부개질형 용융탄산염 연료전지보다 전체 시스템의 열효율이 추가로 증가하며, 시스템 구성이 간단해진다.

용융탄산염형 연료전지의 전해질은 낮은 용융점을 가지는 탄화리튬과 탄화포타슘의 혼합물이다. 전극은 다공성 니켈로 만든다. 전극의 부식성과 내구성은 아직 개발에 중요한 애로점이다. 용융탄산염형 기술의 산 또는 알칼리 연료전지 기술보다 뚜렷한 장점은 일산화탄소, 이산화탄소 및 수소에 대하여 내성이 있는 점이다. 이것은 일산화탄소와 이산화탄소를 분리하는 공정을 필요로 하는 다른 것들보다 초기 투자비가 낮고 시스템설계가 매우 단순해지는 결과를 가져온다. 용융탄산염형 연료전지의 운전온도는 약 650℃이고, 전지스택의 열로 전지 내부의 탄화수소 기체의 개질을 허용한다. 내부개질의 장점은 30% 또는 그 이상의 비용을 감소시킨다.

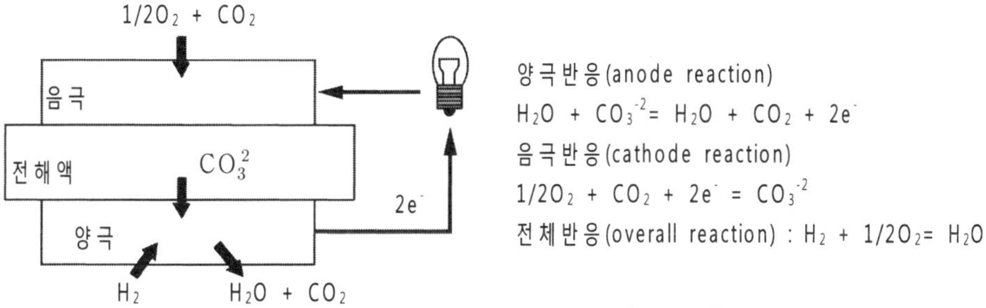

그림 18. 용융탄산염 연료전지(MCFC)

용융탄산염 연료전지를 상업화하기 전에 내구성과 신뢰도를 개량시킬 필요가 있다. 운전온도가 높아 정상운전 되는 동안 용융탄산염 전해질의 결핍과 증발로 인하여 양이 줄어들기 때문이다. 이것이 운전의 안정성과 현재 용융탄산염형 연료전지의 유효 수명의 제한점이다.

그러나 MCFC는 고온에서 부식성이 높은 용융탄산염을 사용하기 위한 내식성 재료의 개발에 따르는 경제성 문제 및 수명, 신뢰성 확보 등 기술적 검증이 아직 끝나지 않아 본격적인 상업화는 2005년 이후에나 가능하리라고 생각된다.

미국, 일본 등을 비롯한 선진외국에서는 기초연구는 물론 시스템 데모에 이르는 개발연구에까지 적극적으로 투자하여 최근 급속도로 많은 발전이 이루어지고 있다. 국내에서도 한전 전력연구원을 중심으로 KIST, 한국중공업 및 여러 대학이 참여하여 용융탄산염 연료전지의 자체 기술을 확보하기 위한 개발 연구를 대체에너지 사업의 하나로 진행하고 있다.

2.3.4. 고체산화물 연료전지(SOFC : Solid Oxide Fuel Cell)

3세대 연료전지로 불리는 고체산화물 연료전지(SOFC)는 산소 또는 수소이온을 투과시킬 수 있는 고체산화물을 전해질로 사용하는 연료전지로써, 1937년에 Bauer와 Preis에 의해 처음으로 작동되었다.

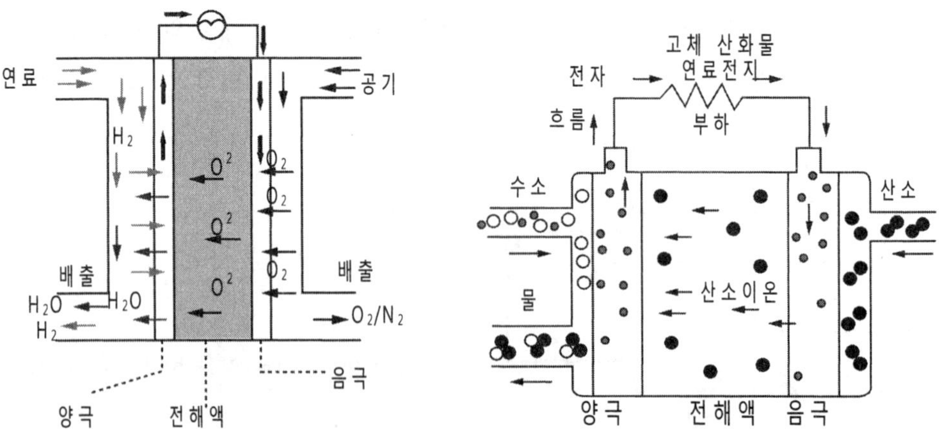

그림 19. 고체산화물 연료전지

고체산화물형 연료전지의 특징은 탄화수소를 직접 전기로 변화시킬 수 있는데 있다. 전해질은 안정화된 산화이트늄으로 가스가 스며들지 않은 산 이온이 효율적으로 접촉하고 있는 얇은 산화지르코늄 층이다.

캐소드(Cathode)는 안정된 산화이트늄으로 된 지르코늄으로 만들어졌고, 애노드(anode)는 니켈-지르코늄 세라믹 합금으로 만들어졌다. 전해질로서 신소재인 지르코니아(ZrO_2)가 사용되며 작동온도가 700~1000℃로서 매우 고온에서 작동된다. Pt 촉매없이 반응의 가속화가 가능하며 재료의 부식 및 전해질의 손실, 보충에 대한 문제가 없다. 전지 구성요소가 모두 고체이므로 다양한 형태의 제작이 가능하다. 현재까지 개발된 고체산화물 연료전지의 형태는 다음과 같다.

SOFC는 현존하는 연료전지 중 가장 높은 온도(700~1000℃)에서 작동한다. 모든 구성요소가 고체로 이루어져 있기 때문에 다른 연료전지에 비해 구조가 간단하고, 전해질의 손실 및 보충과 부식의 문제가 없다. 또한 고온에서 작동하기 때문에 귀금속 촉매가 필요하지 않으며, 직접 내부 개질을 통한 연료공급이 용이하다. 고온의 가스를 배출하기 때문에 폐열을 이용한 열 복합 발전이 가능하다는 장점도 지니고 있다. 이러한 장점들 덕분에 SOFC에 관한 연구는 21세기 초에 상업화하는 것을 목표로 미국, 일본 등 선진국을 중심으로 활발히 이루어지고 있다.

일반적인 SOFC는 산소 이온전도성 전해질과 그 양면에 위치한 공기극(양극) 및 연료극(음극)으로 이루어져 있다. 공기극에서 산소의 환원반응에 의해 생성된 산소 이온이 전해질을 통해 연료극으로 이동하여, 다시 연료극에 공급된 수소와 반응함으로써 물을 생성하게 되며, 이 때 연료극에서 전자가 생성되고 공기극에서 전자가 소모되므로 두 전극을 서로 연결하여 전류를 발생시키는 것이 기본 작동원리이다.

(a) 원통형 (b) 평판형

그림 20. 고체산화물 연료전지(SOFC)의 형태

고체산화물형 연료전지의 가장 독특한 특성은 운전온도는 약 1000℃로써 매우 높다는 것이다. 이 온도에서는 수소와 일산화탄소의 전기 화학적 산화반응이 일어나고 촉매없이 연료가 개질된다. 운전온도 1000℃에서 금속재료의 적당한 열적-기계적 강도를 요구하기 때문에 가스누출 방지가 가장 중요한 애로 사항이다. 세라믹 재료 기술의 개발은 고체산화물형 연료전지가 상업적으로 발전을 시작하기 전에 필요한 기술이다.

고체산화물형 연료전지는 상업적으로 자동차 응용에 연구되어지고 있다. 자동차에 사용하기 위한 이 전지기술의 모형화가 전지 전원 공급형 자동차가 아닌 전위밀도를 요구하는 것과 접목시키는 것이 궁극적인 목적이다.

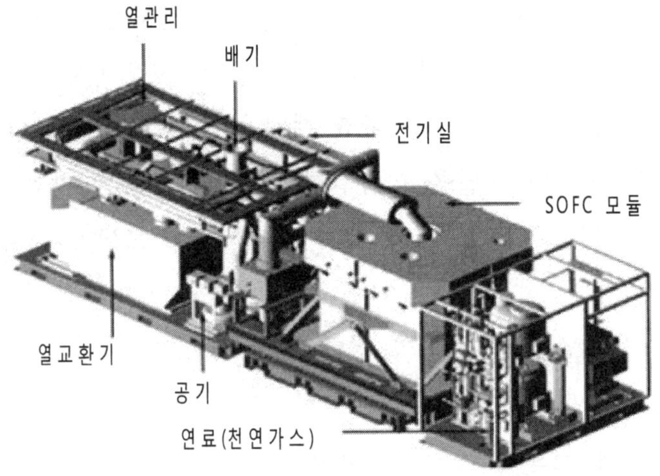

그림 21. Siemens의 열병합 발전용 SOFC시스템

[1] SOFC의 특징

① 탄화수소를 직접연료로 사용, CO로부터 안전함

② 운전온도는 약 500~1000도로 열병합 발전 가능

2.3.5. 고분자전해질 연료전지(PEMFC : Polymer Electrolyte Membrane Fuel Cell)

수소이온을 투과시킬 수 있는 고분자막을 전해질로 사용하는 고분자 전해질 연료전지(PEMFC)는 다른 형태의 연료전지에 비하여 전류밀도가 큰 고출력 연료전지로서, 100℃ 미만의 비교적 저온에서 작동되고 구조가 간단하다. 또한 빠른 시동과 응답특성, 우수한 내구성을 가지고 있으며 수소 이외에도 메탄올이나 천연가스를 연료로 사용할 수 있어 자동차의 동력원으로서 적합한 시스템이다.

이와 같은 PEMFC는 무공해자동차의 동력원 외에도 분산형 현지설치용 발전, 군수용 전원, 우주선용 전원 등으로 응용될 수 있는 등 그 응용범위가 매우 다양하다. PEMFC에 대한 연구는 1955년 미국의 GE에서 처음으로 시작되어 1962년에 이미 1KW급 PEMFC 스택 2개로 이루어진 모듈을 Gemini 우주선 3호부터 12호에 사용하였다. 이후로 PEMFC를 연료전지자동차 등 민간용으로 응용하기 위한 연구가 전 세계적으로 활발하게 진행되고 있다.

대기오염의 주 원인인 내연기관 차량을 대체할 수 있는 무공해 자동차로는 원래 배터리를 동력원으로 하는 전기자동차가 각광을 받고 있었다. 그러나 배터리를 전기자동차 동력원으로 사용할 경우 충전 시 많은 시간을 요구하고, 에너지 밀도가 낮아 주행가능 거리가 짧으며 배터리의 수명이 짧은 문제점이 있다.

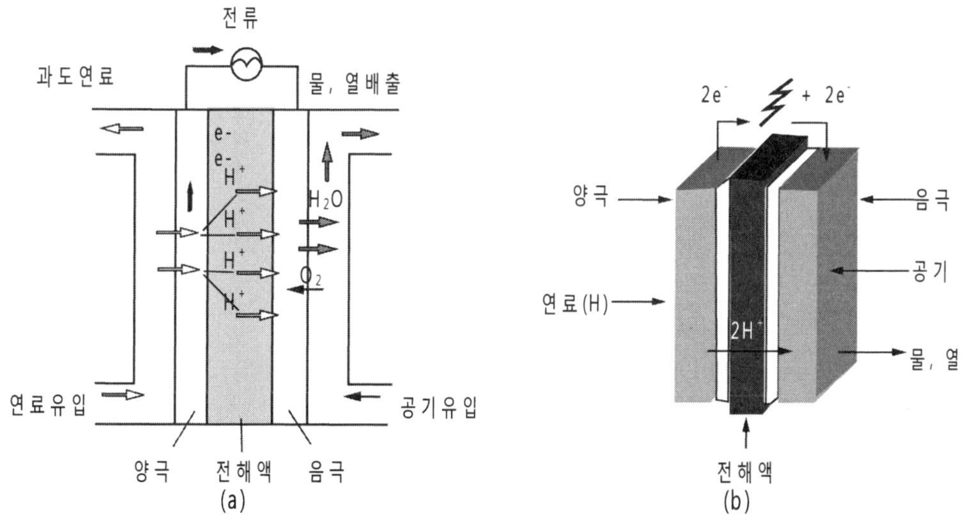

그림 22. 고분자 전해질 연료전지(PEMFC)

또한 전기자동차가 상용화된다면 많은 전기 충전소의 설치가 필요하며 여기서 사용되는 전기는 대규모 발전소에서 공급되므로 결국 오염원의 이동에 불과하다고 볼 수 있다. 따라서 전기자동차 동력원으로서의 배터리에 대한 단점을 보완하기 위하여, 연료전지 구동방식 또는 배터리와 연료전지를 동시에 사용하는 혼합형(hybrid) 자동차를 구성하는 방법이 최근에 각광받고 있다.

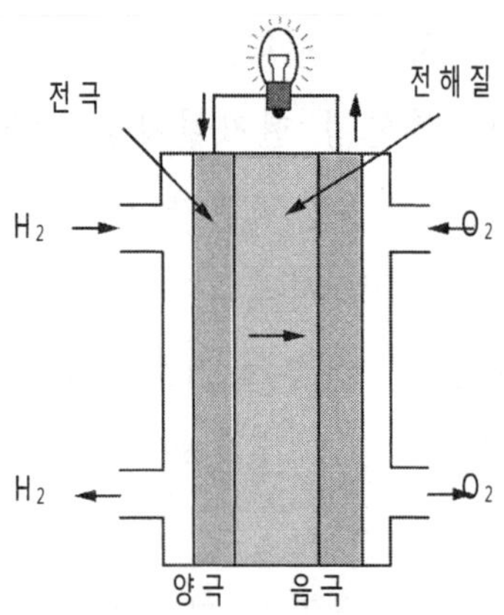

양극반응(anode reaction) : $2H_2 \rightarrow 4H^+ + 4e^-$

음극반응(cathode reaction) : $O_2 + 4H^+ + 4e^- \rightarrow 2H_2O$

전체반응(overall reaction) : $2H_2 + O_2 \rightarrow 2H_2O$

그림 23. 고분자 전해질 연료전지 화학식

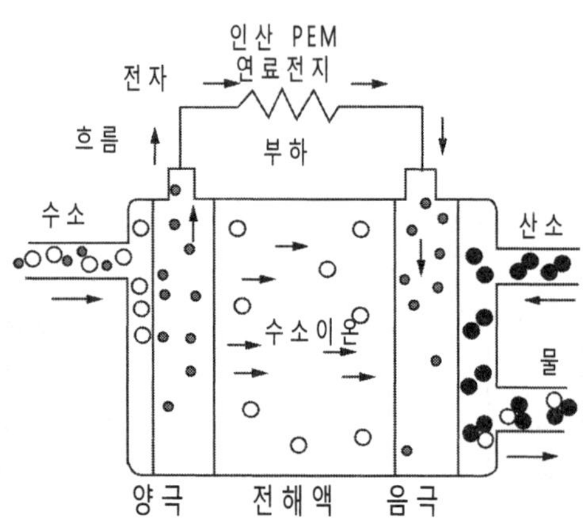

그림 24. 고분자 전해질형 연료전지 원리

우리나라에서는 1990년대부터 대학을 중심으로 단위 전지에 대한 기초연구를 시작하였으며, KIST 연료전지 연구센타에서도 1996년부터 고분자전해질 연료전지 원천기술 개발을 시작한 후 2000년 5KW급 스택을 제작하여 연료전지, 배터리 하이브리드 골프카트에 적용한 바 있다.

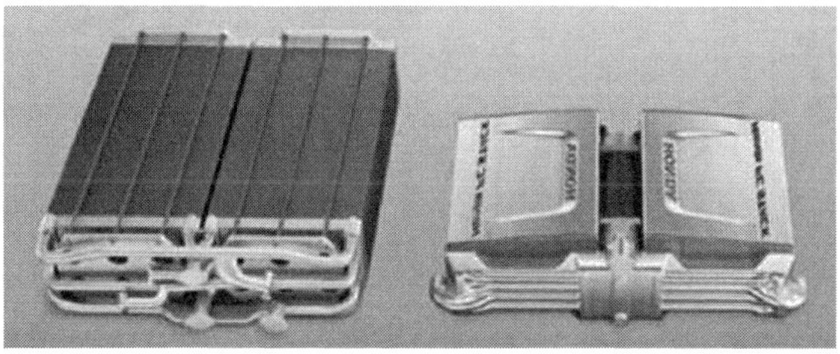

그림 25. 혼다의 PEMFC stack

[1] 고분자 전해질형 연료전지 특징

① 고분자 막을 전해질로 사용

② 촉매로 백금을 사용함으로써 비교적 고가

③ 저온에서 운전됨으로써 시동성이 우수함

④ 고체 막을 전해질로 사용함으로써 취급이 용이함

⑤ 주로 자동차, 가정용으로 개발

2.3.6. 직접메탄올 연료전지(DMFC : Direct Methanol Fuel Cell)

직접메탄올 연료전지(DMFC)는 메탄올을 직접, 전기화학반응시켜 발전하는 시스템이다. 전해질은 이온 교환막에 인산을 담지시킨 것이다. 작동온도는 150℃로 비교적 저온이다. PEFC와 비교하여 개질기를 제거할 수 있으며, 시스템의 간소화와 부하 응답성의 향상이 도모될 수 있는 장점을 갖고 있다. 그러나 반응속도가 낮은 것이 의한 저출력 밀도, 다량의 백금촉매의 사용과 메탄올과 산화제의 Cross Over (고체 고분자 막을 통과하는 것) 등의 단점도 있다.

직접메탄올 연료전지(DMFC)는 고분자 전해질 막을 사이에 두고 양쪽에 각각 음극과 양극이 위치한다.

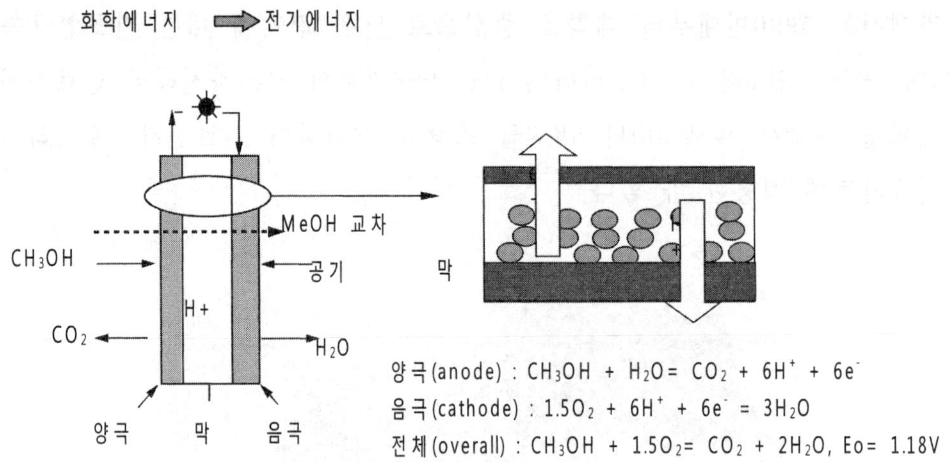

그림 26. 직접 메탄올 연료전지의 구조

음극에서는 메탄올과 물이 반응하여 수소 이온과 전자를 생성한다. 생성된 수소이온은 전해질 막을 통해 양극 쪽으로 이동하고, 양극에서는 수소이온과 전자가 산소와 결합하여 물을 생성시킨다. 이 때 전자가 외부회로를 통과하면서 전류를 발생시키는 것이 작동원리이다.

실제 사용시에는 출력을 높이기 위해 이러한 단위전지를 여러 개 묶어서 스택을 만들어 사용하는데, 일반적인 연료전지의 스택에서는 양극판(bipolar plate)을 사용하지만 마이크로 연료전지에서는 단극판(monopolar plate)을 사용한다. DMFC는 고분자전해질 연료전지(PEMFC)와 똑같은 구성요소를 사용하지만, 메탄올을 개질하여 수소로 만들 필요가 없이 직접 연료로 사용할 수 있기 때문에 소형화가 가능하다. DMFC는 PEMFC에 비해 출력밀도는 낮지만, 연료의 공급이 용이하고 2차전지에 비해 높은 출력밀도를 갖기 때문에 자동차의 동력원으로서 2차 전지를 대체할 수 있는 가능성이 매우 높은 것으로 알려져 있다.

2.4. 연료전지의 개발현황

연료 전지는 천연가스와 메타놀 등의 연료로부터 수소를 취득, 대기중의 산소와 반응시켜 전기를 만드는 발전방식이다. 발전효율이 대단히 높아 40~60% 정도이며, 반응과정에서 나오는 배출열을 이용하면, 최대 80%가까이 에너지로 바꿀 수 있다.

더불어 천연가스와 메타놀, LPG(액화석유가스 ; propane gas), 나프타, 등유, 석탄 가스화가스 등 다양한 연료를 사용할 수 있기 때문에 에너지자원을 확보하기 쉽고, 연료를 태우지 않기 때문에 지구 환경보호에도 기여할 수 있는 미래의 에너지다.

최근에 전 세계적으로 지구의 환경문제가 중요한 관심사로 떠오르고 있고, 이를 해결하기 위한 여러 가지 규제들이 국제적으로 제정되어 환경보호를 위해 시행되고 있다. 이에 대응하기 위하여 저공해 자동차의 개발을 통한 공해 발생을 줄이기 위하여 전기자동차, 축전지와 내연기관의 하이브리드 자동차, 연료전지자동차 등이 개발되고 있는데, 전기자동차는 운행거리를 충분히 확보할 수 있는 축전지 기술의 실용화에 한계가 있다. 이러한 내연기관과 전기자동차의 문제점을 해결할 수 있는 유망한 기술이 연료전지를 이용한 전기자동차이다. 연료전지자동차는 현재 선진 각국이 실용화를 위해 연구가 추진 중에 있다.

연료전지자동차도 일종의 대체에너지를 이용한 전기자동차이지만 축전지 구동 전기자동차와 구분하기 위하여 축전지 구동 자동차를 전기자동차로 기술하여 연료전지자동차와 구분하여 설명한다. 연료전지자동차와 비교할 수 있는 대상은 축전지 구동 전기자동차이다. 전기자동차로부터 직접 배출되는 매연의 수준은 연료전지자동차에 비해 매우 낮다. 전기자동차에 대한 주요 공해원은 축전지를 충전하는데 필요한 전기를 생산하기 위해 생기는 발전소에서의 공해이다. 따라서 충전을 위한 전력을 무공해 발전 방식인 태양광, 풍력 그리고 수력을 이용한 발전을 하였을 경우에만 전기자동차의 공해량이 연료전지자동차의 공해량보다 낮은 수준이 된다.

이와 같이 전지자동차의 실용화는 전 세계적으로 그 필요성이 인정되어 있지만 지금까지는 기술개발, 표준화, 시험안, 국가지원, 인프라 연구 등 여러 가지 전기자동차 관련분야 중에서 오직 기술개발만을 목적으로 모든 연구가 진행되어 왔었다. 그러나 차량이 양산체제에 돌입하고 시판까지 이르기 위해서는 개발품에 대한 성능의 객관적인 평가가 무엇보다 필요하고 이는 개발자뿐만 아니라 소비자들에게도 중요한 것이다.

연료전지자동차는 전기 자동차와 거의 특성이 비슷하여 구동 방법상 근본적인 차이는 없다.

다만 구동원을 위한 에너지원으로써 연료전지자동차는 순수 수소 혹은 개질 수소를 사용하여 발생하는 전력을 사용하고, 전기자동차는 보통 발전소에서 공급하는 전력을 사용한다는 점이다.

[표 7-5. 전기자동차와 연료전지자동차의 차이]

구 분	전기자동차	연료전지자동차
구동방법	전동기	전동기
동력원	발전소 공급전력	순수 수소 혹은 개질 수소에 의한 자체 전원
환경오염 문제	화력발전소의 유해 가스 및 다량의 축전지 사용	개질과정에서 극소량 발생
공해정도	심각함	진정한 무공해 차

2.4.1. 대체에너지 개발

대체에너지란 기존에 에너지원으로 사용하고 있는 석탄, 석유, 원자력 및 천연가스를 제외한 태양에너지, 바이오매스, 풍력, 소수력, 연료전지, 석탄의 액화, 가스화, 해양에너지, 폐기물에너지 등을 말한다. 이외에도 지열, 수소, 석탄에 의한 물질을 혼합한 유동성 연료 등이 포함된다. 실질적인 대체에너지란 넓은 의미로는 석유를 대체하는 에너지원이며, 좁은 의미로는 신·재생에너지원을 의미한다.

최근 10년간 우리나라의 에너지 소비는 매년 10%라는 세계 최고의 증가율을 기록하고 있으며, 온실가스 배출량 증가율 역시 세계 1위를 기록하고 있다. 주변의 여러 상황을 감안할 때 대체에너지 개발의 필요성은 더욱 무게 중심을 더해가고 있는 실정이다.

현재 선진각국에서 활발히 기술개발이 진행되어 실용화 단계에 접어든 대체에너지로는 태양에너지, 풍력에너지가 주종을 이루며, 바이오매스, 지열, 파력, 조력 등을 이용한 대체에너지 개발이 활발히 진행되고 있다.

그림 27. 대체에너지 보급률 및 지원수준

세계 각국이 대체에너지 개발과 활성화에 노력하고 있는 현 상황에서 우리나라는 여전히 원자력 위주의 에너지정책에서 탈피하지 못하고 오히려 원자력발전의 비중을 증가할 계획을 세우고 있으며, 대체에너지 개발은 초보단계를 벗어나지 못하고 있다.

세계 각국의 대체에너지의 개발방향은 모두 수소에너지로 모아지고 있다. 이것은 수소를 사용할 때 환경오염이 거의 없을 뿐만 아니라, 이 지구상에 물이 무수히 많이 존재하기 때문이다. 그래서 세계의 대체에너지의 목표는 수소이지만 현재까지는 아직 그 수소로 에너지원을 하기에는 많은 문제가 있어, 이 부분을 해결하기 위해 많은 과학자들이 노력을 하고 있다. 더욱이 수소가 모든 물질을 투과할 수 있을 정도로 작기 때문에 저장상의 어려움을 가지고 있다.

"앞으로 20년 후면 에너지 수급 불균형, 50년 후에는 거의 고갈상태" 이러한 상황이 벌써 현실적으로도 나타나고 있는 상태에서 대체에너지 개발은 더욱 시급한 과제이다.

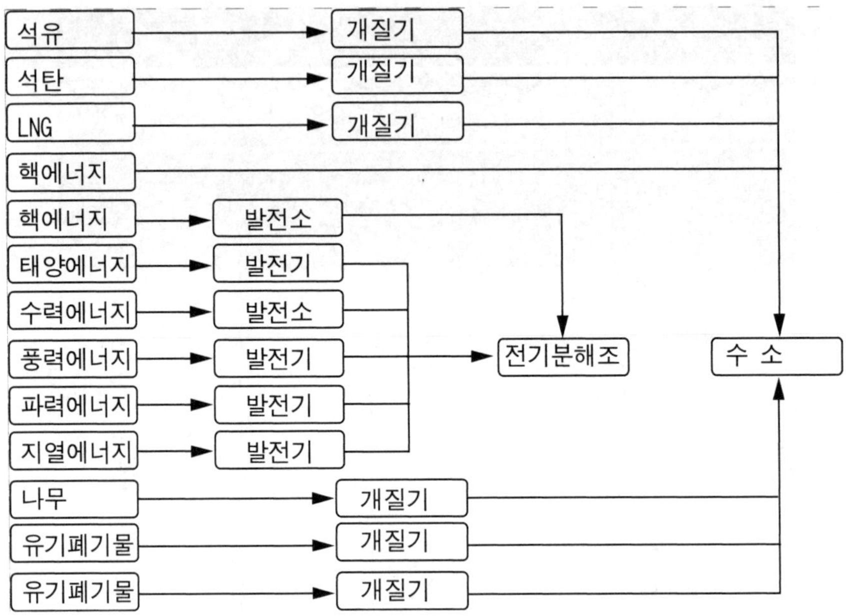

그림 28. 대체에너지의 개발 방향

참 고

최근 들어 미래의 에너지 문제와 공해 문제를 해결할 수 있는 하나의 대안으로 연료전지가 손꼽히고 있다. 기존의 배터리는 수백 파운드의 무거운 배터리팩이 필요한데다 운행거리에 제한이 따르고 3∼6년에 한 번씩 배터리를 교환해야 하며, 교환할 때 많은 돈이 든다. 그러나 수소연료전지는 배터리에 비해 작고 가벼우며 빠른 시간에 재충전된다는 것이 장점이다. 또 수증기만을 방출하기 때문에 가장 깨끗한 미래형 동력원이 될 것으로 여겨진다.

3 연료전지 자동차의 개발현황

전 세계적으로 에너지 경제구도가 화석에너지로부터 친환경 수소 경제로 전환하는 에너지 패러다임의 대변환이 진행 중이다. 석유 대신 수소를 에너지로 달리는 수소연료전지자동차는 높은 연비와 친환경 특성으로 화석연료 탈피와 기후변화 대응에 효과적인 차세대 대표 자동차이다.

그림 29. 수소연료전지자동차

수소연료전지 스택이 자동차엔진으로 적합한 기술적요인은 다음 2가지로 설명된다.

첫째, 수소의 화학에너지를 직접 전기에너지로 변환하여 모터를 작동하는 연료전지의 직접 발전은, 기존 내연기관 자동차의 복잡한 다단계 과정에 비해 발생손실을 최소화시켜 자동차의 연비를 극대화시킨다.

둘째, 연료전지 스택은 발전을 통해 생성되는 유일한 배출물이 물 뿐이라 100% 무공해차로 각광받고 있다. 때문에 기존 내연기관 자동차와 달리, 온실가스도 미세먼지도 전혀 생산, 배출되지 않아 차량이 밀집된 대도시의 경우 그 환경개선 효과가 더욱 탁월하다. 최근 디젤게이트 발생으로 클린디젤에 대한 믿음이 바닥으로 떨어진 상태에서, 수소연료전지자동차는 향후 우리의 자동차 문화에서 배제할 수 없는 '친환경' 이란 목표를 달성하기 위한 훌륭한 대안으로 부상하고 있다.

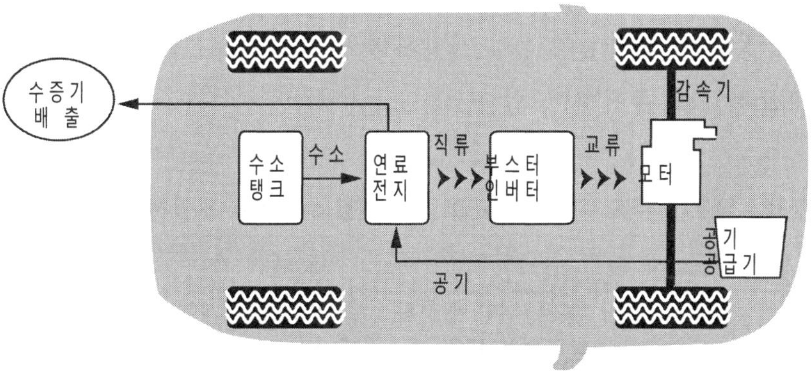

그림 30. 연료 전지자동차의 작동원리

따라서 앞으로 자동차 산업의 생존경쟁의 척도가 될 친환경 자동차와 관련된 기술개발과 인프라, 부품산업의 성공적 육성이 이뤄질 수 있도록 전력을 다해야 한다. 이를 위해 전기전자 등 다른 산업의 참여와 협력을 통해 '복합 산업구조' 로의 전환이 이뤄질 때 우리나라 자동차 산업은 지속적인 성장을 담보할 수 있다. 또 이를 바탕으로 연료전지 자동차와 전기회로 체제를 갖춘 미래형 전기자동차 사회로 한 걸음 나아갈 수 있을 것이다.

자동차회사로는 세계적으로 일본의 도요타와 혼다, 닛산 그리고 미국의 GM과 포드, 독일의 다임러 크라이슬러와 같은 자동차회사들이 연료전지 운전장치 시스템 개발을 추진하고 있다. 이들 자동차 회사들은 연료전지 스택의 개발에 있어서는 회사의 기술력 및 전략에 따라 다양한 개발 모델을 가지고 있다. 일본의 도요타와 혼다, 미국의 GM은 자체 스택 개발을 추진하여 상당한 기술력을 확보하고 있는 것으로 알려지고 있으며, 포드와 다임러 크라이슬러는 Ballard사의 연료전지 스택을 활용하여 연료전지 자동차를 개발하고 있는 것으로 알려져 있다.

그러나 연료전지 운전 장치 시스템 개발은 모든 자동차 회사들이 독자적인 개발을 추진하고 있는 것으로 알려지고 있다. 특히 혼다는 독자적인 연료전지 스택의 개발을 진행 중에 있으나 현재 대부분의 연료전지 자동차는 Ballard사의 스택을 사용하고 있다. 지금까지는 혼다와 도요타가 연료전지업계에서도 독보적인 역량을 과시하고 있고, 미국의 Big 3은 합자 등을 통하여 공동전선을 형성하고 있으며, 일본업체와의 기술제휴도 마다하지 않는 적극적인 공세를 펼치고 있다. 미국과 일본, 유럽의 자동차 제작사들은 2000년 이후 수소연료전지자동차를 개발하고 있으며, 또한 각 국의 정부는 신재생에너지 개발사업의 일환으로 수소연료전지자동차 실증사업 또는 프로젝트를 추진하고 있다.

[표 7-6. 글로벌 주요 자동차업체의 수소연료자동차의 개발현황]

기업명	내 용
도요타	· 1996년부터 수소차 시험모델 제작 개시 · 최고속력 178Km/h, 주행거리 501Km · 주력제품 : Mirai

기업명	내 용
혼다	· 수소차 기술과 동시에 수소스테이션 기술 보유 · 최고속력 170Km/h, 주행거리 750Km · 주력제품 : Clarity
메르세데스 벤츠	· 중형 SUV, 플러그인/연료전지 병합 모델 · 주행거리 600Km · 주력제품 : GLCF-Cell
BMW	· 도요타와 합작하여 개발 중 · 2021년 출시 목표
GM	· 혼다와 합작하여 개발 중 · 2021년 출시 목표

참고 수소 연료전지차와 수소엔진차

- 경수소를 사용한다는 점에서 공통점이 있지만 차량을 구동하는 원리는 전혀 다르다.
- 수소 연료전지차는 물을 전기분해하면 수소와 산소로 분리되는 것을 역이용한 원리다. 차에 수소를 주입해 공기중의 산소와 결합하는 과정에서 나오는 전기의 힘으로 달린다. 유해 배기가스 대신 물(수증기)이 나온다. 이에 비해 수소엔진차는 수소를 직접 엔진에 분사해 폭발하는 힘으로 달린다. 수소 연료전지차와 수소엔진차 모두 친환경 차량으로 꼽히지만, 제작비가 높고 수소충전소 등이 갖춰지지 않아 현재까지 대량생산되지는 않고 있다

3.1. 업체별 개발현황

일반 전기자동차의 고질적인 문제인 비싼 가격과 짧은 주행거리, 최소 수십 분 이상의 긴 충전시간을 해결할 효과적인 대안이 필요하다는 반응이 대세인 상황에서 미국 정부는 전기자동차 구매 시 세금 감면 등의 인센티브를 내놓았음에도 GM의 bolt, 닛산 Leaf 등 주요 전기자동차 판매량이 예상 외로 지지부진해 일반 전기자동차의 전체 시장점유율은 여전히 소수에 불과하다. 이에 차세대 친환경차의 대안으로 수소연료전지자동차의 중요성이 부각되고 있는 상황이다.

현대자동차는 도요타, BMW 등 글로벌 업체들과 '수소연료전지자동차(FCEV) 동맹'을 맺고 글로벌 수소 사회를 앞당긴다는 구상이다. 진정한 친환경차로 통하는 수소 연료전지 자동차 시장을 선점하기 위한 글로벌 자동차 회사들의 경쟁도 본격화할 전망이다.

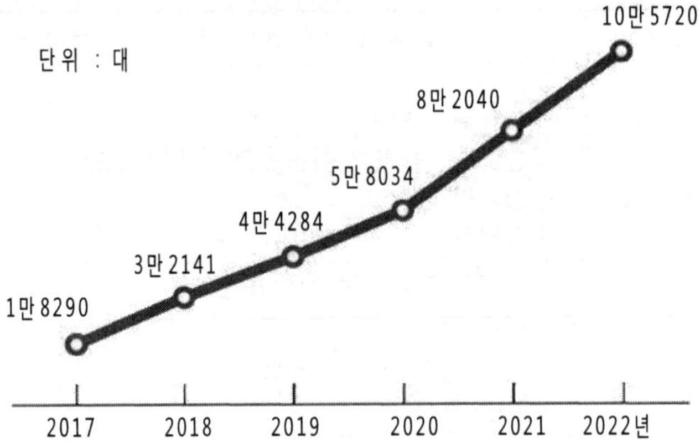

그림 31. 세계 수소연료전지자동차 시장전망

3.1.1. 도요타 자동차

도요타는 20여년 전부터 수소연료전지자동차를 본격 개발해 왔다. 기초부터 따지면 개발 역사가 30년 이상이다. 도요타자동차가 수소연료전지자동차 보급을 위해 자사가 수십년간 축적해 온 독점 기술을 공짜로 쓸 수 있도록 하겠다고 선언했다. 도요타가 수십년간 축적해온 관련 특허를 전부 공개한 이유는 기술을 독점해 얻는 이익보다 모두와 공유해 전체 시장을 확대하는 것이 더 큰 이익이라고 판단했기 때문이다.

도요타는 전기자동차보다는 연료전지차를 궁극적 친환경차로 보고 있는데, 최근 전기자동차에 시장을 선점 당하자 특허 공개라는 특단의 조치를 취해 연료전지차 개발에 필요한 우군을 확보하겠다는 전략을 세운 것이다.

그림 32. 도요타 연료전지차 미라이

도요타는 세계 최초 일반인 판매용 수소연료전지자동차 '미라이(未來)'를 발표한 바 있다. 연료전지차가 아직 비싸지만, 특허 공개를 통해 규모의 경제를 달성할 경우 그 절반 이하로 양산하는 것도 어렵지 않다는 전망이다. 미라이가 3분 충전으로 650Km를 달릴 수 있으며, 일본은 미라이 등 연료전지차를 일본 경제의 주요 성장 동력원으로 삼고 있다.

토요타 미라이는 3분 이내의 수소연료 충전이 가능하고 무급유로 최대 650Km를 주행할 수 있으며 배출가스가 전무하여 자동차 후면부 배기가스 배출라인이 존재하지 않는다. 또한 미라이 모델은 독일 자동차관리센터가 선정한 과거 10년간 가장 혁심적인 자동차 기술 1위로 꼽히기도 했다. 특히 토요타는 2050년까지 기존 내연기관 엔진만으로 구동하는 자동차의 판매를 거의 ' 0 ' 으로 줄이겠다는 장기 목표를 발표한 바 있어 친환경 자동차 개발에 대한 토요타의 강력한 의지가 확인되었다.

3.1.2. 혼다자동차

일본 혼다자동차가 연료전지 자동차를 처음으로 발표한 것은 1999년이나, 2002년에 도요타와 함께 가장 먼저 리스판매를 시행했다.

2003년에는 저온시(-20℃)의 시동과 더욱 소형화된 차세대 연료전지 스택 ' 혼다 FC STACK ' 을 발표하고, FCX에 탑재하여 동경모터쇼에 출품했다. 2006년에는 FCX를 발표하였는데, 이것은 2005년 동경모터쇼에서 발표한 컨셉카를 주행가능토록 한 것으로 혼다 자체개발의 FC 스택을 장착하였다. 혼다차는 첫 연료전지 자동차인 FCX 클래러티를 2008년부터 일본 및 미국에서 리스판매를 시작했다.

그림 33. 혼다 FCX 클래러티

FCX 클래러티는 비록 3년 동안에 소량의 대수밖에 생산되지 않는 차량이지만 양산되는 세계 최초의 연료 전지차라는 점에서 세계 자동차사의 한 획을 그었다. 이 차는 하이브리드 등 두 종류 이상의 동력원을 사용하는 것이 아니라 연료전지 자동차 전용으로 설계된 자동차라는 점도 특징적이다.

연료전지 자동차는 수소를 연료로 차량 내부에 탑재한 발전장치로 동력을 얻어 모터로 주행하는 차량이다. 때문에 거의 무음에 가까운 엔진음을 내며 전기자동차 수준의 정숙한 주행성능을 갖고 있다. 또, FCX는 출발에서부터 최고속도인 시속 160Km까지 변속이 없이 부드러운 가속력으로 속도를 올리는 것이 일반 가솔린차량과 다른 점이다.

[표 7-7. 혼다 FCX 재원]

구 분	비 고	구 분	비 고
전체길이	4845mm	구동방식	전륜구동
전체높이	1470mm	전기모터	136마력
전체 폭	1845mm	최고속도	160Km/h
휠베이스	2800mm	주행거리	약 620Km
차량중량	1630Kg		

특히, 이 차는 부드럽고 편안한 가속감을 느낄 수 있고, 다른 차량에서 느낄 수 없는 매끄러운 속도변화로 탑승자를 사로잡는다. 혼다자동차도 연료전지 자동차 양산체제를 갖추고 현재 일본 전역에 수소충전 스테이션 확충작업에 본격 나서고 있다.

3.1.3. 현대자동차

현대자동차는 2000년 싼타페를 모델로 연료전지차를 처음 선보였다. 이후 세계 최초로 350기압 수소충전에 성공하며 수소 연료전지 자동차 업계에서 두각을 나타냈다. 고압 수소 저장능력은 수소 연료전지 자동차 1회 충전 주행거리와 비례한다.

모하비 FCEV로 기술력을 검증해본 현대자동차는 2010년 투싼ix FCEV를 처음 내놓았다. 현대자동차는 양산을 위해 국내 부품업체 100여 업체와 협력하였고 이를 통해 핵심 부품을 95% 이상 국산화했다. 특히 부품 크기 축소, 연료전지시스템 모듈화 등 핵심부품 설계 개선을 통해 앞서 개발에 나섰던 유럽、일본 업체보다 양산을 앞당길 수 있었다.

투싼ix FCEV는 차량 밑부분에 설치했던 연료전지시스템을 엔진룸에 탑재했고 출력도 기존 모델보다 개선했다. 3세대 수소연료전지자동차로 개발된 이 차는 독자 개발한 100KW급 연료전지시스템과 2탱크 수소저장시스템이 장착됐다. 특히 영하 25도 이하 저온에서도 시동이 걸려 기존 모델에서 나타난 약점을 극복했다. 한 번 수소 충전으로 최대 594Km를 갈 수 있다. 현대자동차가 2013년 세계 최초로 수소연료전지자동차인 투싼 ix를 울산공장에서 양산한다고 발표하자 전 세계 자동차업계는 깜짝 놀랐다.

[표 7-8. 수소차와 전기자동차의 성능비교]

비교 항목	수소차(수소)	전기차(전기)
한번 완충 때 주행거리	580Km(현대차 투싼ix)	350Km(테슬라 모델3)
충전시간	5분	15분 이상
배기가스	없음	없음
장점	·대기중 미세먼지 제거 ·짧은 충전시간, 긴 주행거리	·가격저렴, 생산과정 단순 ·기존 전기 인프라활용
단점	·비싼 충전소 건설비용 및 연료가격 ·백금 연료전지 등 부품 비싸 높은 생산비용	·짧은 주행거리, 긴 충전시간 ·배터리에 리튬, 코발트 등 고기소재 사용

그림 34. 현대자동차의 투싼ix 수소연료전지자동차

벤츠·도요타·혼다 등 내로라하는 글로벌기업보다 적어도 2년 정도 빠른 발표였다. 세계 최초로 양산되는 투싼ix 수소연료전지자동차는 1회 수소충전으로 최대 594Km까지 주행이 가능하고, 가솔린기준으로 환산하면 27.8Km/ℓ 의 고연비를 실현했고, 영하 20도 이하의 탁월한 저온 시동성 확보 등 세계 최고수준의 효율성을 갖췄다.

현대자동차가 독자 개발한 100KW급 연료전지시스템과 2탱크 수소저장시스템(700기압)이 탑재됐고 영하 20도 이하에서 저온 시동성 확보, NEDC 유럽 연비 시험기준으로 100Km를 주행하는데 0.96Kg 수소가 사용되는 등 세계 최고 수준의 효율성을 자랑한다. 현대자동차는 독일 벤츠, 도요타, 닛산 등과 함께 미국 정부의 수소연료전지자동차(FCEV) 개발에 참여한다. H_2 USA는 FCEV 개발 파트너를 선정했다. 이 중에서도 현대자동차는 세계 최초로 FCEV 대량생산 설비를 갖춘 만큼 미국의 FCEV 개발 과정에서 가장 주도적인 역할을 맡을 것으로 보인다.

[표 7-9. 투싼ix 수소연료 전지자동차의 사양]

	구 분	비 고
제원	연료전지 스택	100KW
	구동 모터	100KW
	수소탱크	700기압(수소저장량 : 5.6Kg)
	에너지 저장장치	24KW급 리튬이온 폴리머 전지
성능	최고속도	160Km/h
	가속성능(0→100Km)	12.5초
	1회충전시 항속거리	594Km
	가솔린 등가연비	27.8Km/l(0.95Kg·H_2/100Km)

[표 7-10. 현대차 투싼과 도요다 미라이의 제원 및 성능비교]

비교 항목	현대차(투싼ixFCEV)	도요타(미라이)
1회 충전거리	415Km	650Km(일본기준)
차종	5인승 SUV	4인승 세단
마력	129PS	150PS
크기(전장×전폭×전고)	4895×1875×1475	4890×1816×1534

현대자동차는 이번에 H_2 USA의 개발 파트너로 선정되면서 독자 개발한 '투싼ix FCEV' 시험용 차를 미 정부에 공급하기로 했다. 투싼ix FCEV는 1회 충전으로 리튬이온전지를 탑재한 기존 전기자동차 주행거리의 약 4배인 최장 594Km를 주행한다. 이 차는 유럽연합(EU)의 시험운행 차량으로 단독 선정됐으며 이후 유럽 각국의 정부기관과 관공서에 판매되고 있다.

현대자동차는 2018년 차세대 수소연료전지자동차(FCEV)인 넥쏘(NEXO)를 출시했다. 넥쏘는 그 동안 양산 차량을 기반으로 개발되었으며, 완전히 새롭게 수소차를 위해 개발된 미래형 SUV다. 넥쏘는 현대차의 수소차 연구 개발의 방점을 찍는 모델로서 보다 향상된 주행성능과 주행거리를 자랑한다. 1회 충전 항속거리는 609Km에 이른다. 이는 현재 판매 중인 차량 중 가장 긴 거리이며 ix35 FCEV(항속거리 415Km, 한국기준)와 비교한다면 약 40% 이상 향상된 수치다.

그림 35, 현대자동차의 수소연료전지자동차 넥쏘(NEXO)

넥쏘의 복합연비는 96.2Km/Kg이며, 수소탱크의 수소 저장밀도와 저장용량을 증대시켜 기존보다 더 많은 한 번에 총 6.33Kg의 수소를 충전할 수 있도록 했다. 참고로 충전시간은 5분 이내로 꾸준한 지속 사용성을 보장한다.

현대자동차는 수소전기자동차 분야의 혁신 및 시장 선점을 위해 폭스바겐그룹의 아우디와 손잡았다. 현대차가 아우디와 동맹을 맺은 것은 글로벌 수소전기자동차 시장의 저변을 확대하고, 확고한 기술 경쟁력을 바탕으로 미래 수소전기자동차 시장에서의 패권 경쟁을 주도하기 위해서다. 현대차는 자율주행 기술을 탑재한 차세대 신형 수소 연료전지 자동차를 통해 이 시장의 선두주자로 올라선다는 목표다.

3.1.4. 피아트-크라이슬러그룹(FCA)

크라이슬러사의 최초 연료전지 자동차는 NECAR 1으로 1994년에 발표되었으며, NECAR는 뉴 일렉트릭카의 약자로 1호차라는 의미이다. 크라이슬러는 2002년에 F-Cell을 발표했으며, 양산형 연료전지 자동차로서의 세계 첫 자동차로 크라이슬러에 찬성한 기업, 단체의 일상사용을 통해 실용테스트를 하는 ' F-Cell 글로벌 프로그램 ' 이라는 국제적인 프로젝트를 시작하였다. F-Cell은 NECAR 4a와 같은 압축수소를 연료로 하고 출력 68.5KW의 연료전지에 65KW의 모터를 조합했으며, 최고속도는 140Km/h이다. 그리고 압축수소의 충전압은 35MPa이지만 항속거리는 150Km로 다소 짧다.

최대출력 20KW의 2차 전지를 가지고 있지만 에너지 회생은 하지 않다. 2008년형 에코보이저(ecoVoyager) 컨셉트카'로 명명된 이 차량은 4도어를 갖춘 4인승 모델로서 전통적인 미국적 디자인을 채택하고 있다. 에코보이저 컨셉트는 전기 모터로 추진력을 얻다. 배터리는 리튬이온 방식으로 기존에 비해 부피는 줄었고 성능은 높아졌다. 전기모터의 출력은 272마력, 100Km/h 가속시간은 9초가 채 되지 않으며 최고 속도는 185Km/h이다. 전기자동차 모드시 주행거리는 64Km이다.

그림 36. Mercedes-Benz Necar-5

그림 36. 크라이슬러 에코보이저

다임러와 일본의 닛산, 미국의 포드 등 세계적인 자동차 업체 3사가 연료전지 차량을 공동으로 개발한다는 프로젝트를 2013년1월 발표했다. 이들 회사는 공동 개발을 통해 연료전지 차량을 시장에 내놓는 것을 목표로 하는 것으로 알려졌다. 이번 프로젝트는 이미 시장에 나와 있는 닛산의 '리프', 다임러의 '스마트' 같은 전기자동차 모델에서 연료전지 차량으로 업계의 흐름이 바뀌고 있음을 보여주는 것이다.

피아트-크라이슬러그룹(FCA)는 현대자동차와 글로벌 파트너십을 구축한다. 현대차는 2세대 투싼을 베이스로 개발한 수소연료전지자동차를 세계 최초로 상용화에 성공했고 관련기술도 선두그룹에 속한다. 일본 메이커가 속속 수소연료전지자동차 기술을 앞세워 동맹을 확대하는 가운데 피아트-크라이슬러그룹과 현대차는 파트너십을 통하여 차세대 신형 수소 연료전지 자동차를 통해 이 시장의 선두주자로 올라선다는 계획이다.

3.1.5. GM

GM의 연료전지에 대한 개발은 1960년대까지 거슬러 올라가며, GM이 처음으로 연료전지 테스트를 한 것은 1964년이고 1968년에 자동차 역사상 처음으로 주행 가능한 연료전지 자동차를 개발하였다.

2001년에 하이드로젠 1을 개량한 하이드로젠 3을 발표하였으며, 하이드로젠 3은 전자시스템을 추가 개량하여 소형화가 진행되었다. DC/AC 컨버터, 전기모터, P 포지션부착 트랜스 밋션 및 전압변환기와 드라이브 사프트의 중앙에 위치한 디퍼런셜로 구성되는 일체형 모듈의 중량은 불과 92Kg이며, 연료전지 스택도 하이드로젠 1보다 매우 작아졌다.

2002년에 GM사가 발표한 연료전지 자동차의 컨셉트카 Hy-Wire는 획기적인 개념을 선보였다. Hy-Wire는 수소탱크, 모터를 바닥아래에 모두 적재한 스케이트보드형 샤시를 채용하여 자동차의 활용성을 비약적으로 향상시킨 것이다.

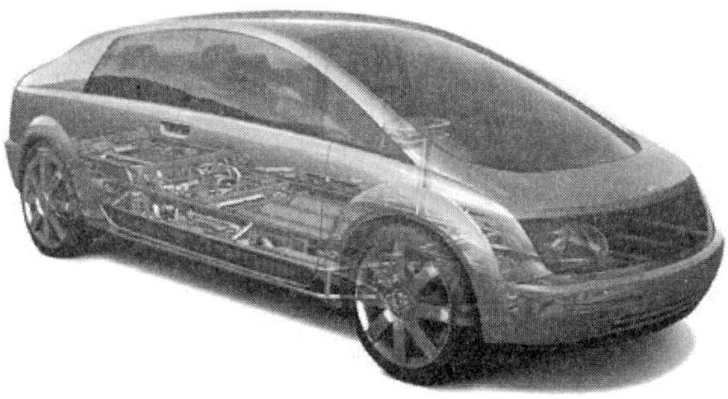

그림 37. GM Hy-Wire

GM은 2006년에 수소 연료전지 자동차 '시퀄' 을 개발, 공개했다. 시퀄은 GM이 2001년부터 개발해 온 수소 연료전지 자동차의 결정판으로 첨단 자동차 기술이 집약됐다. 시퀄은 출력이 25% 가량 향상된 차세대 연료전지를 장착, 한번 충전으로 480Km를 갈 수 있다. 출발 후 시속 100Km를 10초에 돌파한다. 배기구에서 유해가스 대신 수증기만 나온다. 시퀄의 경우 핸들과 브레이크의 반응도 빠른 편이다. 이는 차량 내의 각종 장치를 전자신호로 제어하는 X-By-Wire라는 전자기술이 사용했기 때문이다.

미국 GM과 일본 혼다가 오는 2020년까지 차세대 연료전지시스템과 수소 저장기술을 개발하는 장기 플랜을 공동 추진한다는 협약을 체결했다. GM은 2013년 두 회사가 장기적인 성장 전략에 필요한 연료전지차량의 시장 수요에 대응하기 위해 관련 기술과 인프라 구축에 협력하기로 했다고 밝혔다. GM과 혼다는 연료전지차량 관련 기술 특허가 세계 1위와 2위를 다툴 만큼 이 분야 선두를 달리고 있어 이번 협약에 따른 성과가 기대되고 있다. GM과 혼다가 공동개발하는 연료전지차는 충전시간이 3분에 불과하고 한 번 충전하면 최대 650Km를 주행할 수 있는 수준이다.

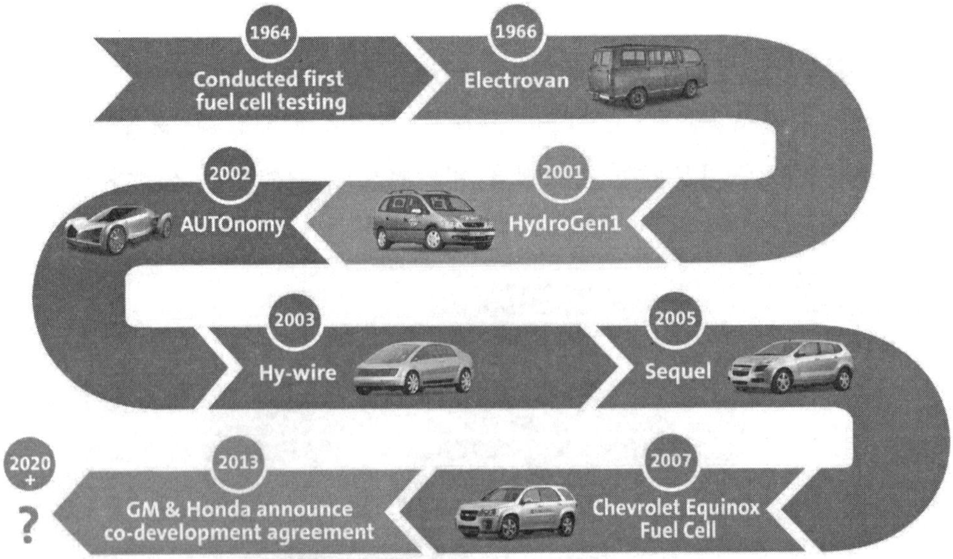

그림 38. GM의 수소연료전지자동차 개발 역사

3.1.6. 포드자동차

포드는 캘리포니아 연료전지 파트너십에 처음부터 참가하고 있다. 포드 몬데오로 휠 베이스를 연장하여 알루미늄 재료로 경량화한 바디에 Ballard Power Systems 사가 제작한 연료전지 스택 마크 700을 탑재하고, 연료는 압축수소로 41리터의 탱크를 2개 탑재하여, 2000년에 포커스 FCEV를 발표하였으며, 또한 2002년에 각 부분을 개량하여 하이브리드화 한 포커스 세단 FCEV를 완성시켰다.

그림 39. 포커스 FCEV

2007년에는 플러그인 기능이 부가된 수소 연료전지 하이브리드 자동차 '엣지 위즈 하이시리즈' 를 발표했다. 이차는 수소 연료전지와 리튬이온 배터리를 결합시킨 하이브리드시스템으로 리터당 17.3Km의 연비와 배기가스 제로 에미션을 실현했다. 이 플러그 인 기능이 부가된 연료전지 하이브리드 자동차는 유연한 파워트레인 구조를 베이스로 하고 있어 차량의 디자인 변경없이, 신개발 연료나 선진 구동기술 적용이 가능하다는 것이 장점이다.

엣지 위즈 하이시리즈 드라이브에 탑재된 파워트레인은 시내 및 고속주행의 혼합 수치로 리터당 17.3Km의 연비를 실현했으며 특히 속도가 시속 80Km 이하일 경우에는 연비가 리터당 33.8Km에 달한다. 엣지 위즈 하이시리즈 드라이브는 평상시에는 336볼트의 리튬이온 배터리 팩으로 주행, 전지만으로 40Km까지 주행이 가능하며 그 후는 연료전지로 발전을 개시, 충전된 전지로 320Km까지 주행이 가능해, 전체적으로 360Km까지 가솔린 연료없이 주행할 수가 있다. 특히, 이용 상황에 따라 주행가능 거리가 크게 달라져 최고 640Km까지도 주행이 가능하다고 한다.

그림 40. 포드 엣지 위즈 하이시리즈 드라이브

3.1.7. BMW

BMW는 수소를 현재 내연기관 연료로 사용하는 매우 독특한 전략을 내세우고 있다. 이것은 연료전지 자동차와는 다른 범주이며, 2000년에 수소엔진 사양인 ' BMW 750hL"를 15대 생산하고 이듬해에는 ' BMW 클린에너지 월드투어 2001 ' 이라는 이름으로 동경을 포함한 세계 5개 도시를 돌며 그 이념과 기술을 홍보했다. BMW는 향후에도 수소엔진을 주축으로 전개해나갈 계획이며, 열효율 문제에서는 현재 37% 정도지만 10년 후에는 연료전지와 등등한 50% 수준이 가능할 것이라고 한다.

그러나 NOx 문제는 촉매로 대처할 수밖에 없는 한계가 있어서 BMW도 내연기관으로서의 수소엔진을 ' 궁극 ' 의 동력원으로서 생각하고 있는 것은 아닙니다. 양산용으로 2003년부터 테스트를 시작한 수소엔진 자동차 BMW 745h는 최고속도 215 Km/h, 수소만의 항속거리 300Km 이상이며, 액체 수소탱크를 트렁크에 탑재했다.

그림 41. BMW745h

독일 BMW는 2006년에 수소엔진 자동차 '하이드로젠7' 을 발표했다. 이 차는 BMW의 최고급 차종 '760Li' 를 바탕으로 개발됐다. BMW의 '하이드로젠7' 은 GM과 현대자동차가 개발한 '수소 연료전지 자동차' 와 다른 점이 많다. 우선 수소를 직접 엔진에 분사, 폭발(연소)하는 힘을 동력으로 해서 달린다. 하이드로젠7의 출력은 260마력으로 BMW의 최고급 차종 760Li(258마력)과 차이가 거의 없다.

수소엔진차 하이드로젠7의 승차감은 기존 BMW 760Li 가솔린 모델과 거의 같다. 시동을 걸 때 엔진음이 나고, 가속을 할 때 약간의 소음과 진동도 들린다. 하이드로젠7의 또 다른 특징은 수소 외에 가솔린(휘발유)도 연료로 사용하는 '듀얼 모드 연소엔진' 을 장착했다는 점이다. 수소탱크와 별도로 가솔린 연료탱크가 있다.

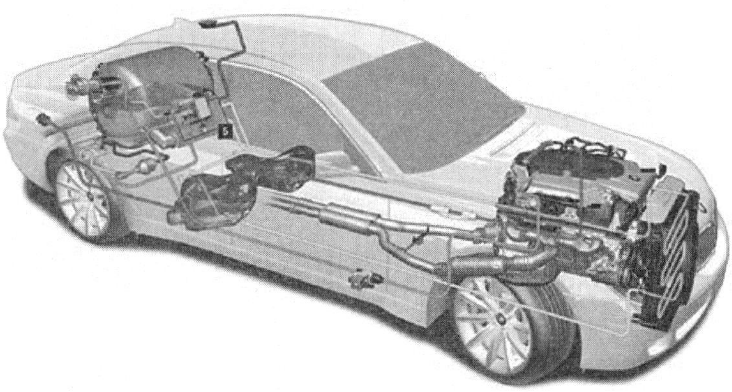

그림 42. BMW 하이드로젠7

자동차 회사 '벤츠' 의 수소연료전지자동차가 세계 일주를 시작했다. 이산화탄소 배출이 없는 수소연료전지자동차의 가능성을 알리기 위해서다.

독일 BMW와 일본 토요타는 2013년 장기적인 전략적 협업 관계 구축의 일환으로 '연료 전지(FC)시스템 공동 개발', '스포츠카 공동 개발', '경량화 기술의 공동 연구 개발'에 관한 정식 계약을 체결했다. 양사는 2012년에 시작한 차세대 리튬 이온 배터리기술에 관한 공동연구에 이어, 제2단계로 포스트 리튬 전지인 리튬 공기 전지 기술의 공동 연구시작에 관한 정식 계약을 체결했다.

메르세데스-벤츠 B클래스 F셀
출력 100KW
토크 320Nm
최고속력 시속 174Km
항속거리 400Km

(a)

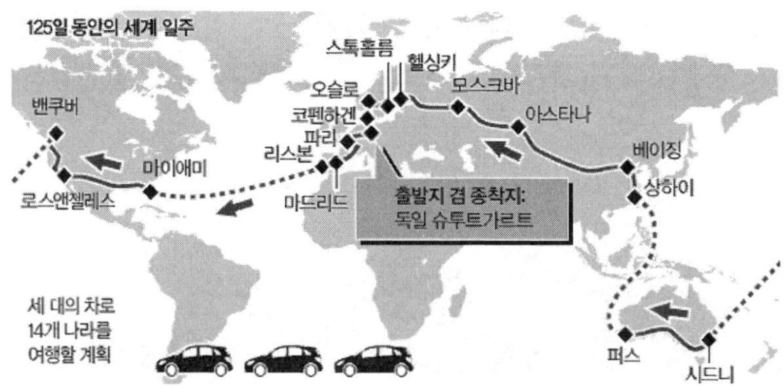

(b)

그림 43. 벤츠의 수소연료 전지자동차 세계 일주

먼저, 연료전지시스템의 경우 양사는 보유 기술을 상호 공유해 2020년을 연료전지 자동차 보급 확대를 목표로 FC스택 시스템을 비롯, 수소 탱크, 모터, 배터리 등, FC차의 기본 시스템 전반의 공동 개발을 실시하기로 했다. 또한 FCEV의 보급에 필요한, 수소 인프라의 정비나 규격 및 기준의 책정에 대해서도 협력해 나갈 예정이다.

3.2. 관련업체의 변화

3.2.1. 업계 합종연횡 바람

연료전지 자동차(FCEV) 시장을 놓고 글로벌 자동차 업체들의 합종연횡이 속도를 내고 있다. 일본 도요타와 독일 BMW가 FCEV 개발 제휴를 발표한 직후, 르노닛산과 다임러, 포드는 FCEV 공동개발에 합의했다.

르노닛산-다임러-포드 연합은 이번 제휴를 통해 연구개발(R&D) 비용을 줄이고 일본, 유럽, 미국 정부에 연료전지 관련 인프라 정비를 요구할 계획이다.

현대자동차는 피아트-크라이슬러그룹(FCA)와 글로벌 파트너십을 구축한다. 현대차는 2세대 투싼을 베이스로 개발한 수소연료전지자동차를 세계 최초로 상용화에 성공했고 관련기술도 선두그룹에 속한다. 일본 메이커가 속속 수소연료전지자동차 기술을 앞세워 동맹을 확대하는 가운데 피아트-크라이슬러그룹과 현대차는 파트너십을 통하여 차세대 신형 수소 연료전지 자동차를 통해 이 시장의 선두주자로 올라선다는 계획이다.

[1] 가격 낮추고 인프라 정비 가속화

FCEV는 기존 가솔린차량이나 전기자동차(EV)와는 차이가 있다. EV는 최초 동력을 만들기 위해 약간의 화석연료가 필요하지만 FCEV는 천연가스나 물을 사용하기 때문에 환경친화적이다. FCEV는 또 EV에 비해 충전시간이 짧은데다 주행가능거리가 길어 기존 가솔린 차량과 큰 차이가 없다. 다만 FCEV는 차량가격이 비싸고 수소 공급 인프라가 부족하다는 것이 해결과제다. 10년 전까지 1대당 약 10억원 대를 호가했다. 최근에는 하이브리드차(HV)의 전기모터 등 부품을 공유하면서 가격을 빠르게 낮추고 있다.

세계적 자동차회사 르노닛산과 다임러, 포드는 FCV 공동개발에 합의했다. 이번 제휴는 관련 인프라 정비를 가속화한다는 의미에서도 중요하다. 정부와의 연계가 필수적인 만큼 미국 정부와 강한 유대관계를 갖고 있는 포드가 가세해 정책 측면에서 지지를 받기 쉬워질 것으로 예상된다. 한편 BMW를 파트너로 선택한 도요타는 지난 1992년 FCEV 연구개발(R&D)을 자체적으로 시작한 이후 처음으로 타사와 기술 제휴를 결정할 만큼 FCEV에 공을 들이고 있다.

세계 주요 국가들이 환경규제를 강화하면서 수소연료전지자동차 시장이 급성장하고 있다. 글로벌 완성차 업체들을 중심으로 수소차 시장을 선점하기 위한 차량 기술 및 가격 경쟁이 심화될 전망이다. 글로벌 분석업체에 따르면 2021년까지 현대, 기아, 도요타, 렉서스, 혼다, 벤츠, BMW 등 최소 11개의 완성차 업체가 수소차 시장에 진출할 것으로 전망된다.

현재 수소차 시장을 선점하기 위한 현대·도요타·혼다 3사 간 기술경쟁이 치열하다. 양산에 성공한 대표적인 수소차는 현대의 투싼과 넥쏘다. 이외, 혼다 클래리티(Clarity), 도요타 미라이(Mirai)가 경쟁 중이다. 도요타사의 미라이는 최고 마력 151 및 충전 후 최장 312마일 주행이 가능하다.

혼다의 대표 소수차는 클래리티로 최고마력 170을 자랑하며 충전 후 최장 366mile을 주행할 수 있다. 현대는 1세대 수소차인 투싼을 시작으로 최근 최고마력 161에 1회 충전으로 주행거리가 350mile에 이르는 차세대 수소차인 넥쏘를 출시했다.

[2] 세계 각국의 인프라 구축현황

글로벌 완성차 업체들의 시장 선점을 위한 주요 경쟁요인 중 하나는 세계 주요 국가들을 중심으로 수소차 활성화를 위해 수소 충전인프라를 늘리고 있다는 점이다. 미국 캘리포니아 주 정부를 중심으로 2020년까지 수소차 10만대 보급을 목표로 대당 1,300달러의 보조금을 지급한다. 또한, 수소공급 인프라지원을 위한 3,300만 달러 보조금 발표를 통해 2020년까지 최소 100개의 충전소를 구축할 예정이다.

한국정부의 미세먼지 관리 특별대책에 따르면 2020년까지 수소차 활성화를 위해 충전소 100곳을 설치함과 동시에 2018년 기준 구매보조금 2,750만 원 지원을 통해 수소차 판매량 1만 대 달성을 목표로 하고 있다.

일본은 도쿄올림픽이 개최되는 2020년까지 수소차 판매 4만 대, 충전소 160곳을 목표로 정부 출자기업에 도쿄가스, 오사카가스, 도호가스, 도요타 통상, JX, 이데미쓰고산, 도요타, 혼다, 닛산, 일본개발은행 등 총 11개의 업체가 참여할 예정이다. 이 외 자동차세 및 취득세 약 20만 엔을 감면한다.

중국의 수소차 로드맵에 따르면 2020년까지 수소차 5,000대, 충전소 100기가 보급될 전망이다. 또한, 중국 정부의 2016~2020년 신에너지차량 확대보급 사용계획에 따르면 전기자동차 및 하이브리드차의 보조금을 단계적으로 축소하는 반면 수소차의 보조금은 20만 위안으로 유지하는 계획을 발표했다.

우리나라의 경우 첫 양산형 수소차를 발표하고도 부족한 수소충전소와, 보조금 지원으로 수소차 시장의 주도권을 도요타에게 넘겨준 만큼 수소차 선두국가가 되기 위해서는 일본을 포함한 타 국가의 정부지원 정책 등 관련 움직임을 예의주시하고 벤치마킹할 필요가 있다고 전문가 들은 조언한다.

3.2.2. 자동차 산업의 신패러다임

세계 각국의 배기가스 규제로 친환경 차가 자동차 시장의 대세로 떠오르면서 미래 친환경차 패권을 차지하기 위한 전기자동차와 수소연료 전기자동차의 경쟁이 심화하고 있다. 둘 다 친환경 차로 분류되지만, 장단점이 뚜렷하고, 글로벌 자동차 업체마다 주력으로 삼은 차종이 달라 신경전도 치열하다.

수소연료전지자동차는 기존 석유를 사용하는 내연기관 자동차와는 개념부터 다른 신개념 미래형 친환경차로 수소를 사용해 순수한 물(수증기)만 배출되는 완전 무공해 자동차로 하이브리드, 전기자동차 등을 넘어서는 궁극적인 미래 자동차로 인식되고 있다. 까다로운 기술과 높은 안전성을 요구하기 때문에 GM, 도요타, 혼다, 벤츠 등 글로벌메이커들은 2020~21년 상용화를 목표로 차량을 개발 중이지만 연료전지 스택 개발 등 차량 독자 기술력, 양산을 위한 생산 기술확보 등의 어려움으로 지금까지 양산에는 성공을 하지 못했다.

기존의 가솔린 내연기관이 석유(가솔린) 등 혼합연료를 폭발시킨 힘으로 구동축을 돌리는 데 비해, 연료전지는 전기모터가 구동축을 돌리게 되어 있다. 이 때 전기모터를 돌리는 에너지를 생산해 내는 것이 바로 연료전지이다.

연료전지 작동원리는 전해질을 사이에 두고 두 전극이 샌드위치의 형태로 위치하며 두 전극을 통해 수소이온과 산소이온이 지나가면서 전기를 발생시키고 부산물로서 열과 물을 생성한다. 현재 주도권은 전기자동차가 갖고 있다. 배기가스가 없는데다 소음도 적고, 변속기 같은 동력 변환장치도 필요 없다. 가격도 내연기관 자동차와 견줄 정도로 낮아졌고, 충전 인프라도 어느 정도 구축됐다. 특히 전기자동차는 지금까지 힘이 부족하다는 평가를 받아왔으나 기술 수준 향상으로 가속력과 스피드도 끌어올렸다. 각국 정부의 보조금 지급으로 보급도 빠르게 늘고 있다. 당분간 전기자동차=친환경차라는 패러다임이 유지될 것이라는 예상이 많은 이유이다.

전기자동차는 수소 연료전지 자동차와 부품의 70%가량 겹치지만, 수소 연료전지 자동차에 대한 이들의 전망은 냉혹하다. 하지만 전기자동차는 급속 충전기에서 20~30분, 가정에서 충전할 때(저속) 4시간 이상 걸린다는 단점이 있다. 한번 충전으로 갈 수 있는 거리는 300Km대이다. 배터리 개발의 기술적 한계로 발전에 제한이 있다는 분석이 나온다.

에너지 위기는 최근 들어 더욱 본격화되고 있다. 수소연료전지의 대두도 이러한 시대의 요구와 맞물려 있다. 수소연료전지의 연료로 천연가스를 개질해 수소를 얻는 방법을 사용하고 있으며 한동안은 이러한 개질방식이 이어져갈 것이다. 그러므로 국내 천연가스 인프라 역시 '수소경제'라는 에너지 안보로 갈 수 있는 중요한 기반산업이 아닐 수 없다.

사실 수소 연료전지 자동차는 전기자동차보다 비싼 데다, 기술발전 수준이 더뎌 관심을 덜 받았다. 하지만 충전시간이 5분 내외로 짧고, 한 번 충전으로 400Km 이상을 갈 수 있다는 장점이 부각되면서 관심이 높아지고 있다. 수소 연료전지 자동차는 차량 내 고압탱크에 저장한 수소와 공기 중의 산소를 반응시켜 만들어낸 전기로 모터를 돌려 움직인다. 매연 없이 순수한 물만 배출하기 때문에 궁극의 친환경차로 불린다.

수소 연료전지 자동차 개발에 적극적인 곳은 현대차와 일본 도요타·혼다 등이 꼽힌다. 현대차는 2013년 세계 최초로 투싼ix 수소 연료전지 자동차 양산에 성공했으며, 2018년에는 1회 충전 주행거리는 609Km인 미래형 SUV '넥쏘'를 공개했다. 도요타는 미라이, 혼다는 클래리티를 내놨다. BMW와 닛산·GM·포드 등도 2020년 최신형 수소 연료전지 자동차 출시를 앞두고 있다. 하지만 수소 연료전지 자동차는 제조비용이 많이 든다는 치명적인 단점이 있다. 연료전지에 들어가는 50~70g의 백금 때문이다.

다른 부분은 기술이 올라가면서 가격을 낮출 수 있지만, 연료전지의 가격은 낮추기가 쉽지 않다. 인프라 구축도 만만찮다. 충전시설 설치비용이 한 곳당 수십억 원이나 든다. 당분간 두 차종은 경쟁 관계가 아니라 동반자 관계로 발전할 것이라는 게 전문가들의 시각이다.

지금 내연기관 자동차가 가솔린·디젤엔진으로 시장이 나뉜 것과 비슷하다. 더욱이 친환경차는 결국 정부 시책과 맞물려 돌아가기 때문에 어떤 차종이 미래 대세가 될지 현재로썬 예단하기가 쉽지 않다. 이에 한국의 현대·기아차는 투트랙 전략을 구사하고 있다. 경쟁업체보다 기술 개발이 늦었지만 최근 아이오닉 등의 전기자동차를 선보이며 보폭을 넓히고 있다. 다만 장기적으로는 수소 연료전지 자동차 쪽이 더 경쟁력이 있다고 보고 수소 연료전지자동차에 무게 중심을 두고 있다. 2005년 수소 연료전지 자동차 개발에 성공한 현대차는 기술수준에서 세계 최선두권에 있는 것으로 평가받고 있다. 아직 시장이 여물지 않은 만큼 먼저 시장을 선점하면 주도권을 쥘 수 있다는 판단이 나온다.

미국에서 다양한 용도의 연료전지기술이 모두 성숙되어 있을 것으로 예상되는 2035년을 기준으로 연료전지를 탑재한 자동차와 하이브리드자동차, 플러그인 하이브리드자동차, 배터리 전기자동차, 내연기관 자동차 등의 수명주기 비용을 평가한 결과, 연료전지 자동차의 비용이 다른 자동차에 비해 높지 않고 배터리 전기자동차보다는 훨씬 쌀 것으로 전망하고 있는데 이는 연료전지 및 연료전지 자동차의 개발과 산업 육성에 적극적으로 나서고 있는 한국으로서는 고무적인 결과이다.

또한 배터리 전기자동차는 도시 출퇴근의 근거리용으로 용도가 한정될 것이며 장거리용 친환경 자동차의 궁극적인 모습은 연료전지 자동차가 될 것이라고 전문가들은 예상하고 있다. 따라서 배터리 전기자동차용 대형 전지의 양산체제를 갖춘 LG화학, 삼성 SDI 및 SK이노베이션 등의 우리나라 기업들은 재생에너지 저장시설의 개발에 더 많은 역량을 집중해야 할 것으로 보인다. 최근에 현대·기아자동차는 세계 최초로 연료전지자동차를 상용화하여 공급하기 시작하였다. 또한 향후 시장 개발을 위해서는 도요타·BMW, 르노·닛산·포드 등과 같이 각국 업체들이 연합전선을 구축하여 생산·판매량 증대를 꾀하는 전략을 검토해야할 것으로 보인다.

특히 일본의 도요타는 하이브리드자동차 분야에서 하이브리드시스템 II와 같이 절대적인 기술적 우위를 점하고 세계 시장을 개발하고 있는데 연료전지자동차 분야에서는 우리나라 기업들도 그와 같은 기술적 우위전략을 구사해야만 향후 시장개발에서 앞서나갈 수 있을 것으로 생각된다.

수소 연료전지자동차의 본격적인 보급은 수소 충전소 같은 기반시설이 얼마나 빨리 갖춰질지에 달려 있다. 미국 및 독일 업체들도 수소 연료전지자동차 개발에 동참하고 있어 업체들의 양산형 모델이 출시되는 시점인 2020년 이후 본격적인 수소 연료전지 자동차 경쟁이 시작될 전망이다.

최근 들어 미래의 에너지 문제와 공해 문제를 해결할 수 있는 하나의 대안으로 연료전지가 손꼽히고 있다. 외부로부터 전기를 충전, 저장해야 하는 배터리는 수백 파운드의 무거운 배터리팩이 필요한데다 운행거리에 제한이 따르고 3~6년에 한 번씩 배터리를 교환해야 하며, 교환할 때 많은 돈이 든다. 그러나 수소연료전지는 배터리에 비해 작고 가벼우며 빠른 시간에 재충전된다는 것이 장점이다. 또 수증기만을 방출하기 때문에 가장 깨끗한 미래형 동력원이 될 것으로 여겨진다.

참고자료

01. LG business insight 2009. 11. 25.

02. 이데일리, 현대차의 전기자동차 `블루온`, 日 자존심 꺾었다, 2010.09.09.

03. 하나금융경영연구소, 하이브리드카/전기차 전망 및 국내 완성차업체의 경쟁력 비교 분석, 2010.2.16.

04. 산업연구원이 발행하는 KIET 산업경제 6월호, 그린카 개발 및 상용화 전략의 추진 방향, 2010.07.07.

05. 대외경제 정책연구원이 지난해 12월 29일 연구보고서, 일본의 주요 대체에너지산업 정책과 현황- 차세대 자동차 시장 및 개발 동향, 2010.05.13.

06. 유진투자증권, 친환경자동차 : 그린카와 2차 전지는 천생연분, 2010.02.07.

07. 전국경제인연합회가 2009년 9월 전략산업리포트, 자동차산업의 미래 - 그린카 현황 및 전망, 2010.01.22

08. 교통신문, 2011년, 전기자동차 '세기의 전쟁' 시작 된다, 2010.11.24

09. 전기자동차용 니켈-금속수소(Ni-MH) 전지기술, 박성용, 김선욱

10. 정용일 박사, 자동차와 환경, 1997.

11. 'HEV용 리튬이차전지 기술동향', 한국과학기술정보연구원, 2004.

12. 과학동아

13. 김형섭, 자동차 공학개론(골든벨출판사)

14. 오인환, 홍성안, '연료전지자동차 실용화 전망', 한국과학기술연구원

15. 조만, '연료전지자동차의 기술 개발', 한국과학기술연구원

16. 하나금융경영연구소, 친환경차의 국내완성차업체 경쟁력 비교, 2010.2. 16.

17. 한국 자동차공업협회, (1991), 미래의 자동차엔진 배출가스 감소세미나.

18. 대외경제정책연구원, '일본의 주요 대체에너지 산업 정책과 현황 - 차세대 자동차 시장 및 개발 동향', 2010/05/13

19. 조만, "리튬이온 2차 전지 기술동향과 연료 전지자동차에의 응용", 2003. 2.21
20. '2차 전지의 기술트랜드, 시장예측 및 전지구조 및 개요', 한국특허정보원, 민경필
21. '하이브리드자동차의 국내특허경향', 한국특허정보원, 황종환
22. '리튬이온 2차 전지 기술동향과 연료 전지자동차에의 응용', 한국과학기술정보원, 조만
23. '하이브리드 전기자동차용 고출력 리튬 2차 전지, 한국과학기술정보원, 조만
24. 특허 검색사이트 WIPS, http://www.wips.co.kr
25. '리튬 이온전지의 시장동향', 기술뉴스브리프, KISTI, 황선일
26. 유진투자증권, '친환경자동차: 그린카와 2차전지는 천생연분', 2010. 02.07
27. 녹색성장과 함께하는 전기자동차 대한민국 정책포털에서 2009.05.29
28. 자동차산업의 미래 - 그린카 현황 및 전망' 2010.01.22 17:16 전국경제인연합회가 2009년 9월 전략산업리포트
29. 전기자동차와 리톰이온전지 에코프로 설비 증설 투자 '하반기 250억 매출 전망' 헤럴드경제, 2009.05.29
30. 전기차가 달린다, 전자신문, 2009.05.29
31. 상용화를 전제로 한 "차량의 이상 체크… 휴대전화로 자동차 제어한다" 조선일보 IT/과학에서 2009.05.29 (금) 오전 4:02에 소개하였다.
32. KAIST '온라인 전기車' 개발 실효성 논란 동아일보 생활/문화에서 2009. 05.29
33. "한국의 자동차 산업의 미래와 전기자동차" 헤럴드 생생뉴스, 2009.05. 28
34. "독자기술 속속 무장…중국 車의 매서운 추격" 한국경제, 2009.05.28
35. "이정용 레오모터스 사장·· 기아의 전기차 모닝, 최고 시속 160Km로…", 한국경제, 2009.05.28
36. "수소 연료전지차, 세상 밖으로…", 아시아투데이, 2009.05.28
37. "軍, 친환경 전기자동차 `관심", 연합뉴스, 2009.05.28
38. "전기로 으랏車車", 문화일보, 2009.05.27

39. "경쟁력 강화의 핵심 키워드", 한경비즈니스, 2009.05.27
40. "친환경차 개발 어디까지…", 매일경제, 2009.05.27
41. "크라이슬러, 4.4억弗 전기차 계획 제출", 머니투데이, 2009.05.27
42. "하이브리드株, 美 자동차 그린정책에 다시 출렁", 이투데이, 2009.05.20
43. 한국 자동차공업협회, (1991), 미래의 자동차엔진 배출가스 감소세미나.
44. 환경부, (1995), 자동차배출가스종합대책.
45. 박성용, 전기자동차용 니켈-금속수소(Ni-MH) 전지기술, sypark@iae.re.kr
46. [GT KOREA 도쿄사무소가 지난 4월 28일 GT KOREA 일본거점 월간 이슈 보고자료로 발표한 [자동차용 리튬 이온전지의 연구개발 동향] 2010.07.01 01:49
48. 환경부, (1995), 자동차배출가스종합대책.
49. 정용일 박사, (1997), 자동차와 환경.
50. 다큐멘터리 : [누가 전기자동차를 죽였는가?(who killed the electric car?)]
51. "how electric cars work" at howstuffworks.com
52. 환경부 홈페이지 중 자동차공해분야 (http://www.moenv.go.kr)
53. http://www.hitachi-hri.com/opinion/01report/02organ/pdf/vol5_2_4.pdf 자료출처 : 산업연구원 / 원문 출처 : 일본 히타치종합계획연구소)
54. http://www.evplaza.com
55. http://www.nuke.co.kr/life/car/main_file/ele_main.htm
56. http://www.onyang.ms.kr:443/main3/science2/s2-4014-1.htm
57. http://nuke.co.kr/life/car/main_file/ele_main.htm
58. 미국 특허 523,354, E. E. keller, electrically propelled perambulator
59. 미국 특허 594,805, hiram stevens maxim, motor vehicle
60. 미국 특허 772,571, hiram stevens maxim, electric motor vehicle
61. open source electric car by society for sustainable mobility
62. US electric auto association(EAA) and recharging points
63. electric car society founded in 1982

64. http://www.lgbattery.com/
65. http://www.samsungsdi.co.kr/
66. http://lily.keri.re.kr/한국전기연구원 전략기술연구단
67. http://www.saehan.co.kr
68. http://www.skc.co.kr/
69. http://www.smcg.co.kr
70. A. Ohta, I. matsumoto, M. Ikoma and Y. moriwaki, denki kagaku 60-8, 688(1992).
71. N. furukawa, abstruct No. 48, the electrochemical society extended abstracts, p. 72, honolulu, hawaii, may 16-21, (1993).
72. S. ovshinsky, M. fetcenko and J. ross, science 260, 176(1993).
73. C. wagner, acta metall. 19, 843(1971).
74. M. fetcenko, S. venkatsan, and S. ovshinsky, proceedings of the symposium on hydrogen storage materials, batteries and electrochemistry, the electrochemical society(1992), p. 141.
75. E. justi, H. Ewe, A. kalberlah et al., energy conversion 10, 183 (1970).
76. J. J. G. willems, philips J. research, Vol. 39 Suppl. No. 1(1984).
77. yong-quan lei et al., J. less-common metals 172-174, 1265(1991).
78. U.S. Pat. Nov. 5, 4,551,400(1985).
79. H. ogawa, M. Ikoma et al., power sources 12, 393(1988).
80. T. sakai, T. hazama et al., J. less-common metals 172-174, 1175 (1991).
81. M. fetcenko, U.S. Pat. 5,096,667(1992)
82. M. oshitani, Y. sasaki and K. takashima, J. power sources 12, 219 (1984).
83. M. oshitani et al., denki kagaku 57, 480(1989).